普通高等教育"十一五"国家级规划教材

现 代 测 量 学

Modern Surveying

（第二版）

翟翊　赵夫来　杨玉海　王同合　编著

测绘出版社
·北京·

内 容 提 要

全书共 13 章,按内容分为四个单元。第一单元为测量学基础知识,内容包括绪论、测量的基本知识、测量误差的基本知识。第二单元为角度测量和距离测量,角度测量首先以直观的光学经纬仪入手,介绍测角原理和方法,然后介绍了电子经纬仪测角原理及其使用;距离测量和全站仪测量重点介绍了电磁波测距的原理、全站仪的使用和成果处理,包括距离测量及其数据处理;此外,还介绍了角度和距离化算到高斯平面的概念和方法。第三单元为控制测量,包括控制测量的点位布设、导线测量实施及计算,GNSS 定位原理、测量及其成果处理。第四单元为数字测图,重点介绍野外数字测图的内容,包括数字地图信息的野外获取、数字地图的编辑成图、地形图的应用等;考虑到三维激光扫描技术的发展,本书在第十二章增加了激光扫描测量的内容。

本书可作为高等院校测绘工程专业及其相关专业的专业基础教材,也可供从事测绘专业的技术人员参考。

图书在版编目(CIP)数据

现代测量学 / 翟翊等编著. -- 2 版. -- 北京 : 测绘出版社,2016.7 (2022.7 重印)

普通高等教育"十一五"国家级规划教材

ISBN 978-7-5030-3956-0

Ⅰ. ①现… Ⅱ. ①翟… Ⅲ. ①测量学－高等学校－教材 Ⅳ. ①P2

中国版本图书馆 CIP 数据核字(2016)第 137269 号

责任编辑 雷秀丽		**执行编辑** 王佳嘉		**封面设计** 李 伟
责任校对 董玉珍		**责任印制** 陈姝颖		

出版发行	测绘出版社	**电 话**	010－68580735(发行部)
地 址	北京市西城区三里河路 50 号		010－68531363(编辑部)
邮政编码	100045	**网 址**	www.chinasmp.com
电子信箱	smp@sinomaps.com	**经 销**	新华书店
成品规格	184mm×260mm	**印 刷**	北京建筑工业印刷厂
印 张	20.25	**字 数**	500 千字
版 次	2016 年 7 月第 2 版　2008 年 12 月第 1 版	**印 次**	2022 年 7 月第 10 次印刷
印 数	17121－20120	**定 价**	45.00 元
书 号	ISBN 978-7-5030-3956-0		

本书如有印装质量问题,请与我社发行部联系调换。

序

    "测量学"是测绘学科不可缺少的公共技术基础课。通过该课程的教学,为学生在校学习掌握后续专业课程和今后从事测绘工作打好专业技术基础。近些年来,随着现代科学技术的飞速发展,在测绘学科中出现了以 3S(GPS、RS、GIS)技术为代表的许多新测绘技术。测绘仪器电子化,数据处理自动化,测绘生产数字化,成果服务网络化,不仅是现代测绘技术的发展趋势,而且正在全面实现当中。因此测绘学的理论基础、工程体系、应用领域和科学目标均发生巨大变化,测绘学已发展成为研究地球和其他实体的与时空分布有关的地理信息的采集、量测、处理、显示、管理和利用的科学与技术。因此"测量学"的教学内容也应有相应的改革和变化。

    解放军信息工程大学翟翊等四位教授合编的《现代测量学》,是在原同名教材基础上修编完成的。原教材曾获得第五届全国优秀测绘教材二等奖。教材具有先进的科学思想和理论水平,及时反映了测绘学科理论和技术的发展。本次修编,作者较好地处理了传统"测量学"与现代测绘新技术的关系,删除了"测量学"中过时的传统测绘内容,充实了现代测绘新技术。全书以数字测图为主线,以测绘新概念、新技术为重点,介绍了地形控制测量的理论和方法、野外数字测图的内容,包括数字地图信息的野外采集、数据处理和存贮,以及数字地图的编辑成图等。为了满足其他相关非测绘学科专业对"测量学"教学的要求,该教材还增加了建筑工程测量、建筑施工测量、建筑物变形观测等内容。

    教材内容充实,结构严谨,叙述循序渐进,深入浅出,编写文笔流畅,通俗易懂,是一本具有改革气息的教材。

    教材符合测绘学科专业本科培养计划和课程标准,不仅可作为测绘工程和其他相关专业"测量学"课程的教材,还可作为测绘和其他相关专业技术人员的技术参考书。

教育部高等学校测绘学科教学指导委员会主任

中国测绘学会测绘教育工作委员会主任

中国工程院院士

2008 年 7 月

第二版前言

本书前身是解放军出版社 2003 年出版的同名教材,该教材 2005 年获第五届全国高等学校优秀测绘教材二等奖。2006 年,作者根据测绘学科的发展和教育部高等学校测绘学科教学指导委员会制定的测绘工程专业教材规划的精神,对教材内容做了较大修改,通过教育部"普通高等教育'十一五'国家级规划教材"审批。

教材第一版自 2008 年出版之后又经四次印刷,被多所大学引用,深受读者欢迎。本次修订,作者广泛征求了使用本教材的教师和读者的意见,总结了多年来利用该教材教学的经验。原教材的一些内容,许多学校有专门的课程和教材,如地图数字化和建筑工程测量的内容,这次修订删除了该部分内容。考虑到三维激光扫描技术的发展,增加了有关内容。

修订工作由翟翊主持。全书共分 13 章,由翟翊、赵夫来、杨玉海和王同合编写。其中第一、二、三章由翟翊编写,第四、十、十一、十三章由赵夫来编写,第五、六章由杨玉海编写,第七、八、九、十二章由王同合编写。最后由翟翊统稿。

本书编写得到了信息工程大学地理空间信息学院领导和教科办同志们的大力支持,同时还得到了信息工程大学测量工程教研室全体同志的帮助,在此表示衷心的感谢!特别感谢信息工程大学导航与空天目标工程学院王力为本书第十二章三维激光扫描测量提供了材料。书中不当之处,欢迎广大读者批评指正。

作者
2016 年 5 月

第一版前言

本书是按照普通高等教育"十一五"规划教材的要求,根据测绘专业本科培养计划和课程标准编写的,不仅可作为测绘工程和其他相关专业"测量学"课程的教材,还可作为测绘和其他相关专业科技人员的技术参考书。

近年来,测绘科学和技术的飞速发展,新的测量仪器设备不断涌现,测绘技术从形式到内容都发生了巨大变化,测量自动化和测量成果的数字化已成为现代测量的发展方向。为了适应测量理论、技术、方法和仪器的最新发展,便于读者理解和掌握测量的基本原理和方法,本书力求以点位的确定为中心,以数字测图为主线,以测绘新概念、新技术为重点,不仅充实了现代测量的新技术,如 GPS 技术、数字测图的原理和方法等新内容,还对全站仪、电子经纬仪、电磁波测距仪、数字水准仪等做了较详细的介绍,同时,考虑到本书内容的通用性,还增加了地图数字化、地形图的应用、建筑施工测量和建筑物变形观测等内容。

全书共分五个单元。第一单元介绍测量学的基本概念、测量坐标系的建立、地形图和测量误差的基本知识;第二单元介绍角度测量、距离测量以及电子经纬仪、电磁波测距仪和全站仪的测量原理等内容;第三单元介绍导线测量、水准测量和三角高程测量的原理和方法,同时对数字水准仪的测量原理,GPS 测量的理论、方法和成果处理进行了阐述;第四单元重点介绍野外数字测图的内容,包括数字地图信息的野外获取、数据结构、数据处理以及数字地图的编辑成图,地图数字化和地形图的应用等;第五单元介绍工程测量的基础、建筑工程测量的基本方法和建筑物的变形监测等内容。

本书由翟翊、赵夫来、郝向阳和杨玉海编写。其中郝向阳编写第一、二、十二章,翟翊编写第三、七、八、九、十四章,赵夫来编写第四、十、十一、十三章,杨玉海编写第五、六、十五、十六章,全书由翟翊任主编并统稿。

解放军信息工程大学测绘学院现代测量技术教研室全体同志和国内有关专家同行对本书的编写提出了许多宝贵意见和建议,在此深表谢意。

合肥工业大学王侬教授和解放军信息工程大学的西勤教授对本书进行了全面审查,提出了许多宝贵的意见和建议,在此表示衷心的感谢。

最后,感谢解放军信息工程大学测绘学院训练部对本书编写出版的大力支持,感谢测绘出版社为本书出版所给予的指导和帮助。

书中不当之处,欢迎广大读者批评指正,以便再版时修订。

编著者

2008 年 4 月于郑州

目　录

第一单元　现代测量学基础

第二单元　角度与距离测量

第三单元　控制测量

第四单元　数字测图

第一单元 现代测量学基础

现代测量学是测绘工程专业的基础课程,主要研究基本测量理论、地面点空间位置的测量方法和地形图测绘的理论与方法。本单元主要介绍现代测量学的基本知识、测量坐标系的建立、地形图和测量误差的基本知识。

第1章 绪论

1.1 测量学的任务及主要内容

测量学是研究如何测定地面点的平面位置和高程,将地球表面的地形及其他信息测绘成图,以及确定地球形状和大小的学科。显然,测量学以地球为研究对象,主要任务是利用测量仪器测定地球表面自然形态的地理要素和地表人工设施的形状、大小、空间位置及其属性等,并将地面的自然形态和人工设施等绘制成地图。

测量学包括普通测量学、大地测量学、地形测量学、摄影测量学、工程测量学和海洋测量学等学科,各分支学科分别对测量学中的一些理论和技术问题进行专门研究。从狭义的角度来说,测量学是指研究基础测量理论、基本测量方法和基本地形测图技术的学科,一般情况下这种概念的测绘工作限于较小区域的测量和制图,不考虑地球曲率的影响,将地球的局部表面当作平面来处理。目前的测量学在测绘科学体系中一般是指狭义的测量学概念。尽管测量学的各分支学科已基本从测量学的研究对象中分离而相对独立地进行发展,但测量学中涉及的有关基本概念、基本理论和基本方法仍是其各分支学科的基础。

近年来,随着科学技术的飞速发展,以计算机技术、电子技术、卫星导航定位技术和地理信息系统等为代表的先进技术的发展,全球卫星导航系统接收机、全站式电子速测仪、三维激光扫描仪和数控绘图仪等一大批现代测量仪器和设备得到了应用,并逐步替代了传统的测量仪器。因此,测量方法、测量手段和测量成果的形式都发生了根本性的变革,相应的测量概念、理论与技术也随之发生了变化。在这样的形势下,尽管测量学的研究对象和基本任务没有改变,但测量学的研究内容却发生了广泛而深刻的变化,现代测量学的概念也应运而生。

现代测量学是研究基本测量理论,利用现代测量仪器和测量方法测定地面点的空间位置,将地球表面的自然形态和人工设施测绘成数字地图的理论、技术和方法的学科。

1.2 测绘学科的发展

测绘学科起源于人类社会的生产需求,随着人类社会经济活动发展而发展。地球是人类繁衍生息的载体,在人类社会的发展过程中,必然要不断地认识、利用和改造自然环境。测量技术和测量工具是认识自然的有力武器,测量成果则直接应用于人类的社会经济活动。测绘学科具有悠久的发展历史。古埃及尼罗河洪水泛滥,水退之后两岸土地需重新划界,就有了测量工作。我国开展测量并利用测量成果,相传从公元前两千多年大禹治水时就开始了,司马迁在《史记·夏本记》中对其有"左准绳,右规矩"的记载,说明在上古时期就已经开始使用测量工具了。测量学的历史发展主要体现在测量理论、测量工具和测量成果与应用三个方面。

人类对地球的理解和认识经历了由定性到定量、由粗到精的过程。最早人们认为天圆地方,直到公元前 6 世纪,古希腊毕达哥拉斯论证了地球为球形。公元前 3 世纪,古希腊的埃拉托色尼用天文观测方法首次推算了地球的周长和半径,证实了地圆说。公元 8 世纪,我国唐代天文学家张遂进行了世界上最早的实地弧度测量,通过测绳丈量的距离和日影长度推算出纬度差为 1°所对应的子午线弧长。1276 年中国元朝天文学家郭守敬主持了大规模的天文测量,并用球面三角解算天文问题,首次以海洋面作为高程的基准面。17 世纪末期,英国物理学家牛顿和荷兰的惠更斯首次根据力学原理提出地球是两极略扁的椭球,即地扁说。18 世纪中叶,法国科学院在南美洲的秘鲁和北欧的拉普兰进行了弧度测量,证实了地扁说。1806 年和1809 年,法国的勒让德和德国的高斯分别提出了最小二乘准则,为测量平差理论奠定了基础。1849 年,英国的斯托克斯提出了根据重力测量数据确定地球形状的理论和计算方法。1873 年,德国的利斯廷提出了大地水准面的概念,并以此来表示地球的形状。19 世纪,法国最先开始近代三角测量,并提出用天文方位角控制三角测量误差积累的概念。人类对地球形状的认识过程以及所进行的测量实践,促进了测量学理论与技术的发展。

地图是测量工作的主要成果,地图的表示方法和制作方法是测量学发展的重要标志。早在春秋战国时期(公元前 770 年—公元前 221 年)就测出了"版图"和"土地之图",《管子·地图篇》中记载了地图的内容及其在军事上的应用,所谓"凡兵主者,必先审知地图"。1986 年,在甘肃天水放马滩秦墓出土了 7 幅成图时间不晚于秦始皇八年(公元前 239 年)的地图,是目前我国发现的较早的实物地图。公元前 3 世纪,埃拉托色尼最先在地图上绘制了经纬线。1973 年,在湖南长沙马王堆出土的 3 幅帛地图,绘于汉文帝十二年(公元前 168 年)以前,地图品种有《地形图》《驻军图》和《城邑图》;其中的《地形图》幅面为 96 cm 的正方形,图幅所示方位为上南下北,比例尺为 1∶18 万,图上大小 30 多条河流绘制清晰,与当今的地图所显示的河流骨架基本一致;从其表示内容、符号设计、制图精度与工艺水准看,已具相当高的水平。公元2 世纪,古希腊的托勒密在他的巨著《地理学指南》中汇集了当时已明确的地球知识,描述了编制地图的方法,并提出了将地球曲面用平面表示的地图投影问题。西晋时期的裴秀提出了"制图六体"的原则,正确地解决了地图比例尺、方位、距离及其化算问题,并编绘出《地形方丈图》。16 世纪,欧洲墨卡托的《世界地图集》和中国罗洪先的《广舆图》代表了当时地图制作的最高水平。之后,随着测量仪器的不断发明和应用,使得根据实地测量结果绘制国家规模的地形图成为可能。清康熙年间,在全国范围内进行了大规模的地形图测绘,形成了《皇舆全览图》,为我国近代的测量学发展奠定了基础。社会的发展,迫切希望能在图纸上真实、形象地显示地貌起伏形态,由此出现了晕渲法、晕滃法和晕点法,直到 1729 年等高线法的出现,才圆满地解决了平面图纸上显示三维地貌的难题,能够在图上进行精确的距离、方向、高程、面积和土方计算。与此同时,地图分幅、图式符号设计、比例尺系列等方面的确定也逐步趋于科学化和规范化。

测量数据的获取离不开测量仪器,测量学的形成和发展在很大程度上依赖于测量仪器的革新与发展,测量仪器的进步甚至会引起测量理论、测量技术、测量成果的进步和发展以及测量应用领域的拓展。17 世纪之前,测量使用的工具比较简单,测量精度也比较低,以测距为主,如绳尺、步弓和矩尺等。1608 年,荷兰工匠利伯希发明望远镜;次年,意大利物理学家伽利略在利普塞尔发明的基础上,研制了高倍望远镜;1640 年,英国的加斯科因在望远镜上增加了十字丝,用于精确照准,成为光学测量仪器的开端。1730 年,英国的西森制成用于角度测量的经纬仪,促进了三角测量的发展。随后,相继出现了小平板仪、大平板仪和水准仪等光学测量仪器,用于野外直接测绘地形图。19 世纪中叶,法国的洛瑟达首创摄影测量方法;20 世纪初,出现了地面立体摄影测量技术;随着飞机的发明,摄影与航空技术开始用于测量,使测制地形图的方法产生了重大变革。利用航空像片测制地形图,虽然仍需做一定的野外工作,但已大大减轻了野外工作量,提高了测图精度,加快了成图速度。可以说,从17世纪到20世纪中叶,光学测量仪器体系逐步形成并得到了较快发展,同时带动了传统测量理论与方法的发展并趋于成熟。到20世纪中叶以后,随着电子技术的发展,测量仪器开始向电子化的方向发展。1948年,电磁波测距仪的发明,克服了量距的困难,使导线测量、三边测量方法得到重视和发展。与此同时,电子计算机的发明和发展,促进了基于计算机的测量仪器设备的进一步发展,出现了用于航空摄影测量的解析测图仪和数控绘图仪,使得地形图测绘更加简便、快速和精确。

随着空间技术、计算机技术和信息技术以及通信技术的发展,特别是以"3S"(GIS、GPS、RS)技术为代表的现代测绘科学技术的发展,使测量手段发生了根本性的变化。常规大地测量被卫星大地测量所代替;航空摄影测量拓展为航空航天摄影测量,且利用遥感技术可以多波段、多类别地对地形进行探测,已进入了数字摄影测量阶段;地形测量已经由模拟测图转变为数字测图,测量成果也不仅仅是一纸地图,而是以数字地图和数字地面模型为主的数字地理信息,可用于各种类型的地理信息系统;工程测量实现了测量和数据处理的一体化;海洋测量的仪器和方法实现了自动化和信息化。传统的地形测量方法已经发生根本变化,以光学经纬仪、水准仪和平板仪为主要代表的传统测量仪器正在被全球卫星定位导航系统(GNSS)接收机、全站仪所取代。就地形测图而言,利用全站仪和动态GNSS接收机结合掌上电脑所构成的数字测图系统已完全改变了传统的测图模式,并可直接测得数字地图。数字地图不仅改变了地图产品的存储、生产模式,同时有利于地图产品的传输和更新,为建立地图数据库和地理信息系统提供了数据保障。

从测量学的发展历史可以看出,测量学的发展除了自身理论和方法的进步之外,在很大程度上取决于其他先进技术和仪器设备的发展,测量仪器和数据处理设备的每一次突破都相应地带来测量理论和技术的一次飞跃。可以预见,随着超站仪、测量机器人和激光雷达等新技术和仪器设备的引入,测量学的理论和技术又将迎来新一轮的快速发展。

1.3　测量学的学科分支

随着测量学理论和技术的不断发展,测量学的研究范围和研究对象随之细化,技术手段也不断得以扩展,从而形成了大地测量学、地形测量学、摄影测量学、工程测量学、海洋测量学等学科分支。

大地测量学是研究和测定地球形状、大小和地球重力场的理论、技术和方法的学科。其基本任务是建立地面控制网、重力网,精确测定控制点的空间位置,为地形测图和各种测量工作提供基础控制,为研究地球形状、大小、重力场及其变化提供基本数据。大地测量学又分为几何大地测量学、物理大地测量学和空间大地测量学。

摄影测量学是研究利用摄影或遥感手段获取被摄物体的影像数据,进行分析与处理,以确定被摄物体的形状、大小和空间位置,并判定其性质的学科。根据相机与被摄物体的距离远近,摄影测量分为航空摄影测量、航天摄影测量、地面摄影测量、近景摄影测量等。

地形测量学是研究测绘地形图的基本理论、技术和方法的学科。地形测量就是测绘地形图的全过程。地形包括地物和地貌,地形图是按照一定的比例尺,表示地物、地貌平面位置和高程的正射投影图。随着测绘科学技术的进步,地形测量学研究如何利用现代测量仪器和测量方法测绘数字地形图,测量的成果为数字地形图,因此称为数字地形测量学。

工程测量学是研究工程建设在勘察设计、施工和管理阶段进行的各种测量工作的学科。主要研究内容包括工程控制网建立、地形测量、施工安装测量、竣工测量,以及变形监测和维修养护测量等。按照研究对象又可分为建筑工程测量、水利工程测量、矿山工程测量、铁路工程测量、公路工程测量、管线工程测量、桥梁工程测量、隧道工程测量、军事工程测量等。

海洋测量学是以海洋水体和海底为研究对象,研究海洋定位、测定海洋大地水准面和平均海水面、海底地形、海洋重力、海洋磁力、海洋环境等自然和社会信息的地理分布及编制各种海图的理论和技术的学科。主要研究内容包括海洋大地测量、海道测量、海底地形测量和海图编制。

1.4　测量学的地位与作用

测量学是一门应用学科,主要处理和解决物体的空间定位与空间表达问题。可以说,在所有人类活动需要准确测定所关心事物空间位置的场合,都离不开测量学。因而,测量学在科学研究、国民经济建设和国防建设等社会经济发展的诸多方面都发挥着重要作用并占有重要地位。

1.4.1　测量学在科学研究中的作用

地球是人类赖以生存和发展的基础和载体。随着人类的活动和自然形态与环境的变迁,人类对自身生存环境的变化也愈加关注,人类发现诸如地壳运动、地球潮汐、海平面变化和重力场变化等一系列具有区域性和全球性的重大课题需要深入认识和解决。测量学可以提供地球构造运动和地球动力学方面的观测数据和精确的几何信息,在探索地球的奥秘、深入认识和研究与地球有关的各种问题的发展变化规律方面发挥着重要作用。同时,利用测量学方法在研究地球相关问题的知识,也可以在对月球、火星等其他星体的研究中得以应用。

1.4.2　测量学在国民经济建设中的作用

测量学与国民经济建设的许多领域具有密不可分的关系,在国民经济建设中发挥着巨大而广泛的作用。在城乡建设规划、土地与海洋资源的调查与利用、农林牧渔的发展、生态环境保护以及各种工程建设中,都必须进行相应的测量工作,以获取各种必要空间位置信息,测制各种比例尺的地图和建立各种地理信息系统,为规划、设计、施工、管理和决策提供信息保障。例如,在城市建设、地质勘探、矿山开发、水利交通设施的建设中,首先要有准确的、现势性好的地形资料,才能进行科学的规划、设计、施工和管理;在一些大型隧道、桥梁和大坝等工程建设的全过程中,都需要依靠测量工作来保证工程的顺利实施。

1.4.3　测量学在国防建设中的作用

自古以来,测量技术以及通过测量所提供的地形数据和地图产品都在军事上起着不可或缺的重要作用。在军事上,地形图是战场地形的客观反映,作战计划的制订、兵力的配备与部署以及作战指挥,都以准确的地形图为基本依据。军事地形图也是部队实施机动的向导,精确的地形信息是炮兵确定射击诸元的基础。在现代化战争中,武器装备和打击目标的定位、导弹的发射和制导也都离不开高精度的空间位置信息。以地理空间信息为基础的军事指挥系统和战场态势分析评估都需要以数字化的测量数据和基础地理信息作为保障,数字地理信息已成为现代战争中战场信息必不可少的组成部分。

思考题与习题

1. 什么是现代测量学?现代测量学与传统的测量学相比有何特点?
2. 结合自己的经历和所掌握的知识,说明测量学的地位和作用。

第2章   测量的基本知识

2.1   测量基准面

测量学的研究对象是地球表面,测量工作也是在地球表面上进行的。因此,首先要对地球的形状、大小等自然形态做必要的了解,然后才能为确定地面点的空间位置而选定参考面和参考线,作为描述地面点空间位置的基准。

2.1.1   地球的自然表面

地球的自然表面是不规则的,它有高山、丘陵和平原,有江河、湖泊和海洋。在地球表面上海洋面积约占 71%,陆地面积约占 29%。地球表面最高点是海拔 8 844.43 m 的珠穆朗玛峰,最低点是深度达 11 034 m 的马里亚纳海沟。但这样的高低起伏相对于地球庞大的体积来说仍然是微不足道的,就其总体形状而言,地球是一个接近两极扁平、沿赤道略为隆起的"椭球体"。

2.1.2   大地水准面

既然地球表面绝大部分是海洋,人们很自然地把地球总体形状看作是被海水包围的球体,即把地球看作是处于静止状态的海水面向陆地内部延伸形成的封闭曲面。地球表面上任一质点都同时受到两个作用力:一是地球自转产生的惯性离心力;二是整个地球质量产生的引力。这两种力的合力称为重力。引力方向指向地球质心,如果地球自转角速度是常数,惯性离心力的方向垂直于地球自转轴向外,重力方向则是两者合力的方向,如图 2.1 所示。重力的作用线又称为铅垂线。用细绳悬挂的垂球,其静止时所指的方向即为铅垂线方向。

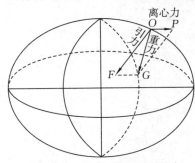

图 2.1   引力、离心力和重力

处于静止平衡状态的液体表面通常称为水准面,由静止的海水面延伸形成的封闭曲面也是一个水准面。由于海水有潮涨潮落,海水面时高时低,这样的水准面就有无数个,从中选择一个最接近于地球表面的水准面来代替地球表面,这就是通过平均海水面的水准面。人们把这个处于静止平衡状态的平均海水面向陆地内部延伸所形成的封闭曲面称为大地水准面。大地水准面包围的形体称为大地体。

当液体表面处于静止状态时,液面必然与重力方向正交,即液面与铅垂线方向垂直。由于大地水准面也是一个水准面,因而大地水准面同样具有处处与铅垂线垂直的性质。我们知道,铅垂线的方向取决于地球内部的吸引力,而地球引力的大小与地球内部物质有关。由于地球内部物质分布是不均匀的,因而地面上各点的铅垂线方向也是不规则的。因此,处处与铅垂线方向正交的大地水准面是一个略有起伏的不规则曲面,如图 2.2 所示。水准面和铅垂线是客观存在的,可以作为野外测量的基准面和基准线。实际上,野外测量的仪器就是以水准面和铅垂线为基准进行整置的。

由于大地水准面是具有微小起伏的不规则曲面,不能用数学公式表示,因此,在这个曲面上进行测量数据的处理将是十分困难的。

2.1.3 参考椭球面

为了解决大地水准面不能作为计算基准面的矛盾,人们要选择既能用数学公式表示,又十分接近于大地水准面的规则曲面作为计算的基准面。

经过几个世纪的实践,人们认识到,虽然大地水准面是略有起伏的不规则曲面,但从整体上看,大地体却是十分接近于一个规则的旋转椭球体,即一个椭圆绕它的短轴旋转而成的旋转椭球体,人们把这个代表地球形状和大小的旋转椭球体称为地球椭球体,如图 2.3 所示。

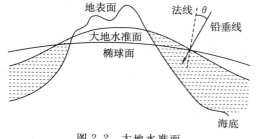

图 2.2　大地水准面

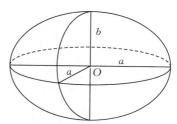

图 2.3　地球椭球体

地球椭球体的大小是由长半轴 a、短半轴 b 或扁率 f 来确定,称为地球椭球体元素

$$f = \frac{a - b}{a} \tag{2.1}$$

地球椭球体的形状和大小确定之后,还应进一步确定地球椭球体与大地体的相关位置,才能作为测量计算的基准面,这个过程称为椭球定位。人们把形状、大小和定位都已确定了的地球椭球体称为参考椭球体,参考椭球体的表面称为参考椭球面。参考椭球定位的原则是在一个国家或地区范围内使参考椭球面与大地水准面最为吻合,其方法是首先使参考椭球体的中心与大地体的中心重合,并在一个国家或地区范围内适当选定一个地面点,使得该点处参考椭球面与大地水准面重合。这个用于参考椭球定位的点,称为大地原点。参考椭球面是测量计算的基准面,其法线是测量计算的基准线。

参考椭球体元素的数值是通过大量的测量成果推算出来的。17 世纪以来,许多测量工作者根据不同地区、不同年代的测量资料,按不同的处理方法推算出不同的参考椭球体元素,表 2.1 摘录了几种参考椭球体元素的数值。

表 2.1　参考椭球体元素值

参考椭球名称	年代	长半轴 a	扁率 f
贝塞尔	1841	6 377 397	1/299.15
克拉克	1866	6 378 206	1/295.0
克拉克	1880	6 378 249	1/293.46
海福德	1910	6 378 388	1/297.0
克拉索夫斯基	1940	6 378 245	1/298.3
凡氏	1965	6 378 169	1/298.25
IUGG 十六届大会推荐值	1975	6 378 140	1/298.257

续表

参考椭球名称	年代	长半轴 a	扁率 f
IUGG 十七届大会推荐值	1979	6 378 137	1/298.257
WGS-84	1984	6 378 137	1/298.257 223 563
2000 国家大地坐标	1984	6 378 137	1/298.257 222 101

注:IUGG,International Union of Geodesy and Geophysics,国际大地测量学与地球物理学联合会。

由于参考椭球体的扁率较小,因此在测量的计算中,在满足精度要求的前提下,为了计算方便起见,通常把地球近似地当作圆球看待,其半径为

$$R = \frac{1}{3}(a + a + b) = 6\ 371\ \text{km}$$

2.2　测量坐标系

地面点的空间位置可以用三维的空间直角坐标表示,也可以用一个二维坐标系(椭球面坐标或平面直角坐标)和高程的组合来表示。

2.2.1　测量坐标系的形式

测量坐标系是一种固定在地球上,随地球一起转动的非惯性坐标系。根据其原点位置不同,分为地心坐标系和参心坐标系。地心坐标系的原点与地球质心重合,参心坐标系的原点与参考椭球中心重合。从表现形式上划分,大地测量坐标系又分为大地坐标系、空间直角坐标系和平面直角坐标系三种形式。

1. 大地坐标系

大地坐标系是椭球面坐标,用经度 L、纬度 B、大地高 H 表示,它的基准面是参考椭球面,基准线是法线。

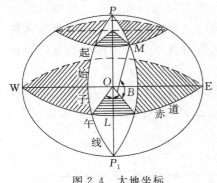

图 2.4　大地坐标

如图 2.4 所示,包含参考椭球体短轴 PP_1 的平面称为大地子午面,大地子午面与参考椭球面的交线称为大地子午线或大地经线。世界各国把过英国格林尼治天文台的子午面称为首大地子午面或起始大地子午面,它与参考椭球面的交线称为首子午线或起始子午线[①]。垂直于参考椭球体短轴的任一平面与参考椭球面的交线称为纬线或纬圈。显然,纬圈平面互相平行,故纬圈又称平行圈。过短轴中心且垂直于短轴的平面称为大地赤道面。大地赤道面与参考椭球面的交线称为赤道。

在大地坐标系中,地面上 M 点的大地坐标分量定义如下:

大地经度 L,就是过 M 点的大地子午面与起始大地子午面之间的夹角。由起始大地子午面向东量称为东经,向西量称为西经,其取值范围各为 $0° \sim 180°$。

---

① 起始子午线:1884 年,国际经度会议决定,以通过英国伦敦格林尼治天文台艾黎仪器中心的经线为起始子午线,全球经度用它作为零点。

大地纬度 B，就是过 M 点的法线（与参考椭球面正交的直线）和大地赤道面的夹角。纬度由大地赤道面向北量称为北纬，向南量称为南纬，其取值范围各为 $0°\sim90°$。

M 点沿法线至参考椭球面的距离称为大地高 H，图 2.4 中 M 点的大地高为 0。

地面点的大地坐标确定了该点在参考椭球面上的位置，称为该点的大地位置。大地坐标再加上大地高就确定了点在空间的位置。

2. 空间直角坐标系

以椭球体中心 O 为原点，起始子午面与赤道面交线为 X 轴，赤道面上与 X 轴正交的方向为 Y 轴，椭球体的旋转轴为 Z 轴，构成右手直角坐标系 $O-XYZ$。在该坐标系中，P 点的点位用 OP 在这三个坐标轴上的投影 x、y、z 表示，如图 2.5 所示。

地面上同一点的大地坐标 (L,B) 及大地高 H 和空间直角坐标 (X,Y,Z) 之间可以进行坐标转换，公式为

$$\left.\begin{array}{l} X=(N+H)\cos B\cos L \\ Y=(N+H)\cos B\sin L \\ Z=[N(1-e^2)+H]\sin B \end{array}\right\} \qquad (2.2)$$

式中，e 为第一偏心率。

$$e^2=\frac{a^2-b^2}{a^2} \qquad (2.3)$$

$$N=\frac{a}{\sqrt{1-e^2\sin^2 B}} \qquad (2.4)$$

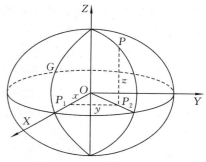

图 2.5　空间直角坐标系

由空间直角坐标 (X,Y,Z) 转换为大地坐标 (L,B) 及大地高 H，可采用式 (2.5)，即

$$\left.\begin{array}{l} L=\arctan\dfrac{Y}{X} \\[2mm] B=\arctan\dfrac{Z+Ne^2\sin B}{\sqrt{X^2+Y^2}} \\[2mm] H=\dfrac{\sqrt{X^2+Y^2}}{\cos B}-N \end{array}\right\} \qquad (2.5)$$

用式 (2.5) 计算大地纬度 B 时，通常采用迭代法。

迭代方法是：首先取 $\tan B_1=\dfrac{Z}{\sqrt{X^2+Y^2}}$，用 B 的初值 B_1 按式 (2.4) 计算 N 的初值，令其为 N_1；然后将 N_1 和 B_1 带入式 (2.5) 计算 B_2；再利用求得的 B_2 按式 (2.4) 计算 N_2，如此迭代，直至最后两次 B 值之差小于允许值为止。

3. 平面直角坐标系

在测量工作中，仅采用大地坐标和空间直角坐标表示地面点的位置在有些情况下是不方便的，例如，工程建设中规划和设计是在平面上进行的，需要将点的位置和地面图形表示在平面上，而采用平面直角坐标系对于测量计算则十分方便。

测量中采用的平面直角坐标系有高斯平面直角坐标系、独立平面直角坐标系和建筑施工坐标系。

由于测量工作中的角度按顺时针测量，直线的方向也是以纵坐标轴北方向顺时针方向度量的，若将纵轴作为 X 轴，横轴作为 Y 轴，并将 Ⅰ、Ⅱ、Ⅲ、Ⅳ 象限的顺序也按顺时针排列，这样

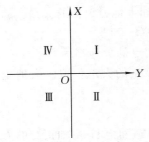

图 2.6　测量平面直角坐标系

就可完全不变地使用三角函数计算公式,而又与测量中规定的直线方向及测角习惯相一致。因此,测量工作中所用的平面直角坐标系与解析几何中所用的平面直角坐标系有所不同,测量平面直角坐标系以 X 轴为纵轴,表示南北方向,以 Y 轴为横轴,表示东西方向,如图 2.6 所示。

平面直角坐标与大地坐标可以进行相互换算,通常是根据两者之间的一一对应关系,导出计算公式,这个过程称为地图投影。关于地图投影,将在 2.3 节中做详细介绍。

当测区范围较小时(如小于 100 km^2),在满足测图精度要求的前提下,为了方便起见,通常把球面看作平面,建立独立的平面直角坐标系。独立平面直角坐标系的坐标原点和坐标轴可以根据实际需要来确定。通常,将独立坐标系的原点选在测区的西南角,以保证测区的每个点的坐标都不会出现负值,方便计算。

在建筑工程中,为了方便计算和施工放样,通常将平面直角坐标系的坐标轴与建筑物的主轴线重合、平行或垂直,此时建立起来的坐标系,称为建筑坐标系或施工坐标系。

施工坐标系与测量坐标系往往不一致,在计算测设数据时需进行坐标换算。如图 2.7 所示,设 $o-xy$ 为测量坐标系,AOB 为施工坐标系,(x_O, y_O) 为施工坐标系原点 O 在测量坐标系中的坐标,α 为施工坐标系的坐标纵轴 A 在测量坐标系中的方位角。若 P 点的施工坐标为 (A_P, B_P),可按下式将其换算为测量坐标 (x_P, y_P)

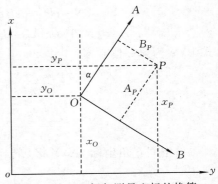

图 2.7　施工坐标与测量坐标的换算

$$\left. \begin{array}{l} x_P = x_O + A_P \cos\alpha - B_P \sin\alpha \\ y_P = y_O + A_P \sin\alpha + B_P \cos\alpha \end{array} \right\} \tag{2.6}$$

式中,x_O、y_O 与 α 值可由设计人员提供。

同样,若已知 P 点的测量坐标 (x_P, y_P),可按下式将其换算为施工坐标 (A_P, B_P),即

$$\left. \begin{array}{l} A_P = (x_P - x_O)\cos\alpha + (y_P - y_O)\sin\alpha \\ B_P = -(x_P - x_O)\sin\alpha + (y_P - y_O)\cos\alpha \end{array} \right\} \tag{2.7}$$

地面点的空间位置可以用大地坐标加高程、空间直角坐标或者平面直角坐标加高程表示。例如,某点的大地坐标为:$L = 113°13'23''$、$B = 32°24'17''$、大地高 $H = 101.234 \text{ m}$。该点的空间直角坐标为:$X = -2\ 125\ 429.7 \text{ m}$、$Y = 4\ 953\ 493.1 \text{ m}$、$Z = 3\ 398\ 461.6 \text{ m}$。该点的平面直角坐标为:$x = 3\ 586\ 997.8 \text{ m}$、$y = 426\ 907.4 \text{ m}$、$H = 101.234 \text{ m}$。

2.2.2　常用的坐标系统

1. 1954 北京坐标系

1954 年我国完成了北京天文原点的测定,采用了克拉索夫斯基椭球体参数(表 2.1),并与苏联 1942 年坐标系进行了联测,建立了 1954 北京坐标系。1954 北京坐标系属参心坐标系,是苏联 1942 坐标系的延伸,大地原点位于苏联的普尔科沃。

2．1980 西安坐标系

为了适应我国经济建设和国防建设发展的需要,我国在 1972—1982 年期间进行天文大地网平差时,建立了新的大地基准,相应的大地坐标系称为 1980 西安坐标系。大地原点地处我国中部,位于陕西省西安市以北 60 km 处的咸阳市泾阳县永乐镇,简称西安原点。椭球参数(既含几何参数又含物理参数)采用 1975 年国际大地测量与地球物理学联合会第十六届大会的推荐值(表 2.1)。

该坐标系建立后,实施了全国天文大地网平差,平差后提供的大地点成果属于 1980 西安坐标系,它与 1954 北京坐标系的成果不同,使用时必须注意所用成果相应的坐标系统。

3．2000 国家大地坐标系

2000 国家大地坐标系是地心坐标系,坐标原点在地球质心(包括海洋和大气的整个地球质量的中心),Z 轴指向由国际时间局(BIH)1984.0 所定义的协议地球参考极(conventional terrestrial pole,CTP)方向,X 轴指向 BIH 所定义的零子午面与协议地球参考极赤道的交点,Y 轴按右手坐标系确定。椭球参数有:长半轴 $a = 6\,378\,137$ m、扁率 $f = 1/298.257\,222\,101$、地球自转角速度 $\omega = 7.292\,115 \times 10^{-5}$ rad/s、地心引力常数 $GM = 3.986\,004\,418 \times 10^{14}$ m^3/s^2。经国务院批准,我国自 2008 年 7 月 1 日起启用 2000 国家大地坐标系。

4．WGS-84 坐标系

WGS-84 坐标系是美国全球定位系统(GPS)采用的坐标系,属地心坐标系。WGS-84 坐标系采用 1979 年国际大地测量学与地球物理学联合会第十七届大会推荐的椭球参数(表 2.1),WGS-84 坐标系的原点位于地球质心;Z 轴指向 BIH1984.0 定义的协议地球参考极方向;X 轴指向 BIH1984.0 的零子午面和协议地球参考极赤道的交点;Y 轴垂直于 X、Z 轴,X、Y、Z 轴构成右手直角坐标系。椭球参数有:长半轴 $a = 6\,378\,137$ m、扁率 $f = 1/298.257\,223\,563$。

5．独立坐标系

独立坐标系分为地方独立坐标系和局部独立坐标系两种。

许多城市基于实用、方便的目的(如减少投影改正计算工作量),以当地的平均海拔高程面为基准面,过当地中央的某一子午线为高斯投影带的中央子午线,构成地方独立坐标系。地方独立坐标系隐含着一个与当地平均海拔高程面相对应的参考椭球,该椭球的中心、轴向和扁率与国家参考椭球相同,只是长半轴的值不一样。

大多数工程专用控制网均采用局部独立坐标系,若需要将其放置到国家大地控制网或地方独立坐标系,应通过坐标变换完成。对于范围不大的工程,一般选测区的平均海拔高程面或某一特定高程面(如隧道的平均高程面、过桥墩顶的高程面)作为投影面,以工程的主要轴线为坐标轴。例如,对于隧道工程而言,一般取与贯通面垂直的一条直线作为 X 轴。

2.3　高斯-克吕格投影

2.3.1　地图投影概述

地面点的位置可用大地经纬度表示在参考椭球面上,若将实地图形以按一定比例缩小表示,得到的将是一个地球仪。由于体积上的限制,地球仪的比例不可能太大,另一方面也不便于制作、保管和使用,更不便于量算距离和角度等元素。因此,通常需要将参考椭球面的图形表示到平面上,形成平面图,这样平面图的制作和应用就很方便了。

由于参考椭球面是不可展平的曲面,要将参考椭球面上的点或图形表示到平面上,必须采用地图投影的方法。地图投影,简单地说就是将参考椭球面上的元素(大地坐标、角度和边长)按一定的数学法则投影到平面上的过程。这里所说的数学法则,可以用方程表示为

$$\left. \begin{array}{l} x = f_1(L,B) \\ y = f_2(L,B) \end{array} \right\} \tag{2.8}$$

式中,(L,B)是点的大地坐标,(x,y)是该点投影后的平面直角坐标。

地图投影的几何概念是,先将参考椭球面上的点投影到投影面上,再将投影面沿母线切开展为平面。从本质上来讲,地图投影就是按一定的条件确定大地坐标和平面直角坐标之间的一一对应关系。

地图投影中,常用的投影面有圆柱面、圆锥面和平面三种。因此,按照所选择投影面的类型,地图投影可相应分为圆柱投影、圆锥投影和方位投影。按照投影面与参考椭球面的相关位置,地图投影又可分为正轴投影(投影面的中心线与参考椭球的短轴重合)、横轴投影(投影面的中心线与参考椭球的短轴正交)和斜轴投影(投影面的中心线与参考椭球的短轴斜交)。此外,投影面与参考椭球面的关系也可以是相切或相割的。

参考椭球面是不可展平的曲面,把参考椭球面上的元素投影到平面上必然会出现变形。投影变形一般有角度变形、长度变形和面积变形三种。投影变形可以采用不同的投影方法加以限制,或使某种变形为零,或使三种变形全部减少到一定的限度,但同时消除三种变形是不可能的。因此,地图投影按其投影变形分类,又分为等角投影、等面积投影和任意投影三种。

在测量工作中,一般要求投影前后保持角度不变。这是因为角度不变就意味着在一定范围内地图上的图形与椭球面上的图形是相似的,而地形图上的任何图形都与实地图形相似,这在地形图的测绘和应用两方面都很方便。另外,角度测量是测量的主要工作内容之一,如果投影前后保持角度不变,就可以在平面上直接使用观测的角度值,从而可免去大量的投影化算工作。因此,选择等角投影是最有利的。

2.3.2 高斯投影的概念

高斯投影是横切椭圆柱等角投影,最早由德国数学家高斯提出,后经德国大地测量学家克吕格完善并推导出计算公式,故也称为高斯-克吕格投影。高斯投影是等角投影,根据等角投影条件和高斯投影的特定条件来确定投影函数关系。在几何概念上,可以设想用一个空心椭圆柱面横切于参考椭球面的一条子午线上,并使椭圆柱的中心轴与参考椭球体的长轴重合。相切的一条子午线称为中央子午线,然后将椭球面上的元素投影到椭圆柱面上,如图2.8所示。投影后,将椭圆柱面沿过极点的母线切开并展成平面,即为高斯投影平面,如图2.9所示。

1. 高斯投影条件

高斯投影确定函数关系的条件有:

(1)椭球面上的任一角度,投影前后保持相等。

(2)中央子午线的投影为直线,且无长度变形。

第一个条件是等角投影的条件,第二个条件则是高斯投影的特定条件。

2. 高斯投影公式

在推导投影公式之前,首先考虑建立平面直角坐标系。考虑到投影后中央子午线和赤道的投影都为直线,故以中央子午线和赤道的交点为坐标原点,以中央子午线的投影为纵坐标

轴,即 x 轴,以赤道的投影为横坐标轴,即 y 轴,这就建立了高斯平面坐标系。

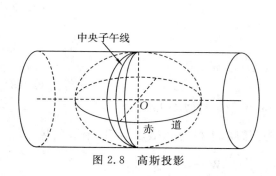

图 2.8　高斯投影

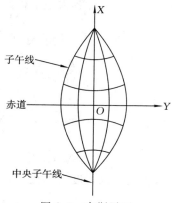

图 2.9　高斯平面

高斯投影的计算公式为(推导过程略)

$$x = X + \frac{1}{2}N \cdot t \cdot \cos^2 B \cdot l^2 + \frac{1}{24}N \cdot t \cdot (5 - t^2 + 9\eta^2 + 4\eta^4)\cos^4 B \cdot l^4 +$$

$$\frac{1}{720}N \cdot t \cdot (61 - 58t^2 + t^4)\cos^6 B \cdot l^6 \tag{2.9}$$

$$y = N \cdot \cos B \cdot l + \frac{1}{6}N \cdot (1 - t^2 + \eta^2)\cos^3 B \cdot l^3 +$$

$$\frac{1}{120}N \cdot (5 - 18t^2 + t^4 + 14\eta^2 - 58\eta^2 t^2)\cos^5 B \cdot l^5 \tag{2.10}$$

式中, B 为投影点的纬度; $l = L - L_0$, l 为所求点相对中央子午线的经差,以弧度为单位; $t = \tan B$, $\eta^2 = e'^2\cos^2 B$, $e' = \sqrt{\dfrac{a^2 - b^2}{b^2}}$ 称为椭球的第二偏心率; N 为卯酉圈曲率半径, $N = \dfrac{a}{W}$, $W = \sqrt{1 - e^2 \cdot \sin^2 B}$, $e = \sqrt{\dfrac{a^2 - b^2}{a^2}}$ 称为参考椭球的第一偏心率; a、b 分别为参考椭球的长半轴和短半轴; X 为中央子午线上大地纬度等于 B 的点至赤道的子午线弧长,它与所采用的椭球元素有关,其计算公式为

$$X = a(1 - e^2)(A_0 B + A_2\sin 2B + A_4\sin 4B + A_6\sin 6B + A_8\sin 8B) \tag{2.11}$$

其中系数

$$A_0 = 1 + \frac{3}{4}e^2 + \frac{45}{64}e^4 + \frac{350}{512}e^6 + \frac{11025}{16384}e^8$$

$$A_2 = -\frac{1}{2}\left(\frac{3}{4}e^2 + \frac{60}{64}e^4 + \frac{525}{512}e^6 + \frac{17640}{16384}e^8\right)$$

$$A_4 = \frac{1}{4}\left(\qquad \frac{15}{64}e^4 + \frac{210}{512}e^6 + \frac{8820}{16384}e^8\right)$$

$$A_6 = -\frac{1}{6}\left(\qquad\qquad \frac{35}{512}e^6 + \frac{2520}{16384}e^8\right)$$

$$A_8 = \frac{1}{8}\left(\qquad\qquad\qquad \frac{315}{16384}e^8\right)$$

上述根据大地坐标计算高斯平面直角坐标的公式,通常也称为高斯投影正算公式,而把根据高斯平面直角坐标计算大地坐标的公式称为高斯投影反算公式。反算公式为

$$B = B_f - \frac{t_f}{2M_f N_f} y^2 + \frac{t_f}{24 M_f N_f^3}(5 + 3t_f^2 + \eta_f^2 - 9t_f^2 \eta_f^2) y^4 -$$

$$\frac{t_f}{720 M_f N_f^5}(61 + 90t_f^2 + 45t_f^4) y^6 \tag{2.12}$$

$$l = \frac{1}{N_f \cos B_f} y - \frac{1}{6 N_f^3 \cos B_f}(1 + 2t_f^2 + \eta_f^2) y^3 +$$

$$\frac{1}{120 N_f^5 \cos B_f}(5 + 28t_f^2 + 24t_f^2 + 6\eta_f^2 + 8\eta_f^2 t_f^2) y^5 \tag{2.13}$$

上式求得的 l 以弧度为单位。式中,B_f 为底点纬度,下标"f"表示与 B_f 有关的量

$$t_f = \tan B_f, N_f = \frac{a}{W_f}, M_f = \frac{a(1 - e^2)}{W_f^3}, W = \sqrt{1 - e^2 \sin^2 B_f}$$

底点纬度 B_f 是高斯投影反算公式的重要参数,其数学模型的一般形式为

$$B_f = B_0 + \sin 2B_0 \{K_0 + \sin^2 B_0 [K_2 + \sin^2 B_0 (K_4 + K_6 \sin^2 B_0)]\} \tag{2.14}$$

式中

$$B_0 = \frac{X}{a(1 - e^2)A_0}$$

$$K_0 = \frac{1}{2}\left(\frac{3}{4}e^2 + \frac{45}{64}e^4 + \frac{350}{512}e^6 + \frac{11025}{16384}e^8\right)$$

$$K_2 = -\frac{1}{3}\left(\frac{63}{64}e^4 + \frac{1108}{512}e^6 + \frac{58239}{16384}e^8\right)$$

$$K_4 = \frac{1}{3}\left(\frac{604}{512}e^6 + \frac{68484}{16384}e^8\right)$$

$$K_6 = -\frac{1}{3}\left(\frac{68484}{16384}e^8\right)$$

X 为当 $y = 0$ 时,x 值所对应的子午线弧长 $L = L_0 + l$。

3. 高斯投影的特性

高斯投影是正形投影的一种,投影前后的角度相等。除此以外,高斯投影还具有以下特点:

(1)中央子午线投影后为直线,且长度不变。距中央子午线越远的子午线,投影后弯曲程度越大,长度变形也越大。

(2)椭球面上除中央子午线外,其他子午线投影后均向中央子午线弯曲,并向两极收敛,对称于中央子午线和赤道。

(3)在椭球面上对称于赤道的纬圈,投影后仍成为对称的曲线,并与子午线的投影曲线互相垂直且凹向两极。

2.3.3　投影带划分

从高斯投影的特性可知,虽然投影前后角度无变形,但存在长度变形,而且距中央子午线越远,长度变形越大。长度变形太大对测图、用图和测量计算都是不利的,因此必须设法限制

长度变形。

限制长度变形的方法是采用分带投影,也就是用分带的办法把投影区域限定在中央子午线两旁的一定范围内。具体做法是:先按一定的经差将参考椭球面分成若干瓜瓣形,各瓜瓣形分别按高斯投影方法进行投影。

由于分带后各带独立投影,各带形成了独立的坐标系,由此又产生了各坐标系之间互相化算的问题。从限制长度变形方面看,分带越多,变形越小,则分带应当多;然而,分带后各带的坐标系相互独立,使用中必须通过换算来建立不同坐标系之间的联系,分带越多,各带相互换算的工作量越大。因此分带的原则是:既要使长度变形满足测量的要求,又要使所分带数尽可能少。

根据上述原则,我国通常采用 6°带和 3°带两种分带方法。测图比例尺小于 1:1 万时,一般采用 6°分带;测图比例尺大于等于 1:1 万时则采用 3°分带。在工程测量中,有时也采用任意带投影,即把中央子午线放在测区中央的高斯投影。在高精度的测量中,也可采用小于 3°的分带投影。

6°带划分是从首子午线开始,自西向东每隔经差 6°的范围为一带,依次将参考椭球面分为60 带,其相应的带号依次为 1、2、3、…、60。投影后的图形,如图 2.10 所示。

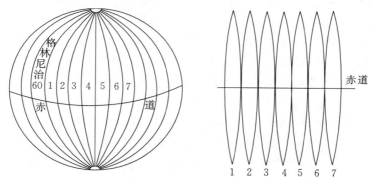

图 2.10　6°带的划分

若 6°带的带号为 n,则各带中央子午线的经度 L_0 为

$$L_0 = n \times 6° - 3° \tag{2.15}$$

为了使 3°带的坐标系与 6°带坐标系之间的换算减少,因此,3°带的划分是从东经 1°30′ 开始,自西向东每隔经差 3°的范围为一带,依次将参考椭球面分成 120 带,其相应的带号分别为1、2、3、…、120。若 3°带的带号为 n',则各带中央子午线的经度 L_0' 为

$$L_0' = n' \times 3° \tag{2.16}$$

由于 3°带是从东经 1°30′ 开始的,因而 3°带的中央子午线,奇数带同 6°带的中央子午线重合,偶数带同 6°带的分带子午线重合,如图 2.11 所示。因此,3°带奇数带与相应 6°带的坐标是相同的,不同的只是带号。

6°带带号 n 与 3°带奇数带号 n' 之间的关系为 $n' = 2n - 1$。

2.3.4　邻带坐标换算

在高斯投影中,为了限制长度变形而采用了分带投影的办法。由于各带独立投影,各带形成了各自独立的坐标系。在测量中若需利用不同投影带的控制点时,就必须进行两个坐标系之间点的坐标换算,将不同带(坐标系)的点换算到同一坐标系中。另外,在大比例尺地形测量

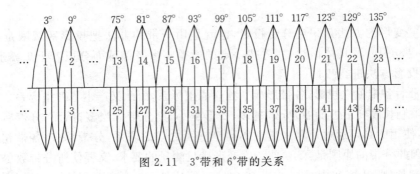

图 2.11   3°带和6°带的关系

中,为了使投影长度变形不超过规定的限度,往往要采用3°带或1.5°带投影,而国家控制网通常是6°带坐标,这就产生了6°带坐标换算为3°带坐标的问题。这种相邻带和不同投影带之间的坐标换算,称为邻带坐标换算,简称坐标换带。

2.3.5   国家统一坐标

如前所述,高斯平面直角坐标系以中央子午线的投影为坐标纵轴 x,赤道的投影为坐标横轴 y,两轴的交点为坐标原点。在这个坐标系中,中央子午线以东的点,y 坐标为正,中央子午线以西的点,y 坐标为负。赤道以南的点,x 坐标为负,赤道以北的点,x 坐标为正。

我国领土全部位于赤道以北,所以 x 坐标全部为正,而每一投影带的 y 坐标值却有正有负,这样在实际应用中就增大了符号出错的可能性。为了避免 y 坐标值出现负值,规定对 y 坐标值加 500 km,这样就使 x、y 值均为正值。由于采用了分带投影,各带自成独立的坐标系,因而不同投影带就会出现相同坐标的点。为了区分不同带中坐标相同的点,又规定在横坐标 y 值前冠以带号。习惯上,把 y 坐标加 500 km 并冠以带号的坐标称为国家统一坐标,而把没有加 500 km 和带号的坐标,称为自然坐标。显然,同一点的国家统一坐标和自然坐标的 x 值相等,而 y 值则不同。

例:设位于19带的点 A_1 和20带的点 A_2 的自然坐标的 y 坐标值分别为

$$A_1: y_1 = 189\ 632.4\ \text{m}$$
$$A_2: y_2 = -105\ 734.8\ \text{m}$$

则相应的国家统一坐标的 y 坐标值为

$$A_1: y_1 = 19\ 689\ 632.4\ \text{m}$$
$$A_2: y_2 = 20\ 394\ 265.2\ \text{m}$$

在实际工作中,使用各类三角点和控制点的坐标时,要注意区分自然坐标与国家统一坐标。

2.4   高程系统

2.4.1   概述

所谓高程,就是点到基准面的垂直距离。根据所选择基准面的不同,高程有所不同。如前文所述的大地坐标系中的大地高就是选择参考椭球面为基准的高程。因此,今后若不专门指出,通常所说的高程就是以大地水准面为基准的,即某点沿铅垂线方向到大地水准面的距离,称为绝对高程或海拔,简称高程,用 H 表示。

为了建立全国统一的高程系统,必须确定一个高程基准面。通常采用大地水准面作为高程基准面,大地水准面的确定是通过验潮站长期验潮来求定的。

2.4.2　高程基准

1. 验潮站

验潮站是为了解当地海水潮汐变化规律而设置的。为确定平均海水面和建立统一的高程基准,需要在验潮站上长期观测潮位的升降,根据验潮记录求出该验潮站海水面的平均位置。

验潮站的标准设施包括验潮室、验潮井、验潮仪、验潮杆和一系列水准点,如图2.12所示。

验潮室通常建在验潮井的上方,以便将系浮筒的钢丝直接引到验潮仪上,验潮仪自动记录海水面的涨落。

根据验潮站所在地的条件,验潮井可以直接通到海底,也可以设置在海岸上。如图2.12中,验潮井设置在海岸上,用导管通到开阔海域。导管保持一定的倾斜,高端通验潮井,低端在最低潮位之下一定深度处,在海水进口处装上金属网。采取这些措施,可以防止泥沙和污物进入验潮井,同时也抑制了波浪的影响。

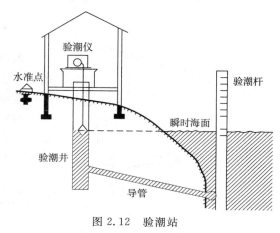

图2.12　验潮站

验潮站上安置的验潮杆,是作为验潮仪记录的参考尺。验潮杆被垂直地安置在码头的柱基上或其他适当的支体上,所在位置需便于精确读数,也要便于它与水准点之间的联测。每日定时进行读数,并要立即将此读数连同读取的日期和时间记在验潮仪纸带上。

平均海水面的高度就是利用验潮站长期观测的海水高度求得的平均值。

2. 高程基准面

我国的验潮站设在青岛。青岛地处黄海,因此,我国的高程基准面以黄海平均海水面为准。为了将基准面可靠地标定在地面上和便于联测,在青岛的观象山设立了永久性水准点,用精密水准测量方法联测求出该点至平均海水面的高程,全国的高程都是从该点推算的,故该点又称为"水准原点"。

2.4.3　高程系统

我国常用的高程系统主要有1956黄海高程系和1985国家高程基准。

1. 1956 黄海高程系

以青岛验潮站1950—1956年验潮资料算得的平均海水面作为全国的高程起算面,并测得"水准原点"的高程为72.289 m。凡以此值推求的高程,统称为1956黄海高程系。

2. 1985 国家高程基准

随着我国验潮资料的积累,为提高大地水准面的精确度,国家又根据1952—1979年的青岛验潮观测值,推求得到黄海海水面的平均高度,并求得"水准原点"的高程为72.260 m。由于该高程系是国家在 1985 年确定的,故把以此值推求的高程称为 1985 国家高程基准。

1956 黄海高程系 H_{56} 与 1985 国家高程基准的 H_{85} 高差为 0.029 m,故二者之间的关系为

$$H_{85} = H_{56} - 0.029 \text{ m} \tag{2.17}$$

除以上两种高程系统外,在我国的不同历史时期和不同地区曾采用过多个高程系统,如大沽高程基准、吴淞高程基准、珠江高程基准等。不同高程系间的差值因地区而异,而这些高程系在我国的某些行业早期曾经使用过,例如,吴淞高程基准一直为长江的水位观测、防汛调度以及水利建设所采用;黄河水利部门曾经使用大沽高程系等。由于各种高程系统之间存在差异,因此,我国从 1988 年起,规定统一使用 1985 国家高程基准。

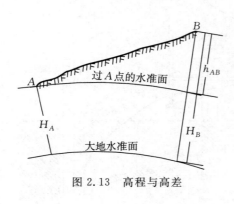

图 2.13　高程与高差

2.4.4　高程与高差

地面点至大地水准面的铅垂距离称为绝对高程。如图 2.13 所示,H_A、H_B 为 A、B 点的绝对高程。

地面上两点间的高程之差 h,称为高差。高差又称为相对高程或比高。A 点对 B 点的高差记作 h_{BA};B 点对 A 点的高差记作 h_{AB},分别为

$$\left. \begin{array}{l} h_{AB} = H_B - H_A \\ h_{BA} = H_A - H_B \end{array} \right\} \tag{2.18}$$

显然,h_{AB} 和 h_{AB} 的绝对值相等,符号相反。

2.5　方位角

在平面上,地面点的位置可用直角坐标 X、Y 确定,而直线的方向则用方位角确定。所谓方位角,就是从基准方向顺时针量至直线的角。根据选择基准方向的不同,方位角分为真方位角、坐标方位角和磁方位角三种。

2.5.1　真方位角

如图 2.14 所示,假定两地面点投影到坐标平面上分别为 P_1 和 P_2,所表示的直线为 P_1P_2。过 P_1 的子午线在坐标平面上的投影一般为曲线(P_1 位于中央子午线上的情况除外),该曲线在 P_1 处的切线方向称为真北方向。由 P_1 点的真北方向起算,顺时针量至直线 P_1P_2 的角度 A,称为直线 P_1P_2 的真方位角。由于直线 P_1P_2 上各点的真子午线都交于南北两极,且互不平行,故一般情况下同一直线上各点的真方位角也各不相等。

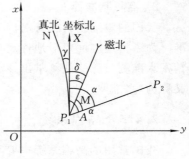

图 2.14　方位角

真方位角可通过天文测量或用陀螺经纬仪测得,也可通过公式计算求得。

2.5.2　坐标方位角

如图 2.14 所示,在同一带内,平面直角坐标系的纵轴方向 Ox 是固定不变的,Ox 轴所

指的方向称为坐标北方向。以坐标纵轴方向为基准方向的
方位角称为坐标方位角，即由 P_1 点的坐标北方向 P_1x 起
算，顺时针量至直线 P_1P_2 的角度 α，称为直线 P_1P_2 的坐标
方位角。

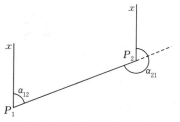

图 2.15　正反坐标方位角

由于直线 P_1P_2 上各点的纵轴方向互相平行，因此，同一
直线上各点的坐标方位角相等。如图 2.15 所示，设直线
P_1 至 P_2 的坐标方位角为 α_{12}，而 P_2 至 P_1 的坐标方位角为
α_{21}。测量上把 α_{12} 和 α_{21} 称为 P_1 至 P_2 的正、反方位角，正、反坐标方位角互差 $180°$，
即 $\alpha_{12} = \alpha_{21} \pm 180°$。

2.5.3　磁方位角

地球是一个磁性物体。地球上磁力最强的两点位于地球的北极和南极附近，分别被称为
磁北极和磁南极。地面点与磁北极和磁南极构成的平面，称为磁子午面。磁子午面与地球
表面的交线称为磁子午线。磁针静止时所指的方向即为磁子午线方向，磁子午线的北方向又
称为磁北方向。

如图 2.14 所示，由 P_1 点的磁北方向顺时针量至直线 P_1P_2 的角度 M，称为直线 P_1P_2 的
磁方位角。因直线 P_1P_2 上各点的磁子午线都交于磁北极和磁南极，故同一直线上各点的磁
方位角互不相等。磁方位角可以用有磁针装置的经纬仪直接测定。但由于地球的磁极位置是
不断变化的，磁极每年都在移动，而且磁针易受磁性物质的干扰，故磁方位角表示直线方向的
精度不高。

2.5.4　方位角的相互关系

三北方向之间的夹角称为偏角。偏角有子午线收敛角、磁偏角和磁坐偏角三种。

真北方向 P_1N 与坐标北方向 P_1X 之间的夹角 γ，称为子午线收敛角，又称坐标纵线偏角。
子午线收敛角以真北方向起算，东偏为正，西偏为负。

真北方向与磁北方向之间的夹角 δ，称之为磁偏角。磁偏角也以真北方向起算，东偏为
正，西偏为负。

坐标北方向与磁北方向之间的夹角 ε，称为磁坐偏角。磁坐偏角以坐标北方向起算，东偏
为正，西偏为负。

由图 2.14 可知，过某点 P_1 直线 P_1P_2 有三个基准方向，即真北(A)、坐标北(α)和磁北
(M)方向，通称为"三北方向"。

三种方位角的相互关系如下

$$\left.\begin{array}{l} A = \alpha + \gamma \\ \delta = A - M = \alpha + \gamma - M \\ \varepsilon = \alpha - M \end{array}\right\} \tag{2.19}$$

在中、小比例尺地形图上，通常绘有地图中心点的三个基准方向之间的关系，称为三北方
向图，三北方向图主要用于地图的定向。

2.6 地图、地形图和地图比例尺

2.6.1 地图

1. 地图的概念

按照一定的法则,有选择地在平面上表示地球上若干现象的图,称为地图。

地图是表示地球上若干现象的真实写照,为了保证根据地图量算的长度、角度、面积和坐标等具有一定的精度,地图必须按照一定的数学法则制作。地面上地物的种类繁多,形状、大小不一,为能够按图识别各种地物,便于制作,地图必须有专门的地图符号、文字注记和颜色。地球表面的地物多种多样,不可能也无必要毫无选择地全部表示。因此,必须依据不同的用途,对地物按照一定的法则综合或取舍。例如,军事用图应当着重表示具有军事意义的地物,综合表示数量多、分布密集、军事意义不大的地物,而舍去那些无军事意义的地物。所以,地图具有严格的数学基础、符号系统、文字注记,采用制图综合原则科学地反映自然和社会经济现象的分布特征及相互联系。

地图在经济建设、国防建设和人民日常生活中具有重要作用。

2. 地图的分类

地图种类繁多,通常按照某些特征进行归类。

1) 按地图内容分类

地图按表示内容分类,可分为普通地图和专题地图两大类。

普通地图是综合反映地表自然和社会现象一般特征的地图。它以相对均衡的详细程度表示自然要素和社会经济要素。有些专题地图就是根据普通地图编绘的,如地形图、平面图等。

专题地图是着重表示某一专题内容的地图,如地貌图、交通图、地籍图、土地利用现状图等。

2) 按地图比例尺分类

地图按比例尺可分类为大比例尺地图、中比例尺地图和小比例尺地图。

大比例尺地图、中比例尺地图和小比例尺地图,测量和制图有不同的分类方法。测量学把比例尺大于 1∶1 万的地图称为大比例尺;比例尺小于 1∶10 万的地图称为小比例尺;其他则称为中比例尺地图。而制图学则把大于等于 1∶10 万的地图称为大比例尺;比例尺小于 1∶50 万的地图称为小比例尺;其他则称为中比例尺地图。

3) 按成图方法来分类

地图若以成图方法来分类,可分为线划图、影像图、数字图等。

线划图是将地面点的位置用符号与线划表示的地图,如地形图、地籍图等。

影像图是把线划图和像片平面图结合的一种形式。将航空摄影(或卫星摄影)的像片经处理得到正射影像,并将正射影像和线划符号综合地表现在一张图面上,称为正射影像图。影像图具有成图快、信息丰富,能反映微小景观,并且有立体感,便于读图和分析等特点,是近代发展起来的新型地形图。常见的有以彩色航空像片(或卫星像片)的色彩影像表示的影像地图。

数字图是用数字形式记录和存储的地图,是在一定的坐标系内具有确定位置、属性及关系标志和名称的地面要素的数据,在计算机可识别的存储介质上概括的有序集合。数字图是以数据和数据结构为信息传递语言,主要在计算机环境中使用的一种地图产品。数字地图具有可快速存取、传输,能够动态地更新修改、实时进行方位、距离等地形信息的计算,用户可以利用计算机技术,有选择地显示或输出地图的不同要素,将地图立体化、动态化显示。

2.6.2　地形图

地形图是按照一定的比例尺,表示地物地貌平面位置和高程的正射投影图。它是普通地图中最主要的一种。

在地形图上,地物按图式符号加注记表示。地貌一般用等高线和地貌符号表示。等高线能反映地面的实际高度、起伏特征,并有一定的立体感。因此,地形图多采用等高线表示地貌。

1. 地形图的图外信息

地形图图外信息的主要内容包括:图名、图号、领属注记、邻接图幅接合表、保密等级、图例、编图和出版单位、测图方式和时间;比例尺,坡度尺,等高距;三北方向图等。

图名一般取图幅中较著名的地理名称,注记在地形图的上方中央。图号即图幅编号,注记在图名下边。

邻接图幅接合表又称接图表,以表格形式注记该图幅的相邻 8 幅图的图名。

坡度尺表示的是相邻两条等高线的坡度。

三北方向图是指地形图中央一点的三北方向图。

图廓线是地形图的范围线,图廓的 4 个角点称为图廓点。地形图的图廓线由一组线条组成,分内图廓、分度线和外图廓。内图廓是图幅的实际范围线,分度线是图廓经纬线的加密分划,绘在内图廓上,形式不一。外图廓仅起装饰作用。

2. 地形图的图幅元素

地形图的图幅元素是决定地形图位置和大小的一组数据。由于地形图是按照一定的经差、纬差划分的,所以地形图的图幅元素也是确定的。如图 2.16 所示,地形图图幅元素包括以下内容:

(1)图廓点的经度、纬度,如 (L_1,B_1)、(L_2,B_2)、(L_3,B_3)、(L_4,B_4)。

(2)图廓点的高斯平面坐标,如 (x_1,y_1)、(x_2,y_2)、(x_3,y_3)、(x_4,y_4)。

(3)图廓线长,如 a_1、a_2、c_1、c_2。

(4)图廓对角线长,如 d。

(5)图幅四个图廓点的平均子午线收敛角,如 γ。

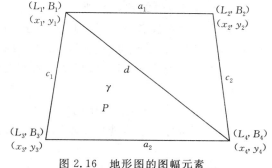

图 2.16　地形图的图幅元素

(6)图幅的实地面积,如 P。它的大小取决于地形图的位置。凡纬度相同的同比例尺图幅,其实地面积相等。

2.6.3　比例尺

1. 比例尺的概念

将地球表面的形状和地面上的物体测绘在图纸上,不可能也无必要按其真实大小来描绘,通常要按一定的比例尺缩小。这种缩小的比率,即图上距离与实地相应水平距离的比值称为地图比例尺。为了使用方便,通常把比例尺化为分子为1的分数。它可用下式来表示,即

$$比例尺 = \frac{图上距离}{实地相应水平距离} = \frac{1}{M} \tag{2.20}$$

式中,M 称为比例尺分母。若已知地形图的比例尺,则可根据图上距离求得相应的实地水平距离;反之,也可根据实地水平距离求得相应的图上距离。

2. 比例尺的最大精度

一般来说,正常人的眼睛只能清晰地分辨出图上大于 0.1 mm 的两点间的距离,这种相当于图上 0.1 mm 的实地水平距离称为比例尺的最大精度。比例尺最大精度可用下式表示,即

$$\delta = 0.1 \, \text{mm} \cdot M \tag{2.21}$$

式中,M 为地图比例尺分母。

比例尺的最大精度决定了与比例尺相应的测图精度,例如,1∶1 万比例尺的最大精度为 1 m,测绘 1∶1 万地形图时,只需准确到整米即可,更高的精度是没有意义的。其次,我们也可以按照用户要求的精度确定测图比例尺。例如,某工程设计要求在图上要能显示出 0.1 m 的精度,则测图比例尺不应小于 1∶1 000。

2.7　地形图的分幅与编号

为了便于地形图的测制、管理和使用,通常需要将地球表面分成小块分别进行测绘。这种在地球表面进行的分块称为地形图的分幅,对每幅地形图给一个代号,称为地形图的编号。

地形图的分幅可分为两大类:一是按经纬度进行分幅,称为梯形分幅法,一般用于国家基本比例尺系列的地形图;二是按平面直角坐标进行分幅,称为矩形分幅法,一般用于大比例尺地形图。

2.7.1　基本比例尺地形图的分幅与编号

1. 分幅与编号的基本原则

(1)由于分带投影后,每带为一个坐标系,因此地形图的分幅必须以投影带为基础、按经纬度划分,并且尽量用"整度、整分"的经差和纬差来划分。

(2)为便于测图和用图,地形图的幅面大小要适宜,且不同比例尺的地形图幅面大小要基本一致。

(3)为便于地图编绘,小比例尺的地形图应包含整幅的较大比例尺图幅。

(4)图幅编号要求应能反映不同比例尺之间的联系,以便进行图幅编号与地理坐标之间的换算。

2. 分幅与编号的方法

我国基本比例尺地形图包括 1∶100 万、1∶50 万、1∶25 万、1∶10 万、1∶5 万、1∶2.5 万、1∶1 万、1∶5 000、1∶2 000、1∶1 000 和 1∶500 等 11 种。梯形分幅统一按经纬度划分,图幅编号方法有两种,一是传统的编号方法,二是有利于计算机管理的新编号方法。

1)传统的编号方法

基本比例尺地形图的分幅,都是以 1∶100 万分幅为基础来划分的。

(1)1∶100 万地形图的分幅与编号。

1∶100 万比例尺地形图的分幅与编号采用"国际分幅编号"。将整个地球从经度 180°起,自西向东按 6°经差分成 60 个纵列,自西向东依次用数字 1、2、…、60 编列数。从赤道起分别向北、向南,在纬度 0°至 88°的范围内,按 4°纬差分成 22 个横行,依次用大写字母 A、B、C、…、V 表示,如图 2.17 所示。

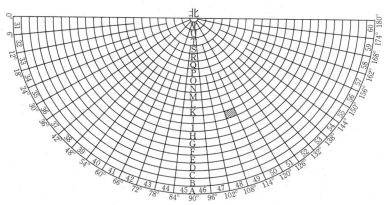

图 2.17 1∶100 万分幅与编号

1∶100 万比例尺地形图的编号以"横行 — 纵列"的形式来表示。例如,某地所在国际百万分之一地形图的编号为 J—49,如图 2.17 阴影所示。

纵列号与 6°带带号之间关系式为:纵列号＝带号 ± 30。当图幅在东半球时取"＋"号,在西半球时取"—"号。由于我国位于东半球,故纵列号与带号的关系式为:纵列号＝带号＋30。

(2)1∶50 万、1∶25 万、1∶10 万地形图的分幅与编号。

如图 2.18 所示,1∶50 万、1∶25 万、1∶10 万地形图的分幅和编号都是在 1∶100 万地形图的分幅编号基础上进行的。

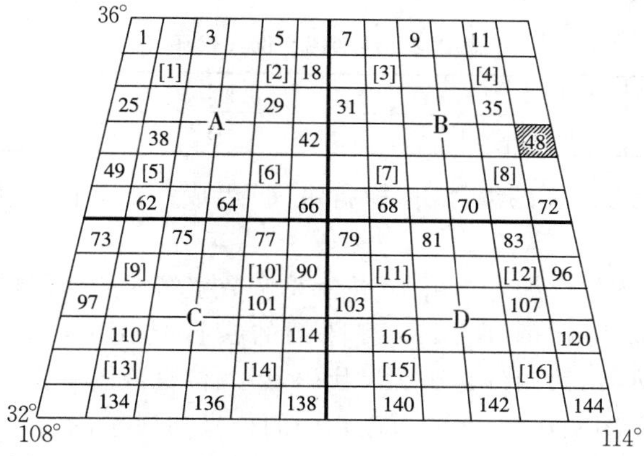

图 2.18 1∶50 万、1∶20 万、1∶10 万地形图分幅编号

将一幅 1∶100 万地形图按经差 3°、纬差 2°等分成 4 幅(2×2),每幅为 1∶50 万地形图,从左向右从上向下分别以 A、B、C、D 表示。

将一幅 1∶100 万地形图按经差 1.5°、纬差 1°等分为 16 幅(4×4),每幅为 1∶25 万地形图,从左向右从上向下分别以 [1]、[2]、[3]、…、[16] 表示。

　　将一幅 1∶100 万地形图按经差 30′、纬差 20′等分为 144 幅(12×12),每幅为 1∶10 万地形图,从左到右,从上向下分别以 1,2,3,…,144 表示。

　　1∶50 万、1∶25 万、1∶10 万地形图的分幅编号是在 1∶100 万地形图的编号上加上本幅代码构成。如某地所在的 1∶50 万地形图、1∶25 万地形图和 1∶10 万地形图的编号分别为 I—49—B、I—49—[8]和 I—49—48(图 2.18)。

　　(3)1∶5 万、1∶2.5 万地形图的分幅与编号。

　　将一幅 1∶10 万地形图,按经差 15′、纬差 10′等分成 4 幅(2×2),每幅为 1∶5 万的地形图,分别以代码 A、B、C、D 表示。

　　将一幅 1∶5 万地形图,按经差 7′30″、纬差 5′等分成 4 幅(2×2),每幅为 1∶2.5 万的地形图,分别以代字 1、2、3、4 表示。

　　1∶5 万、1∶2.5 万地形图的编号是在前一级图幅编号上加上本幅代字,如某地 1∶5 万、1∶2.5 万地形图的编号分别为 I—49—48—C、I—49—48—C—4。

　　(4)1∶1 万、1∶5 000 地形图的分幅与编号。

　　将一幅 1∶10 万地形图,按经差 3′45″、纬差 2′30″等分成 64 幅(8×8),每幅为 1∶1 万地形图,分别以代字(1)、(2)、(3)、…、(64)表示。1∶1 万地形图的编号是在 1∶10 万地形图的编号上加上本幅代码,如 I—49—48—(64)。

　　将一幅 1∶1 万地形图,按经差 1′52.5″、纬差 1′15″等分成 4 幅(2×2),每幅为 1∶5 000 地形图,分别以代字 a、b、c、d 表示。1∶5 000 地形图的编号是在 1∶1 万地形图的编号上加上本幅代码,如 I—49—48—(64)—d。

　　2)新的编号方法

　　新的图幅分幅方法仍以 1∶100 万图幅为基础划分,各种比例尺图幅的经差和纬差也不变。

　　新的编号方法仍以 1∶100 万图幅为基础,以下接比例尺代码和该图幅在 1∶100 万地形图上的行、列代码。比例尺代码如表 2.2 所示。

表 2.2　地形图比例尺代码

比例尺	1∶50 万	1∶25 万	1∶10 万	1∶5 万	1∶2.5 万	1∶1 万	1∶5 000	1∶2 000	1∶1 000	1∶500
代　码	B	C	D	E	F	G	H	I	J	K

　　1∶100 万比例尺地形图新的编号由"横行纵列"组成。如原图号 I—49 的图幅的新图号为 I49。

　　除 1∶100 万外,各图幅的编号均由 10 位字母和数字组成的代码构成,如表 2.3 所示。新编号中第一位是该图幅所在的 1∶100 万图幅的横行号代字,第二、三位是该图幅所在的 1∶100 万图幅的纵列号,第四位是比例尺代码,后六位是该图幅在 1∶100 万图幅中的位置代字,其中各用三位表示图幅在 1∶100 万图幅中的行号和列号,不够三位时前面补 0。例如,如某地所在的 1∶50 万地形图,其 1∶100 万图幅的横行号为 I、纵列号为 49,由表 2.2 可知,1∶50 万地形图的比例尺代字为 B,该图幅在 1∶100 万图幅中位于第 1 行、第 2 列,故该图幅的新编号为 I49B001002。

表 2.3　新的图幅编号写法

行号	列　号	比例尺代码	横　　行　　号	纵　　列　　号

若要根据某点的经纬度来求取所在 1∶100 万图幅中的行号和列号,可根据经差和纬差用公式计算求得。设图幅在 1∶100 万图幅中的位置行为 C、列为 D,则计算公式为

$$\left.\begin{aligned} C &= \frac{4°}{\Delta B} - \text{int}\left(\frac{\text{mod}\left(\frac{B}{4°}\right)}{\Delta B}\right) \\ D &= \text{int}\left(\frac{\text{mod}\left(\frac{L}{6°}\right)}{\Delta L}\right) + 1 \end{aligned}\right\} \tag{2.22}$$

式中,L、B 分别为某点的经纬度,ΔL、ΔB 为相应比例尺图幅的经差、纬差,int 表示取整数运算,mod 表示取余数运算。

3)主要比例尺地形图新旧图幅编号对照

主要比例尺地形图的经差、纬差,及新旧图幅编号示例如表 2.4 所示。

表 2.4　主要比例尺地形图的图幅大小及新旧编号

比例尺	经差	纬差	原图幅编号	新图幅编号
1∶100 万	6°	4°	I—49	I49
1∶50 万	3°	2°	I—49—B	I49B001002
1∶25 万	1.5°	1°	I—49—[8]	I49C002004
1∶10 万	30′	20′	I—49—48	I49D004012
1∶5 万	15′	10′	I—49—48—C	I49E008023
1∶2.5 万	7′30″	5′	I—49—48—C—4	I49F016046
1∶1 万	3′45″	2′30″	I—49—48—(64)	I49G032096
1∶5000	1′52.5″	1′45″	I—49—48—(64)—d	I49H064192

4)接图表

接图表用于表示某图幅与其相邻图幅的邻接关系,如图幅 I—49—1—A 的相邻图幅如表 2.5 所示。

表 2.5　相邻图幅

J—48—144—D	J—49—133—C	I—49—133—D
I—48—12—B	I—49—1—A	I—49—1—B
I—48—12—D	I—49—1—C	I—49—1—D

2.7.2　大比例尺地形图的分幅与编号

大比例尺地形图的图幅通常采用矩形分幅,图幅的图廓线为平行于坐标轴的直角坐标格网线。以整千米(或百米)坐标进行分幅,图幅大小如表 2.6 所示。

表 2.6　几种大比例尺地形图的图幅大小

比例尺	图幅大小/cm²	实地面积/km²	1∶5 000 图幅内的分幅数
1∶5 000	40×40	4	1
1∶2 000	50×50	1	4
1∶1 000	50×50	0.25	16
1∶500	50×50	0.062 5	64

矩形分幅图的编号有以下几种方式。

1. 按图廓西南角坐标编号

采用图廓西南角坐标千米数编号，x 坐标在前，y 坐标在后，中间用短线连接。1∶5 000 取至 km 数，1∶2 000、1∶1 000 取至 0.1 km 数，1∶500 取至 0.01 km 数。例如，某幅 1∶1 000 比例尺地形图西南角图廓点的坐标 $x = 83\,500$ m，$y = 15\,500$ m，则该图幅编号为 83.5—15.5。

2. 按流水号编号

按测区统一划分的各图幅的顺序号码，从左至右、从上到下，用阿拉伯数字编号。如图 2.19(a)所示，晕线所示图号为 15。

3. 按行列号编号

将测区内图幅按行和列分别单独排出序号，再以图幅所在的行和列序号作为该图幅图号。如图 2.19(b)所示，晕线所示图号为 A—4。

4. 以 1∶5 000 比例尺图为基础编号

如果整个测区测绘有几种不同比例尺的地形图，则地形图的编号可以 1∶5 000 比例尺地形图为基础。以某 1∶5 000 比例尺地形图图幅西南角坐标值编号，如图 2.19(c)所示，1∶5 000 图幅编号为 32—56，此图号就作为该图幅内其他较大比例尺地形图的基本图号，编号方法如图 2.19(d)所示。图中，晕线所示图号为 32—56—Ⅳ—Ⅲ—Ⅱ。

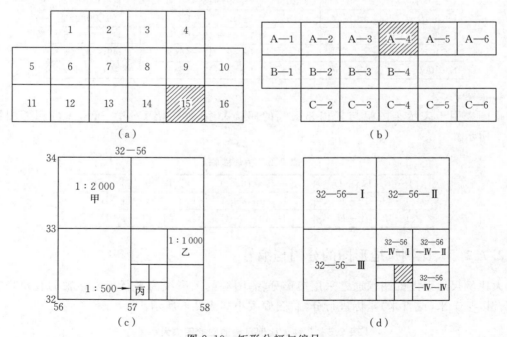

图 2.19　矩形分幅与编号

思考题与习题

1. 什么是大地水准面？大地水准面有何特性？
2. 什么是参考椭球面？参考椭球面有何特性？
3. 什么是高程？什么是高差？

4. 试说明我国 1954 北京坐标系和 1956 黄海高程系是如何建立的。

5. 试说明高斯投影条件及其投影变形规律。

6. 已知地面点 A 在 1956 黄海高程系中的高程为 145.783 m，B 点在 1985 国家高程基准中的高程为 271.056 m，求 h_{AB}。

7. 已知某点位于东经 117°28′39″、北纬 42°42′05″，试求该点所在的 6°带、3°带带号以及中央子午线的经度。

8. 已知某点位于 3°带第 37 带，其自然坐标为 $x = 140\ 123$ m、$y = 1\ 205$ m，试求该点的 3°带通用坐标和 6°带通用坐标。

9. 在何种情况下，6°带自然坐标与 3°带自然坐标相等？在何种情况下，3°带自然坐标与 6°带自然坐标相等？

10. 什么是比例尺的最大精度？若某工程要求图上能显示实地 0.5 m 的精度，问应该测制多大比例尺的地形图？

11. 已知某点位于东经 112°23′19″、北纬 40°22′48″，试求其所在 1∶5 万地形图的图幅的新旧图幅编号。

12. 已知某幅地形图的图幅编号为 H—48—12—B—2，试写出其相邻图幅的编号。

13. 试求取与图幅 I—49—45—D 位于同一 6°带内且图幅面积相同的图幅编号。

第3章　测量误差的基本知识

人们对客观事物或现象的认识总存在不同程度的误差。这种误差在对变量进行观测和量测的过程中反映出来,称为测量误差。在测量工作中,由于受客观条件的影响,测量成果存在误差是不可避免的。

3.1　测量误差概述

3.1.1　真值和真误差

用仪器对某量进行量测,称为观测,获得的数据称为观测值。在测量工作中,由于受客观条件的影响,所有的测量成果都不可避免地存在误差。例如,对某段距离进行多次量测,各次量测的结果总不会完全相同;又如,用仪器对一个三角形的三个内角进行测量,三内角测量值之和一般不会恰好等于180°。这就是说测量成果中含有测量误差是必然的。

测量中的被观测量,客观上都存在一个真实值,简称真值。对该量进行观测得到观测值,观测值与真值之差称为真误差,即

$$真误差 = 观测值 - 真值 \tag{3.1}$$

真值通常是未知的,真误差也就无法获得。但是在一些情况下,有可能预知由观测值构成的某一函数的理论真值。

例如,三角形三内角之和的理论真值为180°是已知的,所以三角形闭合差就是三角形三内角和的真误差。

又如,当对同一个量观测两次,设观测值为 L_1 及 L_2,它的真值为 X,若以 d 表示两次观测值差值的真误差,由式(3.1)得

$$d = (L_1 - L_2) - (X - X) = L_1 - L_2 \tag{3.2}$$

由此可见,两次观测值的差值 d 就是差值的真误差。差值 d 又称较差。

3.1.2　测量误差的来源

测量误差产生的原因很多,但可以归纳为以下三个方面。

1. 观测者

由于观测者的视觉、听觉等感官的鉴别能力有一定的局限性,所以在仪器的安置、照准、读数等过程中都会产生误差,如仪器的整平误差、照准误差、读数误差等。同时,观测者的工作态度、技术水平和观测者观测时的身体状况、情绪等也会对观测结果的质量产生影响。

2. 测量仪器

测量是利用仪器进行的,任何仪器的精度都是有限的,因而观测值的精度也是有限的。例如,经纬仪的三轴之间的正确关系是:竖轴铅垂,照准轴与横轴正交,横轴与竖轴正交。但在实践中,往往仪器不能完全满足这些关系,因而测得的角度就可能含有误差。又如,用刻有厘米

分划的普通水准标尺进行水准测量,估读的毫米值就不可能完全准确。同时,仪器因搬运等原因存在着自身的误差,如水准仪的照准轴不平行于水准管轴,就会使观测结果产生误差。

3. 外界条件

测量工作是在一定的外界环境条件下进行的,温度、风力、风向、大气折光等诸多因素都会直接对观测结果产生影响,而且温度的高低、风力的强弱及大气折光的大小等因素的差异和变化对观测值的影响也不同。另外,观测目标本身的清晰程度对仪器的照准也会产生影响,从而对观测值产生影响。

上述三方面的因素是测量误差的主要来源,通常把这三方面的因素称为测量条件。由于受测量条件的影响,观测结果总有误差存在,因此,测量误差的产生是不可避免的。测量工作的任务就是要在一定的观测条件下,采用合理的观测方法和手段,确保观测成果具有较高的质量,将测量误差减小或控制在允许的限度内。

3.1.3 观测的分类

1. 同精度观测和不同精度观测

测量条件直接影响观测成果的质量。测量条件好,观测中产生的误差就会小,观测成果的质量就高;测量条件差,产生的观测误差就大,观测成果的质量就低;测量条件相同,观测误差的影响应当相同。通常把在相同的测量条件下的观测称为等精度观测,即用相同精度、相同等级的仪器、设备,用相同的方法和在相同的外界条件下,由具有大致相同技术水平的人所进行的观测称为等精度观测,其观测值称为同精度观测值或等精度观测值。反之,把测量条件不同的观测称为非等精度观测,其观测值称为非等精度观测值。例如,在相同的观测条件下,两人用 J6 经纬仪各自测得的一测回水平角值属于同精度观测值。若一人用 J2 经纬仪,另一人用 J6 经纬仪,测得的水平角,或两人都用 J6 经纬仪,但一人测 2 测回,另一人测 4 测回,各自测得的值则属于非等精度观测值。

2. 直接观测和间接观测

按观测量与未知量之间的关系,观测可分为直接观测和间接观测,相应的观测值称为直接观测值和间接观测值。为确定某未知量而直接进行的观测,如果被观测量就是所求未知量本身,称为直接观测,观测值称为直接观测值。通过被观测量与未知量的函数关系来确定未知量的观测称为间接观测,观测值称为间接观测值。例如,测定两点间的距离,用钢尺直接丈量属于直接观测,而视距测量则属于间接观测。

3. 独立观测和非独立观测

按各观测值之间相互独立或依存关系,观测可分为独立观测和非独立观测。各观测量之间无任何依存关系,是相互独立的观测,称为独立观测,观测值称为独立观测值。若各观测量之间存在一定的几何或物理条件的约束,则称为非独立观测,观测值称为非独立观测值。如对某一单个未知量进行重复观测,各次观测是独立的,各观测值属于独立观测值。例如,观测某平面三角形的三个内角,因三角形内角之和应满足 $180°$ 这个几何条件,属于非独立观测,三个内角的观测值是非独立观测值。

4. 多余观测

所谓多余观测就是观测量多于必需的观测量。例如,一个三角形只要观测两个角就能推算出第三个角,但测量上通常测量三个角,其中两个角称为必要观测,另一个称为多余观测。

又如,多次测量一段距离,其中一次测量是必要观测,其他则称为多余观测。

多余观测可以揭示测量误差,但同时多余观测又使测量成果产生矛盾。例如,三角形的三个观测角之和不等于180°。测量平差就是在多余观测基础上,研究依据一定的数学模型和原则消除这个矛盾,并评定精度的学科。

3.1.4 测量误差分类

按测量误差对观测结果的影响性质,可将测量误差分为粗差、系统误差和偶然误差三类。

1. 粗差

粗差是由于观测者使用仪器不正确或疏忽大意,如测错、读错、记错、算错等造成的错误,或因外界条件发生意外的显著变化引起的差错。在测量中,一般采取变更仪器或改变操作程序、重复观测等方法查出粗差并剔除。测量通常要求必须有多余观测进行检核,因此,一般地讲,只要严格遵守测量规范,工作中仔细谨慎,并对观测结果做必要的检核,粗差是可以避免的。

2. 系统误差

受测量条件中某些特定因素的系统性影响而产生的误差称为系统误差。即在相同的观测条件下进行的一系列观测中,数值大小和正负号固定不变,或按一定规律变化的误差。

系统误差具有累积性,它随着单一观测值观测次数的增多而积累。系统误差的存在必给观测成果带来系统的偏差,所以,应尽量消除或减弱系统误差对观测成果的影响。

首先要根据数理统计的原理和方法判断一组观测值中是否含有系统误差,其大小是否在允许的范围以内,然后采用以下适当的措施消除或减弱:

(1)测定系统误差的大小,对观测值加以改正。例如,对钢尺进行检定求出尺长改正数,在钢尺观测值中加尺长改正和温度改正,消除尺长误差和温度变化引起的误差。

(2)改进仪器结构并制定有效的观测方法和操作程序,使系统误差在观测值中以相反的符号出现,加以抵消。例如,水准测量中采用前、后视距大致相等的对称观测,可以消除照准轴不平行于水准管轴所引起的系统误差。又如,经纬仪测角时,用盘左、盘右观测并取中数的方法可以消除照准轴误差等系统误差的影响。

(3)检校仪器。将仪器存在的系统误差降低到最小限度,或限制在允许的范围内,以减弱其对观测结果的影响。例如,经纬仪照准部管水准轴与竖轴不正交的误差对水平角的影响,可通过认真检校仪器并在观测中精确整平的方法来减弱。

(4)平差计算。系统误差可以通过分析观测成果发现,并在平差计算中消除。但计算消除的程度取决于人们对系统误差的了解程度。测量仪器和测量方法不同,系统误差的存在形式也不同,消除系统误差的方法也不同。因此,必须根据具体情况进行检验、定位和分析研究,采取不同的措施,使系统误差减小到可以忽略不计的程度。

3. 偶然误差

受测量条件中各种随机因素的偶然性影响而产生的误差称为偶然误差。在相同的观测条件下进行一系列观测,单个误差的出现没有一定的规律性,其数值的大小和符号都没有规律性,而对于大量误差的总体,却存在一定的统计规律。偶然误差又称为随机误差。

例如,用经纬仪测角时,就单一观测值而言,由于受照准误差、读数误差、外界条件变化、仪器误差等综合影响,测角误差的大小和正负号都不能预知,即具有偶然性。所以测角误差属于偶然误差。

　　偶然误差反映了观测结果的精密度。精密度是指在同一测量条件下,用同一观测方法进行多次观测时,各观测值之间相互的离散程度。

　　在观测过程中,系统误差和偶然误差往往是同时存在的。当观测值中有显著的系统误差时,偶然误差就居于次要地位,观测误差呈现出系统性;反之,呈现出偶然性。因此,对一组剔除了粗差的观测值,首先应寻找、判断和排除系统误差,或将其控制在允许的范围内,然后根据偶然误差的特性对该组观测值进行数学处理,求出最接近未知量真值的估值,称为最或然值;同时,评定观测结果质量的优劣,称为评定精度。这项工作在测量上称为测量平差,简称平差。本章主要讨论偶然误差及其平差方法。

3.1.5　偶然误差的特性

　　偶然误差是无数偶然因素造成的,因而每个偶然误差的大小及正负都是随机的,不具有规律性,但是,在相同条件下重复观测某一量时,所出现的大量的偶然误差却具有一定的统计规律。

　　例如,在相同的测量条件下,独立观测了817个三角形的全部内角。由于观测值含有误差,故每次观测所得的3个内角观测值之和一般不等于$180°$,按下式计算三角形各次观测的误差

$$W_i = A_i + B_i + C_i - 180° \tag{3.3}$$

式中,W_i 称三角形闭合差,A_i、B_i、C_i 为各三角形的3个内角的观测值($i = 1, 2, \cdots, 817$)。由于测量作业中已尽可能地剔除了粗差和系统误差,因此这些三角形的闭合差就是偶然误差 Δ_i。它们的数值分布情况如表 3.1,其中取 Δ_i 的间隔 $d\Delta = 0.50''$。

表 3.1　偶然误差数值分布

误差区间 $\Delta_i/('')$	负　误　差			正　误　差			总数
	个数 n_i	频率 $\omega = \dfrac{n_i}{n}$	$\dfrac{\omega}{d\Delta}$	个数 n_i	频率 $\omega = \dfrac{n_i}{n}$	$\dfrac{\omega}{d\Delta}$	
0.00～0.50	121	0.15	0.30	123	0.15	0.30	244
0.50～1.00	90	0.11	0.22	104	0.13	0.26	194
1.00～1.50	78	0.10	0.20	75	0.09	0.18	153
1.50～2.00	51	0.06	0.12	55	0.07	0.14	106
2.00～2.50	39	0.05	0.10	27	0.03	0.06	66
2.50～3.00	15	0.02	0.04	20	0.02	0.04	35
3.00～3.50	9	0.01	0.02	10	0.01	0.02	19
3.50～∞	0	0.00	0.00	0	0.00	0.00	0
总和	403	0.50		414	0.50		817

　　归纳表 3.1 可知,在相同的条件下进行独立观测而产生的一组偶然误差,具有以下四个统计特性:

　　(1)在一定测量条件下,偶然误差的绝对值大小不会超过一定的界限,也就是说,偶然误差超出一定界限的概率为零;

　　(2)绝对值小的误差比绝对值大的误差出现的概率大;

　　(3)绝对值相等的正、负误差出现的概率相同;

　　(4)在相同条件下,对同一量进行重复观测,偶然误差的算术平均值随着观测次数的无限增加而趋于零,即

$$\lim_{n\to\infty}\frac{\sum_{i=1}^{n}\Delta_i}{n}=0 \tag{3.4}$$

　　如果以偶然误差区间 dΔ 为横坐标,以偶然误差相应区间的频率与区间间隔的比值($\omega/\mathrm{d}\Delta$)为纵坐标,可绘出误差统计直方图,如图 3.1 所示(用表 3.1 中数据)。图中每个长方形面积即为误差出现于该区间的频率,长方形面积之和等于 1。长方形的高则表示相应区间的分布密度。

　　设想当误差个数无限增加,并将误差区间 dΔ 无限缩小时,图 3.1 中的直方图中各长方形的上底的极限将形成一条光滑曲线,如图 3.2 所示。这个曲线称为"正态分布曲线"或者误差分布曲线。

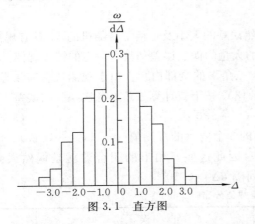

图 3.1　直方图

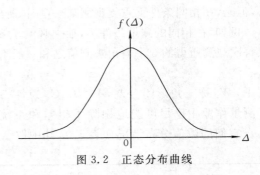

图 3.2　正态分布曲线

　　根据概率理论,正态分布曲线的数学方程为

$$f(\Delta)=\frac{1}{\sqrt{2\pi}\,\sigma}\mathrm{e}^{-\frac{\Delta^2}{2\sigma^2}} \tag{3.5}$$

式中,π 为圆周率,e$=2.718\,3$ 为自然对数的底,σ 为标准差,σ^2 为方差。方差为偶然误差平方和的平均值,即

$$\sigma^2=\lim_{n\to\infty}\frac{[\Delta\Delta]}{n} \tag{3.6}$$

式中,n 表示误差个数,"$[\ ]$"表示取和,是本章以后常用的符号,含义为

$$[\Delta\Delta]=\Delta_1^2+\Delta_2^2+\cdots+\Delta_n^2 \tag{3.7}$$

则标准差为

$$\sigma=\lim_{n\to\infty}\sqrt{\frac{[\Delta\Delta]}{n}} \tag{3.8}$$

3.2　精度估计的标准

3.2.1　精度

　　精度即精密度,是指同一个量的各观测值之间密集和离散的程度。如果各观测值分布很集中,说明观测值的精度高,反之,如果各观测值分布很分散,说明观测值的精度低。准确度是

指观测值中系统误差的大小。精确度是准确度与精密度的总称。

　　在测量中,通常用精确度评价观测成果的优劣。准确度主要取决于系统误差的大小,精度主要取决于偶然误差的分布。有时观测值精度很高,但可能很不准确,因为其中可能含有系统误差。因此,只有在观测值中排除了系统误差,只剩偶然误差时,讨论观测值的精度才有意义。在本章,讨论的观测值是仅含有偶然误差的观测值。

　　当观测值仅含偶然误差时,精度与观测质量是一致的,它们都取决于测量条件。在相同的测量条件下,对某量所进行的一组观测,对应着同一种误差分布,这一组中的每一个观测值,都具有相同的精度。为了衡量观测值精度的高低,可以将所有可能的误差都统计在内,采用误差分布表或绘制频率直方图来评定,从误差的总体分布中,得出反映观测精度的真实数据。但这在实际工作中是不可能做到的。因此,需要建立一个统一的衡量精度的标准,使该标准及其数值大小能反映出误差分布的离散或密集的程度,称为衡量精度的指标。

3.2.2　中误差

　　标准差的平方为方差。方差反映的是随机变量总体的离散程度,又称总体方差或理论方差。在测量中,当观测值仅含偶然误差时,方差的大小就反映了总体观测结果接近真值的程度。方差小,观测精度高;方差大,观测精度低。测量条件一定时,误差有确定的分布,方差为定值。但是,计算方差必须知道随机变量的总体,实际上这是做不到的。在实际应用中,总是依据有限次观测计算方差的估计值,并以其平方根作为均方差的估计值,称为中误差。在相同测量条件下得到一组独立的观测误差 $\Delta_1, \Delta_2, \cdots, \Delta_n$,误差平方中数的平方根即为中误差。用 m 表示,即

$$m = \pm \sqrt{\frac{[\Delta\Delta]}{n}} \tag{3.9}$$

式中,n 表示误差个数;"$\pm$"号表示按该式计算出中误差数值之后,应在数值前加上"$\pm$"号,这是测量上约定的习惯,如 ± 0.01 mm、$\pm 0.1''$ 等。习惯上,常将标志一个量精度的中误差附写于此量之后,如 $83°26'34'' \pm 3''$、458.483 m ± 0.005 m 等,$\pm 3''$ 及 ± 0.005 m 分别为其前边数值的中误差。

　　例 3.1　有一组三角形的闭合差分别为 $-7''$、$-12''$、$+8''$、$+14''$、$-15''$、$+6''$、$-14''$、$-13''$、$+14''$ 试求三角形闭合差的中误差。

　　解:因为三角形的闭合差就是真误差,故由式(3.9)可求得三角形闭合差的中误差为

$$M_w = \pm 11.9''$$

应当指出:中误差 m 是衡量精度高低的一个指标。m 越大,精度越低,反之亦然。但是,由式(3.9)计算的 m,只是中误差的估值,在观测次数一定时,这个估值具有一定的随机性,只有当观测次数较多时,由式(3.9)计算的中误差 m 才比较可靠。

3.2.3　相对误差

　　在某种情况下,观测值的中误差并不能完全表达观测精度的高低。例如,测量了两段距离,一段为 $1\,000$ m,另一段为 200 m,其中误差均为 ± 0.2 m,尽管两者的中误差一样,但就单位长度而言,两段距离的测量精度显然是不同的。因此,必须引入另一个衡量精度的标准,即

相对误差。

测量上将误差值与其相应观测结果的比值称为相对中误差。在上述例子中，如距离 1 000 m 的相对中误差为

$$\frac{0.2}{1\,000}=\frac{1}{5\,000}$$

而距离 200 m 的相对中误差为

$$\frac{0.2}{200}=\frac{1}{1\,000}$$

显然，前者的相对中误差比后者小，即前者每单位长度的测量精度比后者高。

相对误差一般只用于长度测量，这是个无量纲的数，通常都将分子化为 1，写成 $\frac{1}{N}$ 的形式。

3.2.4　极限误差

由偶然误差的第一个特性可知，在一定的测量条件下，偶然误差的绝对值不会超出一定的限值。因此，人们通常依据一定的测量条件规定一个适当的数值，在这种测量条件下出现的误差，绝大多数都不会超出此数值，而对超出此数值者，则认为是异常，其相应的观测结果应予以剔除。这一限制数值，即被称作极限误差。

极限误差应根据测量条件而定。测量条件好，极限误差的规定应当小；测量条件差，极限误差的规定应当大。在实际测量工作中，通常取中误差的整倍数作为极限误差。

因为当误差个数无限增加，并将误差区间 dΔ 无限缩小时，误差曲线服从"正态分布"。根据正态分布曲线，误差出现在微小区间 dΔ 的概率为

$$P(\Delta)=f(\Delta)\cdot \mathrm{d}\Delta=\frac{1}{\sqrt{2\pi}\,\sigma}\mathrm{e}^{-\frac{\Delta^2}{2\sigma^2}}\mathrm{d}\Delta \tag{3.10}$$

对式（3.10）求积分，可得到偶然误差在任意区间出现的概率。分别取区间为中误差 m、2 倍中误差 $2m$ 和 3 倍中误差 $3m$，求得偶然误差在这些区间出现的概率分别为

$$P\{-m<\Delta<m\}=\int_{-m}^{m}f(\Delta)\cdot \mathrm{d}\Delta=0.683$$

$$P\{-2m<\Delta<2m\}=\int_{-2m}^{2m}f(\Delta)\cdot \mathrm{d}\Delta=0.954$$

$$P\{-3m<\Delta<3m\}=\int_{-3m}^{3m}f(\Delta)\cdot \mathrm{d}\Delta=0.997$$

由此可见，偶然误差的绝对值大于 2 倍中误差的概率约占 4.6%，而偶然误差大于 3 倍中误差的概率则只有 0.3%。在实际测量工作中，由于观测次数有限，大于 3 倍中误差的偶然误差不会出现，因此，通常以 3 倍中误差作为偶然误差的极限误差的估值，即 $\Delta_{极限}=3m$。

测量实践中，往往是将极限误差作为偶然误差的容许值，称为容许误差或者限差，即取 3 倍中误差为容许误差

$$\Delta_{极限}=3m \tag{3.11}$$

在精度要求较高时，也采用 2 倍中误差为容许误差。在我国现行作业规范中，用 2 倍中误差作为极限误差的较为普遍，即

$$\Delta_{限}=2m \tag{3.12}$$

3.3 观测值的算术平均值及其中误差

3.3.1 算术平均值

在等精度条件下，对某量进行 n 次观测，其观测值分别为 $l_1, l_2, \cdots, l_n$，设其真值为 X，真误差为 Δ，则

$$
\left.\begin{aligned}
\Delta_1 &= l_1 - X \\
\Delta_2 &= l_2 - X \\
&\vdots \\
\Delta_n &= l_n - X
\end{aligned}\right\} \tag{3.13}
$$

将式(3.13)相加并求平均值，得

$$
\frac{[\Delta]}{n} = \frac{[l_i - X]}{n} = \frac{[l_i]}{n} - X \tag{3.14}
$$

令

$$
\bar{x} = \frac{[l_i]}{n} \tag{3.15}
$$

根据偶然误差第四个特性，当 n 无限大时，$\dfrac{[\Delta]}{n}$ 趋于 0，于是算术平均值等于真值，即 $\bar{x} = X$。当观测次数 n 无限多时，算术平均值就趋向于未知量的真值。但是，观测次数是有限的，通常认为有限次观测的算术平均值就是该量的最接近真值的近似值，称为最或然值或最或是值。

3.3.2 观测值的改正数

最或然值与观测值之差，称为该观测值的改正数。即

$$
\left.\begin{aligned}
v_1 &= l_1 - \bar{x} \\
v_2 &= l_2 - \bar{x} \\
&\vdots \\
v_n &= l_n - \bar{x}
\end{aligned}\right\} \tag{3.16}
$$

将以上各式取和得

$$
[v] = [l_i] - n\bar{x}
$$

将(3.15)代入，有

$$
[v] = [l_i] - n\frac{[l_i]}{n} = 0 \tag{3.17}
$$

可见，改正数的总和为零。这个特性可用作计算中的检核。

3.3.3 观测值的中误差

由式(3.8)按真误差计算的观测值中误差为

$$m = \pm \sqrt{\frac{[\Delta\Delta]}{n}}$$

式中

$$\Delta_i = l_i - X \tag{3.18}$$

因为观测值的真值 X 是未知的,真误差 Δ_i 也是未知的,所以不能用式(3.9)计算观测值的中误差。由于观测值的改正数是可以求得的,因此,用观测值的改正数来求观测值的中误差。

最或然误差为

$$v_i = l_i - \bar{x} \tag{3.19}$$

式(3.18)减式(3.19)得

$$\Delta_i - v_i = \bar{x} - X$$

令

$$\delta = \bar{x} - X$$

则有

$$\Delta_i = v_i + \delta \qquad (i = 1, 2, \cdots, n)$$

求平方和

$$[\Delta_i \Delta_i] = [v_i v_i] + \delta^2 + 2\delta[v_i]$$

因为改正数总和 $[v] = 0$,则

$$[\Delta_i \Delta_i] = [v_i v_i] + \delta^2 \tag{3.20}$$

又因

$$\delta^2 = (\bar{x} - X)^2 = \left(\frac{[l_i]}{n} - X\right)\left(\frac{[l_i]}{n} - X\right) = \frac{1}{n^2}(\Delta_1 + \Delta_2 + \cdots + \Delta_n)(\Delta_1 + \Delta_2 + \cdots + \Delta_n)$$

$$= \frac{1}{n^2}[\Delta_i \Delta_i] + \frac{2}{n^2}(\Delta_1 \Delta_2 + \Delta_1 \Delta_3 + \cdots + \Delta_i \Delta_j + \cdots + \Delta_{n-1} \Delta_n)$$

根据偶然误差特性,当 $n \rightarrow \infty$ 时,上式第二项趋于零,故

$$\delta^2 = \frac{[\Delta_i \Delta_i]}{n^2}$$

代入式(3.20)得

$$\frac{[\Delta_i \Delta_i]}{n} = \frac{[v_i v_i]}{n} + \frac{[\Delta_i \Delta_i]}{n^2}$$

即

$$m^2 = \frac{[v_i v_i]}{n} + \frac{1}{n} m^2$$

$$m^2 = \frac{[vv]}{n-1}$$

得

$$m = \pm \sqrt{\frac{[vv]}{n-1}} \tag{3.21}$$

式(3.21)就是利用观测值改正数计算中误差的公式,称为贝塞尔公式。

3.4　误差传播定律

虽然中误差可以作为衡量观测值精度的指标,但在实际测量工作中,某些量往往不能直接观测得到,而是间接观测的,即观测其他未知量,并通过一定的函数关系间接计算求得。例如,平面三角形闭合差 W 就是通过三个内角的观测值计算所得,即 $W=L_1+L_2+L_3-180°$。又如,在三角形 ABC 中,已测得两个角 A、B 及一条边 a,则依 $b=\dfrac{a\sin B}{\sin A}$ 求 b 边时,也是通过观测值计算 b。

上面的 W 和 b,都是观测值的函数。显然,由观测值通过函数计算所得值精确与否,主要取决于作为自变量的观测值的质量好坏。通常,自变量的误差必然以一定规律传播给函数值,所以对这样求得的函数值,也有个精度估计的问题。也就是说,由具有一定中误差的自变量计算所得的函数值,也应具有相应的中误差。这种一些量的中误差与这些量组成的函数的中误差之间的关系式,称为误差传播定律。

3.4.1　误差传播定律

设 Z 为独立变量 $x_1,x_2,\cdots,x_n$ 的函数,即

$$Z=f(x_1,x_2,\cdots,x_n)$$

式中,Z 为间接观测的未知量,真误差为 Δ_z,中误差为 m_z;各独立变量 x_i($i=1,2,\cdots,n$)为可直接观测的未知量,相应的中误差为 m_i。如果知道 m_z 与 m_i 的关系,就可以按照观测值中误差推求函数的中误差。

设 x_i 的观测值为 l_i,相应的真误差为 Δ_i,则有

$$x_i=l_i-\Delta_i \tag{3.22}$$

当各观测值带有真误差 Δ_i 时,相应的函数也带有真误差 Δ_z

$$Z+\Delta_z=f(x_1+\Delta_1,x_2+\Delta_2\cdots x_n+\Delta_n) \tag{3.23}$$

将上式按级数展开,取近似值有

$$Z+\Delta_z=f(x_1,x_2,\cdots,x_n)+\left(\frac{\partial f}{\partial x_1}\Delta_1+\frac{\partial f}{\partial x_2}\Delta_2+\cdots+\frac{\partial f}{\partial x_n}\Delta_n\right)$$

即

$$\Delta_z=\frac{\partial f}{\partial x_1}\Delta_1+\frac{\partial f}{\partial x_2}\Delta_2+\cdots+\frac{\partial f}{\partial x_n}\Delta_n$$

若对各独立变量都观测了 k 次,则其平方和的关系式为

$$[\Delta_z\Delta_z]=\left(\frac{\partial f}{\partial x_1}\right)^2[\Delta_1\Delta_1]+\left(\frac{\partial f}{\partial x_2}\right)^2[\Delta_2\Delta_2]+\cdots+\left(\frac{\partial f}{\partial x_n}\right)^2[\Delta_n\Delta_n]+$$

$$2\left(\frac{\partial f}{\partial x_1}\right)\left(\frac{\partial f}{\partial x_2}\right)\sum_{j=1}^{k}\Delta_{1j}\Delta_{2j}+\left(\frac{\partial f}{\partial x_2}\right)\left(\frac{\partial f}{\partial x_3}\right)\sum_{j=1}^{k}\Delta_{2j}\Delta_{3j}+\cdots$$

由偶然误差的特性可知,当观测次数 $k\to\infty$ 时,上式中各偶然误差交叉项 $\Delta_i\Delta_j$($i\neq j$)的总和趋于零,又根据

$$\frac{[\Delta_z\Delta_z]}{k}=m_z \text{和} \frac{[\Delta_i\Delta_i]}{k}=m_i$$

得

$$m_Z^2 = \left(\frac{\partial f}{\partial x_1}\right)^2 m_1^2 + \left(\frac{\partial f}{\partial x_2}\right)^2 m_2^2 + \cdots + \left(\frac{\partial f}{\partial x_n}\right)^2 m_n^2 \tag{3.24}$$

或

$$m_Z = \sqrt{\left(\frac{\partial f}{\partial x_1}\right)^2 m_1^2 + \left(\frac{\partial f}{\partial x_2}\right)^2 m_2^2 + \cdots + \left(\frac{\partial f}{\partial x_n}\right)^2 m_n^2} \tag{3.25}$$

这就是一般函数的误差传播公式。由此原理可推导和差函数、倍数函数和线性函数的中误差传播公式,如表 3.2 所示。

表 3.2　中误差传播公式

函数	函数式	中误差公式
和差函数	$Z = x_1 \pm x_2 \pm \cdots \pm x_n$	$m_Z = \pm\sqrt{m_{x_1}^2 + m_{x_2}^2 + \cdots + m_{x_n}^2}$
倍数函数	$Z = kx$	$m_Z = \pm k m_x$
线性函数	$Z = k_1 x_1 \pm k_2 x_2 \pm \cdots \pm k_n x_n$	$m_Z = \pm\sqrt{k_1^2 m_{x_1}^2 + k_2^2 m_{x_2}^2 + \cdots + k_n^2 m_{x_n}^2}$

误差传播定律在实际测量中应用较广,利用误差传播定律不仅可以求得观测值函数的中误差,还可以利用它研究确定容许误差的大小、分析观测可能达到的精度等。

3.4.2　误差传播定律的应用

例 3.2　设对某一个三角形观测了其中的 α、β 两个角,测角中误差分别为 $m_\alpha = \pm 3.5''$,$m_\beta = \pm 6.2''$,试求第三个角 γ 的中误差 m_γ。

解:因 $\gamma = 180° - \alpha - \beta$,由误差传播定律得

$$m_\gamma = \pm\sqrt{m_\alpha^2 + m_\beta^2} = \pm 7.1''$$

例 3.3　已知测量某个圆的半径的中误差为 $m_R = \pm 0.04$ m,试求圆周长的中误差。

解:因 $C = 2\pi R$,故

$$m_c = 2\pi m_R = \pm 0.25 \text{m}$$

例 3.4　已知坐标增量的计算公式为

$$\Delta X = S \cdot \cos\alpha$$
$$\Delta Y = S \cdot \sin\alpha$$

式中,S 为测距仪测得的距离,α 为利用观测角求得的方位角,已知 S 和 α 的中误差分别为 m_S 和 m_α,求 ΔX 和 ΔY 的中误差 $m_{\Delta X}$ 和 $m_{\Delta Y}$。

解:首先对坐标增量的计算公式求全微分,有

$$\left. \begin{aligned} d(\Delta X) = \cos\alpha \cdot dS - S \cdot \sin\alpha \cdot \frac{d\alpha}{\rho} \\ d(\Delta Y) = \sin\alpha \cdot dS + S \cdot \cos\alpha \cdot \frac{d\alpha}{\rho} \end{aligned} \right\} \tag{3.26}$$

则坐标增量的中误差公式为

$$m_{\Delta X} = \sqrt{\cos^2\alpha \cdot m_S^2 + (S \cdot \sin\alpha)^2 \cdot \frac{m_\alpha^2}{\rho^2}} \left.\right\}$$

$$m_{\Delta Y} = \sqrt{\sin^2\alpha \cdot m_S^2 + (S \cdot \cos\alpha)^2 \cdot \frac{m_\alpha^2}{\rho^2}}$$

(3.27)

例 3.5　三角形闭合差的中误差公式为

$$m_w = \pm \sqrt{\frac{[ww]}{n}}$$

(3.28)

求三角形三内角的测角中误差。

解：因 $w = (\alpha + \beta + \gamma) - 180°$，若测角中误差为 m，则根据误差传播定律，有

$$m_w = \pm\sqrt{3}\,m$$

将式(3.28)代入，则有

$$m = \pm \sqrt{\frac{[ww]}{3n}}$$

这就是按三角形闭合差计算测角中误差的公式，称为菲列罗公式。

3.5　非等精度观测值的最或然值及其中误差

对于一个未知量进行 n 次等精度观测，其 n 个观测值的算术平均值就是该未知量的最或然值。但对于非等精度观测，就不能简单的将算术平均值作为未知量的最或然值。因此，需要引入一个辅助量，该量能以明确的数字表示出各个观测值的相对精度，这就是权。

3.5.1　权的概念

1. 权的定义

对于非等精度观测结果，对它们的可信赖程度应该不同。在平差时，给精度相对较高的观测值以较大的信赖，使其对平差结果的影响相应较大；给精度相对较低的观测值以较小的信赖，使其对平差结果的影响相应较小，这显然是合理的。这就要求在平差前先以明确的数值标识出各观测值之间的相对可信赖程度，使其体现于平差过程中。这一标识平差数据相对可信赖程度的数值称为权，通常用 P 表示。

一定的测量条件，对应一定的误差分布，而一定的误差分布则对应一个确定的中误差。对非等精度观测值来说，显然中误差越小，精度越高，观测结果越可靠，也就是说，可靠度大应具有较大的权。因此，用中误差来定义权是恰当的。

设一组非等精度观测值为 l_i，相应的中误差为 $m_i(i = 1, 2, \cdots, n)$，选定任一大于零的常数 μ，定义权为

$$P_i = \frac{\mu^2}{m_i^2}$$

(3.29)

式中，P_i 为观测值 l_i 的权；μ 是作为精度比较标准的一个中误差，它是可以任意选定的，对一组已知中误差的观测值而言，选定一个 μ，就有一组对应的权。

例 3.6　设有角度观测值 L_1、L_2 和 L_3，其中误差分别为

$$m_1 = \pm 2'', \quad m_2 = \pm 4'', \quad m_3 = \pm 3''$$

试确定角度观测值 L_1、L_2 和 L_3 的权。

解：由式(3.29)可知

$$P_1 = \frac{\mu^2}{(\pm 2)^2} \quad P_2 = \frac{\mu^2}{(\pm 4)^2} \quad P_3 = \frac{\mu^2}{(\pm 3)^2}$$

若选取 $\mu = m_1 = \pm 2''$，则 $P_1 = 1$、$P_2 = \frac{1}{4}$、$P_3 = \frac{4}{9}$；

若选取 $\mu = m_2 = \pm 4''$，则 $P_1 = 4$、$P_2 = 1$、$P_3 = \frac{16}{9}$；

若选取 $\mu = m_3 = \pm 3''$，则 $P_1 = \frac{9}{4}$、$P_2 = \frac{9}{16}$、$P_3 = 1$。

分析式(3.29)及例 3.4 可知，权具有以下特性：

(1)测量结果的权与其中误差的平方成反比，测量结果的中误差 m_i 越小，其权 P_i 就越大，表示观测值越可靠，精度越高。

(2)权始终为正。

(3)由于权是一个相对性数值，对于单一观测值而言，权无意义。

(4)权的大小随 μ 的不同而不同，但各观测值权之间的比值不变。例如，取不同的 μ 值，可以得出许多组不同的权，但各组的权的比值总是不变的。因此，对一系列测量结果的权，可以同乘以或同除以一个大于零的常数，其比值是不变的，这就是说权具有相对性。

2. 单位权与单位权中误差

在例 3.4 中，当取 $\mu = m_1$ 时，实际上就是以 L_1 的精度作为指标，其他的观测值都是和它比较。这时，L_1 的权 P_1 必然为 1，而其他观测值的权则是以 P_1 为单位确定的。因此，通常称数值为 1 的权为单位权，单位权所对应的中误差 μ 则称为单位权中误差，而单位权所对应的观测值即为单位权观测值。

3. 测量中常用的确权方法

1)算术平均值的权

设对某量进行了 n 次等精度观测，其算术平均值为

$$\bar{x} = \frac{[l_i]}{n} = \frac{1}{n}l_1 + \frac{1}{n}l_2 + \cdots + \frac{1}{n}l_n$$

若一次观测的中误差为 m，由误差传播定律可知，n 次同精度观测值的算术平均值的中误差

$$M^2 = \frac{1}{n^2}m^2 + \frac{1}{n^2}m^2 + \cdots + \frac{1}{n^2}m^2 = \frac{m^2}{n}$$

即

$$M = \frac{m}{\sqrt{n}} \tag{3.30}$$

若取 $\mu = m$，则一次观测值的权为

$$P_1 = \frac{\mu^2}{m^2} = \frac{m^2}{m^2} = 1$$

算术平均值的权为

$$P_L = \frac{\mu^2}{\dfrac{m^2}{n}} = \frac{nm^2}{m^2} = n \tag{3.31}$$

由此可知，n 次观测算术平均值的权是一次观测值权的 n 倍。取一次观测值的权为 1，则 n 次观测的算术平均值的权为 n。故算术平均值的权与观测次数成正比。

2）水准测量高差的权

若在 A、B 两点间进行水准测量，共设 n 站，则 A、B 两水准点间高差等于各站高差 $h_i(i = 1,2,\cdots,n)$ 之和，即

$$h = H_B - H_A = h_1 + h_2 + \cdots + h_n$$

若每站高差 h_i 的中误差为 m，则得两点间高差的中误差

$$m_h = \pm\sqrt{m^2 + m^2 + \cdots + m^2} = \pm\sqrt{n}\,m \tag{3.32}$$

即，水准测量观测高差的中误差与测站数 n 的平方根成正比。

若各站距离 s 大致相等，则近似地有全长 $S = ns$，测站数 $n = \dfrac{S}{s}$，代入式（3.32）得

$$m_h = \sqrt{\frac{S}{s}}\,m = \frac{m}{\sqrt{s}} \cdot \sqrt{S}$$

式中，s 为大致相等的各测站距离，m 为每站高差中误差，在一定测量条件下可视 $\dfrac{m}{\sqrt{s}}$ 为定值。

令

$$K = \frac{m}{\sqrt{s}}$$

则有

$$m_h = K\sqrt{S} \tag{3.33}$$

即水准测量高差的中误差与距离的平方根成正比。

同样，取 $S = 1$，则 $m_h = K$。因此，K 是单位长度水准测量的中误差。若距离以 km 为单位，K 就是距离为 1 km 时的高差中误差，所以，水准测量高差中误差等于单位距离观测高差中误差与水准路线全长的平方根之积。

设水准路线长为 S 的高差的权为 P，中误差为 m_h；并设路线长为 S_0 的高差之权为 1，则其中误差即为单位权中误差

$$\mu = K\sqrt{S_0}$$

则路线长为 S 时的高差之权

$$P = \frac{S_0}{S} \tag{3.34}$$

式（3.34）表明，水准测量中高差的权与路线长成反比。

3）三角高程测量中高差的权

设 A、B 为地面上两点，在 A 点观测 B 点的垂直角为 α，两点间的水平距离为 S，在不考虑仪器高和觇标高的情况下，计算 A、B 两点间高差的基本公式为

$$h = S \cdot \tan\alpha$$

设 S 及 α 的中误差分别为 m_S 和 m_α，则由误差传播定律可知

$$m_h^2 = \left(\frac{\partial h}{\partial S}\right)^2 m_S^2 + \left(\frac{\partial h}{\partial \alpha}\right)^2 m_\alpha^2 = \left(\frac{\partial h}{\partial S}\right)^2 m_S^2 + \left(\frac{\partial h}{\partial \alpha}\right)^2 \left(\frac{m_\alpha}{\rho}\right)^2$$

因

$$\frac{\partial h}{\partial S} = \tan\alpha, \frac{\partial h}{\partial \alpha} = S \cdot \sec^2\alpha$$

代入得

$$m_h^2 = \tan^2\alpha \cdot m_S^2 + S^2 \sec^4\alpha \left(\frac{m_\alpha}{\rho}\right)^2$$

上式在实际应用时,由于距离 S 的误差远小于垂直角 α 的误差,所以第一项可忽略不计。又因为,垂直角 α 一般小于 $5°$,则可认为 $\sec\alpha \approx 1$,故得

$$m_h^2 = S^2 \left(\frac{m_\alpha}{\rho}\right)^2$$

或

$$m_h = S \frac{m_\alpha}{\rho} \tag{3.35}$$

这就是单向观测高差的中误差公式。即三角高程测量中单向高差的中误差等于以弧度表示的垂直角的中误差乘以两点间的距离。或者说,当垂直角的观测精度一定时,三角高程测量所得高差的中误差与两点间的距离成正比。

设两点间距离为 S 时的高差之权为 p,相应的中误差为 m_h;并设距离为 S_0 时高差的权为 1,则此时其中误差即为单位权中误差 μ,可知

$$\mu^2 = S_0^2 \left(\frac{m_\alpha}{\rho}\right)^2$$

得距离为 S 时三角高程测量高差的权

$$P = \frac{S_0^2}{S^2} \tag{3.36}$$

说明三角高程测量中高差的权与距离的平方成反比。

3.5.2　广义权中数

设对某量进行 n 次非等精度观测,观测值为 L_1、L_2、$\cdots$、L_n,其相应的权为 P_1、P_2、P_n,求这组非等精度观测的最或然值。

设这组非等精度观测的最或然值为 x,则各观测值的误差为

$$v_1 = L_1 - x$$
$$v_2 = L_2 - x$$
$$\vdots$$
$$v_n = L_n - x$$

将上式两端平方并乘以相应的权,并取和得

$$[Pvv] = P_1(L_1 - x)^2 + P_2(L_2 - x)^2 + \cdots + P_n(L_n - x)^2$$

按照最小二乘法原理,有

$$[Pvv] = 最小$$

对上式求导,并令其为零得

$$P_1(L_1 - x) + P_2(L_2 - x) + \cdots + P_n(L_n - x) = 0$$
$$(P_1L_1 + P_2L_2 + \cdots + P_nL_n) - (P_1 + P_2 + \cdots + P_n)x = 0$$

即

$$x = \frac{P_1L_1 + P_2L_2 + \cdots + P_nL_n}{P_1 + P_2 + \cdots + P_n} = \frac{[PL]}{[P]} \tag{3.37}$$

式(3.37)称为加权平均值或广义权中数。

非等精度观测的改正数应当满足

$$[Pv] = [PL] - [P]x = 0 \tag{3.38}$$

3.5.3　广义权中数的中误差

根据误差传播定律,由式(3.37)得

$$m_x = \pm \sqrt{\left(\frac{P_1}{[P]}\right)^2 m_1^2 + \left(\frac{P_2}{[P]}\right)^2 m_2^2 + \cdots + \left(\frac{P_n}{[P]}\right)^2 m_n^2} \tag{3.39}$$

若单位权中误差为 μ,则各观测值的权为

$$P_i = \frac{\mu^2}{m_i^2} \tag{3.40}$$

代入式(3.39)得

$$m_x = \pm \sqrt{\frac{P_1}{([P])^2}\mu^2 + \frac{P_2}{([P])^2}\mu^2 + \cdots + \frac{P_n}{([P])^2}\mu^2}$$

$$m_x = \pm \frac{\mu}{\sqrt{[P]}} \tag{3.41}$$

式(3.41)即为广义权中数的中误差计算公式。

根据权的定义可知,广义权中数的权为

$$P_x = [P] \tag{3.42}$$

3.5.4　单位权中误差

由式(3.40)可知

$$\mu^2 = m_1^2 P_1$$
$$\mu^2 = m_2^2 P_2$$
$$\vdots$$
$$\mu^2 = m_n^2 P_n$$

将上式相加得

$$n\mu^2 = m_1^2 P_1 + m_2^2 P_2 + \cdots + m_n^2 P_n = [Pmm]$$

$$\mu = \pm \sqrt{\frac{[Pmm]}{n}}$$

当 $n \to \infty$ 时,用真误差 Δ 代替中误差 m,衡量精度的意义不变,则可将上式改写为

$$\mu = \pm \sqrt{\frac{[P\Delta\Delta]}{n}} \tag{3.43}$$

式(3.43)即为用真误差计算单位权观测值中误差的公式。类似式(3.21)的推导,可以求得用观测值改正数来计算单位权中误差的公式为

$$\mu = \pm \sqrt{\frac{[Pvv]}{n}} \qquad (3.44)$$

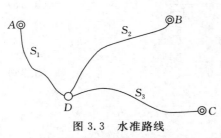

例 3.7　如图 3.3 所示,在水准测量中,已知从三个已知高程点 A、B、C 出发,分别测量结点 D 的高程,测得的观测值分别为

$H_1 = 53.412\ \text{m}$,　$S_1 = 2\ \text{km}$

$H_2 = 53.431\ \text{m}$,　$S_2 = 5\ \text{km}$

$H_3 = 53.427\ \text{m}$,　$S_3 = 4\ \text{km}$

图 3.3　水准路线

S_i 为各水准路线的长度,求 D 点高程的最或然值及其中误差。

解:取各水准路线长度 S_i 的倒数为权,则 H_1、H_2、H_3 的权分别为 $\frac{1}{2}$、$\frac{1}{5}$、$\frac{1}{4}$,则根据广义权中数的计算公式得 D 点的高程最或然值为

$$H_D = \frac{0.5 \times 53.412 + 0.2 \times 53.431 + 0.25 \times 53.427}{0.95} = 53.420(\text{m})$$

$$v_1 = -8\ \text{mm},\ v_2 = +11\ \text{mm},\ v_3 = +7\ \text{mm}$$

单位权观测值中误差为

$$\mu = \pm \sqrt{\frac{[Pvv]}{n-1}} = \pm \sqrt{\frac{68.45}{3-1}} = \pm 5.85(\text{mm})$$

观测值最或然值的中误差

$$m_x = \pm \frac{\mu}{\sqrt{[P]}} = \pm \frac{5.85}{\sqrt{0.95}} = \pm 6.00(\text{mm})$$

思考题与习题

1. 偶然误差和系统误差有什么不同? 偶然误差具有哪些特性?

2. 观测值的真误差 Δ_i、中误差 m 和算术平均值中误差 m_x 有何区别与联系?

3. 何谓中误差、容许误差、相对误差? 绝对误差和相对误差分别在什么情况下使用?

4. 以等精度观测某水平角 4 测回,观测值分别是 $35°48'47''$、$35°48'40''$、$35°48'42''$、$35°48'46''$,试求观测一测回的中误差、算术平均值及其中误差。

5. 某直线丈量 6 次,其观测结果分别为 136.52 m、136.48 m、136.56 m、136.46 m、136.40 m、136.58 m,试计算其算术平均值、算术平均值中误差及其相对中误差。

6. 函数 $z_2 = x_1 + x_2$,$z_2 = 2x_3$,若存在 $m_{x_1} = m_{x_2} = m_{x_3}$,且 x_1、x_2、x_3 相互独立,问 m_{z_1}、m_{z_2} 是否相同,为什么?

7. 函数 $z = z_1 + z_2$,$z_1 = x + 2y$,$z_2 = 2x - y$,x 和 y 相互独立,若存在 $m_x = m_y = m$,求 m_z。

8. 在图上量得一圆的半径 $R = 35.6\ \text{mm}$,已知量测中误差为 $\pm 0.3\ \text{mm}$,求圆面积及其中误差。

9. 若测角中误差为 $\pm 25''$,问 n 边形内角和的中误差是多少?

10. 在一个三角形中观测了 α、β 两个内角,已知两个角的中误差都是 $\pm 20''$,若三角形的第 3 个角 $\gamma =$

$180° - (\alpha + \beta)$,问 γ 角的中误差是多少?

11. 如图 3.4 所示,A 为已知水准点,高程 $H_A = 101.241$ m,$h_{AB} = +1.124$ m,$h_{BC} = -0.347$ m,$S_{AB} = 3$ km,$S_{BC} = 1$ km,试求 B、C 两点的高程及其中误差。

12. 已知四边形各内角的测角中误差为 $±25''$,容许误差为中误差的 2 倍,求四边形闭合差的容许误差。

13. 用某经纬仪测水平角,一测回的中误差 $m = ±15''$,欲使测角精度达到 $m = ±5''$,需观测几个测回?

14. 在三角形 ABC 中,对角 A 观测了 4 测回,对角 B 观测了 6 测回,对角 C 观测了 8 测回,已知测角时各测回是等精度观测,试求三个角的权。

15. 水准测量中,设一测站的中误差为 $±5$ mm,若 1 km 有 15 个测站,求 1 km 的中误差。

16. 如图 3.5 所示水准网,由水准点 A、B、C 向待定点 P 进行同等级的水准测量,各路线的长度:$S_{AP} = 2.5$ km,$S_{BP} = 4.1$ km,$S_{CP} = 2.3$ km,各路线的高差为:$h_{AP} = +1.538$ m,$h_{BP} = -2.332$ m,$h_{CP} = +1.782$ m,设 1 km 路线观测值为单位权观测值,试求 P 点高程的最或然值 H_P,P 点高程的中误差和单位权中误差。

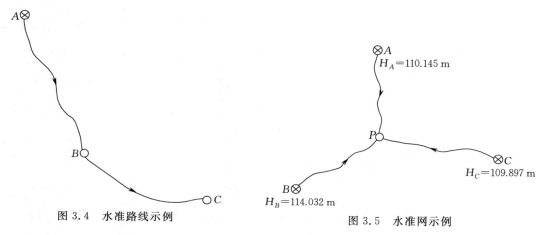

图 3.4　水准路线示例　　　　　　　　　图 3.5　水准网示例

第二单元　角度与距离测量

　　角度和距离是野外测量的基本要素,利用特定的测量仪器在野外测量一定数量的角度和距离,通过计算就可以得到地面点的平面位置和高程。传统的光学测量仪器一般分测角仪器和测距仪器,功能相对单一,新型测量仪器将测角功能和测距功能高度集成,从而使测量和计算工作一体化。

　　本单元第4章主要介绍角度测量的基本概念、水平角和垂直角的测量方法及成果处理等内容,第5章介绍三种距离测量的基本方法和原理,第6章介绍全站仪基本功能及数据控制等内容。

第4章 角度测量

精确测定地面点的平面位置和高程是测绘工作的主要任务之一,通常采用的方法是在野外测定一定数量的角度和长度,再经过计算得到。测量角度的仪器主要是经纬仪,包括光学经纬仪和电子经纬仪两大类别。本章着重论述角度测量的概念、光学经纬仪的基本结构和工作原理、电子经纬仪测角原理,以及作业中消除或减弱仪器误差应采取的措施等问题。

4.1 角度测量的概念

4.1.1 水平角

水平角是指空间两条相交直线在某一水平面上投影之间的夹角。如图 4.1 所示,A、P、B 是 3 个地面标志点,PA、PB 两条空间直线在水平面上投影为 pa 和 pb,它们之间的夹角 $\angle apb$ 称为 P 对 A、B 两点的水平角,常用字母 β 表示。

要测定水平角,可以设想将一个有顺时针角度分划的圆盘(度盘)置于测站点 P 上,使其圆心与 P 点重合或者位于同一铅垂线上,并安置水平。在度盘的中心上方,设置一个既可以水平转动,又可以铅垂俯仰的望远镜照准装置,以及与其水平转动联动的位于度盘上的读数指标线,这样望远镜分别照准 A、B 点,即可得到度盘上指标线处的读数 a_0、b_0,显然水平角为

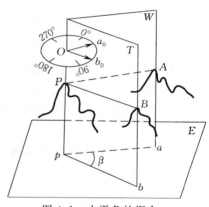

图 4.1 水平角的概念

$$\beta = b_0 - a_0$$

a_0、b_0 值称为 P 对于 A、B 目标点的方向值。

按上述方法测定的角,是以铅垂线为基准的在水准面上的角。通过"三差"(垂线偏差、标高差和截面差)改正,即可化算为以参考椭球面和法线为基准的球面角,再经"曲率改正"即可化算到高斯平面上,得到高斯平面上的夹角。在高斯平面上,依据一定数量的大地点或三角点,用一定的计算公式即可推求未知点的坐标。

4.1.2 垂直角

垂直角是指空间直线与水平面的夹角,亦称"高度角"或"竖直角"。测量中规定从水平面开始,向上量为正,也称为仰角;向下量为负,也称为俯角,通常用希腊字母 α 表示。

如图 4.2 所示,照准方向线 OA 与过 O 点水平线 OA' 的夹角 α,即为 O 点至 A 点的垂直角。

为了测定垂直角,可以设想在望远镜照准装置赖以俯仰的横轴的一端安置一个度盘,$0°\sim180°$ 直径方向与铅垂线同向,盘面铅垂,圆心与横轴重合,称为垂直度盘;再于垂直度盘上

设置一个与望远镜方向同步的读数指标线,这样,当望远镜照准目标 A 时,依指标线在垂直度盘上读取读数 δ,水平位置的读数 δ_0 与 δ 之差,即为 O 点对于 A 点的垂直角 α。实际仪器中是使读数指标固定于一不变位置,通常在铅垂线方向(或水平方向),而度盘与望远镜固连在一起,且 $0° \sim 180°$ 直径方向与望远镜轴线平行,随望远镜的俯仰而旋转,照准目标后读取铅垂方向读数 δ,按 $\alpha = 90° - \delta$ 计算,同样也可得到垂直角。

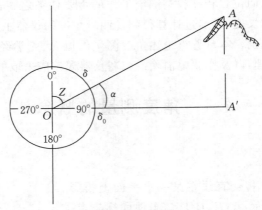

图 4.2 垂直角的概念

在重力的作用下,地面上每一点均有一条指向下的铅垂线方向(即自由落体方向),我们定义铅垂线的反方向(指向天顶)称为该点的天顶方向,从天顶方向量到某一空间直线方向的角度 Z(在铅垂面内)称为天顶距,显然 OA 直线方向的天顶距 Z 与垂直角 α 的关系为

$$\alpha = 90° - Z \tag{4.1}$$

实际应用时可使用垂直角也可使用天顶距。另外,天顶距可以大于 $90°$,故无正负之分。

4.2 J6 光学经纬仪

经纬仪是一种主要用于精确测量水平角和垂直角的仪器。根据测角精度不同,经纬仪分为 DJ07、DJ1、DJ2、DJ6 和 DJ15,一般 D 可以省略。其中 07、1、2、6 等表示该类仪器的精度等级,其含义为一测回的测角中误差分别为 $\pm 0.7''$、$\pm 1.0''$、$\pm 2.0''$ 和 $\pm 6.0''$。经纬仪的国内外生产厂商很多,我国主要有北京博飞仪器有限责任公司(原北京光学仪器厂)、常州大地光学仪器厂、苏州一光仪器有限公司(原苏州第一光学仪器厂)、南京测绘仪器厂等,国外主要有德国蔡司厂、瑞士威特厂等。

地形测量中最常用的是 J2 和 J6 经纬仪。J2 经纬仪主要用于控制测量,J6 则主要用于图根控制测量和碎部测量。两种经纬仪的结构大体相同,本书主要介绍 J6 经纬仪结构原理和使用方法。

4.2.1 J6 经纬仪的基本结构

1. J6 光学经纬仪
图 4.3 所示是北京光学仪器厂生产的 J6 光学经纬仪。

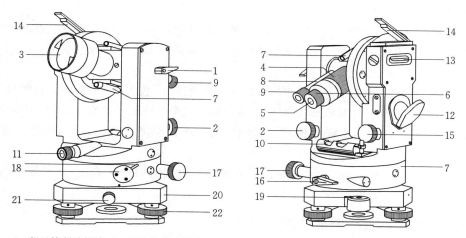

1—望远镜制动螺旋;2—望远镜微动螺旋;3—物镜;4—物镜调焦螺旋;5—目镜;6—目镜调焦螺旋;7—光学瞄准器;8—度盘读数显微镜;9—度盘读数显微镜调焦螺旋;10—照准部管水准器;11—光学对中器;12—度盘照明反光镜;13—竖盘指标管水准器;14—竖盘指标管水准器观察反射镜;15—竖盘指标管水准器微动螺旋;16—水平方向制动螺旋;17—水平方向微动螺旋;18—水平度盘变换螺旋与保护卡;19—基座圆水准器;20—基座;21—轴套固定螺旋;22—脚螺旋。

图 4.3 J6 光学经纬仪

2．经纬仪的组成

经纬仪的种类虽然很多,但其基本构造都主要由脚架、基座和照准部组成,如图 4.4 所示。

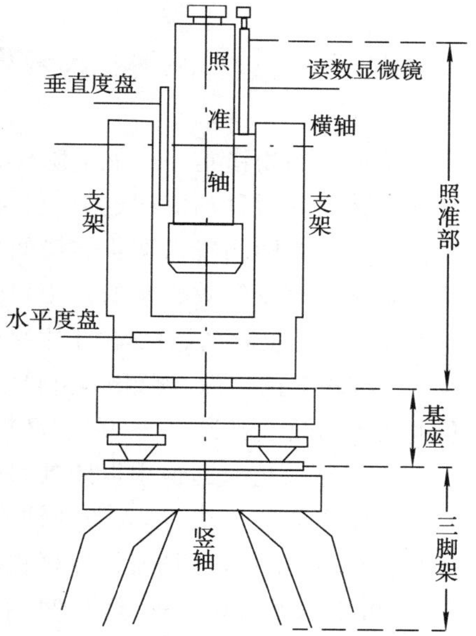

脚架用于架设仪器,基座支撑着照准部并连接脚架,照准部是经纬仪的主体,它由如下组件构成。

1)竖轴

仪器照准部旋转所围绕的几何轴线,亦称"垂直轴"或"纵轴"。它由主轴和轴套组成,两者密合而又旋转灵活,其旋转的稳定程度是衡量仪器质量优劣的重要标志。测角时,它应位于铅垂线方向,并通过下部悬挂的垂球对准地面标志点,以保证照准部绕过地面标志点的铅垂线水平旋转。

2)水平度盘

经纬仪上度量水平角的量器。为金属或光学玻璃制成的圆盘。盘面与竖轴正交,度盘中心由竖轴穿过,保证由指标读取的角为该点的水平角。

3)横轴

测量仪器上望远镜绕其俯仰纵转的几何轴线,亦称"水平轴"。它被支架撑起在水平度盘上方,与水平度盘平行而与竖轴垂直。

4)垂直度盘

经纬仪上度量垂直角的量器,亦称"竖盘"。安装在横轴的一端,盘面与横轴正交,度盘中心由横轴穿过,一般可随望远镜一同俯仰转动。

图 4.4 J6 经纬仪的基本结构

5）照准轴

望远镜物镜中心与十字丝交点的连线,它是照准目标的基准方向线,也称"视准轴"。它应与横轴正交并过横轴与竖轴的交点,以保证望远镜的俯仰面为过测站的铅垂面。

6）水准器

是安置平面或轴线处于水平或垂直位置的一种装有液体(通常为有较好流动性的液体,如乙醚,液体未装满,留有真空气泡)的玻璃器皿。通过调整三个基座螺丝的高度,同时观察水准器气泡的移动变化,使气泡到达正确的位置,可使竖轴铅垂,水平度盘水平,从而满足正确的测角状态。

竖轴、横轴和照准轴,俗称三轴。能否严格保持三轴之间的正交关系,是保证正确测角的关键。

4.2.2　J6 经纬仪的照准装置

经纬仪的照准装置是一个单筒望远镜,用于精确照准目标。主要由物镜、目镜、十字丝板和调焦装置组成,如图 4.5 所示。

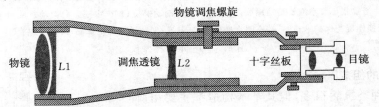

图 4.5　望远镜的组成

望远镜的物镜是一个能消除像差,提高成像质量的复合凸透镜,调焦透镜是一个能随调焦螺旋旋转而前后移动的凹透镜,它与物镜一起所构成的透镜组,可视为一个等效的凸透镜。等效透镜的焦距随物镜与调焦透镜间的距离大小而变化,这样,对于不同距离的目标,通过旋转调焦螺旋来改变等效透镜的焦距,使得目标影像总是落于十字丝板上。目镜是一个能使物像放大成虚像的复合凸透镜,由于十字丝板安置在目镜的前焦点之内,按照成像规律,物像将被目镜放大成正立的虚像,观测时,由目镜向内观察即可看到目标的放大的倒像。经纬仪上的望远镜角度放大倍数一般为 20～30 倍,高精度经纬仪有 2～3 个可选目镜,角度放大倍数为 45～55 倍。

十字丝板是望远镜用以照准目标的十字刻划板,常见的刻划形式如图 4.6 所示。十字中心与物镜中心的连线,称为照准轴,是照准目标的基准线。中央的纵丝,用以测定水平角,当目标细长时,可用单丝照准;目标稍粗时,其头部影像置于中央空白处,再用单丝切分;若目标较粗时,可用双丝夹切。横丝,也叫水平丝,用于测定垂直角,使其与目标顶部或特定部位相切。与纵丝垂直的上下两条短横丝,以及与横丝正交的左右两条短竖丝,叫视距丝,它们分别与竖置、横置的标尺相配合,可直接读出距离。

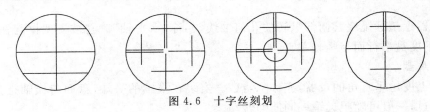

图 4.6　十字丝刻划

4.2.3　J6 经纬仪的读数系统

经纬仪测读角度的一系列装置,称为经纬仪的读数系统。通常包括度盘、光路系统和测微装置。

1. 度盘

度盘系优质玻璃或金属刻制而成,度盘的直径和最小刻度值的大小,取决于经纬仪的精度等级。地形测量使用的经纬仪,其度盘直径多为 60～90 mm,最小刻划值为 $20'\sim1°$。

2. 光路

传递度盘分划影像,使之成像、放大和进行测微读数的光线路径,称为光路。一般随仪器类型不同,光路各异,但基本思路大体一致。

图 4.7 为 J6 光学经纬仪的光路示意图。图中 1 是单面反光镜,将外界光线反射到仪器内;图中 2 是一块毛玻璃,其作用是使光线变得均匀和柔和,然后分别传递到水平度盘和垂直度盘。

水平度盘光路:入射光线经由棱镜 3 转向 90°,再经聚光透镜 4,使明亮的光线照射到水平度盘一侧,这一段称为照明路段,如果视场中没有光线和亮度不均匀,则系棱镜 3 位置不当所致。等腰棱镜 5 把投射下的度盘刻划影像转向 180°,经成像透镜组 6、7 并经转向棱镜 8,把水平度盘刻划影像成像在读数窗 14 中的测微板 15 上,这一段称为成像路段。如果视场中出现度盘分划影像格距与测微板上相应分划格距不一致(称为行差),或度盘影像与测微板上的分划不能同时清晰(称为视差),则系棱镜 6、7 位置不当所致。棱镜 16 把测微板上的影像转向 90°后,经透镜 17 成像在目镜 18 的前焦点内,这样由目镜 18,即可同时看到测微板上测微分划和度盘分划的放大虚像。

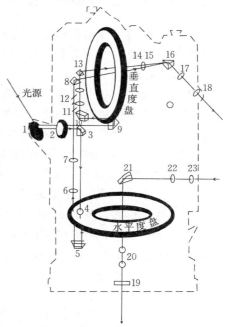

图 4.7　J6 光学经纬仪光路

垂直度盘光路:与水平度盘光路相似,1、2 及棱镜 9 组成照明路段,把竖盘一侧的分划照亮;11、12 是竖盘成像透镜组,把经棱镜 10 传过的影像经棱镜 13 成像在测微板 15 的另一个位置上,显然 11、12 的位置关系影响竖盘影像的行差和视差;最后 16～18 与水平度盘光路相同,由目镜看到竖盘分划与测微板分划的放大虚像。

光学对点器光路:来自地面上带有标志点中心影像的光线,通过防护玻璃 19、物镜 20 和转向棱镜 21 后,成像于标志板 22 上,然后通过目镜 23 的放大作用,可以从目镜处看到地面标志中心和标志板的影像。标志板上的小圆圈代表仪器中心,当仪器水平时,只要地面标志点中心与小圆圈重合,即说明仪器中心与地面标志点位于同一铅垂线上。

3. 测微装置

用于测读度盘上不足一个分划间隔相应角度的装置,称为测微装置。不同类型的经纬仪,有不同测微原理和结构的测微装置。但采用较多的是测微尺和双平板玻璃测微器。

图 4.8 是 J6 经纬仪所采用的测微尺。它分为 60 个小格,每格代表 $1'$。光路中的成像透镜组,将度盘分划影像成像在测微尺平面上,并保证度盘上 $1°$ 的分划间隔与测微尺 $0\sim60$ 格的宽度一致,这样即可依测微尺上的 0 指标线进行读数和测微。首先,读取位于测微尺 $0\sim60$ 格之间的度盘刻划值,再顺着测微尺读取 0 分划线至度盘刻划线间的小整格数,即为分;然后以 0.1 格的精度,估读不足一小格的部分,并乘以 6 化为秒。如图 4.8 所示,水平度盘的读数为 $214°54'42''$,垂直度盘的读数为 $79°05'30''$。

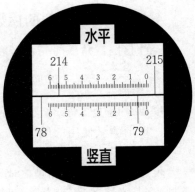

图 4.8 J6 光学经纬仪测微尺

4.2.4 J6 经纬仪的置平装置

整置经纬仪的竖轴铅垂和使竖盘读数指标处于铅垂或水平位置的装置,称为经纬仪的置平装置。它的主要构件是水准器和竖盘自动归零装置。

1. 水准器

按照水准器的形状可以将其分为管状水准器和圆水准器两种。

管水准器为一内壁具有一定曲率半径的光滑玻璃管,其内充有冰点低、附着力小、流动性强的液体和留有一个真空气泡,亦称水准气泡,如图 4.9 所示。通常用石膏将其固定在金属支架内,并在一端设置有可调升降的改正螺丝。管水准器纵断面内壁的中点,称为水准器的零点 O,过该点做管水准器纵向圆弧的切线 HH,称为管水准器的水准轴。在重力的作用下,静止的液面是一个水准面,且气泡总是居于最高处,故当气泡中心与水准器的零点重合时,(称为气泡居中)表明水准轴 HH 已处于水平位置。因此,可依气泡居中作为标志,用以安置面、线水平。由于气泡很长,为准确判定气泡居中的程度,通常不刻出 O 点,而以 O 点为中心在两端刻出对称的分划线,如图 4.10 所示,并以气泡两端是否与对称分划线相切,作为判定气泡是否居中以及倾斜程度的依据。

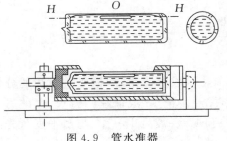

图 4.9 管水准器

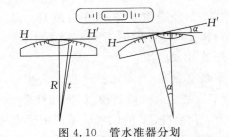

图 4.10 管水准器分划

水准器相邻两分划的弧长一般为 2 mm。它所对的圆心角,称为水准器的分划值 t,即

$$t = (2\ \mathrm{mm}/R)\rho'' \tag{4.2}$$

式中,R 为管水准器内壁圆弧的曲率半径。t 值越小,水准器的灵敏度越高。J6 经纬仪上管水准器的分划值多为 $30''\sim60''$。

圆水准器为一内壁光滑的玻璃球面与玻璃圆盒的固联体,其内注入液体并形成一个真空气泡。再用石膏固定在金属座架上,如图 4.11 所示。圆水准器顶部中心 O 为其零点,过零点与球面垂直的直线,称为圆水准器的水准轴。当气泡居中时,水准轴处于铅垂方向,过零点的切面为水平面。为了便于判断气泡的居中程度,通常以 O 点为圆心,刻有间隔为 2 mm 的同心圆,以该间隔弧距所对的球心角,称为圆水准器的分划值。圆水准器的分划值一般为 $8'\sim60'$,精度较低,故常用于概略置平。圆水准器的座架上有三个品字形分布的螺丝,用于校正。

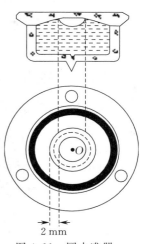

图 4.11　圆水准器

2. 竖盘归零装置

在读取垂直角读数之前,需将垂直度盘读数指标整置在铅垂或水平位置,此过程称归零。垂直度盘指标归零常采用的方式有手动和自动两种。如图 4.12 所示,为手动归零的结构示意图。管水准器 3 与垂直度盘光路系统 7~9,由微动架 4 固连在一起,读数时,转动水准器微动螺丝 11 使气泡居中,则将迫使微动架 4 以横轴 5(竖盘中心)为轴,连同竖盘成像光路 7~9 做相应偏转,把竖盘 12 处的正确分划影像成像在测微尺 6 的指标处。

利用水准器安置竖盘指标,每次读数前都要调整气泡居中,甚感不便,因此人们设计出利用重力铅垂原理,使竖盘成像光路在仪器竖轴不铅垂时,能自动调整补偿,把正确的竖盘分划成像在指标处。主要器件按其补偿元件的不同,有簧片式、吊丝式、液体式和滚珠轴承式等。J6 经纬仪多采用簧片式补偿器,如图 4.13 所示。它用金属架 10 把竖盘成像光路 1~3 连为一体,再用簧片 5 将其悬挂在仪器支架内壁横轴上方。当纵轴不铅垂时,簧片 5 将使金属吊架稍做偏转,把竖盘分划的正确位置成像在测微尺指标 4 上,达到自动补偿(归零)的目的。图中 6 为平衡重锤,当不能圆满补偿时,上下移动重锤(或旋转)可改变吊架重心而达到补偿要求;7 是空气阻尼器,能使摇晃的吊架很快稳定;8 是限定支架摆幅的限幅器;9 是指标差改正螺丝。此种装置簧片的长度是依金属支架的重量、簧片的弹性系数和截面惯性矩,按弹性力学原理计算得到的。它虽然省去了气泡居中之繁,但其精度受温度变化影响较大,有风时,分划易抖动。

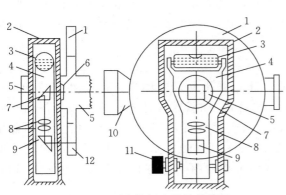

图 4.12　固定指标光学补偿装置

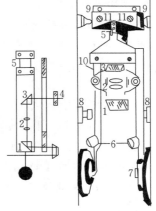

图 4.13　簧片式补偿器结构

4.3　水平角和垂直角的观测与记录

4.3.1　经纬仪的整置

在开始角度观测之前,必须正确整置经纬仪。整置经纬仪包括对中、整平、调焦三个步骤。

1. 对中

对中的目的是使经纬仪的水平度盘中心与测站点标志中心位于同一铅垂线上。精确对中的方法有垂球法和光学对点器法。

1)垂球法

先把脚架腿伸开,长短适中,选好脚架尖入地的位置,凭目估,尽量使脚架面中心位于标志中心正上方,并保持脚架面概略水平。将垂球挂在脚架中心螺旋的小勾上,稳定之后,检查垂球尖与标石中心的偏离程度。若偏差较大,应适当移动脚架,并注意保持移动之后脚架面仍概略水平;当偏差不大时(约 3 cm 以内),取出仪器,扭上中心固定螺旋,剩下半圈丝,不要旋紧,缓慢使仪器在脚架面上前后左右移动,垂球尖静止时精确对准标志中心后,拧紧中心固定螺旋,对中完成。

2)光学对点器法

将脚架腿伸开,长短适中,保持脚架面概略水平,平移脚架同时从光学对点器中观察地面情况,当地面标志点出现在视场中央附近时,停止移动,缓慢踩实脚架。旋转基座螺旋并观察地面标志点的移动情况,使对点器的十字丝中心对准地面标志点,此时圆水准器不居中。松开脚架腿固定螺丝,适当调整三个脚架腿的长度,使圆水准器居中,此时地面标志点略微偏离十字丝中心。重复上述过程 2～3 次,直至地面点落于十字丝中心同时圆水准器也处于居中状态,对中完成。利用光学对点器对中较垂球法精度高,一般误差在 1 mm 左右,同时不受风力的影响,操作过程简单快速,因而应用普遍。

不论采用何种方法进行对中,绝对的对中是不可能的。因此,依角度测量的不同要求,允许有不同的偏差范围。例如,在大比例尺地形测量中一般要求对中误差应小于 $D/8\,000$,其中 D 是观测方向中的最短边长。

2. 整平

整平的目的是让经纬仪竖轴位于铅垂线上。整平是借助照准部水准器完成的。一般先让圆气泡居中,使仪器概略置平。用管水准器置平时,通常是先让管水准器平行于某两个脚螺旋的连线,如图 4.14(a)所示,旋转这两个脚螺旋,使气泡居中。然后转动照准部 90°,使管水准器垂直于该两个脚螺旋连线,如图 4.14(b)所示。此时,只转动第三个脚螺旋,使气泡居中,如此反复 2～3 次,仪器在互相垂直的两个方向上均达到气泡居中,即达到了精确置平。

3. 调焦

调焦包括物镜调焦和目镜调焦,物镜调焦的目的是使照准目标经物镜所成的实像落在十字丝板上,目镜调焦的目的是使十字丝连同目标的像(即观测目标)一起位于人眼的明视距离处,使目标的像和十字丝在视场内都很清晰,以利于精确照准目标。

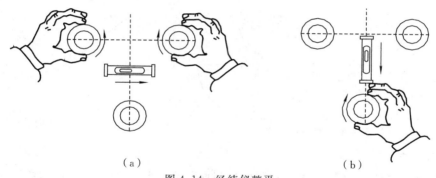

（a）　　　　　　　　　　　　　　（b）

图 4.14　经纬仪整平

先进行目镜调焦,将望远镜对向天空或白墙,转动目镜调焦环,使十字丝最清晰(最黑)。由于各人眼睛明视距离不同,目镜调焦因人而异。然后进行物镜调焦,转动物镜调焦螺旋,使当前观测目标成像最清晰。

要检验调焦是否正确,可将眼睛在目镜后上下左右移动,若目标影像和十字丝影像没有相对移动,则说明调焦正确;否则,观察到目标影像和十字丝影像相对移动,则说明调焦不正确,这种现象称为十字丝视差。这种视差将影响观测的精度,特别是进行高等级观测时,尤其应当注意。如图 4.15 所示的前两种情况为调焦不正确,后一种情况为调焦正确。

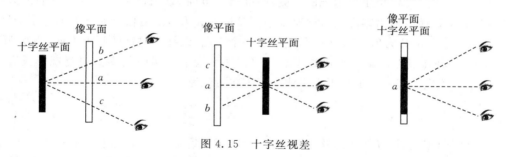

图 4.15　十字丝视差

开始角度观测之前,还应做好下列准备工作:

(1)寻找目标;

(2)选定零方向点(即第一个观测方向),按顺时针排列目标,确定观测顺序;

(3)准备记簿,填写测站点名、观测日期、天气、测量员、记簿员姓名等项目;

(4)若进行垂直角测量需量取仪器高、觇标高,并记录。

4.3.2　水平角观测与记录

在地形测量中,观测水平角常用的方法有测回法、方向观测法和复测法。其中前两种方法类似,当只有两个观测方向时称测回法,多于两个观测方向时称方向观测法,只有当精度要求较高,而使用的仪器等级较低时,方采用复测法。

水平角观测时必须用十字丝的纵丝照准目标,如图 4.16 所示,根据目标的大小和距离的远近,可以选择用单丝或双丝照准目标。

如图 4.17 所示,O 点为测站点,采用方向观测法观测 A、B、C、D 四个方向水平角的步骤如下。

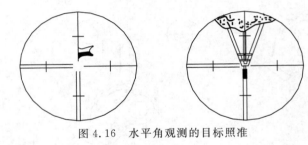

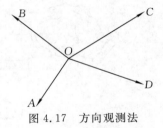

图 4.16   水平角观测的目标照准   图 4.17   方向观测法

1. 安置度盘

多个测回观测时,为了减小度盘和测微盘刻划误差对水平角的影响,使读数均匀分布在整个度盘上,规范要求观测时要变换度盘的起始位置。J6 仪器按照下式计算

$$G = \frac{180°}{m}(k-1) \tag{4.3}$$

式中,m 为测回总数,k 为测回序号。

对于电子经纬仪,可不做度盘和测微器的位置分配。

2. 观测

1)上半测回

先用盘左(垂直度盘位于望远镜的左侧)照准第一方向 A(因计算时将第一方向的方向值强制归零,故也称该方向为零方向),读取水平度盘读数为 L_1',然后依顺时针方向分别照准 B、C、D 方向,得盘左读数为 L_2、L_3、L_4,测完最后一个方向,继续顺时针转到零方向,再次照准 ,得读数 L_1'',这种在盘左位置二次观测零方向的作法称为上半测回归零。规范规定只有方向数超过三个时才进行归零。于是得上半测回归零差 $\Delta_\text{上}$ 为

$$\Delta_\text{上} = L_1' - L_1'' \tag{4.4}$$

2)下半测回

上半测回归零之后,纵转望远镜,使垂直度盘位于望远镜右侧(称盘右),先照准零方向,得盘右读数 R_1',逆时针旋转,依次照准 D、C、B、A,得盘右水平度盘读数 R_4、R_3、R_2、R_1'',在盘右位置上二次观测零方向称为下半测回归零。则下半测回归零差 $\Delta_\text{下}$ 为

$$\Delta_\text{下} = R_1' - R_1'' \tag{4.5}$$

上下两个半测回称为一测回。至此,一测回观测完成。

3. 记簿

当方向数多于 3 个时,一测回测完之后,应先检查归零差 $\Delta_\text{上}$ 和 $\Delta_\text{下}$ 是否超限,然后计算零方向读数平均值 L_1、R_1

$$L_1 = \frac{1}{2}(L_1' + L_1'') \tag{4.6}$$

$$R_1 = \frac{1}{2}(R_1' + R_1'') \tag{4.7}$$

分别记在 L_1' 和 R_1' 正上方的相应格内。用下述公式计算上、下半测回的方向值

$$\beta_{\text{上}i} = L_i - L_1 \tag{4.8}$$

$$\beta_{\text{下}i} = R_i - R_1 \tag{4.9}$$

式中,i 取值为 2、3、4,$\beta_{\text{上}i}$ 记在半测回方向值栏中第 i 方向所对应的上面小格中,$\beta_{\text{下}i}$ 记在对应

的下面小格中,若上、下半测回方向值的度、分相同,则 $\beta_{\pm i}$ 写完整, $\beta_{\mathrm{F}i}$ 可只记秒值。

将各方向的上下半测回分别取中数,得一测回方向值 β_i

$$\beta_i = (\beta_{\pm i} + \beta_{\mathrm{F}i})/2 \qquad\qquad (4.10)$$

记在一测回方向值栏内各方向对应格内。多个测回观测结束后,相同方向的各测回方向值中数记入方向中数栏内,J6 经纬仪要求估读数到 0.1′,即 6″。水平角方向观测法记簿示例如表 4.1 所示。

表 4.1　水平角方向观测法记簿(J6)

仪器号码:0203434　　　　　　　　　　　　　　　　　　　　观测者:章　平
观测日期:2007-08-12　　　　　　　　　　　　　　　　　　　记簿者:李东方

观测方向	盘左读数 /(° ′ ″)	盘右读数 /(° ′ ″)	半测回方向值/(° ′ ″)	一测回方向值/(° ′ ″)	方向中数 /(° ′ ″)	附　注
第一测回	33	36				
1. 马头山	0　02　36	180　02　36	0　00　00 / 00	0　00　00 / 00	0　00　00	
2. N5	70　23　36	250　23　42	70　21　03 / 06	70　21　04 / 20　46	70　20　55	
3. N7	228　19　24	48　19　30	228　16　51 / 54	228　16　52 / 44	228　16　48	
4. 黄　山	254　17　54	74　17　54	254　15　21 / 18	254　15　20 / 14	254　15　17	
1. 马头山	0　02　30	180　02　36				
第二测回	15	12				
1. 马头山	90　03　12	270　03　12	0　00　00 / 00	0　00　00		
2. N5	160　24　06	340　23　54	70　20　51 / 42	70　20　46		
3. N7	318　20　00	138　19　54	228　16　45 / 42	228　16　44		
4. 黄　山	344　18　30	164　18　24	254　15　15 / 12	254　15　14		
1. 马头山	90　03　18	270　03　12				

对于 J2 经纬仪,每一次照准,要求测微器两次重合读数,差值在限差之内时,以平均值作为该次照准的读数。各方向盘左、盘右的观测顺序同 J6 仪器完全一样,但手簿计算时,检查上下半测回归零差后,计算每一方向盘左读数 L_i 和盘右读数 R_i 之间的误差(通常称为 $2C$ 差),计算公式为

$$2C_i = L_i - R_i \pm 180^\circ \tag{4.11}$$

2C 差有正有负,记簿时必须写正负号,其中既含有系统误差(仪器本身误差),也含有随机误差(照准误差),所以规范只规定了各方向 2C 之间的互差限差。然后计算各方向的一测回读数平均值 M_i,计算公式为

$$M_i = \frac{1}{2}(L_i + R_i \pm 180^\circ) \tag{4.12}$$

$R_i > L_i$ 时,取"-";当 $R_i < L_i$ 时,取"+"。最后用 M_i 计算本测回的方向值 β_i

$$\beta_i = M_i - M_1 \tag{4.13}$$

在《城市测量规范》(CJJ/T 8—2011)中,对方向观测法的各项限差规定如表 4.2 所示。

表 4.2　角度测量限差　　　　　　　　　　单位:(″)

项　　目	J2	J6
光学测微器两次重合读数差	3	—
半测回归零差	8	18
一测回各方向 2C 互差	13	—
同一方向值各测回互差	9	24

为了保证测量结果的真实、可靠、整洁、美观,养成良好的业务作风,要求做到以下几点:

(1)原始记录(点名、读数)不得涂改、转抄。

(2)铅笔粗细适当,字迹工整,记错的可用直线正规划去,并在旁边写上正确读数,但不得连环涂改。

(3)手簿项目填写齐全,不留空页,不撕页。

(4)记录数字字体正规,符合规定。

4.3.3　垂直角观测与记录

1. 观测和计算

测定垂直角的方法有中丝法和三丝法。前者应用较多,而后者较少,本书仅介绍中丝法。

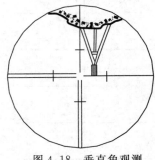

图 4.18　垂直角观测

如图 4.18 所示,先用经纬仪盘左照准目标,转动垂直微动螺旋使水平单丝切准目标顶部(或标志中心),旋转竖盘指标水准器微动螺旋(对于安置有自动归零装置的仪器,可直接读数),使气泡居中,精确读取垂直度盘读数 L,记于手簿相应位置(表 4.3);纵转望远镜,用经纬仪盘右照准目标,仍然用水平单丝切准目标的相同部位,再次使竖盘指标水准器气泡居中,读取垂直度盘读数 R,并记录,至此完成一测回观测工作。

计算时,通常先计算垂直度盘指标差 i,对不同的竖盘刻划方式,计算公式也不同,地形测量中常用的 J2、J6 仪器都可按下述公式计算指标差 i 和垂直角 α(稍后将对公式进行推证),计算公式为

$$i = \frac{1}{2}(L + R - 360^\circ) \tag{4.14}$$

$$\alpha = 90^\circ - (L - i) \tag{4.15}$$

$$\alpha = (R - i) - 270^\circ \tag{4.16}$$

$$\alpha = \frac{1}{2}(R - L - 180°) \tag{4.17}$$

上述三个垂直角计算公式结果应完全一样,否则计算有误。

表 4.3　J6 经纬仪垂直角中丝法观测记簿

测站	觇点	读　数		指标差 /(′ ″)	垂直角 /(° ′ ″)	仪器高 /m	觇标高 /m
		盘左/(° ′ ″)	盘右/(° ′ ″)				
南山	N1	88 05 24	271 54 54	＋ 0 09	＋1 54 45	1.42	3.02
		88 05 30	271 54 42	＋ 0 06	＋1 54 36		
	旗顶				＋1 54 40		
	九华山	89 40 06	270 19 54	＋ 0 00	＋0 19 54		5.74
		89 40 06	270 20 00	＋ 0 03	＋0 19 57		
	标　顶				＋0 19 56		

因为各方向的垂直角互不影响,为减少外界条件变化的影响,缩短一测回的观测时间,垂直角测量应逐个方向进行。可以先测盘左,也可先测盘右,多测回时同一方向应连续测完。由于盘左、盘右测量可以消除仪器竖盘指标差对垂直角平均值的影响,《城市测量规范》(CJJ/T 8—2011)只对同一测站上垂直角的测回较差及竖盘指标差互差做出限差规定:

(1)垂直角同一方向各测回互差对 J2 经纬仪应小于 15″。

(2)竖盘指标差互差对 J2 经纬仪应小于 15″,对 J6 经纬仪应小于 25″。

2．指标差及垂直角计算公式的推证

垂直度盘读数是通过指标来实现的,而指标的安装位置及度盘的刻划方式不同,将使得垂直角的计算方法不同。同时指标安装的实际位置与其设计位置通常难以完全一致,也必将对垂直度盘读数产生影响,这种影响我们称之为垂直度盘指标差,用 i 表示。多数经纬仪指标的设计位置为铅垂线方向,当照准轴水平时,读数应为 90°(或 270°),由于指标差的存在,实际读数将偏离 90°,此偏离值即为指标差 i,如图 4.19(a)所示。

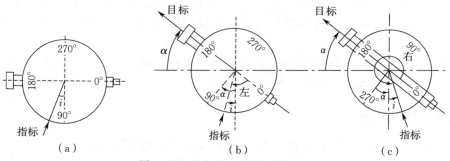

图 4.19　垂直角与指标差的关系

为了推证指标差和垂直角的计算公式,首先绘制出垂直角观测时照准轴、度盘、指标的关系示意图,并标出指标差 i、度盘读数及垂直角 α。图 4.19(b)、(c)分别为照准同一目标时,盘左和盘右观测的示意图。由图可知

$$\alpha = 90° - 左 + i \tag{4.18}$$

$$\alpha = 右 - 270° - i \tag{4.19}$$

将式(4.18)与式(4.19)联立求解指标差和垂直角

$$i = \frac{1}{2}(L + R - 360°) \tag{4.20}$$

$$\alpha = \frac{1}{2}(R - L - 180°) \tag{4.21}$$

分析式(4.18)至式(4.21)可知,对于垂直角半测回来说,在盘左、盘右读数中含有指标差的影响,因此利用半测回读数计算垂直角时,应加入指标差改正。对于一测回,盘左、盘右读数联合计算垂直角,由于两个读数中均含有指标差的影响,且相互抵消,因而指标差对于一个测回垂直角观测没有影响。同时,虽然指标差受外界温度的变化、震动等因素会发生微小改变,但在短时间内指标差接近一个常数,故规范规定一个测站上同组、同方向、各测回的指标差之差,不应超过一定的限制,以此作为衡量垂直角观测质量的依据。

4.4　经纬仪的检验校正

根据经纬仪的测角原理,要测得正确的水平角和垂直角,仪器主要部件的结构及各部件的相互关系必须满足一定的几何条件。这些几何条件包括:
(1)整置仪器时,能保证仪器的竖轴与铅垂线重合;
(2)照准轴和横轴正交;
(3)横轴与竖轴正交;
(4)竖轴与水平度盘正交,且过其中心;
(5)横轴与垂直度盘正交,且过其中心;
(6)仪器安置正确时,十字丝纵丝应处于铅垂面内;
(7)垂直度盘指标的安置应基本正确。

通常,仪器在经过长期使用和多次搬迁后,会使某些部件的结构发生变化,从而使得上述条件或多或少地遭到破坏。除了第(4)、(5)两项在仪器制造时得到严格保证外,其他几项可通过一定的方法检查其几何关系是否正确,如果存在偏差,则通过设置的调整装置来改正,使其恢复这些几何条件,以期减小或补偿其对角度测量的影响,这一过程称为对仪器的"检验校正"。

检验校正应遵循后一项检校过程不破坏前一项检校结果的原则进行。在地形测量中,通常按照下述项目和顺序进行检校。

4.4.1　外观检视

先检查仪器各部分外观,看是否有表面损伤,玻璃部分有无裂痕,然后检查各个旋转螺丝,看转动是否灵活望远镜目镜、物镜调焦是否正常,读数窗是否明亮清晰。再对照仪器箱内清单检查各附件是否齐全,有无损坏。最后检查仪器箱外部(提手、背带、锁扣等)是否牢固可靠,有问题应及时处理。

4.4.2　管水准轴与竖轴的正交性检验校正

此项检校的目的在于整置仪器后,保证竖轴与铅垂线方向一致。若此项条件满足,经纬仪整平后,照准部转到任一方向,气泡均应保持居中。

检验方法:先按常规方法将仪器尽量整平,使管水准器与某两个基座螺旋连线平行,旋转基座螺旋,使气泡居中,水准轴水平。若水准轴与竖轴正交,则竖轴必处于铅垂线方向。若水准轴与竖轴不正交而含有 α 角的差值,则水平度盘及竖轴也都将倾斜 α 角,如图 4.20(a)所示。将照准部旋转 180°,若气泡不居中,说明水准轴与竖轴不正交,水准轴相对水平面偏离 2α 角,如图 4.20(b)所示。

校正方法:管水准轴与竖轴不垂直,主要是管水准器两端支架高度不等所致。因此,校正时只要适当调整管水准器支架上的校正螺丝即可。由于照准部旋转 180° 以后,气泡偏离中点的格值是 2α 的反映,也就是竖轴偏离铅垂方向 α 和水准轴偏离水平度盘面 α 的综合反映。因此,只要按气泡移位的格值改一半即可。设气泡移位的格值为 e,首先用基座螺旋改正气泡偏移格值的一半(即 e/2),此时竖轴处于铅垂方向,如图 4.20(c)所示;剩下的 e/2 则用管水准器校正螺丝改正之,使水准气泡居中,此时水准轴与水平度盘都处于水平位置,而且竖轴仍保持铅垂方向,此项校正即告完成,如图 4.20(d)所示。

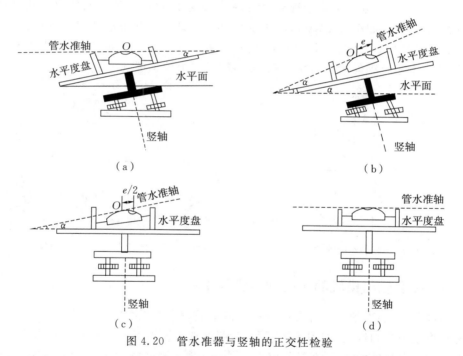

图 4.20　管水准器与竖轴的正交性检验

由于不能使管水准器与两基座螺旋连线严格平行,则改正 e/2 分划值时也不可能很准确。因此,该项检验校正需反复进行,直到照准部转动 180° 以后气泡偏移值不大于一个分划时为止。

该项检验校正完成以后,还可附带对圆水准器进行检验校正。如果此时圆水准器的气泡不居中,可用其下面的校正螺丝校正,使圆气泡居中即可。

必须注意,进行此项校正时,拧动校正螺丝不要用力过猛,两端的校正螺丝应一松一紧,先松后紧,校正完毕一定要拧紧被松动过的螺丝。

4.4.3　十字丝纵丝与横轴的正交性检验校正

十字丝纵丝与横轴正交,也就意味着当横轴水平时,纵丝应位于垂直照准面内(设横轴已与照准轴正交)。如果十字丝板安置得不正确,则纵丝可能与横轴不正交。由于纵丝不在照准面内,观测时用纵丝不同位置去照准同一目标,则会出现不同的水平度盘读数,这显然是不允许的。因此,此项检验校正的目的是使十字丝纵丝与照准面一致。

检验方法:整置仪器后,用十字丝中心照准一处约与仪器同高的点状目标,固定照准部和望远镜,然后用垂直微动螺旋使望远镜徐徐转动。此时在物镜视场中可以看到目标对纵丝做相对运动,如果目标点不离开纵丝,则说明纵丝与横轴是正交的;如果目标点偏离纵丝,如图 4.21 所示,则说明纵丝与横轴不正交,需要进行校正。为了更明显地看出目标点与纵丝的偏离,也可用纵丝上部照准目标,垂直微动望远镜后,则可在纵丝下部看到 2 倍于上述偏差的距离。

校正:用十字丝中心照准目标点,固定照准部和望远镜,用望远镜垂直微动螺旋使目标点移至视场的上方或下方并尽量靠近视场边沿,尽量显示出目标点的偏离情况。此时打开十字丝环的护盖,即可看到如图 4.22 所示的十字丝环校正装置。首先松开四个校正螺旋 E,然后轻轻地转动十字丝环,使纵丝压住目标点为止。 此项校正需反复进行,直至上下转动望远镜时,目标不偏离十字丝纵丝为止。校正完毕后,拧紧 4 个校正螺旋 E。

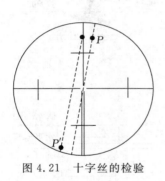

图 4.21　十字丝的检验

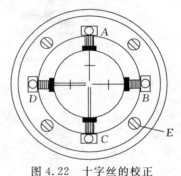

图 4.22　十字丝的校正

4.4.4　照准轴与横轴的正交性检验校正

当横轴水平时,照准轴的俯仰面应是一个铅垂平面。若照准轴与横轴不正交,则照准轴绕横轴旋转时将是一个圆锥面,如图 4.23 所示。照准轴与横轴不正交而产生的偏差 C 称为照准轴误差。它对半测回的水平角观测值有影响,而对一测回的水平角没有影响。但 C 值过大,记簿和计算很不方便,因此,需要进行检验与校正。

该项检验通常采用四分之一法,如图 4.24 所示。首先在平坦的地面上选定直线 AB,并确定中点 O。将仪器安置在 O 点上,在 A 点设置瞄准标志,在 B 点横置一根有毫米分划的尺子,并使标志和尺子与仪器同高。用盘左瞄准 A 点,固定照准部,纵转望远镜读取尺子上的读数 B_1。盘右瞄准 A 点,纵转望远镜在尺子上读取读数 B_2。若 B_1、B_2 重合,说明条件满足,否则 B_1、B_2 之差为 4 倍 C 角的反映。照准轴误差 C 的计算公式为

$$C = \frac{1}{4D}(B_2 - B_1)\rho''$$　　　　　　　　(4.22)

式中，D 是仪器到 B 点的距离。

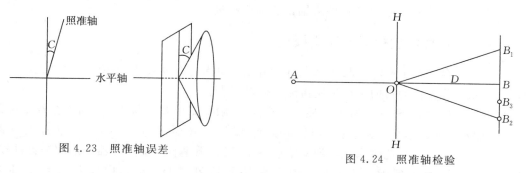

图 4.23　照准轴误差　　　　　　　　图 4.24　照准轴检验

校正前先求出照准轴与横轴正交时在尺子上的读数 B_3（在 B_1B_2 的四分之一处），然后打开十字丝护盖，同样可从图 4.22 中看到 4 个校正螺丝 A、B、C、D。先松开 A 或 C 中的任意一个，然后按照先松后紧和一松一紧的原则移动两个校正螺丝 B、D，使十字丝环按水平方向移动，同时在目镜中注意观察，直至十字丝纵丝正好照准 B_3 点。最后拧紧所有松开的螺丝，使其不留空隙和松紧适宜为止。

此项检验校正需反复进行，对于 J6 级仪器 $2C$ 值不大于 $1'$，J2 级仪器不大于 $30''$ 就可以了。

4.4.5　横轴与竖轴的正交性检验校正

经过前面几项检验校正，可使仪器的竖轴处于铅垂方向，照准轴与横轴正交。如果仪器的横轴与竖轴正交，则照准轴绕横轴旋转将形成一个铅垂面，否则，将是一个倾斜平面，这无疑会对水平角观测产生影响，应当进行检验校正。

横轴与竖轴不正交，当竖轴位于铅垂线上时，横轴与水平面的夹角 i 称为横轴误差。

检验方法如图 4.25 所示，在距墙面 10～20 m 处整置仪器，用盘左照准墙上高处某一点 P（高出仪器 5 m 以上），然后固定照准部，纵转望远镜使其概略水平，此时在墙上照准了与仪器大致同高的一点 A，用盘右再一次照准 P 点，同样固定照准部放平望远镜，如果此时仍能照准 A 点，则说明横轴与竖轴正交，否则，它将照准另一点 B。

由图 4.25 不难看出，对于高处目标 P，用盘左、盘右向水平面上投影时，由于横轴误差 i 的存在而产生不重合的两个投影点 A、B，在 $\triangle ACP$ 中

$$AC = \frac{1}{2}AB, \ AB = \Delta, \ \tan i = \frac{AC}{PC}$$

$$PC = OC \cdot \tan\alpha = S \cdot \tan\alpha \qquad (4.23)$$

故

$$\tan i = \frac{\Delta}{2S}\cot\alpha \qquad (4.24)$$

只要量取 Δ 和 S，测得垂直角 α，即可由上式计算出横轴误差。

横轴与竖轴不正交的主要原因是横轴两端的支架不等高，因此校正的目的就是调整支架的高度使之处于正确位置。由于校正装置封装于仪器内部，在外业条件

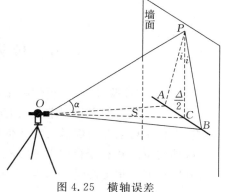

图 4.25　横轴误差

下一般不宜做此项校正,多由专业仪器维修人员在室内进行校正。规范通常要求 J2 经纬仪的横轴误差不应超过 $15''$,J6 经纬仪的横轴误差不应超过 $20''$。

4.4.6　垂直度盘指标差检验校正

指标差的存在并不影响一测回垂直角的精度。但指标差过大,既不便于计算,也易产生差错。故此项检验校正的目的是尽量使指标差接近于零。

整置仪器后,用中丝法对某一明显目标观测一测回,计算出指标差 i。对有指标水准器的仪器进行校正时,旋转指标水准器微动螺旋,保持中丝照准目标不动,使垂直度盘读数为(右 $-i$)或(左 $-i$),此时水准气泡就不居中了,可拧下垂直度盘水准器一端的护盖,用改针松紧其上、下两校正螺丝,使气泡居中。此法需反复进行,直到指标差 $i < 1'$(J6) 或 $i < 30''$(J2) 时为止,最后仍须拧紧松开的校正螺丝。

另外,也可用校正十字丝环上下位置的办法进行校正。具体做法是,旋转望远镜垂直微动螺旋,使垂直度盘读数为(右 $-i$)或(左 $-i$),此时十字丝必不切准目标。打开十字丝环护盖,先松开左、右两个校正螺丝 B 和 D 中的任一个,然后松紧上、下两校正螺丝 A 和 C(参看图 4.22),并注意观察目镜内影像的变化,直至中丝切准目标为止,最后拧紧松开的校正螺丝。

值得指出的是,用十字丝校正指标差,在效果上有可能破坏或影响照准轴与横轴的正交,在操作上也不如改水准器方便,故在实际作业中较少用到,只对有竖盘自动补偿装置的经纬仪使用。

4.4.7　光学对点器的检验校正

对于光学对点器不随照准部转动的仪器,可用垂球法检验校正。在室内或无风的场地上,精确整平仪器,地面上固定一张白色硬纸,仪器中心螺丝下挂一个较重的垂球,调整垂球线长,使垂球尖接近纸面,待其静止时在白纸上投影标定一点。取下垂球,调好光学对点器,如白纸上的垂球尖投影点与光学对点器分划中心重合,说明光学对点器安置正确,可以使用,否则需调整。

对于光学对点器可随照准部转动的仪器,可在精确整平后,缓慢转动照准部,并依光学对点器刻划中心指示在纸面上,用铅笔多次标出其位置。若投影点固定不变,则说明光学对点器安置正确,若多次标出的对点器刻划中心投影点形成一个小圆,则应把对点器光轴调整到圆心上去。

4.5　仪器误差对水平角的影响

经纬仪在检验校正后,虽然在很大程度上满足了所要求的几何条件,由于检验校正本身就不可能十分彻底,加之在要求上又有一定的宽容度,同时又由于长期作业和搬运等外界因素的影响,也会使得某些已经满足的几何条件遭到破坏。这样,就使得仪器本身不可避免地存在误差,这种残留的和有变化的误差必然会对测角产生影响。因此,必须研究仪器误差的性质和大小,分析它们对角度测量的影响,采取适当的作业方法和创造有利条件来限制或减弱仪器误差的影响。

4.5.1　照准部偏心差

在水平角观测中,经纬仪的照准部是绕竖轴转动的,所测得的角度却是从水平度盘上读取的,这就要求照准部的旋转中心与水平度盘的刻划中心相重合。否则,所读得的水平度盘读数将不正确,其中必然包含某种误差,这种误差称为"照准部偏心差"。

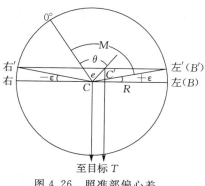

图 4.26　照准部偏心差

如图 4.26 所示,C 为度盘刻划中心,C' 为照准部旋转中心,$CC'=e$,称为照准部偏心距,CC' 方向与度盘 $0°$ 方向的夹角 θ 称为照准部偏心角。若 C 与 C' 重合,当仪器照准某一方向时水平度盘的读数为"左""右",若 C 与 C' 不重合,仪器照准同一方向时水平度盘的读数为左′、右′,从图中可以看出它们之间的关系为

$$左 = 左' + \varepsilon \qquad\qquad (4.25)$$
$$右 = 右' - \varepsilon \qquad\qquad (4.26)$$

式中,ε 称为该方向的照准部偏心差。

设 $M = 左'$,在 $\triangle CC'B'$ 中,$CC'=e$,CB' 为度盘半径 R,$\angle C = M - \theta$,$\angle C' = 180° - \angle C = 180° - (M - \theta)$,应用正弦定理可得

$$\frac{\sin\varepsilon}{e} = \frac{\sin(M - \theta)}{R} \qquad\qquad (4.27)$$

因 ε 是一微小量,故

$$\varepsilon = \rho'' \cdot \frac{e}{R}\sin(M - \theta) \qquad\qquad (4.28)$$

可见照准部偏心差 ε 不仅与偏心元素 e 和 θ 有关,而且与目标方向的读数有关。但由于它对盘左盘右读数的影响符号相反,大小相等,任一方向的盘左盘右读数取平均值时均可消除 ε 的影响,即

$$左 + 右 = 左' + 右' \qquad\qquad (4.29)$$

4.5.2　三轴误差

测角时经纬仪的三轴应满足一定的几何关系,即照准轴与横轴正交,横轴水平,竖轴与测站铅垂线一致。当这些关系不能满足时,将分别产生照准轴误差、横轴误差和竖轴误差,合称为"三轴误差"。

1. 照准轴误差

如图 4.27 所示,设仪器已经整平,横轴 HH_1 也水平,垂直度盘在 H_1 一侧,实际照准轴 OM_1 与正确照准轴 OM 的夹角 C,即称为照准轴误差,并假设照准轴偏向垂直度盘一侧时 C 为正,反之为负。

由于安装和调整不正确,使望远镜的十字丝中心偏离了正确位置,这样照准轴就与横轴不正交,从而产生了照准轴误差。另外,外界温度的变化也会引起照准轴位置的变化。

如图 4.28 所示,以横轴中心 O 为圆心,任意长为半径做球,HH_1 代表横轴,垂直度盘在 H_1 一侧。如果没有照准轴误差,照准轴指向天顶与球面交点 Z,OZ 应与铅垂线方向一致。当

照准轴绕横轴转动时,在空间形成一个垂面,即铅垂照准面 OZM。

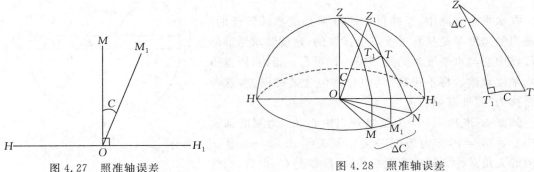

图 4.27   照准轴误差   图 4.28   照准轴误差

如果照准轴偏向垂直度盘一侧,与横轴 OH_1 一端交角不是 $90°$,而是 $90°-C$(此时 C 为正),指向天顶的照准轴 OZ 移到 OZ_1,则 $\angle ZOZ_1=C$。当在盘左位置照准目标 T 时(目标垂直角为 α),照准面 OZ_1TM_1 不再是一个铅垂照准面,而是以 OH_1 为主轴的锥面。

当用正确的照准轴照准目标 T 时,铅垂照准面就必须以 OZ 为轴转动一个角度 $\angle MON$,也就是照准部必须转动这样一个角度。设 $\angle MON=\Delta C$,则 ΔC 即为照准轴误差 C 对水平方向读数的影响。

为了求得改正数 ΔC,过 T 做与圆弧 ZM 垂直的大圆弧 TT_1,交圆弧 ZM 于 T_1,在球面直角三角形 ZTT_1 中,因为

$$\overset{\frown}{ZT}=90°-\alpha=Z,\quad \angle ZT_1T=90°,\quad \overset{\frown}{TT_1}=C,\quad \angle TZT_1=\Delta C$$

按球面直角三角形公式,可得

$$\sin\Delta C=\frac{\sin C}{\sin Z}$$

由于 C 和 ΔC 皆为小角度,因而可得下式

$$\Delta C=\frac{C}{\sin Z}=\frac{C}{\cos\alpha} \tag{4.30}$$

上式即为照准轴误差对水平方向影响的解析式,其中 α 为目标 T 的垂直角。

分析式(4.30)可得 ΔC 有如下性质和规律:

(1) ΔC 的大小不仅与照准轴误差 C 的大小成正比,而且与目标的垂直角 α 有关。α 越大,ΔC 就越大;α 越小,ΔC 就越小。当 $\alpha=0°$ 时,则

$$\Delta C=C$$

这是式(4.30)的一个特例,其影响为一常数。

(2)用盘左观测目标时,照准轴偏向垂直度盘一侧,正确的方向值 L_0,小于有误差的方向值 L,故

$$L_0=L-\Delta C$$

纵转望远镜,以盘右观测目标时,有误差的照准轴应在正确照准轴之左。显然此时对于方向值的影响,恰好和盘左时大小相同,符号相反,即正确的方向值较有误差的方向值 R 为大,故

$$R_0=R+\Delta C$$

取盘左盘右的中数,得

$$A = \frac{1}{2}(L + R)$$

由此可见,由于照准轴误差对观测方向值的影响,在望远镜纵转前后,大小相等,符号相反,因此取盘左盘右的中数,可以消除照准轴误差的影响。

(3)观测一个角度,如果两方向的垂直角相等,则照准轴误差的影响可在半测回中得到消除。即使垂直角不等,如果差异不大且接近 0°,其影响也可忽略不计。

(4)望远镜纵转前后,同一方向盘左、盘右观测值之差为

$$L - R \pm 180^\circ = 2\Delta C$$

照准轴与横轴的关系是机械的结合,在短时间内,可认为 C 是常数。由式(4.30)可知,在垂直角很小,且各方向相差不大时,$2\Delta C$ 近似等于 $2C$,也可认为是常数。因此,上式可以写成

$$L - R \pm 180^\circ = 2C \qquad (4.31)$$

$2C$ 通常称为二倍照准差。

2. 横轴误差

横轴误差是指横轴不水平而产生的微小倾角 i。

如图 4.29 所示,假定照准轴 OM 与横轴 HH 是正交的,当 HH 处于水平位置时,照准面应该为铅垂面 OMm,其中 m 在过 HH 的水平面上。当横轴倾斜了一个 i 角而居于 $H'H'$ 位置时,则照准面也相应偏转了 i 角,而变到了 OM_1m 处。设 M_1 在水平面上的投影为 m_1,此时横轴误差 i 对水平角的影响为 X,由于 X 和 i 均很小,故有

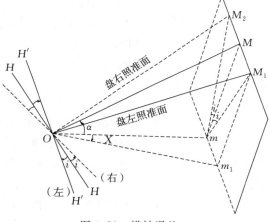

图 4.29　横轴误差

$$X = \frac{mm_1}{Om} = \frac{MM_1}{Om} = \frac{Mm \cdot i}{Om}$$

即

$$X = i \cdot \tan\alpha \qquad (4.32)$$

上式即为横轴误差对水平角影响的计算公式,由此可知其影响规律:

(1)X 随垂直角增大而增大。

(2)当垂直角 $\alpha = 0$,$X = 0$,即观测目标与仪器同高时,不受横轴倾斜误差的影响。当 $\alpha_1 = \alpha_2 = \cdots$ 时,i 的大小对水平角也无影响。

(3)横轴倾斜对盘左、盘右观测值的影响大小相等而符号相反,故取盘左、盘右读数的平均值,可以抵消横轴误差的影响,即一测回观测值不含横轴误差。

3. 竖轴误差

当管水准器的水准轴与竖轴不正交时,即使气泡居中,竖轴也不在铅垂线方向上,这种竖轴偏离铅垂线的角度称为竖轴误差。

如图 4.30 所示,OV 表示居于铅垂线方向的竖轴,若 OV 在 VOL 面内倾斜一个小角度 δ 而位于 OV' 时,则水平度盘也随之倾斜 δ,L 移至 L',即 $\angle V'OV = \angle L'OL = \delta$,其中 ZZ 为度盘平面倾斜前后的交线,显然 ZZ 是度盘绕之旋转的轴线,故 ZZ 必垂直于 LL 和 $L'L'$。当照准

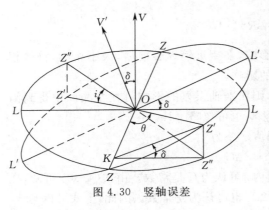

图 4.30　竖轴误差

部绕 OV' 旋转至任意位置时,设横轴在倾斜了的水平度盘上的投影为 $Z'Z'$,而在居于水平位置的度盘上的投影为 $Z''Z$,令 $Z'Z'$ 与 $Z''Z$ 的夹角为 i,即相当于横轴倾斜了 i 角,其对观测值的影响则仍可按前述横轴倾斜误差公式计算,即 $X = i \cdot \tan\alpha$。但是,这里 i 不是定值,它将随竖轴的倾斜角 δ 以及照准方向的不同而改变。

在图 4.30 中,过 $Z'Z''$ 做垂直于 ZZ 的平面,其与 ZZ 的交点为 K。显然,$\angle Z'KZ'' = \delta$,并令 $\angle Z'OZ = \theta$,由于 i 和 δ 一般均很小,故

$$i = \frac{Z'Z''}{OZ'} \tag{4.33}$$

而 $Z'Z'' = KZ' \cdot \delta, KZ' = OZ'\sin\theta$,故 $i = \delta \cdot \sin\theta$。

在测站上仪器整置好后,δ 可视为定值,但照准方向是任意的,即 θ 可在 $0° \sim 360°$ 变化,因而 i 是一个以 2π 为周期的系统性误差。当 θ 为 $0°$ 或 $180°$ 时,即 $Z'Z'$ 与 ZZ 重合,则 $i = 0$ 为最小;当 θ 为 $90°$ 或 $270°$ 时,即 $Z'Z'$ 与 ZZ 垂直,则 $i = \delta$ 为最大。将式(4.33)代入式(4.32),即得竖轴误差公式

$$X = \delta \cdot \sin\theta \cdot \tan\alpha \tag{4.34}$$

分析式(4.34)可知竖轴误差有以下性质和特点:

(1)竖轴误差一方面随垂直角 α 的增大而增大,且与 α 的符号有关;另一方面又与横轴的位置即照准方向有关。当 $\alpha = 0$ 时,$X = 0$,即与仪器同高处的目标不受竖轴误差的影响。当照准方向与竖轴倾斜方向一致时,即 θ 为 $0°$ 或 $180°$ 时,$X = 0$,则该方向不受竖轴误差的影响。

(2)由于在一测回观测过程中,一般不允许重新整置仪器,故 δ 是定值。而同一方向不论是盘左或盘右照准,横轴的位置并未改变,故 θ 不变。因此,盘左、盘右读数中的竖轴误差大小相等、符号相同,盘左、盘右读数的平均值不能消除竖轴误差的影响。正是由于这一特点,在观测前除了应认真检验校正照准部的管水准器外,还必须将仪器尽量置平。如在观测过程中发现水准气泡偏离过大,则应及时检查原因,并重新置平仪器再进行观测,否则观测结果是不可靠的。

总之,三轴误差是仪器误差的重要组成部分。照准轴误差和横轴误差在盘左、盘右读数的平均值中被消除,但竖轴误差不能通过盘左盘右读数取平均的方法消除。因此,在仪器整置,特别是仪器整平时,一定要认真细致,减少竖轴误差的影响。

4.6　电子经纬仪

采用电子度盘将角度值变换为电信号,才能使读数自动显示、自动记录和自动传输,从而完成测角的自动化,这种经纬仪称为电子经纬仪。电子经纬仪与传统的光学经纬仪相比,具有突出的优点。电子经纬仪的基本结构与光学经纬仪相似,图 4.31 为尼康 DTM-300 全站仪外观。

虽然电子经纬仪的型号很多,但其测角原理和方法却有许多相似之处,概括的讲主要有以

下三种:编码度盘测角、光栅度盘测角和光栅动态度盘测角。

4.6.1　编码度盘测角原理

根据角度信息在度盘上编码信息形式的不同,编码度盘分为码区度盘和条码度盘两种。

1. 码区度盘测角原理

码区度盘的基本结构如图 4.32 所示,将度盘划分为许多码道,并根据码道数将其划分为一定数量的扇区,设码道数为 n,扇区数为 2^n。通过将码道与扇区交叉区域设置为透光和不透光,透光部分代表二进制数 1,不透光部分代表二进制数 0,将每个扇区赋予一个二进制数(或编码),其值为 0 至 2^n,这样便将度盘划分为 2^n 份。图 4.32 所示为 4 个码道的编码度盘,显然度盘的分辨率为

$$\gamma = \frac{360°}{2^4} = 22.5°$$

图 4.31　DTM-300 全站仪

在度盘径向对应每个码道的两面分别设置有光源和光敏器件,光源和光敏器件与照准部固联在一起,随照准部转动。这样,当照准目标后,照准轴方向的投影落在度盘的某一扇区上,由微处理器将光敏器件的电信号转换二进制数(或编码),即得到该方向的角值。编码度盘类似普通光学度盘,每个方向都单值对应一个编码输出,不会因掉电或其他原因而改变这种对应关系。另外,利用编码度盘不需要基准数据就可得到绝对方向值,因此,这种测角方法也称为绝对式测角法。

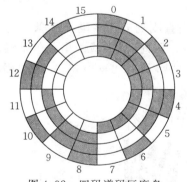

图 4.32　四码道码区度盘

作为实用仪器上述编码度盘分辨率是不能满足要求的。从理论上讲,为了获得较高的角度分辨率,可以增加码道数和相应的扇区数。但是从实际工艺、技术上来讲是困难的,因而除适当增加扇区数和码道数,还应配合测微装置,才能获得较高的测角精度。

码区度盘测角是采用最早、也较为普遍的电子测角方法,例如,徕卡 TCA110 全站仪就采用此种测角方式。与光栅度盘相比,编码度盘的优点是:能实时反映角度的绝对值,可靠性高,误差不积累,调试简单,有较强的环境适应性。

2. 条码度盘测角原理

条码是由一组按一定编码规则排列的条、空符号,用以表示一定的字符、数字及符号组成的信息。如图 4.33 所示为一条码示例。条码系统是由条码符号设计、制作及扫描阅读组成的自动识别系统。条码具有可靠准确、易于制作、识别速度快的优点。

条码度盘是使用条码系统原理,识别度盘上的条码角度信息,从而实现角度测量。其突出优点是度盘上只需要一个刻划码道。这种技术除用于电子测角外,在电子水准仪中也得到了广泛的应用。

图 4.33　条码

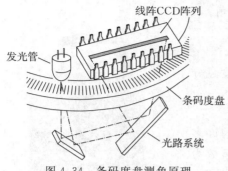

图 4.34　条码度盘测角原理

条码度盘测角原理如图 4.34 所示。由光路系统将度盘条码影像投射到线阵 CCD 阵列上,经模数转换为数字信号,由微处理器识别出角度值,其精度约为 0.23°。

在条码识别过程中,首先确定 CCD 阵列上独立编码线的中心位置,然后使用适当的计算方法求得平均值,完成精密测量。为了确定位置,必须捕获至少 10 条编码线,然而在通常情况下,单次测量即可获得包含约 60 条编码线,因此改进了测角的内插精度,进一步提高了测角的可靠性。

另外,在条码度盘中,还可设置多个条码探测装置,不仅可以提高测角精度,而且还可消除度盘偏心差。例如,在徕卡 TC1800 系列全站仪中,就在度盘对径设置了一对条码探测装置。

4.6.2　光栅度盘测角原理

1.光栅与莫尔条纹

所谓光栅是由许多等间隔的透光和不透光细小刻划组成,刻划的间距称为光栅的节距,其宽度通常在微米级。如图 4.35 所示为两块重叠放置的光栅示意图。

如图 4.36 所示,将两块具有相同节距 ω 的光栅重叠在一起,并使它们形成一个很小的夹角 θ,由于光学衍射作用,在两块光栅的重合部位形成了一系列交叉透光和不透光菱形图案。在整个光栅面上,均匀地分布着明暗相间的条纹,这便是莫尔条纹。莫尔条纹的间距 B 与光栅的节距 ω 及两光栅的交角 θ 的关系可近似表示为

$$B = \frac{\omega}{\theta} \tag{4.35}$$

当光栅相对移动一个节距 ω 时,莫尔条纹就沿着近于垂直刻划方向移动一个条纹宽度 B。当光栅移动方向改变时,莫尔条纹的移动方向也随之改变。因此,只要检测出莫尔条纹的移动数目,就可间接测量出光栅的相对移动量。由于 θ 很小,可见 B 要比 ω 宽得多,检测相对容易且精度高,这就是莫尔条纹的位移放大作用。

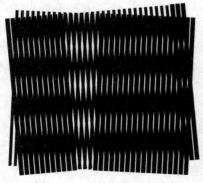

图 4.35　光栅与莫尔条纹

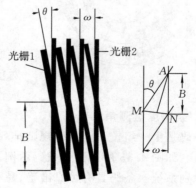

图 4.36　莫尔条纹的形成

2.光栅度盘测角原理

为了利用莫尔条纹实现电子测角,在全站仪中采用了光栅度盘测角装置,包括光源、主度盘、副度盘、接收传感器等部分,主度盘与照准部固连在一起,照准目标时随照准部转动,光源、

副度盘和接收传感器不动。其原理如图 4.37 所示。

光源发出的光束经由主度盘和副度盘,在接收传感器上形成莫尔条纹,随着主度盘和副度盘的相对移动,接收传感器上的莫尔条纹同步移动,其输出为正弦规律变化的电信号。此信号经整形电路变换为矩形脉冲信号,供电子计数和测微电路使用,最后由微处理器将计数化算为角度移动量。

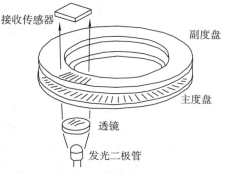

图 4.37　光栅模数转换原理

作为实用仪器,光栅读数装置还需解决以下两个主要问题:

(1)为了提高测角精度,必须采用角度的测微技术。

(2)为了实现正确计算,必须进行计数方向的判别。仪器可以顺时针也可以逆时针转动,如果照准部顺时针方向转动时计数累加,而当转过了目标,还必须按逆时针方向旋转回到目标。这样,计数系统应从总计数中减去逆时针旋转的计数。因此,该计数系统必须具有方向判别功能,才能得到正确的角值。

有关测微及计数方向判别的原理,篇幅所限不再详述。上述测角方法是通过对光栅计数来确定角值的,故称为增量式测角。

4.6.3　光栅动态度盘测角原理

光栅动态测角方式是建立在计时扫描绝对动态测角基础之上的一种电子测角方式。系统由绝对光栅度盘及驱动系统,与基座固连在一起的固定光栅探测器和与照准部固连在一起的活动光栅探测器,以及数字测微系统等组成。光栅动态测角系统原理如图 4.38 所示。

在度盘的圆周均匀刻划了黑白相间的光栅条纹 1 024 条,且一般刻划线(不透光)的宽度为刻划间隔(透光)的宽度的 2 倍。每个光栅的角值,即光栅度盘的单位角度 φ_0 为

$$\varphi_0 = \frac{60 \times 60 \times 360°}{1\,024} = 1\,265.625''$$

在光栅度盘的内沿设置了与机座固连在一起的光电探测器 L_1,外沿设置了与照准部固连在一起的活动光电探测器 L_2,它与照准部一起旋转。我们可以将 L_1 视为零位,L_2 则相当于望远镜的视准线,L_1 与 L_2 之间的夹角,即为待测的角度。为了便于确定角度计量的起始位置,度盘

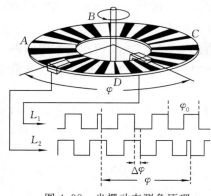

图 4.38　光栅动态测角原理

上间隔 90°的位置还刻有 A、B、C、D 共四个粗细不同的编码标志,以便计量 L_1 与 L_2 之间的光栅数。所以也有人称之为绝对式测角。

测角时度盘在马达的带动下,以一定的速度旋转,使光电探测器断续地收到透过光栅度盘的红外线,并转换为高、低电平信号,其输出波形如图 4.38 所示,为矩形方波。

对于任意角度 φ,我们总可以将其表示为

$$\varphi = n\varphi_0 + \Delta\varphi \tag{4.36}$$

式中,n 为正整数,$0 \leqslant \Delta\varphi \leqslant \varphi_0$。

由式(4.36)可知,只要测出 n 和 $\Delta\varphi$,则角度 φ 即可确定。

如图 4.38 中,由于 L_1 和 L_2 波形的前沿存在一个时间延迟 Δt,它和 $\Delta\varphi$ 的变化范围相对应,设 T_0 为一个光栅信号周期,则 Δt 的变化范围为 $0\sim T_0$。由于马达的转速一定,即度盘的转速是一定的,故有

$$\Delta\varphi = \frac{\varphi_0 \cdot \Delta t}{T_0} \tag{4.37}$$

式中,Δt 用脉冲填充的方法精确测定,$\Delta\varphi$ 由处理器可计算得出。度盘旋转一周,上述测量可进行多次,由微处理器计算平均测量值作为最后结果。

n 值的测定是通过调整刻划的宽度设置四个标志刻划 A、B、C、D 实现的。当度盘旋转一周时,四个编码刻划分别经过 L_1 和 L_2 一次,L_1 和 L_2 发出的信号依次为 R_A、S_A、R_B、S_B、R_C、S_C、R_D、S_D。A 刻划由 L_1 转到 L_2 所对应的时间为 T_A,则待测角 φ 中所含的 φ_0 的个数 n_A 为

$$n_A = \text{int}\left(\frac{T_A}{T_0}\right) \quad (\text{int 为取整函数}) \tag{4.38}$$

同理,其他三个编码刻划也可测出三个 n 值 n_B、n_C 和 n_D,微处理机将一周测出的四个 n 值加以比较,若有差异,则自动重复测量一次,以保证 n 值的正确性。

光栅度盘扫描完毕后,由微处理机将 $\Delta\varphi$ 和 $n\varphi_0$ 进行衔接,从而得到 φ 角度值。

4.6.4　角度测量的自动补偿原理

由前面的光学经纬仪测角原理可知,水平轴、垂直轴倾斜误差会对测量结果产生影响,特别是在垂直角较大时,影响更加严重。为了减弱这种影响,目前在电子经纬仪、全站仪测角时都采用了自动补偿系统。仪器内部的倾斜传感器检测出垂直轴在视准轴方向和水平轴方向的倾斜量,通过微处理器计算出角度改正值,自动对测量角值进行改正。

自动补偿系统分为单轴补偿和双轴补偿两种。单轴补偿仅检测垂直轴在视准轴方向倾斜量,对垂直角测量值进行改正;双轴补偿在单轴补偿的基础上,增加了水平轴方向倾斜量的检测,对垂直角、水平角测量值同时实施改正。

要实现垂直轴倾斜对角度测量的自动补偿,就必须测量出垂直轴在照准轴和水平轴方向的倾斜分量。在电子经纬仪中的补偿器是一组倾斜传感器。由光电法测量垂直轴的倾斜量,然后由微处理器对度盘读数进行自动改正。

如图 4.39 所示,静态液面 H 的法线方向 Z 为铅垂方向。图 4.39(a)是理想状态的情况,T_1T_2 平行于水平轴,假设水平轴与垂直轴正交,则垂直轴铅垂时,轴线 P 与液面正交。这时来自 T_1T_2 上的发光管的光线经液面反射并聚焦后到达光电接收管,其输出信号经微处理器判别后,令其倾斜改正数为零。

图 4.39(b)是垂直轴发生倾斜的情况。设垂直轴与铅垂方向有一倾角 i,且把这一倾角分解为纵横两个分量 i_t、i_p。在计分器上,来自 T_1T_2 上发光管的光线与液面的法线的夹角变化为 i_t,经液面反射后到达接收光电二极管线阵上,且位置发生变化,带有 i_t 信息的光电信号经微处理器处理后,自动改正度盘读数,从而达到补偿的目的。在纵向的倾斜补偿原理与横向相同。

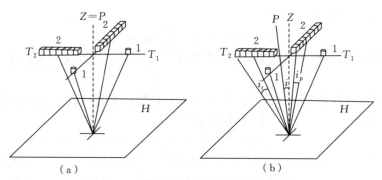

1. 发光二极管；2. 接收二极管。

图 4.39　角度测量自动补偿原理

4.7　水平角观测值的归算

野外测定的水平角是以铅垂线和水准面为基准的,因大地水准面的不规则性,若直接参与坐标计算,其过程将十分复杂。通常的解决方法是,首先经"三差改正"将其归算为以参考椭球面和法线为基准的球面角,再通过"曲率改正"将其归算为高斯平面上的平面角,坐标计算在平面上进行,过程大为简化。

4.7.1　大地水准面至参考椭球面的归算

地面观测的水平角归算到参考椭球面上,是对测站测定的各方向逐个归算来进行的,即用方向归算实现的。方向归算包括垂线偏差改正、标高差改正和截面差改正,习惯上称此三项改正为"三差改正"。

1. 垂线偏差改正

地面上的各点是沿法线投影到椭球面上的。由于测站点铅垂线方向与相应的椭球面法线方向不一致,对水平方向观测值必有一定的影响。为了求得以椭球面上的法线为基准的水平方向值,必须加以改正。这项影响叫作垂线偏差改正,以符号 δ_1 表示。

如图 4.40 所示,以测站 B 为中心作一单位半径的辅助球。μ 是垂线偏差,ξ、η 分别是 μ 在子午圈和卯酉圈上的分量。M 是地面观测目标 m 在球面上的投影。

由图可知,如果当 M 恰好在垂直面 ZZ_1O 内,无论观测目标以法线或以垂线为准,照准面都是一个,就无需加垂线偏差改正。为此,我们可以把 BO 方向作为参考方向(视作水平观测时的零方向)。

当 M 不在垂直面 ZZ_1O 内时,情况就不同了。

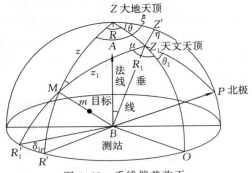

图 4.40　垂线偏差改正

这时,若以垂线 BZ_1 为准,照准 m 点,照准面 BZ_1M 交水平面于 R_1',设其读数为 R_1,若以法线 BZ 为准,照准 m 点,照准面 BZM 交水平面于 R',设其读数为 R,由此可见,垂线偏差对水平方向的影响是 $\delta_1 = R - R_1$。

垂线偏差改正计算公式为

$$\delta''_1 = -(\xi''\sin A - \eta''\cos A)\cot z_1 \tag{4.39}$$

式中，ξ、η 是测站点的垂线偏差分量，A 是测站 B 至目标 m 方向的大地方位角，z_1 是 Bm 方向的天顶距。

垂线偏差改正的数值主要与测站点的垂线偏差及测站至观测方向的天顶距有关。

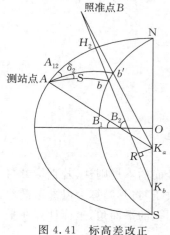

图 4.41　标高差改正

2. 标高差改正

标高差改正 δ_2 的意义，可用图 4.41 说明。

图中，A 为测站点。如果测站点观测值已加垂线偏差改正，则可认为垂线同法线一致。这时测站点在椭球面上或者高出椭球面某一高度，对水平角是没有影响的。为了简单起见，我们设 A 点在椭球面上。设照准点 B 高出椭球面的高程为 H_2；AK_a、BK_b 分别是 A 点和 B 点的法线；B 点的法线同椭球面的交点是 b 点。因为通常 AK_a 和 BK_b 不在同一平面内，所以在 A 点照准 B 点得出的法截线是 Ab'，不是 Ab，因而产生了 Ab 同 Ab' 方向的差异。按照归算的要求，地面各点都应沿自己的法线方向投影于椭球面上，即需要的是 Ab 方向值，而不是 Ab' 方向值。此项将 Ab' 方向化为 Ab 方向所加的改正称为标高差改正，以符号 δ_2 表示。

标高差改正的计算公式为

$$\delta''_2 = \frac{e^2\rho''}{2M_2}H_2\cos^2 B_2\sin 2A_{12} \tag{4.40}$$

式中，M_2 是照准点的子午线曲率半径，e 是参考椭球的第一偏心率，B_2 是照准点的大地纬度，A_{12} 是测站点至照准点方向的大地方位角；H_2 是照准点高出椭球面的高程，它由 3 部分组成，$H_2 = H_常 + \xi + a$，$H_常$ 为照准点的正常高，ξ 为高程异常，a 为照准点的觇标高。

标高差改正主要与照准点的高程有关。

3. 截面差改正

经过前两项改正，已将地面观测的水平方向化算为椭球面上相应的法截线方向。对向观测的相对法截线一般不相重合，应当用两点间的大地线来替代相对法截线。为此，需将法截线方向化为大地线方向，这项改正叫做截面差改正，以符号 δ_3 表示。

如图 4.42 所示，AaB 是 A 至 B 的法截线，它在 A 点的方位角是 A'_1，ASB 是 AB 间的大地线，它在 A 点的大地方位角是 A_1。A'_1 与 A_1 之差 δ_3 就是截面差改正。

截面差改正的计算公式是

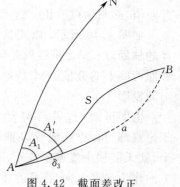

图 4.42　截面差改正

$$\delta''_3 = -\frac{e^2\rho''}{12N_1^2}S^2\cos^2 B_1\sin 2A_{12} \tag{4.41}$$

式中，N_1 是测站点的卯酉圈曲率半径，e 是参考椭球的第一偏心率，S 是 AB 两点间的距离，B_1 是测站点的大地纬度，A_{12} 是测站点至照准点方向的大地方位角。

截面差改正主要与测站点至照准点的距离有关。

三差改正的大小一般不足秒级,可视测量等级的高低确定是否进行改正。一般一等三角测量应加三差改正;二等三角测量通常要加垂线偏差改正和标高差改正;三、四等三角测量,通常不加三差改正,但是当 $\xi,\eta > 10''$ 时或 $H > 2\,000$ m 时,则应分别考虑加垂线偏差改正和标高差改正。

地面观测方向值,经过上述三差改正,最后得到椭球面上相应大地线的方向值。

4.7.2　参考椭球面至高斯平面的归算

如图 4.43(a),在椭球面上有三角形 $P_1P_2P_3$,起算点 P_1 的大地坐标为 (L_1,B_1),起算边 P_1P_2 的长度为 S_{12},大地方位角为 A_{12}。现将三角形按高斯投影描绘于平面上,如图 4.43(b)所示。P_1,P_2,P_3 各点的投影为 $P_1'、P_2'、P_3'$。椭球面上三角形各边(大地线)投影后为曲线(图中用虚线绘出)。过 P_1 点的子午线 P_1N 投影后为 $P_1'N'$;过 P_1' 做直线 $P_1'L$ 平行于纵坐标轴 ox,这个方向我们称为坐标北方向,以区别于真北方向 $P_1'N'$。

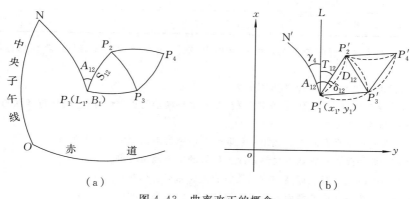

图 4.43　曲率改正的概念

由于投影为正形投影,故各三角形的角度投影后仍不变。因此由虚线组成的各个角度等于椭球面上对应的各个角度,大地线在平面上的投影不是直线,因此用它们进行计算是极不方便的。为此,我们用相应的 $P_1'P_2'、P_1'P_3'\cdots$ 等弦线来替代它们。这样就将平面上由曲线组成的三角形改为直线组成的三角形了。于是三角形的解算和平面坐标的计算都可按平面三角公式进行,这样计算工作就变得比较简单。

将大地线的投影曲线(虚线)归算至弦线,即求投影曲线与弦线的夹角,称为曲率改正或方向改正,以 $\delta_{12}\cdots$ 等表示。曲率改正的精密计算公式推证过程比较复杂,通常在一、二等三角测量中才使用,在此我们仅给出常用于三、四等三角测量的近似计算公式。

考虑一般计算的习惯(对于改正数都取代数和的办法),在此将 δ_{12}'' 反号。至此,最终的曲率改正近似公式

$$\delta_{12}'' = -\frac{y_m\rho''}{2R^2}(x_2 - x_1) \tag{4.42}$$

$$\delta_{21}'' = \frac{y_m\rho''}{2R^2}(x_2 - x_1) \tag{4.43}$$

思考题与习题

1. 何为水平角？测定水平角的基本条件是什么？

2. 何为垂直角？测定垂直角的基本条件是什么？

3. 经纬仪的主要轴线有哪些？其基本关系是什么？

4. 经纬仪的主要部件有哪些？各起什么作用？

5. 叙述经纬仪方向观测法观测水平角的主要步骤。

6. 用 J6 光学经纬仪按测回法观测水平角，整理表中水平角观测的各项计算。

测站	目标	度盘读数		半测回角值	一测回角值	各测回平均角值	备注
		盘　左 /(° ′ ″)	盘　右 /(° ′ ″)	/(° ′ ″)	/(° ′ ″)	/(° ′ ″)	
N	A	0 00 24	180 00 54				
	B	58 48 54	238 49 18				
	A	90 00 12	270 00 36				
	B	148 48 48	328 49 18				

7. 已知某目标的垂直角观测数据为，盘左 $= 88°16′24″$，盘右 $= 271°42′48″$，计算该目标的垂直角和指标差。

8. 如何进行照准部管水准器的检验与校正？

9. 为什么在十字丝纵丝与横轴的正交性检校、照准轴与横轴的正交性检校、横轴与竖轴的正交性检校中要求瞄准与仪器同高的目标点？

10. 叙述三轴误差对水平角的影响规律。采取什么措施可以消除或减弱其影响？

11. 什么是垂线偏差改正？影响垂线偏差改正数值的主要因素有哪些？

12. 什么是标高差改正？影响标高差改正数值的主要因素有哪些？

13. 什么是截面差改正？影响截面差改正数值的主要因素有哪些？

14. 电子经纬仪或全站仪与普通光学经纬仪相比，其突出特点是什么？

15. 实现电子测角的方式主要有哪几种？

16. 简述码区度盘测角原理及其特点。

17. 绝对式测角和增量式测角有何不同？

18. 什么是单轴补偿和双轴补偿，其作用是什么？

第5章 距离测量

距离是指两点之间的连线长度。测量工作中的距离是指两点在某一基准面上的长度，基准面可以是水准面、参考椭球面、高斯平面等。野外直接测定的两点间的距离，因两点高度不同，其点间连线存在倾斜，故此时测定的距离称为斜距，斜距在某一水平面上投影称为平距。距离是推算点坐标的重要元素之一，同时也是建筑工程施工放样、设备安装等工作的重要元素，因而距离测量也是最基本的测量工作。传统的距离测量方法有皮卷尺测量、钢带尺测量和视距测量，现代的测量方法主要是电磁波测距法。本章主要介绍常用的钢尺量距、视距测量和电磁波测距方法。

5.1 钢尺量距

常用的钢尺有 30 m 和 50 m 长两种，是刻有毫米分划的钢带尺，如图 5.1 所示。

钢尺量距具有设备简单、作业直观方便、精度较高（相对精度 1/10 000～1/25 000）等特点。常用于图根控制测量、隐蔽区域的碎部测量以及短距离的工程测量等场合。

图 5.1 钢尺

5.1.1 钢尺检定

由于制造时的刻划误差及环境温度的影响，在某一环境温度 t_0 时，钢尺的名义长与其真长之间存在差值，由此引起的改正数称为尺长改正数。另外，工作环境的温度变化也会引起钢尺线性膨胀，使钢尺的真长有所变化，由此引起的改正数称为温度改正数。综合考虑上述两项改正数，钢尺在某一温度 t 下的精确长度可用称之为"尺长方程式"的函数式表示

$$L_0 = L_名 + \Delta L + L_名 \cdot \alpha(t - t_0) \tag{5.1}$$

式中，L_0 为钢尺的总长真值，$L_名$ 为钢尺刻划名义长度，ΔL 为温度 t_0 时的钢尺尺长改正数，α 为钢尺的线胀系数，即温度每变化 1℃时单位长度的变化率，通常为 $1.25 \times 10^{-5}℃^{-1}$，$t_0$ 为检定钢尺时的气温，t 为作业时的气温。

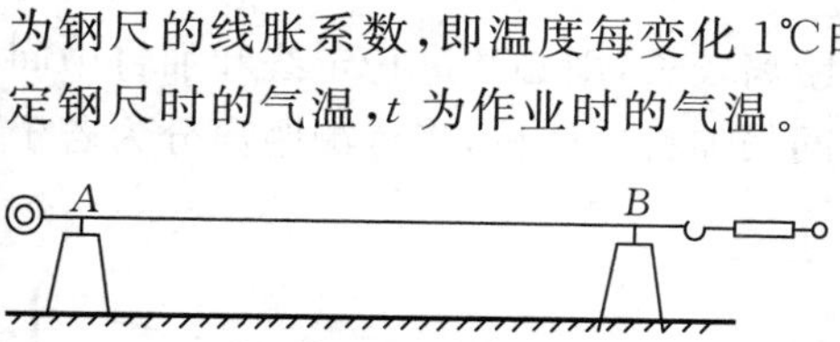

检定钢尺的目的是精确求得 ΔL 值。常用的检定方法为基线检定法，它是将待检钢尺与高精度基线进行精确对比，从而求定 ΔL，如图 5.2 所示。在标准拉力（30 m 钢尺为 100N，50 m 钢尺为 150N）下，钢尺两端有刻划的部分精确对准基线两端标志中心，同时读出 A、B 两端的读数 a 和 b，从而可得基线的测量值 $l_测$

图 5.2 基线法检定钢尺

$$l_测 = a - b \tag{5.2}$$

为了保证检定精度，应当往返各丈量 3 次，读数至 0.5 mm。往测 3 次丈量差值不大于

1 mm 时,可取中数得 $l_{往}$,调转尺头,返测 3 次丈量,要求同往测一样,求得 $l_{返}$,当 $l_{往}$ 与 $l_{返}$ 差值与钢尺总长之比在 1/10 万以内时,取中数得基线的测量值 $l_{测}$

$$l_{测} = \frac{1}{2}(l_{往} + l_{返}) \qquad\qquad (5.3)$$

在检定的同时,记录基线场气温 t_0,则钢尺在 t_0 温度下的尺长改正数 ΔL 为

$$\Delta L = l_0 - l_{测} \qquad\qquad (5.4)$$

式中,l_0 为基线真长。将 ΔL、t_0 代入式(5.1)即可得该尺的尺长方程式,通常还需要将尺长方程式变换为标准形式,即 $t_0 = 20℃$。

例 5.1　某钢尺名义长度为 30 m,检定基线真长为 $l_0 = 29.981\,5$ m,检定时的温度为 $t = 15℃$,则其尺长方程测算过程如表 5.1 所示。

表 5.1　钢尺检定

	A 端读数/m	B 端读数/m	AB 读数差/m
往	29.991 5	0.006 0	29.985 5
	29.986 5	0.001 5	29.985 0
测	29.993 5	0.008 5	29.985 0
			中数　29.985 2
返	0.008 0	29.993 0	29.985 0
	0.003 0	29.988 5	29.985 5
测	0.010 5	29.996 0	29.985 0
			中数　29.985 3

$l_{测} = \frac{1}{2}(l_{往} + l_{返}) = 29.985\,25\,(\mathrm{m})$

$l_0 = 29.981\,5$ m　　$t = 15℃$

$L_0 = 30 + (-0.003\,75) + 30 \times 1.25 \times 10^{-5} \times (t - 15)$

需要指出的是,由于钢尺的刻划误差和线胀系数很小,当钢尺用于碎部测量和其他精度要求较低的工作时,则无须进行检定,可直接作为真值丈量。

5.1.2　量距方法

量距野外作业一般包含定线、距离丈量和高差测定三个过程。

1. 定线

当待测距离不超过一整尺长时,可以直接丈量。若距离较长,则必须进行定线和加钉中间桩。定线的目的是在待测距离直线上,以比尺长略小的间隔加钉中间桩,将待测距离分为若干段,并保证各段位于同一直线上。

定线方法如图 5.3 所示,在起始端设置经纬仪,纵丝照准末端标杆,固定照准部,上、下俯仰望远镜指导定线方向,用钢尺或皮尺概略量距,从始端出发,依次定出各间桩,桩面用小钉或刻线精确标志,以便测量。当距离测量要求精度较低时,也可采用目视标杆方法定线。

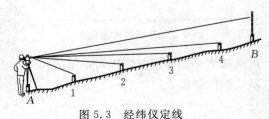

图 5.3　经纬仪定线

2．距离丈量

用钢尺量距时，每个小组至少需要 5 人：两端拉尺员各 1 人，读数员各 1 人，中间 1 人记录并读温度计。两端拉尺员缓缓用力拉紧钢尺，读尺员手扶钢尺放于木桩标志线上，待持弹簧秤一端拉尺员见拉力达到标准值时，喊"好"，读尺员立即读数。对每一尺段，要求连续测量 3 次，为防止印象错误，各次之间应把钢尺向前或向后错动 5～10 cm，若 3 次所得尺段长差值不大于 3 mm，取平均值为本尺段距离，每测一尺段，记录一次气温（读数至 0.5℃）。从 A 端量到 B 端称为往测，各尺段距离总和 $D_{往}$，从 B 端量到 A 端称为返测，各尺段距离总和为 $D_{返}$。对于低精度距离测量，单向测量即可。当精度要求较高时，需要进行往返测量。

3．高差测定

当待测距离两端及中间桩不在同一水平面上时，为了对每尺段加高差改正数，需要测定各相邻桩面的高差，因其要求精度到厘米级即可，所以通常用经纬仪测量。

将经纬仪设在待测距一侧，使垂直度盘盘左读数为 90°，忽略指标差影响，可以认为望远镜视准轴在水平面上，在各桩顶站立标尺读数，相邻桩读数差即为其间高差 h。

5.1.3　钢尺量距成果整理

外业丈量工作完成后，便可进行成果整理，加上各种必须的改正，确定待测距离的水平长度。改正主要包括各尺段的尺长改正、温度改正和倾斜改正。

1．尺长改正数

由尺长方程式可知，每一整尺的尺长改正数为 ΔL，若某一尺段的测量长为 $d_{测}$，则需加尺长改正 C_l

$$C_l = \frac{\Delta L}{L_{名}} \cdot d_{测} \tag{5.5}$$

2．温度改正数

设某尺段量距时的气温为 t，该尺段需加的温度改正数 C_t：

$$C_t = \alpha \cdot d_{测} \cdot (t - t_0) \tag{5.6}$$

式中，α 为钢尺线胀系数，普通钢尺取 $\alpha = 1.25 \times 10^{-5}℃^{-1}$。

3．倾斜改正数

如图 5.4 所示，设某尺段两端的高差为 h，丈量斜距为 $d_{测}$，水平距离为 $d_{平}$，则倾斜改正数为 $C_h = d_{平} - d_{测}$。

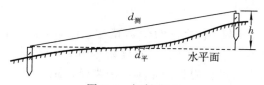

图 5.4　倾斜改正

由勾股定理可得

$$d_{测}^2 - d_{平}^2 = h^2$$

即

$$(d_{测} + d_{平})(d_{测} - d_{平}) = h^2$$

可得

$$C_h = d_\text{平} - d_\text{测}$$

$$= \frac{-h^2}{d_\text{测} + d_\text{平}} \approx \frac{-h^2}{2d_\text{测}} \tag{5.7}$$

各尺段分别加上述三项改正数后,往返分别累加。可得 $D_\text{往}$、$D_\text{返}$ 及往返较差 ΔD 和相对误差 $\Delta D / D$

$$\Delta D = D_\text{往} - D_\text{返} \tag{5.8}$$

若相对误差在限差之内(如图根导线为 $1/3\,000$),取往返测平均值作最后结果

$$D = \frac{1}{2}(D_\text{往} + D_\text{返}) \tag{5.9}$$

例 5.2   某尺段三次丈量距离均值为 $d_\text{测} = 29.875\,3$ m,测定的尺段两端高差 $h = +0.25$ m,丈量时记录温度 $t = 26.0℃$,丈量所用钢尺尺长方程式如例 5.1。求该尺段丈量各项改正数和量测结果。

解:(1)尺段尺长改正数为

$$C_l = \frac{\Delta L}{L_\text{名}} \cdot d_\text{测} = \frac{-0.001\,9}{30} \times 29.875\,3 = -0.001\,9(\text{m})$$

(2)尺段温度改正数为

$$C_t = \alpha \cdot d_\text{测} \cdot (t - t_0) = 1.25 \times 10^{-5} \times 29.875\,3 \times (26 - 20) = 0.002\,2(\text{m})$$

(3)尺段倾斜改正数为

$$C_h = \frac{-h^2}{2d_\text{测}} = \frac{-0.25^2}{2 \times 29.875\,3} = -0.001\,0(\text{m})$$

(4)尺段加各项改正数后的水平距离

$$d_\text{平} = d_\text{测} + C_l + C_t + C_h = 29.875\,3 - 0.001\,9 + 0.002\,2 - 0.001\,0 = 29.874\,6(\text{m})$$

5.2   视距测量

视距测量是用有视距装置的测量仪器,根据光学和三角学原理测定地面两点间距离的方法。利用仪器望远镜中的视距丝进行视距测量的方法通常称为普通视距测量。普通视距测量精度较低,一般在 $1/200$ 至 $1/300$,多用于精度要求不高的场合,如地形测图中碎部点的测量等。

5.2.1   水平视距原理

在普通光学经纬仪、水准仪、平板仪的望远镜中,十字丝板上都刻有三根平行横丝,如图 5.5 所示,n、q、m 分别称为上丝、中丝、下丝读数。用上、下丝进行视距测量称为全丝视距,只用上丝与中丝或下丝与中丝进行视距测量则称为半丝视距。望远镜视准轴位于水平位置时的视距测量称水平视距测量。如图 5.5 所示,设在测站点上的仪器望远镜视准轴 qOQ 处于水平面上,照准竖直的标尺,设 Oq 为仪器焦距 f,l 为上下丝在标尺上截取的长度,称为视距间隔;p 为上下丝间距,C 为物镜中心与仪器旋转中心的间距称为视距加常数。根据平面几何原理知:$\triangle Omn$ 相似于 $\triangle OMN$,故有

$$\frac{D - C}{f} = \frac{l}{p}$$

即

$$D = \frac{f}{p} \cdot l + C \qquad (5.10)$$

虽然不同型号仪器的望远镜焦距 f 差别较大,但厂家通过调整上下丝间距 p,使 $\frac{f}{p}$ 约为常数 $k \approx 100$,所以,水平视距公式可写为

$$D = kl + C \qquad (5.11)$$

式中,k 称为视距乘常数。

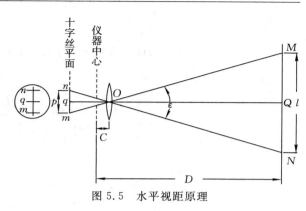

图 5.5　水平视距原理

外对光望远镜 C 值一般在 $0.2 \sim 0.7$ m 之间,而内对光望远镜 C 值很小,可忽略不计,视距计算更加简单:$D = kl$。由于 $k \approx 100$,因此上下视距丝在标尺上所截的厘米数就是仪器到标尺距离的米数。

从水平视距原理图中还可看出,上下丝所在光路 mM 与 nN 之间的夹角为 ε,在 $\triangle Onq$ 中

$$\tan \frac{\varepsilon}{2} = \frac{p}{2f} = \frac{1}{200} \qquad (5.12)$$

可得 $\varepsilon = 34'23''$,由于 ε 为一常数,故这种视距方法又称为定角视距。

5.2.2　倾斜视距原理

如图 5.6 所示,仪器照准轴不在水平面内进行视距测量时,照准轴不垂直于标尺,因此不能照搬使用水平视距公式。图中 ON、OM 为上下丝视线,夹角为 ε,OQ 为照准轴,也是 ε 角的角平分线,OB 为过仪器中心 O 的水平线,仪器中心至标尺点的水平距离为 D,上下丝在标尺上的视距间隔为 $l = MN$,照准轴 OQ 与水平面的夹角为照准轴的垂直角 α,在 $\triangle OBN$ 中

$$BN = D \cdot \tan\left(\alpha - \frac{\varepsilon}{2}\right)$$

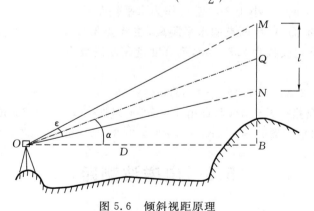

图 5.6　倾斜视距原理

在 $\triangle OBM$ 中

$$BM = D \cdot \tan\left(\alpha + \frac{\varepsilon}{2}\right)$$

因

$$l = BM - BN = D \cdot \tan\left(\alpha + \frac{\varepsilon}{2}\right) - D \cdot \tan\left(\alpha - \frac{\varepsilon}{2}\right)$$

故有

$$D = \frac{l}{\tan\left(\alpha + \dfrac{\varepsilon}{2}\right) - \tan\left(\alpha - \dfrac{\varepsilon}{2}\right)}$$

化简得

$$D = \frac{l}{2}\cot\frac{\varepsilon}{2} \cdot \cos^2\alpha \cdot \left(1 - \tan^2\frac{\varepsilon}{2} \cdot \tan^2\alpha\right)$$

又由于 $\tan\dfrac{\varepsilon}{2} = \dfrac{1}{2k}$，故有

$$D = kl\cos^2\alpha \cdot \left(1 - \frac{1}{4k^2} \cdot \tan^2\alpha\right)$$

$$= kl\cos^2\alpha - \frac{l}{4k}\sin^2\alpha$$

因 $\sin^2\alpha \leqslant 1$，$k = 100$，故 $\dfrac{l}{4k}\sin^2\alpha \leqslant \dfrac{l}{400}$，因为 l 一般小于 4 m（标尺长），因此忽略 $\dfrac{l}{4k}\sin^2\alpha$ 项时，产生的误差小于 1 cm，对于普通视距测量来说，完全可以忽略，此时倾斜视距公式可简化为

$$D = kl\cos^2\alpha \qquad\qquad (5.13)$$

当 α 接近 0°时，为了简化计算还可用整数 1 代替 $\cos\alpha$，表 5.2 列出了由此产生的距离相对误差 $(1 - \cos\alpha)$。

表 5.2　视距测量相对误差

α	0°	1°	2°	2°30′	3°	3°30′
$1 - \cos\alpha$	0	1/3 283	1/821	1/525	1/365	1/268

从表中可以看出，垂直角小于 3°时都可作为水平视距看待。

例 5.3　为求定地面 A、B 两点的水平距离，在 A 点架设经纬仪，B 点设立标尺，视距丝上丝读数为 1.183 m，下丝读数为 2.544 m，垂直度盘盘左读数为 91°23′30″。则两点间水平距离计算为：

(1)视距间隔 $l = 2.544 - 1.183 = 1.361$(m)。

(2)忽略垂直度盘指标差影响，垂直角 $\alpha = 90° - 91°23′30″ = -1°23′30″$。

(3)A、B 两点水平距离 $D = kl\cos^2\alpha = 100 \times 1.361 \times \cos^2(-1°23′30″) = 136.12$(m)。

5.3　电磁波测距

5.3.1　电磁波测距的基本原理

电磁波测距是用电磁波作为载波进行长度（距离）测量的一种现代技术方法。其基本原理为测定电磁波往返于待测距离上的时间间隔，进而计算出两点间的长度，如图 5.7 所示。其基本计算公式为

$$D = \frac{1}{2}C \cdot t \qquad (5.14)$$

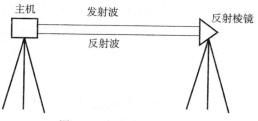

图 5.7　电磁波测距原理

式中，C 是电磁波在大气中的传播速度约为 3×10^8 m/s，t 是电磁波在待测距离上的往返传播时间。

精确测定 t 是电磁波测距的关键。由于电磁波的速度极高，以至于 t 值很小，必须用高分辨率的设备去确定电磁波在传输过程中的时间间隔或时刻。为了达到这一目的，出现了变频法、干涉法、脉冲法和相位法等不同的测距手段，设法将构成时间间隔的两个瞬间的电磁波的某种物理参数相互比较，精密地计算出时间 t。表 5.3 说明了不同测距方法的有关特性。

表 5.3　各种电磁波测距方法比较

光电测距方法	光　波	测距信号	测距原理	测量结果
变频法	连续波	调制光波	测定调制波频率	绝对长度
相位法	连续波	调制光波	测调制波相位差	绝对长度
干涉法	连续波	干涉光波	测定干涉条纹	相对长度
脉冲法	脉冲波	光脉冲	测定往返时间	绝对长度

目前，变频法已被淘汰，干涉法虽精度很高，但由于设备昂贵和使用环境苛刻而多应用于计量部门，脉冲法测距和相位法测距是最为常用的方法，本节重点讨论这两种测距方法的原理。

5.3.2　电磁波测距仪分类

目前，电磁波测距仪已发展为一种常规的测量仪器，其型号、工作方式、测程、精度等级也多种多样，对于电磁波测距仪的分类通常有以下几种。

1. 按载波分类

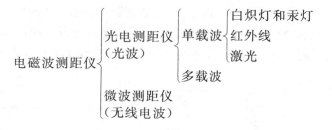

2. 按测程分类

短程：小于 3 km，用于普通工程测量和城市测量。

中程：3～5 km，常用于国家三角网和特级导线。

长程：大于 15 km，用于等级控制测量。

3. 按测量精度分类

电磁波测距仪的精度 m_D，由其机械结构和工作原理决定，常用如下公式表示

$$m_D = a + b \cdot D \qquad (5.15)$$

式中，a 为不随测距长度变化的固定误差（单位 mm），b 为随测距长度变化的误差比例系数（常以 10^{-6} 为单位），D 为测距边长度（单位为 km）。

由式(5.15),设 D =1 km 时,测量精度可划分为三级。

Ⅰ级:小于 5 mm(每千米测距中误差)。

Ⅱ级:5～10 mm。

Ⅲ级:11～20 mm。

5.3.3 光脉冲法测距

光脉冲法测距是以光脉冲作为测距信号,直接测定每个光脉冲在往返距离上传播时间,这种方法在 17 世纪意大利的著名物理学家伽利略测定光速时就用过。20 世纪 70 年代初,脉冲测距应用于人造卫星大地测量,如 G171 卫星激光测距仪。它由红宝石作为发光源,脉冲宽度为 20 ns,精度为 1.5 m,而第三代激光测距仪采用铝石榴石(YAG)作为脉冲光源,脉冲宽度压缩到 100 ps,精度已经达到±5 mm。测程由过去的 2 000～3 000 km 到现在的 20 000 km。

图 5.8 徕卡 D510
手持测距仪

在地面测量中,早期的脉冲测距仪一般精度只有米级,1980 年西德芬纳仪器公司(Geo Fennel)与汉堡电子光学工程所(IBEO)合作研究的脉冲技术,促使 FEN2000 脉冲测距仪系列的出现。1982 年,瑞士的 Wild 仪器公司推出了 DI3000 系列脉冲测距仪。近年来,市场出现了小型的手持式脉冲测距仪(DISTO),测距精度已经达到了毫米级,如图 5.8 所示为徕卡 DISTO D510。

光脉冲法测距突出优点是不需要合作目标,测距时间极短,在快速测量或高动态等军事部门应用较多。

如图 5.9 所示为脉冲法测距原理图。在脉冲测距仪中,其发射是以瞬间的脉冲电流过发光二极管,使其转换出窄小的光脉冲。每个脉冲发射时,大部分的能量发射至反射体,同时还有很少的一部分脉冲信号传输到触发器,经过触发器去打开电子门,此时时标脉冲就通过电子门进入计数器。当发送到反射器的脉冲被返回时,经接收单元接收后,也送往触发器,由触发器关闭电子门,计数器停止计数。计数器上记录下的时标脉冲个数 m,将对应于测距脉冲信号在被测距离 D 上往返传播所需的时间 t_{2D},时间越长,通过的脉冲个数就越多,反之就越少,根据时标脉冲的个数就可计算出时间 t_{2D},从而获得距离。

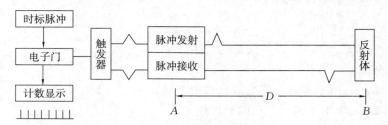

图 5.9 脉冲法测距原理

脉冲法测距需要多次重复进行。测距脉冲的重复频率要考虑脉冲在往返距离上的传播时间,当最大测程为 30 km 时,相应的往返时间为 0.2 ms,则脉冲信号的频率不能超过 $1/(0.2×10^{-3})$=5 kHz,一般为了保险起见,采用 2～3 kHz。

在脉冲测距仪中,对于脉冲往返时间间隔的测定精度要求很高。若要求测距精度为 m_D =±5 mm,则测时精度应达到

$$m_t = \frac{m_D}{C} = \frac{2 \times 0.005}{3 \times 10^8} = 0.033(\text{ns})$$

这样,计数脉冲的周期必须足够小,如在 FEN2000 测距仪中采用 300 MHz 高频振荡器产生计数脉冲,并采用多次测量取平均值的方法,使得最终测量结果达到毫米级的精度。

除采用多次测量方法外,在脉冲测距仪中也可采用模拟-数字式测时方法,使单次测量精度达到毫米级。在这种方法中,以参考振荡器作为计时单位,不足一个计数单位的小数部分,可以用时间扩展的方法将微小的时间间隔转换为电压值进行测量,其单次测量的精度可以达到毫米级。以 Wild 仪器公司的 DI3000 为例,如图 5.10 所示。时标脉冲的频率为 15 MHz,整周期的计数为脉冲的前沿(或后沿)数目,得到的距离粗值为 nT(T 为时标的周期),但其分辨率仅为 10 m,不足一个整周期的部分 T_a 和 T_b 则用一种高分辨率的时间-电压转换器件(time to amplitude converter,TAC)来测量。TAC 的核心是一只高精度的电容器,在 T_a 和 T_b 的时间内,用恒流充电,电容器中充电量的多少,即电容器的电压的大小与 T_a 和 T_b 的时间间隔成正比,其关系如图 5.11 所示,测量电容的电压,即可计算出激光脉冲精确的传播时间,计算公式为

$$t_m = n \cdot T + T_a - T_b$$

经重复测量后,精度可进一步提高。另外,在仪器内部设立了 TAC 校验电路,实时地准确测定时间与电压的比例关系,以减小外界环境、元件参数变化而产生的影响,同时还设有温度传感器件,对参考晶震频率变化进行改正。

TAC 校验的原理为:在图 5.11 中,由微处理器控制,发出 TAC 低电平控制信号,在参考信号一个周期的时间内对电容充电,得到电压 UG,随后发出 TAC 高电平控制信号,对电容充电两个周期,得到电压 OG,由式

$$k = \frac{2T - T}{OG - UG}$$

可求得时间/电压的直线斜率 k,并以此作为时间与电压的转换系数,来保证所测时间(T_a 和 T_b)的精确性。

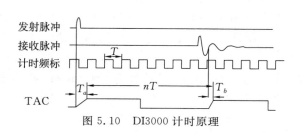

图 5.10　DI3000 计时原理

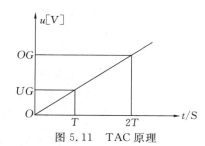

图 5.11　TAC 原理

5.3.4　相位法测距

1. 相位法测距的基本原理

相位法测距,也称为间接法测距,它不是直接测定电磁波的往返传播时间,而是测定由仪器发出的连续电磁波信号在被测距离上往返传播而产生的相位变化(即相位差),根据相位变化量求出时间,从而求得距离 D。

其基本原理,如图 5.12 所示。

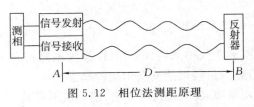

图 5.12　相位法测距原理

设测距仪产生的红外光调制信号为

$$u = U_m \sin(\omega t + \varphi_0)$$

式中，U_m 为调制正弦信号振幅，ω 为信号的角频率，φ_0 为信号初始相位。

信号 u 分为两路，其中一路发向反射器并返回，设在被测距离上的往返传播时间为 t_{2D}，则测距仪接收的电磁波信号为

$$u_{返} = U_m \sin(\omega t + \varphi_0 - \omega t_{2D})$$

在这段时间内产生的相位差为 ωt_{2D}。

测距仪把另一路未发出的信号（称参考信号）与接收的信号（测距信号）送入测相器，测相器可以测出两路信号的相位差 φ，f 为测距信号的频率，那么

$$\varphi = \omega t_{2D} \rightarrow t_{2D} = \frac{\varphi}{\omega}$$

又 $\omega = 2\pi f$，则

$$t_{2D} = \frac{\varphi}{2\pi f}$$

代入式(5.14)则有

$$D = \frac{C\varphi}{4\pi f} \tag{5.16}$$

这就是相位法测距的基本公式。

由于任何相位差总可以表示为若干个整周期 $2N\pi$ 和不足一个周期 2π 的小数 $\Delta\varphi$ 之和，即

$$\varphi = 2N\pi + \Delta\varphi = (N + \Delta N)2\pi$$

代入基本公式(5.16)

$$D = C(N + \Delta N)2\pi/4\pi f$$
$$D = \frac{\lambda}{2}(N + \Delta N) \tag{5.17}$$

式中，N 为正整数，ΔN 为小于 1 的小数，$\lambda = C/f$ 为测距信号的波长。

从上式可以看出，相位法测距就好像用一把尺子在丈量距离，尺子的长度为 $\lambda/2$，N 为测出的整尺段数，ΔN 为不足一尺的尾数。相位法测距仪的功能就是测定 N 和 ΔN 值。

2. 相位法测距仪的基本构成

相位式测距仪一般有四个部分组成，即发射部分、反射部分、接收部分、测相部分，各部分又有不同的部件组成。其基本构成如图 5.13 所示。

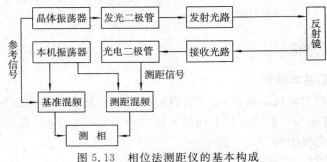

图 5.13　相位法测距仪的基本构成

发射部分:由晶体振荡器、红外发光二极管、发射光路组成。其作用是将晶体振荡器产生的测距信号调制在红外光上,由光路发射出去。

反射部分:如图 5.14(a)所示,由玻璃正方体截取一个角得到一个四面体,其反射面为三个相互垂直的反射平面构成,再将四面体截面的三个棱角打磨成圆形装入支架中,便成为实际应用的测距棱镜,如图 5.14(b)所示。它具有入射光与出射光平行的特性,因而可将测距仪发出的红外光沿原路径返射到测距仪。

需要说明的是,现代手持测距仪和某些全站仪增设了无棱镜测距功能,通过发射高强度的可见激光,经被测物体表面漫反射作用来完成测距。无棱镜测距方式具有直观、方便的特点,非常适合难以到达或危险的场合,如高耸的建筑物、高压设备等,其测程与物体表面反光度相关,一般仅为几百米。

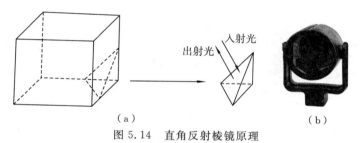

（a）　　　　　　　　　　　　　　　　　　（b）

图 5.14　直角反射棱镜原理

接收部分:由接收光路和光电二极管组成。其作用是将红外光上的测距信号解调下来。

测相部分:由本机振荡器、基准混频器、测距混频器和测相器组成。晶体振荡器产生的信号分两路传输,一路直接送至测相部分,称为参考信号;一路发射至反射镜并返回,称为测距信号。测相部分的作用是测定参考信号与测距信号的相位差。

由于被测信号均为周期信号,故相位差测量仅能测出两个信号 $0 \sim 2\pi$ 之间的相位差尾数,其 2π 的整倍数无法确定,即只能测出 $\varphi = 2N\pi + \Delta\varphi$ 中的 $\Delta\varphi$ 部分。这就如同用一把尺子丈量距离,测量中未记录整尺段数,而只读取了最后不足一尺的距离尾数,因此在相位法测距仪中还存在一个 $\lambda/2$ 整尺段数 N 的确定问题。

3. N 值的确定

由于被测距离的长短不一,距离越长 N 越大,反之 N 越小,使得 N 出现多值性。为避免 N 的多值性,不难设想,若使测尺长 $\lambda/2$ 大于仪器的最大测程,则 N 值将恒为 0,N 的多值性问题得以解决。但这又存在一个精度问题,因为测相器的实际测相精度是一定的,一般可达 10^{-4},测尺越长其测距精度越低,为了既有较大的测程,又有较高的精度,实际测距仪中通常输出一组(两个以上)测距频率,以短测尺(也称精测尺)保证精度,而用长测尺(也称粗测尺)来确定大数,保证测程。例如选用两把测尺,其尺长分别为 10 m 和 1 000 m,用它分别测量某一段长度为 573.682 m 的距离时,短测尺可测得不足 10 m 的尾数 3.682 m,而长测尺可测得不足 1 000 m 的尾数 573.6 m,将两者组合起来即可得最后距离 573.682 m,即

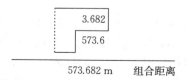

573.682 m　　组合距离

对于测尺频率的选定,一般有分散的直接测尺频率方式和集中的间接频率方式或两种方式的组合。直接测尺频率方式是产生两个以上的测距频率,分别测定距离,而后组合得到最后的距离,如上所述就是两个频率的直接测尺频率方式。当测程进一步增加时,就需要增加测尺的数目,各个测尺的频率差变得很大,由于高低频信号的特性差异很大,使得许多电路单元如放大器、调制器等不能公用,必须分别设置,这将使仪器成本、体积、功耗增加,同时稳定性也将降低。为解决此问题,现代相位法测距仪中采用集中的间接频率方式,即采用一组频率接近的信号,间接获得一组测尺长度相差较大的测距频率的一种方法。为了说明其原理,设有两个频率接近的信号 f_1 和 f_2,其半波长分别为 $u_1 = \lambda_1/2$ 和 $u_2 = \lambda_2/2$,应用两个频率测定同一距离 D,根据式(5.17)有

$$D = u_1(N_1 + \Delta N_1)$$
$$D = u_2(N_2 + \Delta N_2)$$

变换后

$$\frac{D}{u_1} = N_1 + \Delta N_1 \qquad (5.18)$$

$$\frac{D}{u_2} = N_2 + \Delta N_2 \qquad (5.19)$$

将式(5.18)减式(5.19),得

$$D = \frac{u_1 \cdot u_2}{u_1 - u_2}[(N_1 - N_2) + (\Delta N_1 - \Delta N_2)]$$
$$= \frac{u_1 \cdot u_2}{u_1 - u_2}(N + \Delta N) = u_s(N + \Delta N)$$

式中

$$u_s = \frac{u_1 \cdot u_2}{u_2 - u_1} = \frac{1}{2} \cdot \frac{C}{f_1 - f_2} = \frac{1}{2} \cdot \frac{C}{f_s}$$
$$N = N_1 - N_2$$
$$\Delta N = \Delta N_1 - \Delta N_2$$
$$f_s = f_1 - f_2$$

因为

$$\Delta N = \frac{\Delta\varphi}{2\pi}, \ \Delta N_1 = \frac{\Delta\varphi_1}{2\pi}, \ \Delta N_2 = \frac{\Delta\varphi_2}{2\pi}$$

所以

$$\frac{\Delta\varphi}{2\pi} = \frac{\Delta\varphi_1}{2\pi} - \frac{\Delta\varphi_2}{2\pi}$$
$$\Delta\varphi = \Delta\varphi_1 - \Delta\varphi_2$$

在上述公式中,f_s 可以认为是一个新的测尺频率,其值等于 f_1 和 f_2 之差;u_s 是新测尺频率所对应的测尺长度。

不难看出,如果用两个测尺频率 f_1、f_2 分别测定某一距离时,所得的相位尾数分别为 $\Delta\varphi_1$ 和 $\Delta\varphi_2$,那么两者之差 $\Delta\varphi_s = \Delta\varphi_1 - \Delta\varphi_2$ 和用 f_1 与 f_2 的差频频率 $f_s = f_1 - f_2$ 所测量同一距离时得到的相位尾数相等。例如,用 $f_1 = 15 \text{ mHz}$ 和 $f_2 = 13.5 \text{ mHz}$ 的调制频率测量同一距离得到的相位尾数差值,与用差频 $f_s = f_1 - f_2 = 1.5 \text{ mHz}$ 的测距频率测量该距离得到的相位

尾数值相等。间接频率方式就是基于这一原理进行测距的,即它是通过测量 f_1、f_2 频率的相位尾数,并取其差值,来间接测定出差频频率的相位尾数,等效于直接采用差频频率进行测量。

当测程较大时,则需要多个相互接近的测距频率,分别测定相位尾数,并分别取其差值,即可等效得到多个不同长度的测尺所测定的结果。如表 5.4 所示,5 个间接测尺频率 $f_1 \sim f_5$ 频率非常接近,放大器、调制器等电路单元可共用,将 f_1 与 $f_2 \sim f_5$ 测定结果分别取差,相当于用测尺长度分别为 10 m、100 m、1 km、10 km 和 100 km 5 个测尺进行测距。

表 5.4　等效测尺频率

测尺频率 f_i	等效测尺频率 f_{s_i}	测尺长度 u_s	精度
$f_1 = 15\,\text{MHz}$	$f_1 = 15\,\text{MHz}$	10 m	1 cm
$f_2 = 0.9 f_1$	$f_{s_1} = f_1 - f_2 = 1.5\,\text{MHz}$	100 m	10 cm
$f_3 = 0.99 f_1$	$f_{s_2} = f_1 - f_3 = 150\,\text{kHz}$	1 km	1 m
$f_4 = 0.999 f_1$	$f_{s_3} = f_1 - f_4 = 15\,\text{kHz}$	10 km	10 m
$f_5 = 0.999\,9 f_1$	$f_{s_4} = f_1 - f_5 = 1.5\,\text{kHz}$	100 km	100 m

4. 内部相位飘移的消除

电子测距仪的内部电子线路,在传送信号的过程中会产生机内附加相移 δ,δ 的大小不但与电子线路的结构有关,而且与元器件的稳定性、环境条件及机器的开关机时间等诸多因素有关。因此 δ 具有一定的随机性,这就造成了仪器的相位起算零点不能确定,即所谓的"零点漂移"问题。

由于"零点漂移"的影响,使得测相器所测得的相位差,除了信号在被测距离上引起的相位变化 $\varphi = \omega t_{2D}$ 外,还有一个机内附加相移 δ,实际的相位差为 $\varphi = \omega t_{2D} + \delta$,$\delta$ 值对测距结果的影响无法从测距结果中按加常数改正的方法解决,必须另想办法。在红外测距仪中是采用内外光路测量来解决的。

红外测距仪的内光路测量,原理如图 5.15 所示。

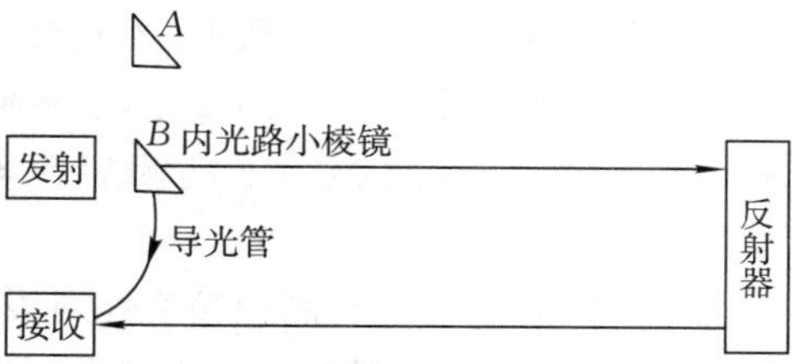

内外光路测量消除内部相移的方法,是在仪器内部设置一个内光路小棱镜,该小棱镜可以在 A、B 两个位置移动,当其处于 A 位置时,小棱镜不反射红外光,此时,红外光直接射向目标反射棱镜,进行外光路测量,此时测得的相位差为

$$\varphi_{外} = \omega t_{2D} + \delta \qquad (5.20)$$

图 5.15　测距仪内光路测量

外光路测量完毕后,小棱镜处于位置 B,此时红外光射向内部小棱镜,全部被小棱镜反射,不能射向外部棱镜,这时进行内光路测量,此时的相位差为

$$\varphi_{内} = \omega t_d + \delta \qquad (5.21)$$

式中,ωt_d 表示经小棱镜和导光管这段固定距离所产生的相位差,测相的最后结果采用内外光路所测相位差之差

$$\varphi = \varphi_{外} - \varphi_{内} = \omega t_{2D} - \omega t_d \qquad (5.22)$$

对于一台仪器来说,ωt_d 是一个常数,是仪器常数的一个组成部分,可以通过仪器设计或检定测出,因此,它对相位差的稳定性不产生影响,通过内外光路测量就消除了仪器内部相位偏移的影响。

5.3.5　电磁波测距的成果整理

电磁波仪观测值只是地面点间空间连线长度,通常要将它化算为地面点在测量计算基准面(如高斯投影平面)上的长度。为此,需要进行一系列的改正计算,这些改正数大体可分为三类:一是仪器系统误差改正;二是气象改正;三是归算改正。

1. 仪器系统误差改正

仪器系统误差主要包括加常数、乘常数和周期误差。加常数是指仪器测量值偏离真值为一个固定常数,与测定的距离长短无关。加常数的产生与仪器本身以及配套使用的反射棱镜有关,因而又可分为仪器加常数和棱镜加常数。乘常数是仪器测量值相对真值偏离量随距离长短变化的比例系数,测定距离越长则偏离量越大。周期误差与加常数和乘常数均不同,既不是固定常数,也不随距离长短比例而变化,它是随测定距离尾数(不足一个精测尺长 $\lambda/2$ 的距离值)变化的正弦函数,周期误差由仪器内部信号串扰所致,其幅值通常不足仪器固定误差的 $1/2$,故在常规测量中可忽略此项改正。因此本节重点讨论加常数和乘常数及其检定方法。

棱镜加常数与棱镜材料和机械结构有关。由于反射棱镜为玻璃介质,电磁波的传播速度与大气中有较大的差异,同时反射点机械安装位置与对中的几何位置不一致,使得测定的距离值与实际距离值相差一个固定的常数。如图 5.16 所示,设玻璃的折射率为 n(大气的折射率为 1),则棱镜加常数 C 为

$$C = d - H \cdot (n-1)$$

设计时常使 C 值为一整数,有 0 mm、-30 mm 和 $+30$ mm 几种,在仪器说明书中说明或在棱镜上标识。棱镜结构简单、稳定,因而棱镜加常数较为稳定,现代测距仪都具有棱镜加常数设置功能,测距时只需设置此项参数仪器即可自动改正。

测距仪的加常数与仪器的相位起算位置和仪器几何对中位置相关。仪器设计时两者是一致的,然而经运输、长期使用,器件的机械位置和电气参数会发生微小的变化,这将使得相位中心发生偏移,对测定距离值产生影响,此影响不随测定距离长短变化,短期内为一固定常数。

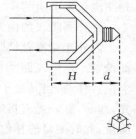

图 5.16　棱镜加常数

测距仪的乘常数与测距频率相对设计值的偏移有关。随着测距仪使用年限的增加,内部电子器件老化,测距频率发生微小偏移,使得测距信号波长发生变化(即测尺尺长变化),对测定距离的影响与距离的长度成正比,此比例系数以 10^{-6} 为计量单位。

1)六段法测定仪器加、乘常数

检测工作一般在专门建立的基线场按"六段对比法"(简称六段法)进行,其检测原理如下。

设置一条直线(长度一般为 1～3 km 左右),将其分为 6 段,如图 5.17 所示。各段水平长度均用高精度方法测定,视为真值,用待检仪器采用全组合观测,得到 21 段距离观测值 D_{01}、D_{02}、$\cdots$、D_{56}(已加入气象改正和倾斜改正的水平距离)。

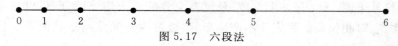

图 5.17　六段法

设 $v_{01} \sim v_{56}$ 为 21 段观测值的改正数,$\overline{D}_{01} \sim \overline{D}_{56}$ 为 21 段距离真值,K、R 分别为仪器加常

数和乘常数。

则可组成 21 个误差方程式

$$v_{01} = -K - D_{01}R + l_{01}$$
$$v_{02} = -K - D_{02}R + l_{02}$$
$$\vdots$$
$$v_{56} = -K - D_{56}R + l_{56}$$

式中，l_{ij} 为基线值与观测值之差，即 $l_{ij} = \overline{D}_{ij} - D_{ij}$，$i = 0、1、\cdots、5，j = 1、2、\cdots、6$。

用矩阵形式表示为

$$V = AX + L$$

式中

$$V = \begin{bmatrix} v_{01} \\ \vdots \\ v_{56} \end{bmatrix} \quad A = \begin{bmatrix} -1 & -D_{01} \\ \vdots & \vdots \\ -1 & -D_{56} \end{bmatrix} \quad X = \begin{bmatrix} K \\ R \end{bmatrix} \quad L = \begin{bmatrix} l_{01} \\ \vdots \\ l_{56} \end{bmatrix}$$

因各段观测比例误差相对固定误差很小，可认为各段为等精度观测，各段观测量权均为 1，依照最小二乘法则组成法方程式求解，即可得 K、R 平差值

$$X = \begin{bmatrix} K \\ R \end{bmatrix} = Q \cdot \begin{bmatrix} [l] \\ [Dl] \end{bmatrix} \tag{5.23}$$

$$Q = \begin{bmatrix} Q_{11} & Q_{12} \\ Q_{21} & Q_{22} \end{bmatrix} = \frac{1}{21[DD] - [D][D]} \cdot \begin{bmatrix} [DD] & -[D] \\ -[D] & 21 \end{bmatrix}$$

精度评定

$$v_{ij} = -K - D_{ij}R + \overline{D}_{ij} - D_{ij} \qquad (i = 0, \cdots, 5; j = 1, \cdots, 6)$$

$$m_D = \pm\sqrt{\frac{[vv]}{21}}$$

$$m_K = \pm\sqrt{Q_{11}}\, m_D$$
$$m_R = \pm\sqrt{Q_{22}}\, m_D \tag{5.24}$$

高精度测距作业前和作业后应对仪器的加乘常数进行检测，以便对测距结果进行改正。对于精度要求较低的场合，如地形碎部测量，可忽略此项改正。

例 5.4 六段法加、乘常数测算示例。

表 5.5 六段法加、乘常数测定

测段	基线值 /m	观测值 /m	误差方程系数 D /km	误差方程常数项 l /mm	观测量 改正数 v/mm
0—1	19.991 04	19.991 6	0.02	−0.56	−1.52
0—2	99.989 85	99.988 3	0.10	+1.55	+1.18
0—3	159.956 96	159.955 4	0.16	+1.56	+0.84
0—4	280.003 36	280.002 2	0.28	+1.16	−0.26
0—5	480.039 42	480.037 5	0.48	+1.92	−0.65
0—6	519.894 50	519.891 4	0.52	+3.10	+0.29

续表

测段	基线值 /m	观测值 /m	误差方程系数 D/km	误差方程常数项 l /mm	观测量 改正数 v/mm
1—2	79.998 84	79.997 2	0.08	+1.64	+1.38
1—3	139.965 94	139.965 5	0.14	+0.44	−0.16
1—4	260.012 25	260.010 3	0.26	+1.95	+0.65
1—5	460.048 50	460.045 8	0.46	+2.70	+0.24
1—6	499.903 56	499.900 8	0.50	+2.76	+0.07
2—3	59.967 20	59.967 6	0.06	−0.40	−0.53
2—4	180.013 45	180.011 3	0.18	+2.15	+1.31
2—5	380.049 56	380.047 7	0.38	+1.86	−0.14
2—6	419.904 67	419.902 0	0.42	+1.87	−0.36
3—4	120.046 30	120.046 8	0.12	−0.50	−0.98
3—5	320.082 50	320.081 5	0.32	+1.00	−0.64
3—6	359.937 60	359.936 0	0.36	+1.60	−0.28
4—5	200.036 16	200.037 0	0.20	−0.84	−1.79
4—6	239.891 32	239.887 0	0.24	+4.32	+3.13
5—6	39.855 20	39.856 9	0.04	−1.70	−1.72

$[l] = 27.580\,0$　　$[Dl] = 9.964\,8$　　$[DD] = 1.912\,4$　　$[D] = 5.500\,0$　　$[vv] = 27.04$

$Q_{11} = 0.193\,0$　　$Q_{12} = Q_{21} = -0.555\,0$　　$Q_{22} = 2.119\,0$

$K = -0.21\,\text{mm}$　　$R = +5.81 \times 10^{-6}$

$$m_D = \pm\sqrt{\frac{27.04}{21}} = \pm 1.13(\text{mm})\quad m_K = \pm\sqrt{0.193} \times 1.13 = \pm 0.50(\text{mm})$$

$$m_R = \pm\sqrt{2.119} \times 1.13 = \pm 1.64 \times 10^{-6}(\text{mm})$$

2）简易测定仪器加常数

"六段法"测定加常数和乘常数准确精度高,但对场地要求较高,通常是仪器检修部门常用的方法。因此,无条件采用"六段法"或者边长较短、乘常数可忽略时,可用"三段法"仅对加常数进行简易测定。

如图 5.18 所示,在平坦地面上选 100~200 m 的一段直线 AC,在直线上任选一点 B,3 点分别安置脚架。不动脚架和基座仅移动测距仪和棱镜,分别测出 3 个距离 d_1、d_2、d_3,设仪器加常数为 a,则有方程

$$(d_1 + a) + (d_2 + a) = d_3 + a$$

解得

$$a = d_3 - d_1 - d_2 \tag{5.25}$$

高精度作业时必须对仪器加、乘常数进行改正。若测定距离值为 D,加常数为 a,乘常数为 b,S 为改正后距离,加乘常数改正可按下式计算

$$S = (1 + b) \cdot D + a \tag{5.26}$$

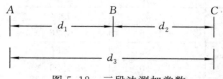

图 5.18　三段法测加常数

2.气象改正

光在不同介质中的传播速度是不一样的,即波长不同。而大气的介质常数随温度、气压的影响会发生微小的变化,这将导致测尺的长度发生微小的变化,从而影

响测量结果。仪器设计的测尺长度为标准大气(气压 760 mmHg,温度 20℃)状态下的,而实际作业的大气状态有变化,因而应加入相应的改正值,称为气象改正 Δn,其大小与测定的长度成正比。

多数红外测距仪可按下式计算 Δn

$$\Delta n = \left[(n_R - 1) - \frac{n_0 - 1}{1 + 0.003\,661t} \cdot \frac{P}{760} \right] \cdot S \tag{5.27}$$

式中,n_R 为气象参考点大气折射率,n_0 为标准大气($t = 20$℃,$P = 760$ mmHg)状态的大气对测距载波的折射率,P 为测距时的大气压(mmHg,1 mmHg=133.322 Pa),t 为测距时的气温(℃),n_0 和 n_R 可在仪器说明书中查取。

当前,大多数红外测距仪都有气象自动改正功能,使用时只需输入气压 P 和温度 t 即可完成改正。

3．归算改正

经系统误差改正和气象改正后得到仪器中心至棱镜中心的斜距,通常需要归算到高斯平面上的长度,以便参加各种计算。归算分三个步骤:一将斜距归算为水平距离;二将水平距离归算参考椭球面上;三将椭球面长度归算到高斯平面。

1)水平距离归算

若已知仪器中心至棱镜中心的高差 h,测定的斜距为 S,则水平距离 D_1

$$D_1 = \sqrt{S^2 - h^2} \tag{5.28}$$

若已知测距仪中心至棱镜中心的垂直角 α,则可用下式计算水平距离

$$D_1 = S \cdot \cos(\alpha + f)$$

$$f = (1 - k)\frac{S \cdot \cos\alpha}{2R_m}\rho'' \tag{5.29}$$

式中,k 为大气折光系数,R_m 为地球平均半径。当距离较近,α 较小时($|\alpha| \leqslant 3°$) f 可忽略。

2)水平距离归算到参考椭球面

设地面水平长度平行于椭球面,由于水平面离开椭球面有一定的高程,将引起长度的归算改正。如图 5.19 所示,AB 为水平面上长度,以 D_1 表示,其在参考椭球面上的长度 D_2 可按下式计算

$$D_2 = D_1\left(1 - \frac{H_m + h_g}{R_m}\right) \tag{5.30}$$

式中,H_m 为 AB 沿线的平均高程,h_g 为测区大地水准面相对于参考椭球面的高差,R_m 椭球平均半径。当测区不大时,可认为 $H_m + h_g$ 为测区平均大地高。

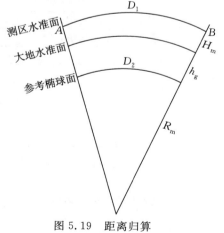

图 5.19　距离归算

3)椭球面长度归算到高斯平面

高斯投影虽然没有角度变形,但有长度变形。椭球面长度 D_2 可按下式归算为高斯平面上长度 D_3

$$D_3 = D_2\left(1 + \frac{y_m^2}{2R_m^2}\right) \tag{5.31}$$

式中,y_m 为 A、B 两点的自然坐标平均值,R_m 为椭球平均半径。

例 5.5　某厂区控制测量中,一边长经仪器系统误差改正和气象改正后的斜距测量值为 $S=1\ 800.234\ m$,已知该边两端高差为 $+9.45\ m$,厂区平均大地高为 $+500.3\ m$,3°带国家统一坐标 $Y=38\ 453\ 200\ m$。求该边高斯平面长度。

解:(1)厂区平均水准面上的长度为

$$D_1=\sqrt{1\ 800.234^2-9.45^2}=1\ 800.209(m)$$

(2)取地球平距半径 $R_m=6\ 371\ 000\ m$,参考椭球面上长度为

$$D_2=1\ 800.209\times\left(1-\frac{500.3}{6\ 371\ 000}\right)=1\ 800.068(m)$$

(3)厂区 3°带自然坐标 $y=453\ 200-500\ 000=-46\ 800\ m$,该边高斯平面长度为

$$D_3=1\ 800.068\times\left[1+\frac{(-46\ 800)^2}{2\times 6\ 371\ 000^2}\right]=1\ 800.117(m)$$

思考题与习题

1. 钢尺量距野外作业的一般过程是什么?

2. 钢尺量距成果整理的主要内容是什么?

3. 某钢尺名义长度为 50 m,检定基线真长为 $l_0=49.980\ 3\ m$,检定时的温度为 $t=16℃$,检定时观测数据如下表,试求其尺长方程。

钢尺检定

	A 端读数/m	B 端读数/m	AB 读数差
往测	49.992 0	0.006 1	
	49.986 4	0.000 9	
	49.998 4	0.012 2	
			中数
返测	0.006 7	49.993 0	
	0.012 9	49.998 5	
	0.007 6	49.993 2	
			中数

$l_{测}=$

$l_0=$

$L_0=$

4. 利用经纬仪进行视距测量,测得垂直角为 $-13°12'30''$,上下丝视距间隔为 1.230 m,计算测定的斜距和水平距离。

5. 某红外测距仪的标称精度为 $2\ mm+3\times10^{-6}\times D$,测定某边长为 1 322.123 m,计算该边长的测定精度。

6. 简述脉冲法测距的基本原理。

7. 在相位法测距仪中,为什么要设置粗测和精测测距信号?

8. 电磁波测距成果整理的主要内容有哪些?

9. 简述三段法测定测距仪加常数的原理。

10. 测距仪设置内外光路测量的作用是什么?

第6章 全站仪测量

电子经纬仪(electronic theodolite)与光学经纬仪(optical theodolite)相比,其突出特点就是度盘和读数系统采用了光电技术。在微处理器和软件的支持下,人们又研制了具有边角同测和计算功能的全站式测量仪器——全站仪(total station instrument)。全站仪的电子测距部分原理与测距仪相同,电子测角原理已在第四章介绍,因此本章主要阐述全站仪的各项功能与应用。

6.1 全站仪测量概述

全站仪也称为全站式电子速测仪,它是在电子经纬仪和电子测距技术基础上发展起来的一种智能化测量仪器,是由电子测角、电子测距、微处理器和数据存储单元等组成的三维坐标测量系统。角度、边长测量值及计算结果可以直接显示在屏幕上,也可通过输出端口向电子手簿或计算机自动传送测量计算结果,测量员只需用望远镜照准目标点按压相应功能键,即可自动测量和记录数据,大大降低了读错、记错的机率,同时也提高了测量作业的自动化程度。全站仪作为新一代的测量仪器,已在测量界得到了广泛的应用。

与全站仪相比,电子经纬仪内部没有设置测距单元。若将独立的电子测距仪与电子经纬仪组合,也可实现全站仪所具备的功能,此种组合称之为半站仪。因需将电子测距仪与电子经纬仪频繁组合、分离,作业甚感不便,半站仪已几乎不用。

近年来,新型电子经纬仪、全站仪不断出现,其功能和性能不断增强,特别是与GPS-RTK技术相融合,形成了集GPS技术和全站仪技术于一身的超站仪。全站仪的主要技术性能指标包括:①电子测角方式和精度;②测距精度和测程;③自动补偿方式和范围;④数据记录方式和接口;⑤显示器特性;⑥其他辅助功能,如激光对中、无棱镜测距、照明、自动目标搜寻与照准等。

如表6.1所示为部分全站仪的技术参数。

6.2 全站仪的基本功能

由于全站仪可以同时完成水平角、垂直角和距离测量,加之仪器内部有固化的测量应用程序,因而可以现场完成常见的测量工作,提高了野外测量的速度和效率。

6.2.1 角度测量

全站仪具有电子经纬仪的测角部,除水平角和垂直角测量功能外,还具有以下角度测量附加功能:

(1)水平角设置。输入任意值;任意方向置零;任意角值的锁定(照准部旋转时角值不变);右角/左角的测量(右角测量,即照准部顺时针旋转时角值增大;左角测量,即照准部逆时针旋转时角值增大);角度复测模式(按测量次数计算其平均值的模式)。

表 6.1　部分全站仪技术参数

厂家型号	测角精度/(")	测距精度	电子测角方式	测程/m（棱镜数）	补偿器及补偿范围	数据记录方式及接口	显示器	重量/kg	其他
徕卡(Leica) TCA1101	1.5	2 mm+2×10⁻⁶×D	连续绝对编码度盘对径测量	3000（单棱镜）	双轴 ±4′	PCMCIA 卡；2MB 内存；1800 点记录；RS-232 端口	双面 8 行 32 字符 LCD 液晶显示器	4.9	激光对中；无棱镜测距；全自动照准；遥控操作
徕卡(Leica) TS30	0.5	0.6 mm+1×10⁻⁶×D	连续绝对编码度盘对径测量	3500（单棱镜）	双轴 ±4′	256M 内存，可配 256MB 或 1GB CF 卡，支持 RS232，蓝牙接口	1/4VGA 彩色触摸屏,34 键键盘,照明	7.6	激光对中；无棱镜测距；ATR 自动目标识别与照准
南方 NTS352R	2	2 mm+2×10⁻⁶×D	光栅增量度盘	3000（单棱镜）	双轴 ±3′	内存 8000 点记录；串行数据端口	双面中文 LCD 液晶显示器	5.8	无棱镜测距精度 5 mm+3×10⁻⁶×D
索佳(Sokkia) SET2010	5	5 mm+3×10⁻⁶×D	光栅增量度盘	3500（3 棱镜）	双轴 ±3′	内存 1900 点记录；RS-232 端口	双面 8 行 20 字符 LCD 液晶显示器	5.4	无棱镜测距；小望远镜
索佳(Sokkia) SET500	2	2 mm+2×10⁻⁶×D	光栅增量度盘	2400（3 棱镜）	双轴 ±3′	SDC 卡；内存 4800 点记录；RS-232 端口	双面 8 行 20 字符 LCD 液晶显示器	5.0	小望远镜
尼康(Nikon) DTM831	5	3 mm+2×10⁻⁶×D	光栅增量对径测量	4200（3 棱镜）	双轴 ±3′	PCMCIA 卡；内存 8000 点记录；RS-232 端口	双面 4 行 20 字符 LCD 液晶显示器	5.5	激光导向；中文菜单
尼康(Nikon) DTM350	2	2 mm+2×10⁻⁶×D	光栅增量对径测量	2100（3 棱镜）	双轴 ±3′	内存 5000 点记录；RS-232 端口	双面 6 行 24 字符 LCD 液晶显示器	6.0	
拓扑康(Topcon) GTS602AF	5	3 mm+2×10⁻⁶×D	光栅增量对径测量	4000（3 棱镜）	双轴 ±3′	内存 5000 点记录；RS-232 端口	双面 4 行 16 字符 LCD 液晶显示器	5.9	自动调焦；激光对点
蔡司(Zeiss) ELTAR55	2	2 mm+2×10⁻⁶×D	光栅增量度盘	1300（单棱镜）	单轴 ±2′40″	内存 1900 点记录；RS-232 端口	双面 4 行 21 字符 LCD 液晶显示器	3.5	

（2）垂直角显示变换。可以以天顶距、高度角、倾斜角、‰坡度等方式显示垂直角。

（3）角度单位变换。可以以 360°（六十进制）、400gon（百进制）、6 400 mil（密位）等单位显示角度。

（4）角度自动补偿。使用电子水准器，可以检测仪器在照准轴和水平轴两个方向的倾斜值，具此补偿垂直轴误差、水平轴误差、照准轴误差、偏心差等多项误差。

6.2.2　距离测量

全站仪电子测距单元具有多种工作模式，可根据需要进行设置，主要有以下几项：

（1）可更改反射棱镜数目，在一定范围内改变其最大测程，以满足不同的测量目的和作业要求。

（2）测距模式的变换。①可以按具体情况，可设置为高精度测量和快速测量模式。②可选取距离测量的最小分辨率，通常有 1 cm、1 mm、0.1 mm 几种。③可预置测距次数，主要有：单次测量（能显示一次测量结果，然后停止测量）；连续测量（可进行不间断测量，只要按停止键，测量马上停止）；指定测量次数；多次测量平均值自动计算（根据所定的测量次数，测量后显示平均值）。

（3）可设置测距精度和时间，主要有：精密测量（测量精度高，需要数秒测量时间）；简易测量（测量精度低，可快速测量）；跟踪测量（如在放样时，边移动反射棱镜边测距，测量时间小于 1 s，通常测量的最小单位为 1 cm）。

（4）反射器可以是圆棱镜、反射片等，有的仪器还可进行无棱镜测距。

（5）各种改正功能。在测距前设置相应的参数，距离测量结果可自动进行棱镜常数改正、气象（温度和气压）改正和球差及折光差改正。同时还具有斜距归算功能，由测量的垂直角（天顶距）和斜距可计算出仪器至棱镜的平距和高差，并立即显示出来。如提前输入仪器高和棱镜高，测距测角后便可计算出测站点与目标点间平距和高差。距离调阅功能，测距后，按操作键可以随意调阅斜距、平距、高差中的任意一个。

6.2.3　三维坐标测量

对仪器进行必要的参数设定后，全站仪可直接测定点的三维坐标，此功能在地形测图碎部点等场合可大大提高作业效率。

首先，在一已知点安置仪器，输入仪器高和棱镜高，输入测站点的平面坐标和高程，照准另一已知点（称为定向点或后视点），利用机载后视定向功能定向，将水平度盘读数安置为测站至定向点的方位角。接着再照准目标点（也称为前视点）上的反射棱镜，按测距键，即可测量出目标点的坐标值（X、Y、Z）。

三维坐标测量原理如图 6.1 所示，仪器高为 K，目标高（棱镜高）为 L，测得目标点的天顶距为 V，仪器至目标点的斜距为 S，目标点方向的水平角（定向后即为方位角）为 α，则目标点的三维坐标为

$$X_B = X_A + S \cdot \sin V \cdot \cos\alpha$$
$$Y_B = Y_A + S \cdot \sin V \cdot \sin\alpha \tag{6.1}$$
$$Z_B = Z_A + K + S \cdot \cos V - L$$

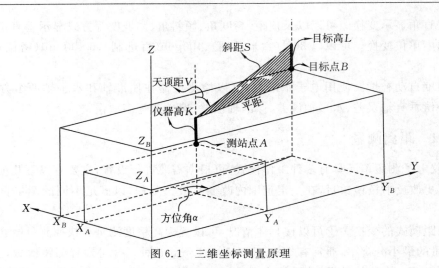

图 6.1   三维坐标测量原理

6.2.4   辅助功能

全站仪是智能化电子仪器,除可以实现距离、角度电子化测量功能外,还增设了许多电子化辅助功能,进一步增强了仪器的实用性。主要辅助功能如下:

(1)休眠和自动关机功能。当仪器长时间不操作时,为节省电能,仪器可自动进入休眠状态,需要操作时可按功能键唤醒,仪器恢复到先前状态;也可设置仪器在一定时间内无操作时自动关机,以免电池电量耗尽。

(2)显示内容个性化。可根据用户的需要,设置显示的页面和内容。

(3)电子水准器。由仪器内部的倾斜传感器检测垂直轴的倾斜状态,以数字和图形的形式显示,指导测量员高精度置平仪器。

(4)激光对点器。利用对点器发射的可见激光点进行对中。

(5)照明系统。在夜晚或黑暗环境下观测时,仪器可对显示屏、操作面板、十字丝实施照明。

(6)导向光引导。在进行放样作业时,利用仪器发射的恒定和闪烁可见光,引导持镜员快速找到方位。

(7)数据管理功能。测量数据可存储到仪器内存、扩展存储器(如 SD 卡、PC 卡、U 盘),还可由数据输出端口(COM 串口、蓝牙、USB)输出到电子手簿中,且测量数据可现场进行查询。

6.2.5   机载应用程序

全站仪内部配置有微处理器、存储器和输入输出接口,与 PC 机具有相似的结构模式,可以运行复杂的应用程序,因而具有对测量数据进行进一步处理和存储的功能。其存储器有三类:ROM 存储器用于操作系统和厂商提供的应用程序;RAM 存储器用于存储测量数据和计算结果;扩展存储卡用于存储测量数据、计算结果和应用程序。各厂商提供的应用程序在数量、功能、操作方法等方面不尽相同,应用时可参阅其操作手册,但基本原理是一致的。以下介绍全站仪上较为常见的应用程序。

1. 后视定向

后视定向的目的是设置水平角 0°方向与坐标北方向一致,如图 6.2 所示。这样当照准轴处于任意位置时,水平角读数即为照准轴方向的方位角,实现此设定的过程称为后视定向。在进行坐标测量或放样等工作时,必须进行后视定向。

一般可通过两种方式定向:

(1)若后视方向方位角已知时,照准后视点后,由键盘直接输入;

(2)若后视方向方位角未知时,首先输入(或调用)测站点和后视点的坐标,再照准后视点,然后按相应的功能键,仪器计算出后视方位角,并自动设定水平度盘读数。

2. 自由设站

通常,全站仪需要架设在已知点上进行设站和后视定向后,才可进行测量或放样点位。但有时因工程测量现场复杂,需要将全站仪架设在位置合适的未知点上,以方便测量或放样,此时可利用全站仪的自由设站功能,完成设站和定向。

该功能是通过几个已知点进行后方交会观测,求出测站点的平面坐标和高程,并自动完成定向,如图 6.3 所示。

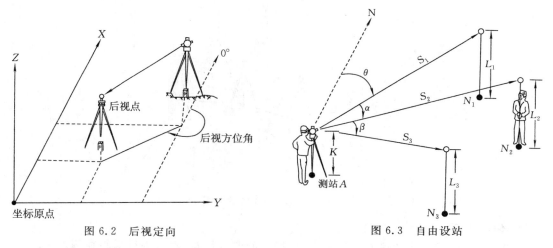

图 6.2 后视定向 图 6.3 自由设站

计算测站点的必要条件是:

(1)至少要对两个已知点进行水平角的观测,其中至少一个方向进行了距离观测。测站点平面坐标计算原理如图 6.4 所示。已知点 N_1、N_2 间水平距离为 D,在测站点 P 测得 N_1、N_2 方向水平角为 α,测定 N_2 方向的水平距离为 S,则应用正弦定理有

$$\left. \begin{array}{l} \beta = \arcsin\left(\dfrac{\sin\alpha}{D} \cdot S\right) \\[2mm] S_1 = \dfrac{D}{\sin\alpha} \cdot \sin(180° - \alpha - \beta) \end{array} \right\} \qquad (6.2)$$

设 N_1 至 N_2 的已知方位角为 α_{12},则 N_1 至 P 的方位角为

$$\alpha_{N_1 P} = \alpha_{12} + \beta \qquad (6.3)$$

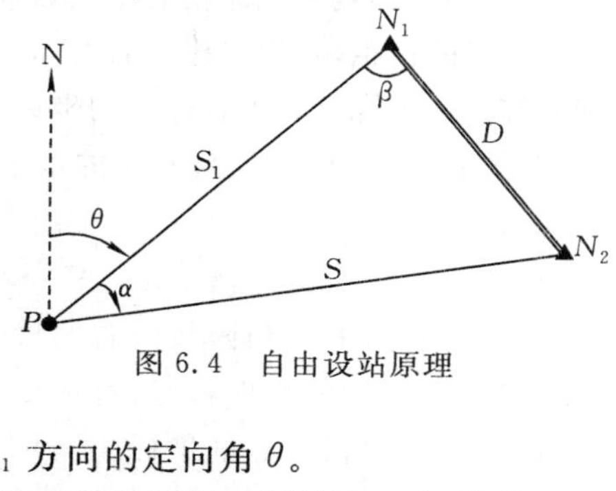

图 6.4 自由设站原理

由 N_1 点坐标及 S_1 和 $\alpha_{N_1 P}$,即可应用坐标正算公式求得 P 点坐标,再应用坐标反算公式可计算出 P 至 N_1 方向的定向角 θ。

(2)如不能进行距离测量,则至少要对 3 个已知点进行水平角测量。测站点坐标计算原理参见本书 7.7.3 小节后方交会。

(3)要进行高程测量,至少对一个已知方向进行距离和垂直角测量。测站点高程计算原理与三角高程测量返觇观测相同,参见本书 8.8 节三角高程测量。

通常,为了提高精度,观测较多的已知点或观测量,对多余观测量用最小二乘法平差处理,计算测站点的坐标和高程。

3. 导线测量

某些全站仪如徕卡 TC1800 等,可加载导线测量程序。测量员只需按导线测量的步骤以及程序的提示进行操作,数据自动记录到内存中。在导线测量过程中,还可对各单个支点(如地形测量中的碎部点、支站)进行测量,整条导线完成后,按照事先给定的已知数据,仪器可对导线进行平差计算,并对各支点坐标进行修正。平差结果可输出和查询,也可作为后续测量的已知点。

图 6.5 为导线测量示意图,其中 $Z_1 \sim Z_4$ 为支点,P_1、P_2 为导线点,A、B、C、D 为已知点。

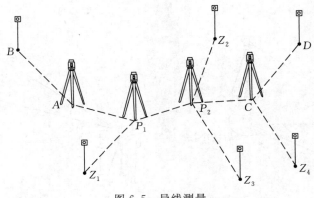

图 6.5　导线测量

4. 偏心观测

在以下场合,需要将棱镜设在偏离点(目标点的前、后、左、右),进行偏心观测:

(1)在测量电线杆、建筑物的柱子、树木的中心等时,偏移点可设在目标点的左边或右边,如图 6.6(a)所示,并使目标点、偏移点到测站的水平距离相等。首先在偏移点测定水平距离,再测定目标点的水平角,程序便可计算出目标点的坐标。

(2)有障碍物从测站上看不到目标点时,偏移点可以设在目标点的前后或左右,输入目标点至偏移点的偏距,测量偏移点的坐标,程序即可根据输入的偏距、偏移点的方向、偏移点的方位角和偏移点的坐标计算出目标点的坐标。如图 6.6(b)所示为偏移点在右边的情况。偏距为 L,测定 P 点坐标为(X_P,Y_P),此时的水平角读数即为 OP 边的方位角,则目标点 T 的坐标为

$$X_T = X_P + L \cdot \cos(\alpha_{OP} \pm 90°) \tag{6.4}$$
$$Y_T = Y_P + L \cdot \sin(\alpha_{OP} \pm 90°)$$

式中,等号右边的三角函数内右偏移时取一,左偏移时取十。

当偏移点为前后偏移时,目标点与偏移点的方位角相同,仅对偏移点的距离进行偏距改正后,即可计算出目标点的坐标。

5. 单点放样

将待建物的设计位置在实地标定出来的测量工作称为放样。在开始放样前,首先要进行测

站设置和定向。依据放样元素的不同,可采用极坐标法、直角坐标法和正交偏距法三种方式。

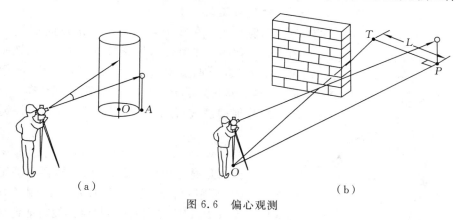

图 6.6 偏心观测

1)极坐标法

根据待放样点的坐标,计算出测站至放样点的水平距离和方位角作为放样元素。如图 6.7 所示,持镜员在放样点概略位置立好棱镜,观测员瞄准棱镜测得平距和水平方向值,仪器自动将实际观测值与计算的放样元素比较,在屏幕上显示出距离差 ΔD 和方位角差 $\Delta \beta$。 依照放样元素的差值,指挥持镜员移动棱镜,重复上述过程,直至放样元素的差值在允许的范围内。

2)直角坐标法

直角坐标法的放样元素为点的坐标值。放样方法与极坐标法一样,只是偏差提示为概略点与待放样点的坐标差 ΔN、ΔE,如图 6.8 所示为直角坐标法放样示意图。

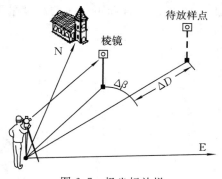

图 6.7 极坐标放样

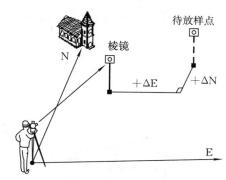

图 6.8 直角坐标放样

3)正交偏距法

正交偏距法的放样元素直角坐标法相同,但偏差的提示不同,它以概略点方向为参考,显示待放样点相对于参考方向的两个正交偏距 Δ_1、Δ_2。 如图 6.9 所示为正交偏距法原理示意图。

6. 对边测量

对边测量是在不移动仪器的情况下,测量两棱镜站点间斜距、平距、高差、方位、坡度的功能。适合不便设站或减少设站次数提高作业速度的场合。有辐射模式和连续模

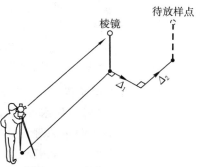

图 6.9 正交偏距法放样

式两种作业方式。

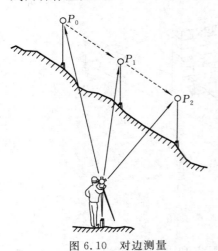

图 6.10　对边测量

1)辐射模式

辐射模式是在多个点与一个基准点间进行对边测量的方式。如图 6.10 所示,仪器整置完成后,首先照准基准点棱镜 P_0 进行距离测量,然后照准棱镜 P_1 进行距离测量,仪器计算并显示 P_0 至 P_1 的斜距、平距、高差、坡度;继续照准其他棱镜进行测量,可完成 P_0 至其他棱镜间的对边测量。

2)连续模式

连续模式是通过变更基准点的方法,实现测定一组连续点间斜距、平距、高差、方位、坡度的对边测量方式。同辐射模式完成 P_0、P_1 点间对边测量后,按功能键重新设定基准点为 P_1,再测量 P_2 点,即完成 P_1、P_2 点间对边测量,如此反复便可实现一组连续点间的对边测量。

对边测量实质是通过测定各点的三维坐标,通过计算得到两点间斜距、平距、高差、方位、坡度的。

7. 悬高测量

架空的电线和桥梁等因远离地面无法设置棱镜的地物,可采用此功能测量其高度。

首先将棱镜设置在待测高度的目标之天底(或天顶),输入棱镜高;然后照准棱镜进行距离测量,再纵转望远镜照准目标,随着垂直角的实时测量和计算,便可实时显示出地面至目标的高度。如图 6.11 所示为悬高测量,悬高测量原理如图 6.12 所示。目标距地面的高度采用下式计算

$$H = L + S(\sin V_1 \cdot \cot V_2 - \cos V_1) \tag{6.5}$$

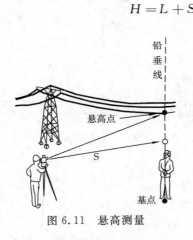

图 6.11　悬高测量

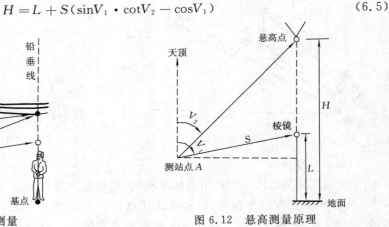

图 6.12　悬高测量原理

8. 间接水准测量

利用全站仪可替代水准仪,测定两地面点间的高差,它是通过测定两点间的垂直角和斜距,通过三角高程测量原理计算实现的,故也称为间接水准测量。虽然精度不及水准测量高,但其作业速度快,对于高差较大或水准测量难以实施等场合十分有用。全站仪间接水准测量有以下两种作业方法。

1)单向观测仪高法

如图 6.13 所示,在已知高程点 T_1 整置仪器,在待求高程点 T_2 安置棱镜,输入仪器高 K 和棱镜高 L,瞄准棱镜测量出斜距 S 和垂直角 α,则 H_2 点的高程可由下式计算得到

$$H_2 = H_1 + K + S \cdot \sin\alpha - L \qquad (6.6)$$

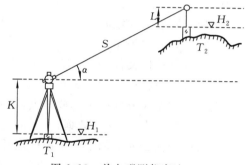

图 6.13 单向观测仪高法

2)单向观测高差法

如图 6.14 所示,在已知高程点 T_1 和待求高程点 T_2 分别安置棱镜,输入 T_1 处棱镜高 L_1,瞄准 T_1 测量斜距 S_1 和垂直角 α_1;输入 T_2 处棱镜高 L_2,瞄准 T_2 测量斜距 S_2 和垂直角 α_2。T_2 点的高程按下式计算

$$H_2 = H_1 - S_1 \cdot \sin\alpha_1 + S_2 \cdot \sin\alpha_2 - L_2 + L_1 \qquad (6.7)$$

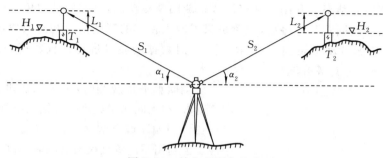

图 6.14 单向观测高差法

9. 面积测量

确定某个宗地或地块的面积是土地测量的常见工作之一。传统方法是逐一测量出地块的各边界特征点坐标,内业计算出地块的面积,当要求现场实时得到地块面积时,传统方法就受到了限制。此时可调用全站仪的面积测量功能进行实时测量和计算。

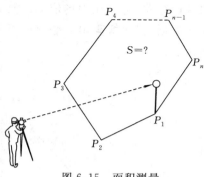

图 6.15 面积测量

如图 6.15 所示,在任意位置整置全站仪,依次测量 P_1、P_2、$\cdots\cdots P_n$ 等地块边界特征点坐标,仪器自动记录各点的坐标,当点数在 3 个或 3 个以上时,自动计算出各特征点所围封闭图形的面积。设各特征点的坐标分别为(X_1,Y_1)、(X_2,Y_2)、$\cdots\cdots$、(X_n,Y_n),面积计算公式为

$$S = \frac{1}{2} \left| \sum_{i=1}^{n} X_i(Y_{i+1} - Y_{i-1}) \right| \qquad (6.8)$$

当 $i=1$ 时,取 $Y_0 = Y_n$;当 $i=n$ 时,取 $Y_{n+1} = Y_1$。

10. 道路放样

道路放样是将图纸上设计的道路的中线、边线、断面测设于实地的工作,是单点放样的综合应用。道路主要由直线、圆曲线、缓和曲线和抛物线等组成,参数可由设计图纸上获得。

道路放样前,首先要根据图纸上的设计参数,按仪器规定的格式编辑水平中线文件、高程中线文件、横断面模型文件等,并将文件上传到全站仪内存或存储卡中,而后按程序提示实施

放样,其一般步骤为:

(1)仪器设站和定向;

(2)启动放样程序;

(3)选择放样文件;

(4)选择里程;

(5)在横断面放样中选择放样点,输入支距、选择放样方法;

(6)放样该点,并保存数据;

(7)选择横断面上的下一个放样点并放样;

(8)一个横断面放样完成后,重复步骤5~7放样其他横断面。

11. 多测回水平角观测

在高精度控制测量中,一般要求对水平角进行多个测回观测,以提高水平角的精度。传统方法为记录员记录观测数据,并对数据进行计算和质量检查,该方法不仅工作强度大,且易出现读错、听错、算错等情况。利用全站仪机载多测回观测功能,可有效的避免上述情况发生。

启动水平角多测回观测程序后,观测员只需输入相应的测站信息和测回数,按程序提示步骤观测各方向,数据自动记录到仪器内存中,并对数据的质量进行检核。每一测站观测完成后,自动完成测站平差计算并输出平差结果。

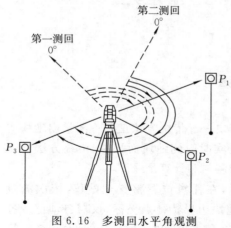

图 6.16　多测回水平角观测

多测回水平角观测时,为了减弱度盘分划误差和印象读数,在不同测回观测时应按相应规范要求变换度盘位置。例如,《城市测量规划》(CJJ/T 8—2011)附录中规定了利用不同等级仪器观测时,方向观测法中各测回度盘位置。如图 6.16 所示为多测回水平角观测,图中显示了不同测回观测时度盘变位置的变化。

12. 坐标几何计算

全站仪的坐标几何计算功能包括坐标正反算、交会法计算、直线求交点等常用计算,此时全站仪就像是一台特殊设计的测量计算器,可以在现场依据已测定的数据或手工输入的数据,快速解算出一些新的点或参数。其主要功能如下。

1)坐标正算

如图 6.17 所示,输入已知数据:P_1 点坐标,P_1 至 P_2 的方位角 α 及边长 D。计算 P_2 点坐标。

2)坐标反算

如图 6.17 所示,输入已知数据:P_1 点坐标,P_2 点坐标。计算 P_1 至 P_2 的方位角 α 和边长 D。

3)角度前方交会

如图 6.18 所示,输入已知数据:P_1、P_2 点坐标、边 P_1P、P_2P 的方位角 α_1 和 α_2。计算 P 点坐标。

4)边长前方交会

如图 6.19 所示,输入 P_1、P_2 点坐标和交会距离 R_1、R_2,计

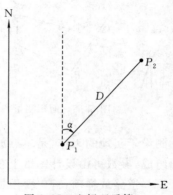

图 6.17　坐标正反算

算两个交点 P_3 和 P_4，根据点的实地相关关系，选择其一。应当注意，当 $R_1 + R_2$ 小于 P_1P_2 间距离时，出现无解情况。

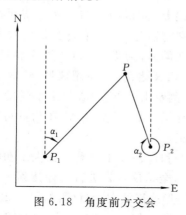

图 6.18　角度前方交会

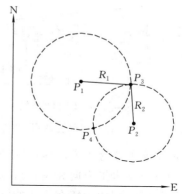

图 6.19　边长前方交会

5）两直线求交点

如图 6.20 所示，输入四个已知点 P_1、P_2、P_3、P_4，即确定两条直线 P_1P_2 和 P_3P_4 的交点 P。

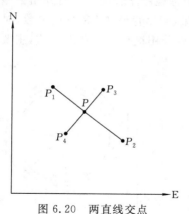

图 6.20　两直线交点

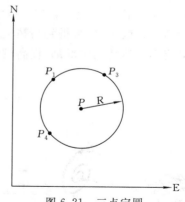

图 6.21　三点定圆

6）三点定圆

如图 6.21 所示，输入三点 P_1、P_2、P_3，计算三点所定圆的圆心 P 及半径 R。

6.3　全站仪目标自动识别与照准原理

20 世纪 90 年代，目标自动识别（automatic target recognition，ATR）技术开始在全站仪中应用，改变了传统人工照准目标的作业方式，使全站仪的自动化、智能化水平有了重大突破，这类全站仪也被称为测量机器人，如徕卡 TCA2003 等。

本节以徕卡全站仪为例，说明全站仪 ATR 技术的基本原理。如图 6.22 所示，ATR 部件主要由 CCD 红外光源和 CCD 阵列接收器以及光学部件组成。CCD 红外光经由光学部件投射到望远镜轴线上，从物镜发射，经棱镜反射在 CCD 传感器上形成光点，处理器将光点转换为图像，通过图像处理计算出图像的中心。图像的中心就是棱镜的中心。假如 CCD 阵列的中心与望远镜光轴的调整是正确的，则可以 CCD 传感器中心位置为参考点计算出水平方向和垂直角。

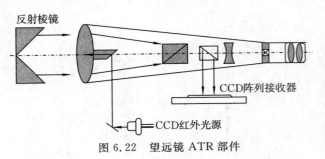

反射棱镜

CCD阵列接收器

CCD红外光源

图 6.22　望远镜 ATR 部件

由于 CCD 和光学部件安装难免存在误差，使得物镜与十字丝提供的视准线和物镜与 CCD 中心提供的视准线间存在偏差，为提高 ATR 测量精度，在使用 ATR 之前，需使用仪器 ATR 校正功能，测量出 CCD 中心与十字丝的偏移量并存储下来，以便对 ATR 测量角度进行改正。

ATR 功能主要有三个过程：目标搜索、目标精确照准和偏差改正计算。在人工初略照准目标（或预置概略水平方向和垂直角）后，启动 ATR 功能，全站仪首先进行目标搜索。在视场内若未发现棱镜，则望远镜在马达的驱动下按螺旋式或矩形式连续搜索目标，如图 6.23 所示。一旦探测到目标（棱镜），即停止搜索进入目标精确照准阶段。如图 6.24 所示，在精确照准阶段，根据目标中心与 CCD 传感器中心的偏移量，驱动望远镜转向目标中心，此过程反复进行，直至目标中心与 CCD 中心偏移量在预定的限差之内，望远镜停止转动。此时开始偏差改正计算，由 ATR 测量出十字丝中心与棱镜中心的剩余偏移量，利用存储 ATR 校正参数，对水平和垂直测量值进行改正，便可得到高精度的测量值。之所以采用这种目标照准方式，主要是为了减少反复启动马达转动照准部，提高测量速度。

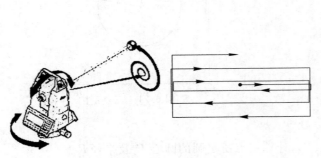

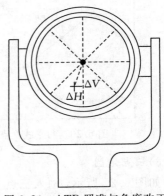

ΔV

ΔH

图 6.23　ATR 目标搜索

图 6.24　ATR 照准与角度改正

与人工照准方式相比，ATR 具有许多显著的优点。使用 ATR 测量数据更加客观真实，且与测量员的熟练程度和经验无关，大大提高了作业效率和自动化水平，同时也减轻了测量员的劳动强度。ATR 使用不可见红外信号照准目标，昼夜均可观测。需要注意，由于 ATR 采用了偏移量改正算法，在望远镜视场中可能看出十字丝没有精确照准目标，但这并不影响角度观测值。另外，在 ATR 的基础上，全站仪还可实现目标的锁定跟踪，实现对移动目标（慢速）的连续测量。

全站仪卓越的 ATR 功能和接口开发工具使得许多繁重的测量工作实现了自动化。应用 ATR 功能不仅能满足一般用户在常规工程测量（如多测回测量）、变形监测等领域的需要，还能满足特定用户在动态跟踪测量、自动引导测量和精密工程测量等领域的特殊需求。例如，徕卡公司为用户提供了多种数据交换和在线开发模式，主要有：GSI 通信模式、GeoCOM 在线控制模式和 Geobasic 机载控制模式。应用接口开发工具用户可开发出适合特定工程的应用程序,基本流程如图 6.25 所示。

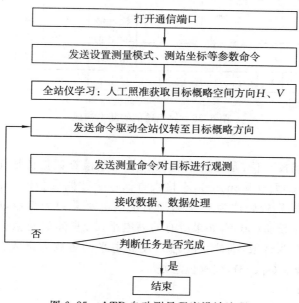

图 6.25 ATR 自动测量程序设计流程

6.4 全站仪数据通信

全站仪除了可以实时显示测量结果、存储测量数据到内存或存储卡中,还可以将数据通过输出端口传输到其他设备。外业测量中常用微型计算机或专用电子手簿作为接收设备,对测量数据进行现场检核、处理和存储。另外,通过连接微型计算机发送指令可以对仪器进行参数设置和控制操作,已知控制点数据和放样数据文件可以上传到仪器内存或存储卡中,在作业时通过点名调用。与光学仪器相比,这是电子仪器具有高度自动化程度的一个重要特点。

目前,上述操作多是通过全站仪 RS-232 串行端口(也称 COM 端口)、无线蓝牙端口和 USB 端口通信实现的,以 COM 串行端口居多。为此,本节重点讨论 COM 串行通信的概念、硬件的连接、全站仪的数据结构以及通信过程的实现方法,对无线蓝牙端口和 USB 端口通信应用做简要介绍。

6.4.1 串行通信的基本概念

全站仪和计算机 COM 端口数据输入输出通信方式为异步串行通信(asynchronous data communication)。其实现方式是以字符(用一个字节表示)为单位进行的,用一个起始位表示字符的开始,用停止位表示字符的结束来构成一帧,其间包含数据位和检验位,在时钟的控制下,以一定的速度,由字符低位至高位逐个从端口针上发出,如图 6.26 所示。

为了使收发两端配合相互匹配,保证数据的传输正确无误,收发端必须设置相同的通信参数。

(1)波特率(band rate)。

波特率为每秒传输的位数(bit 位数),全站仪常用波特率有 600、1 200、2 400、4 800、9 600、19 200 和 38 400。

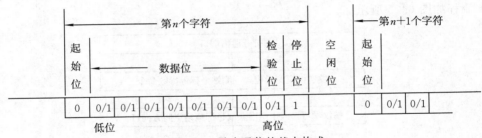

图 6.26　异步通信的基本构成

(2)校验位。

校验位也称为奇偶校验位,是通过设置校验位电平检查数据传输是否正确的一种方法。通常有下列几种方式:①无校验(none),不检查奇偶性。②偶校验(even),如果所有的高电平(二进制 1)总数为偶数,则校验位为 0,如果所有的高电平总数为奇数,则校验位为 1,使高电平的总数为偶数。③奇校验(odd),如果所有的高电平(二进制 1)总数为奇数,则校验位为 0,如果所有的高电平总数为奇数,则校验位为 1,使高电平的总数为奇数。④标记校验(mark),校验位总是 1。⑤空校验(space),校验位总是 0。

(3)数据位(data bit)。

数据位指组成一个单向传输字符所使用的位数。数字的代码通常是使用美国信息交换标准码(American Sandard Code for Information Interchange,ASCII 码),一般是 7 或 8 位。

(4)停止位(stop)。

停止位处于最后一个数位或校验位之后,用来表示字符的结束,其宽度可以是 1、1.5 或 2 bit。

(5)应答方式(protocol)。

如果两个设备之间传输多个数据块(每块含有 n 个字节)时,这就要求接收设备能够控制数据传输。若接收设备能够接收和处理更多的数据,则就通知发送设备发送数据;若不能及时地接收和处理数据,就通知发送器停止数据发送,以保证数据没有丢失,实现这一过程的方式成为应答方式。通常有以下几种应答方式:①XON/XOFF,当接收方内部缓冲区满时,接收器发出一个 XOFF 信号,发送器停止数据发送,并等待一个 XON 信号,然后恢复发送。②ACK/NAK,发送器一探测到 CR(回车)或 LF(换行)信息时,它就立即停止数据发送,然后等待来自接收器的 ACK 信号,恢复发送,如果接收器收到不正确的信号时,它就发送一个NAK 信号,要求发送器重新发送一次数据。③GSI,发送器发送一个数据块和存储数据的指令,接收器确认后发送一个"?"。④RTS/CTS,这是一种硬件应答方式,RTS 即请求发送,CTS 即清除发送,若使接收器不能接收多余地数据时,置 RTS/CTS 线为低电平,发送器自动中止数据流,若接收器准备接收多余地数据时,则置 RTS/CTS 线为高电平。⑤None,此为无应答方式,这时接收器仅按指定地波特率接收数据。

(6)终止符(end mark)。

发送器在发送一个数据块之后,还要发送一个数据块的终止符,通常为 CR 或 CR+LF。终止符意味着传输数据、指令、信息的结束,这对发送接收数据都有效。

6.4.2　全站仪与外设的连接

全站仪通过专用数据线与外设连接,外设主要有便携计算机、掌上电脑和专用电子手簿,由于专用电子手簿价格昂贵,目前国内很少使用。

全站仪及外设数据端口功能和连接原理如下。

1. 计算机 COM 串行端口

计算机配置的 EIA(electronics industries association)RS-232C(recommeneded standard)标准串行端口有 25 针和 9 针两种 D 型接口,目前以 9 针 D 型接口居多,其各针分布及功能如图 6.27 所示。

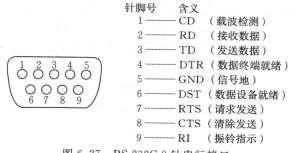

图 6.27　RS-232C 9 针串行接口

2. 全站仪 COM 串行接口

全站仪上的 COM 串行接口为准 RS-232C 端口,是标准 RS-232C 端口的最小集,只保留了信号地 GND、数据发送 TD 和数据接收 RD 三条信号线,有些仪器还保留了请求发送 RTS 线。全站仪数据端口一般为圆形,其结构、针数和各针的功能各厂家的设计也不尽相同。如图 6.28 所示为拓普康全站仪 6 针串行接口各针功能。

图 6.28　拓普康全站仪 6 针串行接口

3. 全站仪与计算机 COM 端口的连接

全站仪只有三条信号线时,连接比较简单,如徕卡 TC402 全站仪,可按图 6.29(a)连接;对于有请求发送 RTS 信号线的全站仪,如拓普康 GTS602 全站仪,可按图 6.29(b)连接。

图 6.29　全站仪与计算机的连接

6.4.3　全站仪的数据结构及控制指令

1．输出数据结构

全站仪的输出数据由规定格式的 ASCII 字符串组成,各厂家标准格式不同,详细格式需参阅仪器技术资料。以拓普康全站仪为例,其数据格式的 ASCII 字符串一般构成形式如表 6.2 所示。

表 6.2　ASCII 字符串构成

ID	数据/单位	BCC	ETX	CR/LF

其中:ID 为测量模式标识,BCC 为块检验码,ETX(ASCII 03)为结束标记,CR(ASCII 13)LF(ASCII 10)为回车换行。

例如,在斜距测量模式下,其数据输出格式如图 6.30 所示。在接收设备程序中,通过调用字符串截取函数(如 VC 中的 Mid()函数)便可获取所需要的观测数据。

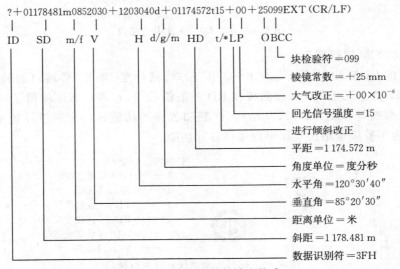

图 6.30　ASCII 数据输出格式

2．输入数据结构

已知点数据或放样数据可作为全站仪的输入数据,作业前在计算机上编辑成文件或由软件直接生成,然后上传到仪器中。不同的仪器和数据要求的文件格式不同,编辑时可参考仪器技术说明进行。如尼康 DTM350 上传已知点文件的数据格式为

$$Pt,X,Y,Z,CODE$$

其中,Pt 为点号,X、Y、Z 为点的三维坐标,$CODE$ 为点的编码。文件可用 notepad.exe 等文本编辑器编辑,每点占用一行。

3．控制指令及通信流程

(1)控制指令。全站仪可由计算机来控制进行测量、记录、变更测量模式等操作,它是通过计算机向全站仪发送字符串形式的指令实现的。不同的仪器和操作其指令的格式、内容是不同的,在仪器的技术资料中有详细的描述。例如启动拓普康全站仪测量一次,并将数据发送到计算机的指令为

C067　ETX（CR／LF）

其中，C 为命令代码，067 为字符串的检验和，ETX（ASCII 03）为命令终止符，CR（ASCII 13）LF（ASCII 10）为回车换行。

　　（2）通信流程。计算机与全站仪一次完整的对话有两种形式：一种是计算机首先向全站仪发送命令，全站仪收到命令开始测量，测量结束将结果发送到计算机，计算机接收并处理数据；第二种与第一种不同之处在于计算机收到数据后需向全站仪回送应答信号，表示数据已成功收到，全站仪收到应答信号会话结束，若全站仪在一定时间内未收到应答信号，将再次发送测量数据，当此过程重复达到规定次数时显示通信失败信息。所谓应答信号实质上与控制指令格式相同，通常是一个特定的 ASCII 字符，如拓普康全站仪应答字符为 ASCII6，徕卡全站仪为"?"。第二种方式比第一种稍微复杂，但通信过程更加稳健可靠。

6.4.4　通信软件的实现

　　实现全站仪与外设（PC 机或掌上电脑 PDA）的通信，除了需要清楚仪器的接口功能、数据格式及控制指令外，还需要编制通信软件。通信软件编制可根据外设所使用的操作系统，选择合适的编程语言和平台，如 Visual Basic、Visual C＋＋等。PC 机一般使用 Windows 操作系统，而 PDA 使用 Windows CE 操作系统（为 PC 机 Windows 操作系统的子集），两者都支持多任务、多线程。为了在记录全站议数据的同时，可执行软件的其他功能，一般将全站仪数据的读取函数作为一个独立的线程，对串行口实施监控。其优点是当未探测到测量数据时，线程自动挂起；在探测到测量数据时，线程自动唤醒，节省了 CPU 资源。

1. 全站仪与 PDA 通信

　　PDA 由于其体积和容量的限制，本身不具备程序开发功能，只能运行程序，其应用程序开发需要在 PC 机上进行，而后利用 Microsoft ActiveSync 3.0 等随机同步通信软件下载到 PDA 中。通信程序可在 eVC3.0（eMbedded Visual C＋＋3.0）、eVB（eMbedded Visual Basic3.0）等集成开发平台上进行。

　　例 6.1　利用 eVC3.0 开发平台，实现惠普 688 掌上电脑与拓普康 GTS-602 全站仪通信的部分代码。代码包括 COM 串行口的初始化与参数设置函数、全站仪数据监测线程和控制命令发送函数。

```
//初始化串行口
bool init_com(int baud,int data,int stop,int parity)
{
    DWORD dwError;
    DCB PortDCB;
    COMMTIMEOUTS CommTimeouts;
    //打开串行口,得到串口句柄
    hPort = CreateFile (TEXT("COM1:"),            // Pointer to the name of the port
                        GENERIC_READ | GENERIC_WRITE, // Access (read - write) mode
                        0,                        // Share mode
                        NULL,                     // Pointer to the security attribute
                        OPEN_EXISTING,            // How to open the serial port
                        0,                        // Port attributes
                        NULL);                    // Handle to port with attribute to copy
```

```
// 判断是否成功打开
if ( hPort = = INVALID_HANDLE_VALUE )
{
  dwError = GetLastError ();
  return FALSE;
}
// 设置通信参数
PortDCB.DCBlength = sizeof (DCB);
// Get the default port setting information.
GetCommState (hPort, &PortDCB);
// Change the DCB structure settings.
PortDCB.BaudRate = baud;                          // Current baud
PortDCB.fBinary = TRUE;                           // Binary mode; no EOF check
PortDCB.fParity = FALSE; // TRUE;                  // Enable parity checking
PortDCB.fOutxCtsFlow = FALSE;                      // No CTS output flow control
PortDCB.fOutxDsrFlow = FALSE;                      // No DSR output flow control
PortDCB.fDtrControl = DTR_CONTROL_DISABLE DTR flow control type
PortDCB.fDsrSensitivity = TRUE; // FALSE;          // DSR sensitivity
PortDCB.fTXContinueOnXoff = TRUE;                  // XOFF continues Tx
PortDCB.fOutX = FALSE;                             // No XON/XOFF out flow control
PortDCB.fInX = FALSE;                              // No XON/XOFF in flow control
PortDCB.fErrorChar = FALSE;                        // Disable error replacement
PortDCB.fNull = FALSE;                             // Disable null stripping
PortDCB.fRtsControl = RTS_CONTROL_DISABLE          // RTS flow control
PortDCB.fAbortOnError = FALSE;                     // Do not abort reads/writes on error
PortDCB.ByteSize = data;                           // Number of bits/byte, 4 - 8
PortDCB.Parity = parity;                           // 0 - 4 = no,odd,even,mark,space
if(stop = = 1)PortDCB.StopBits = 0;                // 0,1,2 = 1, 1.5, 2
else PortDCB.StopBits = 2;
// Configure the port according to the specifications of the DCB structure.
if (! SetCommState (hPort, &PortDCB))
{
  // Could not create the read thread.
  AfxMessageBox (TEXT("串行口配置错误!"), MB_OK);
  dwError = GetLastError ();
  return FALSE;
}
return TRUE;
}

// 读全站仪数据线程
void PortReadThread (LPVOID lpvoid)
{
  BYTE Byte;
```

代码续

```
    TCHAR ch[500];
    DWORD dwCommModemStatus,dwBytesTransferred;
    TCHAR dt[150], * pdt;
    double dd;
    unsigned short  * stopscan;
for(;;)
    {
    int counter;
    counter = 0;                               // 计数器置零
    SetCommMask (hPort, EV_RXCHAR);            // 设置事件条件
    WaitCommEvent (hPort, &dwCommModemStatus, 0);  // 等待事件
// 读入全站议数据
    do {
        ReadFile (hPort, &Byte, 1, &dwBytesTransferred, 0);
        if (dwBytesTransferred = = 1)
            {
            ch[counter] = Byte;
            ch[counter + 1] = '\0';
            counter + + ;
            }
        } while (dwBytesTransferred = = 1);
        // 使用字符串截取函数获取边长、水平角和垂直角
        ……………………………………………………
        // 全站议需要应答信号时,发送应答信号
        // 应答信号 ask 构造
        ……………………………………………………
        SendCommand (7,ask); // 发送应答信号
        // 发送消息通知主线程
        ::PostMessage(lpwnd - >m_hWnd,WM_DATA_RECIEVED,0,0);
    }
}
// 向全站仪发送命令
voidSendCommand (int nByte,BYTE Command[])
{
    DWORD   dwNumBytesWritten;
    WriteFile (hPort,                  // Port handle
            & Command [0],           // Pointer to the data to write
            nByte,                   // Number of bytes to write
            &dwNumBytesWritten,      // Pointer to the number of bytes written
            NULL);                   // Must be NULL for Windows CE
    if(dwNumBytesWritten! = (DWORD)nByte)
    {
    AfxMessageBox(L"命令发送错误!");
    }
}
```

2．全站仪与 PC 机通信

在 PC 机上开发全站仪通信程序,可在 VC6.0(Visual C++6.0)等集成开发平台上进行。平台提供的应用程序向导和 ActiveX 控件(Microsoft Comm Control,简称 MSComm 控件),可大大缩短程序开发周期,同时又可使程序具有简明可靠的优点。该控件封装了大量的串行口操作函数,因而可使程序变得更加简明、可靠。

例 6.2　以 VC6.0 为开发平台,利用 MSComm 控件实现全站仪与计算机通信的基本程序框架。

利用应用程序向导创建应用程序(如对话框应用程序)后,通过【ComPonents and Controls】菜单插入 MSComm 控件,在工程中自动添加了 CMSComm 类,其头文件和实现文件默认名为 mscomm.h 和 mscomm.cpp,在程序中定义一个 CMSComm 类的实例(如 m_com),便可通过实例变量对串行口进行操作。

MSComm 控件的一些重要属性如表 6.3 所示,可利用其成员函数对 COM 设置和查询。

表 6.3　MSComm 控件属性

属性名	说　明
CommPort	设置串口号,如 COM1、COM2
Setting	设置通信参数,如波特率、数据位、校验位等
PortOPen	设置和返回串口状态,TRUE 打开,FALSE 关闭
InputMode	设置缓冲区数据读取格式,0 为字符串格式,1 为二进制格式
Input	从缓冲区读取数据
Output	向缓冲区写入数据
InBufferSize	输入缓冲区的大小
OutBufferSize	输出缓冲区的大小
InBufferCount	接收缓冲区的字节数
OutBufferCount	输出缓冲区的字节数
InputLen	设置或返回每次读入的字符数

MSComm 控件实现串行通信的几个主要函数。其中,m_com 为 MScomm 控件实例变量;m_Data 为接收数据存储变量,类型为 CString。

```
//初始化串行口
BOOL init_com()
{
    m_com.SetCommPort(1);                    //设置 COM1 端口
    //若串口已关闭打开串口
    if(! m_com.GetPortOpen())
    m_com.SetPortOpen(TRUE);
    m_com.SetInputMode(1);                   //设置输入方式为二进制
    m_com.SetSettings("4800,E,7,1");       //设置通信参数
    //设置接收字符数≥1 时触发事件处理函数 OnCommMscomm1()
    m_com.SetRThreshold(1);
    //设置读取缓冲区中的所有残留数据
```

代码续

```
        m_com.SetInputLen(0);
        m_com.GetInput();
}
//发送全站仪控制命令
Void Send_Command(CString command)
{
    VARIANT varCommand;
    varCommand = COleVariant(command);    //将命令字串转换为 VARIANT 变量格式
    m_com.SetOutput(varCommand);          //发送命令
}
//事件响应函数,接收全站议数据
Void OnOnCommMSComm()
{
    VARIANT vResponse;
    int k;
    //判断是否为接收到字符事件
    if(m_com.GetCommEvent() == 2)
    {
      k = m_com.GetInBufferCount();       //查询接收缓冲区字符数
      //若接收到字符,则读取。
      if(k>0)
      {
        m_com.SetInputLen(k);             //设置读取字符数为缓冲区字符数
        vResponse = m_com.GetInput();     //读缓冲区数据
        //数据复制到接收编辑框变量
        for(int i = 0;i<k;i++)m_Data + = ((char * )vResponse.parray->pvData)[i];
        //判断数据是否传输完,即接收到换行符,是则更新窗口显示。
        if(m_Data.Find('\n')>=0)
        {
            //数据处理和存储代码
            ..........................
        }
      }
    }
}
```

6.4.5　全站仪与外设的其他通信方式

近年来,新型全站仪不断涌现,其功能和性能日趋丰富和完善,在与外设通信方面主要增设了蓝牙端口和 USB 端口,使得通信更加快速和方便,如南方 NTS-360 配置有 COM、蓝牙和 USB 三种通信端口。

1. 全站仪 COM 端口与计算机虚拟 COM 端口通信

通用串行总线(universal serial bus,USB)是一种应用在 PC 领域的新型接口技术。早在 1995 年,就已经有 PC 机带有 USB 接口了,但由于缺乏软件及硬件设备的支持,这些 PC 机的 USB 接口都闲置未用。1998 年后,随着微软在 Windows 98 中内置了对 USB 接口的支持模块,加上 USB 设备的日渐增多,目前 USB 接口已在许多电子设备中广泛应用。为了节省空间近年来便携式计算机多不再配置 RS-232 COM 端口,只有 USB 端口,与全站仪连接时需要通过 USB-RS-232 COM 转换器,如图 6.31 所示为一款 USB-RS-232 COM 转换器外观,该转换器产品可由市场选购,使用也较为简单,安装随产品提供的驱动程序后,便可拥有一个虚拟的标准 RS-232 CCOM 串行端口,如 COM3,与全站仪通信便可按物理 COM 端口方法进行,只要修改端口号即可。

2. 全站仪与计算机蓝牙端口通信

蓝牙技术是近年来发展起来的一种近距离(一般 10 m 左右)无线通信系统,是借用一千多年前丹麦皇帝哈拉德·布鲁斯(Harold Bluetooth)的名字命名的,广泛应用于工业、医疗、商业、测绘、娱乐等不希望过多连线的场合。在测绘领域,为了摆脱电缆连接给作业带来的不便,部分新型全站仪内置了蓝牙模块,也可在仪器 COM 端口上加装蓝牙模块,通过蓝牙无线技术与内置有蓝牙模块的 PDA 或便携计算机进行通信。

蓝牙串行通信技术是通过模块内嵌软件将有线串行信号转变为无线蓝牙串口协议信号(serial port profiles,SPP),经天线发射出去,在接收方做相反的转换,相当于在空中建立了一条串行通信链路。蓝牙模块工作频率为 2.4 GHz 的 ISM(工业、科学、医学)频段,数据传输率可达 1 Mb/s,如图 6.32 所示为蓝牙通信模块外观。

图 6.31   USB-RS-232 COM 转换器

图 6.32   蓝牙通信模块

对于未内置蓝牙的全站仪,要实现蓝牙通信需用本章 6.4.2 中所述数据线与蓝牙模块连接。

在进行蓝牙通信前需要对双方蓝牙模块进行配对。在蓝牙通信中一方为主机,另一方为从机。例如,全站仪与 PDA 通信时,PDA 为主机,全站仪为从机。首先由主机查找周围的蓝牙设备,发起配对,此时需要输入从机的 PIN 码,并为蓝牙分配 COM 端口号,配对成功后便可开始通信。有些模块在出厂时已经预置了双方的 PIN 码,连接后由模块自动完成配对。

蓝牙通信程序代码与有线串行通信相同,仅在通信端口选择上做修改即可。可通过 PDA 的端口管理功能查询与蓝牙绑定的 COM 端口号。

3. 全站仪与计算机 USB 端口通信

对于配置了 USB 端口的全站仪(如南方 NTS-360),可以通过专用的 USB 传输线与计算机进行连接,实现数据文件的互传。这种连接方式在厂方提供的数据传输程序支持下,可以两种模式工作。一是 USB 传输模式,与 COM 端口传输过程相似,传输数据文件时一方为发送方,另一方为接收方,但其采用 USB 传输协议,传输效率要比 COM 方式快许多倍。二是存储器模式,设置全站仪进入此模式后,全站仪即可作为计算机的一个移动磁盘,像普通的 U 盘一样使用,在计算机上可查看全站仪中的数据文件,并可进行拷贝、编辑等操作。

思考题与习题

1. 全站仪的主要技术指标有哪些?

2. 全站仪三维坐标测量前为什么必须进行设站定向? 在已知点 A 设站,经设站定向后,照准立于未知点 B 的棱镜测量,仪器显示观测数据为:斜距 $S = 123.500$ m,垂直角读数 $V = 95°30'25''$,水平角读数 $H_z = 60°10'30''$。已知 A 点三维坐标(X, Y, Z) 为 $(100.211, 200.122, 320.500)$,仪器高 $K = 1.500$ m,棱镜高 $L = 1.800$ m。试计算 B 点的三维坐标。

3. 全站仪测距模式设置的主要内容有哪些?

4. 全站仪常用机载程序有哪些,其功能是什么?

5. 串行通信中端口通信参数有哪些?

6. 简述串行通信程序设计的基本内容。

7. MScomm 控件有哪些主要属性,其含义是什么?

8. 简述全站仪 ATR 功能的基本原理。

第三单元 控制测量

在测区内,按测量任务所要求的精度,测定一系列点的平面位置(坐标)和高程,建立起测量控制网,作为各种测量的依据,这种测量工作称为控制测量。控制测量的基本任务是在地面上建立控制网,即测定一些地面点的坐标和高程。

控制网具有控制全局、限制误差积累的作用,是各项测量工作的依据。控制网的布设应遵循整体控制、局部加密,高级控制、低级加密的原则。一般采用由大到小、逐级控制的步骤,从高级控制网通过几个等级逐步过渡到实际的测量工作,包括测制地图所需的首级控制网、图根控制网,精度则逐级降低,边长逐级缩短。

控制网分为平面控制网、高程控制网两类。平面控制网和高程控制网可以单独布设,也可以布设成平面和高程同时具备的三维控制网。控制网的布设形式,取决于测区的情况、要求的测量精度和采用的仪器等。

第7章 平面控制测量

测定平面控制点的过程称为平面控制测量。平面控制测量的主要目的是完成点位坐标的传递,并保证点位有足够的精度,以便满足测区中各种测量工作的需要。

7.1 平面控制测量概述

平面控制网是按照一定的密度和精度分级布设的,全国性的国家控制测量,为地形测量建立了高精度的起始控制网。地形控制测量的任务就是建立必要精度的地形控制网,以满足测制地形图的需要。显然,地形控制测量是以国家控制测量为基础的,以地形测图要求的精度和数量进行的控制测量。

7.1.1 建立平面控制网的方法

建立平面控制网的方法主要有:导线测量、三角测量、三边测量、边角网测量、交会测量和GNSS 测量等。

1. 导线测量

如图 7.1 所示,选定一系列相互通视的点(导线点),将相邻点连接成折线形式,依次测定各折线边(导线边)的距离和相邻边之间的夹角,若已知第一点的坐标和第一边的坐标方位角后,就能利用所观测的边、角,推算各点的坐标,这个过程称为导线测量。

随着电磁波测距仪及全站仪的普及应用,导线测量在各种控制测量中得到了广泛的使用,而且由于导线具有布设灵活,只需前后两个相邻点通视,较适合于通视条件较差的地区等特点,已成为控制测量的主要手段之一。

图 7.1　导线测量

2. 三角测量

选定一系列控制点,使它们与周围相邻点通视,并按三角形的形式构成三角网,观测所有三角形中的水平角,如果已知一条边的边长,就可以推算出全部边长。如果还已知一条边的坐标方位角,根据测定的三角形内角,就可以推算出其他各边的坐标方位角。再根据一个已知点的坐标,连同推算的边长和坐标方位角,就可以推算出每个点的坐标值。这种测量称为三角测量。三角测量的图形较多,主要有:三角锁和中点多边形。如图 7.2 所示。

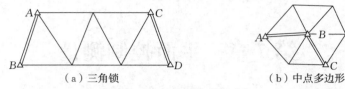

图 7.2　三角测量的形式

由于地形控制测量采用精度低于国家四等三角测量且边长较短的三角锁、网，所以也称为小三角测量。

3. 三边测量和边角网测量

三边测量的图形结构与三角测量一样，但只用电磁波测距仪测量各个三角形的三条边长，根据平面三角学原理计算出各个三角形的三个顶角，进而推算各边的方位角和各点的坐标。称为三边测量。

如果在测量三角网的全部角度基础上，加测三角网的部分边长或全部边长，用以计算各点的坐标，这种方法称为边角网测量。

4. 交会测量

交会测量根据测角和测距的不同，又分为测角交会和测距交会。其主要原理是根据方向交会和距离交会的原理确定点位坐标。

测角交会是根据测得的水平角推求点的坐标，按测角情况的不同，测角交会的基本图形有前方交会、侧方交会、单三角形和后方交会四种，如图 7.3 所示。图中虚线连接的点表示该点上不设站测角。

测边交会是首先根据电磁波测距仪测得的边长推算三角形的角度，然后推求点的坐标的方法。

由于交会测量精度较低，且每种图形一般只能求出一个点，因而只在低等控制测量（如航外控制）和增补少量控制点时使用。

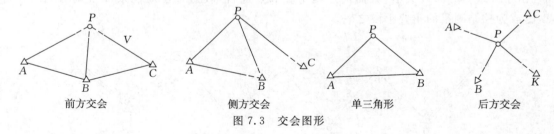

前方交会　　　　侧方交会　　　　单三角形　　　　后方交会

图 7.3　交会图形

5. GNSS 测量

在测区范围内，选择一系列控制点，彼此之间可以通视也可以不通视，在控制点上安置 GNSS 接收机，接收卫星信号，通过一系列解算及数据处理，求得控制点的坐标，这种测量方法称为 GNSS 测量。GNSS 测量具有速度快，精度高，全天候测量，不需要点间通视，不用建造观测觇标，能同时获得点的三维坐标等优点。

近年来，随着 GNSS 接收机性能价格比大幅提高，GNSS 测量已成为各级控制测量的主要方法，虽然 GNSS 测量在城市、森林等对空遮蔽严重的地区测量有很大的局限性，但在上述地区的测量中，可以先采用 GNSS 测量方法在对空通视良好的区域建立骨干控制网，在此基础上再采用导线测量等方法进行控制网加密。

7.1.2　国家控制网的概念

我国早期的国家平面控制网是 20 世纪 60 年代之前完成的,主要是采用三角测量方法建立的,国家三角网采用"由高级到低级,由整体到局部"的原则布设,按精度的不同,其等级分为一等、二等、三等和四等四个等级。一等网主要采用三角锁形式,如图 7.4 所示,精度最高,密度较低,遍布全国,它除了在低等三角网起骨干作用外,还为确定地球的形状和大小提供科学的资料。一等三角网由很多纵横交叉的三角锁构成,在锁的交叉处设置了基线,锁的长度一般为 200 km 左右。

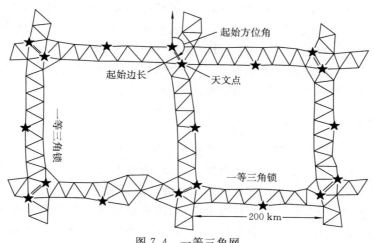

图 7.4　一等三角网

二等三角网布设在一等锁环内,如图 7.5 所示,各三角形互相联结呈面状网,外围由一等锁控制,二等网三角形平均边长约 13 km。

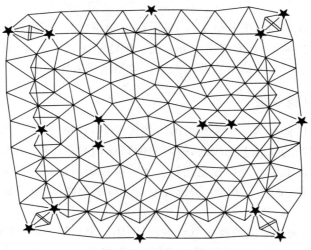

图 7.5　二等三角网

三、四等三角网在一、二等三角网基础上加密。布设方法可以是插网形,也可以是插点形,如图 7.6 和图 7.7 所示。三等网平均边长 8 km,四等网平均边长 2～6 km。

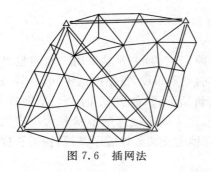

图 7.6　插网法

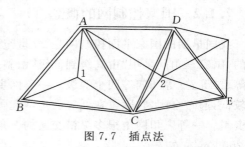

图 7.7　插点法

各等级的控制点一般都选在展望良好,易于扩展的制高点上,还要求土质坚实,保证埋在地下的标石长期稳固,便于设站测量。标石一般用水泥、沙石混合灌制,也有用规格相同的花岗岩、青石凿成。标石分盘石和柱石两部分。柱石、盘石的顶部中央均嵌入一个标志(金属或白瓷),标志中心代表点的位置。国家网一、二等点的标石由一块柱石及上、下两块盘石组成,如图 7.8 所示。埋石时应保证三块标石的标志中心位于同一铅垂线上。

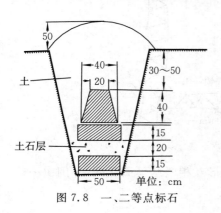

图 7.8　一、二等点标石

三、四等点一般由一块柱石和一块盘石组成,柱石在上,盘石在下。

为了测量照准方便,国家基本控制点上一般都建有木质或钢质的塔架,测量人员称之为觇标。觇标通常分为寻常标和钢标两类。觇标设立一般不按点的等级,而根据通视情况来定,山区或制高点上用较低的木寻常标或钢寻常标,平原地区树木遮挡严重,多采用数十米高的钢标。觇标的顶尖部分称为照准圆笼,显然,照准圆笼中心应与地面标石中心位于同一铅垂线上。在较高的钢标上,一般设有观测用的仪器台,这种觇标的照准圆笼中心、仪器台和地面标石中心均应位于同一铅垂线上。

各等级的控制点成果均属国家机密,一般保存在测绘单位及测绘管理部门。有些单位专门建立了控制点成果数据库,查询管理十分方便。传统的保存方法是按区域划分编制成果表,国家基本控制网点以 1∶10 万地形图图幅为单位编制成果表册。

7.1.3　地形控制测量

地形控制测量的任务是建立必要精度的地形控制网,以满足测制地形图的需要。地形控制测量是在国家控制网的基础上施测的,控制网的布设仍然是按照"由大到小,由高级到低级,分级布设,逐级控制"的原则。地形控制测量分为首级控制测量和图根控制测量。首级控制网应从哪个等级开始布设,要根据测区的国家控制点的等级和密度、测区面积大小和测图比例尺的大小等多个方面统一考虑。

当测区面积较大,国家等级的控制点较少,且测图比例尺较大时,可采用三、四等三角或导线作为首级控制;在一般情况下,则可用一级(测角中误差±5″)、二级(测角中误差±8″)导线作为首级控制,然后再布设图根控制;当测区面积较小时,也可直接布设满足精度要求的解析控制网作为全面控制,而不必分级。图根控制测量可采用图根(测角中误差±20″)导线,也可以采用相应精度的三角锁网、测角交会、测边交会等方式。

　　地形控制网的布设,应尽可能利用测区内已有的各类控制点。在传统的地形测量中,首级控制点的密度以满足图根控制和工程需要为原则,而图根控制点的密度,以保证可直接利用各类控制点作为测站点,测定地物、地貌的特征点为原则。在数字测图中,控制网的布设已不再要求"逐级控制",控制点的密度则视测图仪器而定。例如,使用全站仪进行野外数字测图,图根控制点的数量可以大大减少。若采用 GNSS 数字测图方式,则只需要少量的起始控制点。

　　近些年来,随着国民经济的快速发展,我国基础设施及城市化建设突飞猛进,许多控制点已被天灾或人为地破坏,因此,在使用控制点时应当注意查看控制点是否完好或被移动,最好在使用前采用适当的方法检核,确保无误时再使用。

7.2　导线的布设与实施

7.2.1　导线的基本布设形式

导线的基本布设形式主要有附合导线、闭合导线、支导线、导线网等。

1. 附合导线

　　起始于一个已知点,闭合于另一个已知点的导线称为附合导线,如图 7.1 所示。如果在起、闭的两个已知点上均联测已知方向,称为双定向导线;如果只在起始已知点或闭合已知点上观测已知点作为连接方向,称为单定向导线;如果在起、闭的两个已知点上均无连接方向,则称为无定向导线。

　　在附合导线中,双定向导线的优点是有足够的检核条件,可靠性好,因而在生产实践中广泛应用;单定向导线只有一个起始方向,适宜已知点较少的地区;无定向导线只有一个检核条件,只能在已知点较少的困难地区布设。

2. 闭合导线

　　如图 7.9 所示,起、闭于同一个已知点,且在已知点上联测另一个已知点作为连接方向的导线,称为闭合导线,又称回归导线。

3. 支导线

　　如图 7.10 所示,起始于一个已知点,既不附合到另一个已知点,也不闭合到起始点的导线,称为支导线。因为支导线只有一个起始已知点和一个连接方向,没有检核条件,可靠性差,因此只能在图根控制测量中使用,而且对导线边数有限制。

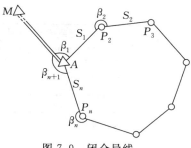

图 7.9　闭合导线

图 7.10　支导线

4．导线网

多条导线互相交叉构成网状图形,称为导线网。导线网又可分为单结点导线网、多结点导线网等,如图 7.11 所示。

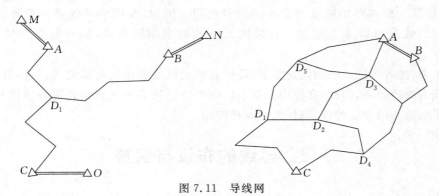

图 7.11　导线网

导线网的特点是检核条件多、平差计算复杂、工作量大,但图形可靠性强,点位精度均匀,因此,适宜在已知点稀少的地区作基本控制网。

7.2.2　导线的主要技术要求

《城市测量规范》(CJJ/T 8—2011)规定一、二、三级导线和导线网应符合表 7.1 的技术要求,并符合下列规定:

(1)导线网中结点与高级点间或者结点与结点间的导线长度不应大于附合导线规定长度的 0.7 倍。

(2)当附合导线长度短于规定长度的 1/3 时,导线全长的绝对闭合差不应大于 13 cm。

(3)光电测距导线的总长和平均边长可放长至 1.5 倍,但其绝对闭合差不应大于 26 cm。

表 7.1　光电测距导线的主要技术要求

等级	闭合或附合导线长度/km	平均边长 /m	测距中误差 /mm	测角中误差 /(″)	方位角闭合差/(″)	导线全长相对闭合差
一级	≤3.6	300	±15	±5	$\pm 10\sqrt{n}$	≤1/14 000
二级	≤2.4	200	±15	±8	$\pm 16\sqrt{n}$	≤1/10 000
三级	≤1.5	120	±15	±12	$\pm 24\sqrt{n}$	≤1/6 000

注:n 为测站数。

7.2.3　导线的布设

导线的布设包括测区勘察、方案设计、选点、定桩(埋石)等项内容。

测区勘察前,要做好准备工作。首先要搜集与测区有关的测量资料,包括国家控制点、城市控制点等各类已知点的成果资料及已有地形图等。其次是利用已有资料研究测区情况,确定勘察测区的重点。测区勘察的重要任务之一是实地查看已知点是否完好,因为已知点是决定导线方案设计的关键。有些已知点,虽然有成果资料,但标石已被破坏,因此,要事先在已有地形图上展绘出各类已知点,在实地勘察时才能有的放矢。除了查看已知点之外,测区勘察还要了解测区的地物地貌、通视情况、交通及人文环境等情况。

　　方案设计是在测区勘察之后,在现有的地形图上根据测区的已知点情况、通视情况等合理设计导线的技术实施方案。设计时先在图上标出测区周围符合起始点要求且现存完好的已知点,再根据测量任务、地形条件和导线测量的技术要求设计导线的布设形式、路线走向和导线点的位置及需要埋石的点位等。

　　为了使导线的计算不过于复杂,导线应尽可能布设成单一附合路线或闭合路线,当路线长度超限时,再考虑具有结点的导线网,导线与导线网的布设应附合相应的技术要求。导线的边长应尽可能大致相等,相邻边之比一般应不超过 1∶3。

　　选点是将设计好的方案落实在实地的工作。选点时要对设计好的方案、导线的路线进一步优化。选点时要特别注意导线点的位置,首先要注意相邻导线点的互相通视;其次,导线点应选在土质坚实的地方或者坚固稳定的构筑物、建筑物顶面,便于点位保存和设站观测。

　　导线点位选定之后,要在地面上确定测量标志,地形控制测量中一般是打入木桩并在桩面钉上一个小铁钉作为中心标志,对于需要长期保存的导线点,应埋设标石(石桩或水泥桩),标石面中央应有明确的标志(桩面刻凿十字或在预制时嵌入有十字标志的圆帽钢钉或钢筋),标志中心代表点位。为了便于使用时寻找,对于那些需要长期保存的埋石点,还应绘出点之记。

7.2.4　导线的观测

　　野外条件艰苦、环境复杂,观测前需要事先认真细致地做好器材准备工作,分工明确,责任到人,有条件时应配备无线通信工具,无条件时应规定好联络方法。

　　导线的观测包括测角和量距两项内容,测角包括导线的全部转折角和与已知点之间的连接角观测。

　　角度测量通常采用“三联脚架法”观测。如图 7.12 所示,首先在起始点 A 设站观测连接点 M 和导线点 P_1 之间的水平角,在 M 点和导线点 P_1 设置脚架和基座,基座上安放觇牌或棱镜,在 A 点整置经纬仪或全站仪;在 A 点观测完成之后,M 点的脚架搬向 P_2 点,A 点的脚架和基座不动,仅将仪器照准部从基座上卸下,安上觇牌或棱镜,仪器照准部迁至 P_1 点,取下 P_1 点的觇牌,换上仪器照准部,观测点 P_2 与起始点 A 之间的水平角;依次操作,直到测完整条导线。

　　距离测量也可按“三联脚架法”观测,但不同的是距离测量可以在一个点上观测两条边,因此,距离测量可以隔站观测,每次移动两个脚架。例如,在导线点 P_1 观测 P_1A 与 P_1P_2 两条边,然后将 A 点和 P_1 点的脚架移动到 P_3 点和 P_4 点,P_2 点脚架保持不动,在 P_3 点观测 P_3P_2 和 P_3P_4 两条边,依次类推,测完导线的全部边长。

　　在实际作业中,通常距离与角度同时测量,即边、角同测,这时测量目标必须使用棱镜。通常是采用逐点测角,隔点测距的方法,脚架、仪器及棱镜的移动与角度测量相同。

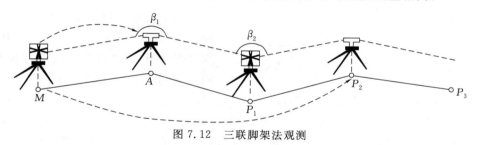

图 7.12　三联脚架法观测

每站观测结束后,应对本站观测记录进行认真检查,确认各项记载、计算正确无误时方可迁站。

按三联脚架法观测在每个点上只需对中一次,避免了二次对中误差的影响。另外,三联脚架法观测还能节约整置仪器的时间,如果同时有四套脚架和基座,在 A 点观测的同时,M 点、P_1 点和 P_2 点都安置脚架和基座,当 A 点观测完成之后,仪器迁至 P_1 点即可观测,而不必等候 M 点的脚架移动到 P_2 点,提高了观测效率。但三联角架法边角同测时掩盖了对中误差,对中的粗差在导线闭合差中体现不出来,对后续测量工作带来隐患,因此在采用三联脚架法进行导线测量时一定要认真对中,避免出现对中粗差。

7.3 坐标计算及方位角传递

坐标计算包括坐标正算和坐标反算两种,根据一点坐标、两点间的距离和坐标方位角求另一点坐标称为坐标正算。根据两点的坐标求两点间的距离和坐标方位角则称为坐标反算。

7.3.1 坐标正算

如图 7.13 所示,A 点为已知点,B 为未知点,设 A 点的坐标为 X_A、Y_A,已知 A、B 两点间的距离 S_{AB} 和坐标方位角 α_{AB},则由图 7.13 可知,B 点坐标 X_B、Y_B 为

$$\left.\begin{array}{l} X_B = X_A + \Delta X_{AB} \\ Y_B = Y_A + \Delta Y_{AB} \end{array}\right\} \tag{7.1}$$

$$\left.\begin{array}{l} \Delta X_{AB} = S_{AB} \cos\alpha_{AB} \\ \Delta Y_{AB} = S_{AB} \sin\alpha_{AB} \end{array}\right\} \tag{7.2}$$

式中,ΔX_{AB}、ΔY_{AB} 称为坐标增量。

7.3.2 坐标反算

已知 A 点的坐标 X_A、Y_A,B 点坐标 X_B、Y_B,根据式(7.1),坐标增量 $\Delta X_{AB} = X_B - X_A$,$\Delta Y_{AB} = Y_B - Y_A$,则由图 7.13 可知

$$\tan\alpha_{AB} = \frac{\Delta Y_{AB}}{\Delta X_{AB}} \tag{7.3}$$

$$\left.\begin{array}{l} S_{AB} = \sqrt{\Delta X_{AB}^2 + \Delta Y_{AB}^2} \\ S_{AB} = \dfrac{\Delta X_{AB}}{\cos\alpha_{AB}} = \dfrac{\Delta Y_{AB}}{\sin\alpha_{AB}} \end{array}\right\} \tag{7.4}$$

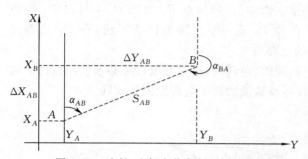

图 7.13 边长、坐标方位角与坐标的关系

由于坐标方位角的取值为 $0° \sim 360°$,而反正切函数值域为 $-90° \sim 90°$,因此,必须根据坐标增量的符号确定方位角的象限。分析可知,当 $\Delta X_{AB} > 0$ 且 $\Delta Y_{AB} > 0$ 时,α_{AB} 为第一象限角;当 $\Delta X_{AB} < 0$ 且 $\Delta Y_{AB} > 0$ 时,α_{AB} 为第二象限角;当 $\Delta X_{AB} < 0$ 且 $\Delta Y_{AB} < 0$ 时,α_{AB} 为第三象限角;当 $\Delta X_{AB} > 0$ 且 $\Delta Y_{AB} < 0$,α_{AB} 为第四象限角。为了便于计算,我们定义直线与坐标纵轴之间所夹的锐角为象限角,用 α 表示,即

$$\alpha = \tan^{-1} \left| \frac{\Delta Y_{AB}}{\Delta X_{AB}} \right|$$

各象限的方位角与象限角 α 和坐标增量之间的关系如表 7.2 所示。

表 7.2　坐标增量与方位角的关系

象限	I	II	III	IV
方位角与 α 的关系	$\alpha_{AB} = \alpha$	$\alpha_{AB} = 180° - \alpha$	$\alpha_{AB} = 180° + \alpha$	$\alpha_{AB} = 360° - \alpha$
ΔX_{AB}	+	−	−	+
ΔY_{AB}	+	+	−	−

方位角的计算可综合表示为

$$\alpha_{AB} = 180° - 90° \cdot \mathrm{sgn}(\Delta Y_{AB}) - \tan^{-1}(\Delta X_{AB} / \Delta Y_{AB}) \qquad (7.5)$$

式中, $\mathrm{sgn}()$ 为取符号函数,当 ΔY_{AB} 为负时, $\mathrm{sgn}(\Delta Y_{AB})$ 为 -1; ΔY_{AB} 为正时, $\mathrm{sgn}(\Delta Y_{AB})$ 为 $+1$。采用式(7.5)计算方位角,无须判断方位角的象限,便于计算机编程计算。

7.3.3　方位角传递

如图 7.14 所示,已知 α_{AB} 及转折角 β,可知 $\alpha_{BP} = \alpha_{BA} + \beta$,若 α_{BP} 大于 360°,则减去 360°。而 $\alpha_{BA} = \alpha_{AB} \pm 180°$,则

$$\alpha_{BP} = \alpha_{AB} + \beta \pm 180°$$

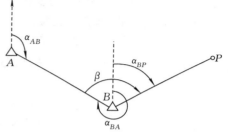

图 7.14　方位角传递

当 $\alpha_{AB} + \beta > 180°$ 时取"−"号, $\alpha_{AB} + \beta < 180°$ 时取"+"号。实际计算中也可以任意取"−"或"+",计算结果为负时加 360°,超过 360°时减去 360°。但必须"$\pm 180°$",不能忽略。实际计算时还可能出现 $\alpha_{AB} + \beta$ 超过 540°的情况,此时减 180°后还需要再减 360°。

7.4　单导线的近似平差计算

单导线包括双定向附(闭)合导线、单定向附合导线和无定向导线。因为导线测量有多余观测,计算时要按照一定的法则进行平差,单导线的平差计算有近似平差和严密平差两种,按照规范要求,对于低于国家四等的导线,可以采用近似平差方法。

7.4.1　导线计算的准备工作

导线计算的准备工作包括:

(1)野外观测手簿的检查。

在计算之前,应当对野外观测记录认真检查。检查角度计算是否正确,记录格式是否符合规定,各项限差是否符合要求、距离中数计算是否正确、距离斜距观测值是否已化为平距等等。

(2)角度观测成果的化算。

严格的讲,计算高斯平面直角坐标,要先将地面测得的角度观测值化算到参考椭球面,然后再化算到高斯平面上。正如第 4 章所述,由于地面测得的角度观测值化算到参考椭球面,要加的三差改正很小,因此,四等以下的导线不加三差改正。但把参考椭球面的角度化算成高斯平面上的夹角,须加曲率改正。曲率的大小应根据第 4 章式(4.42)或式(4.43)计算。对于四等以下的导线,如果曲率改正数小于 1″,可以忽略不计。

（3）距离观测成果的化算。

同理，地面测得的水平距离，应当先化算到参考椭球面上，再化算到高斯平面上，才能用于计算点的坐标。化算的过程分别称为高程归算和高斯投影归算。

高程归算的计算公式参见第 5 章式(5.29)，高斯投影的长度归算的计算公式参见式(5.31)。

因为高程归算改正数和高斯投影的长度归算改正数符号相反，因此，当高程归算和高斯投影归算的改正数之和小于相应边长的 1/40 000 时可以不加改正，即直接把地面两点之间的平距视为高斯平面上的边长。

7.4.2　双定向附(闭)合导线计算

双定向附合导线和闭合导线有两项闭合差，一是从一条已知边起推求各边的方位角，最后闭合到另一已知边(或原已知边)时，推算的方位角值可能不等于已知值，其差值称为方位角闭合差；二是从已知点起逐点推算各点的坐标，最后求出的另一已知点(或原起始点)的坐标也可能与已知值不等，其差值称为坐标闭合差。

1. 方位角闭合差及其配赋

附合导线如图 7.15 所示，P_2、P_3、$\cdots$、P_n 为导线点；M、A、B、N 为已知点；β_1、β_2、$\cdots$、β_{n+1} 为转折角；S_1、S_2、$\cdots$、S_n 为观测边长。

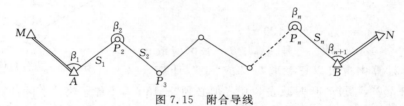

图 7.15　附合导线

根据已知点 M、A、B、N 坐标计算出起始边 MA 和闭合边 BN 的坐标方位角 α_{MA} 和 α_{BN}。

由图 7.15 可知，AP_2 边的方位角为

$$\alpha_1 = \alpha_{MA} + 180° + \beta_1 - 360°$$
$$= \alpha_{MA} + \beta_1 - 180°$$

同理，导线其他各边的方位角依次为

$$\left. \begin{array}{c} \alpha_2 = \alpha_1 + \beta_2 - 180° \\ \vdots \\ \alpha_n = \alpha_{n-1} + \beta_n - 180° \end{array} \right\} \tag{7.6}$$

BN 边的方位角为

$$\alpha_{n+1} = \alpha_n + \beta_{n+1} - 180° \tag{7.7}$$

将式(7.6)中各式依次代入式(7.7)，得

$$\alpha_{n+1} = \alpha_{MA} + \sum_{i=1}^{n+1} \beta_i - (n+1) \cdot 180° \tag{7.8}$$

式中，n 为导线边数。

若以 f_β 表示方位角闭合差，则

$$f_\beta = \alpha_{n+1} - \alpha_{BN}$$

将式(7.8)代入得附合导线的方位角闭合差

$$f_\beta = \sum_{i=1}^{n+1} \beta_i + (\alpha_{MA} - \alpha_{BN}) - (n+1) \cdot 180° \tag{7.9}$$

值得说明的是式(7.9)中$(n+1)$并不是一个明确的值,因为在计算α_i的式(7.6)中,通常是$-180°$,但也可能会出现$+180°$的情况,因为在计算每条边的方位角时,取"$+180°$"还是取"$-180°$"都有可能,这与导线相邻边之间的图形有关。如果每个$\alpha_i(i=1,2,\cdots,n+1)$的计算中都为$-180°$,则式(7.9)中$n+1$就是转折角数。但由于某条或某几条边有可能为$+180°$,故将式(7.9)改写为

$$f_\beta = \sum_{i=1}^{n+1} \beta_i + (\alpha_{MA} - \alpha_{BN}) - m \cdot 180° \tag{7.10}$$

式中,m为$\alpha_{MA} - \alpha_{BN} + \sum_{i=1}^{n+1} \beta_i$除以$180°$商的整数部分。

对于闭合导线,由于起闭于同一条边,α_{MA}和α_{AM}互差$180°$,则其方位角闭合差为

$$f_\beta = \sum_{i=1}^{n+1} \beta_i - (m \pm 1) \cdot 180° \tag{7.11}$$

式中,若闭合导线的起始方位角α_{MA}大于$180°$,则式(7.11)括号中取"$-$",反之则取"$+$"。

方位角闭合差是衡量角度观测质量的重要指标之一,因此,导线测量对方位角闭合差有规定的限差。不同等级导线的方位角闭合差限差如表7.1所示。

若f_β不超过表7.1的规定时,可进行方位角闭合差配赋,否则应进行返工重测。

方位角闭合差的配赋原则是按观测角数平均分配误差。即将f_β反号平均分配于各角的观测值中,每个角的改正数v_β为

$$v_\beta = -\frac{f_\beta}{n+1} \tag{7.12}$$

在每个转折角中加上v_β,即可求得改正后的转折角。

在等级低于四等的导线中,由于计算时角度取至整秒,因而求得的v_β可能不是整秒,通常是将v_β凑整,剩余值依次配给有短边的观测角中,这是因为短边的仪器对中误差和照准目标的误差对角度影响较大。

求得改正后的观测角,即可根据起始方位角和改正后的转折角按式(7.6)依次计算各导线边的方位角。即

$$\alpha_i = \alpha_{i-1} + \beta_i + v_\beta \pm 180° \qquad (i=1,2,\cdots,n) \tag{7.13}$$

当$\alpha_{i-1} + \beta_i + v_\beta > 180°$时,式中的"$\pm$"取"$-$",反之则取"$+$"。

2. 坐标闭合差及其配赋

由各边的边长和坐标方位角可求得各边的坐标增量,即

$$\left.\begin{array}{l} \Delta X_i = S_i \cos\alpha_i \\ \Delta Y_i = S_i \sin\alpha_i \end{array}\right\} \qquad (i=1,2,\cdots,n) \tag{7.14}$$

各待定点的坐标为

$$\left.\begin{array}{l} X_i = X_{i-1} + \Delta X_{i-1} \\ Y_i = Y_{i-1} + \Delta Y_{i-1} \end{array}\right\} \qquad (i=2,\cdots,n+1)$$

导线闭合点坐标的推算值X'_B、Y'_B

$$
\left.\begin{array}{l}
X'_B = X_A + \displaystyle\sum_{i=1}^{n} \Delta X_i \\[3mm]
Y'_B = Y_A + \displaystyle\sum_{i=1}^{n} \Delta Y_i
\end{array}\right\}
\tag{7.15}
$$

理论上，X'_B、Y'_B 应与 B 点的已知坐标 X_B、Y_B 相等，但由于测角和量距时的误差存在，因此，就有坐标闭合差 f_X、f_Y，令

$$
\left.\begin{array}{l}
f_X = X'_B - X_B \\[2mm]
f_Y = Y'_B - Y_B
\end{array}\right\}
\tag{7.16}
$$

将式(7.15)代入，得

$$
\left.\begin{array}{l}
f_X = \displaystyle\sum_{i=1}^{n} \Delta X_i + (X_A - X_B) \\[3mm]
f_Y = \displaystyle\sum_{i=1}^{n} \Delta Y_i + (Y_A - Y_B)
\end{array}\right\}
\tag{7.17}
$$

对于闭合导线，由于起、闭点为同一点，因此，其坐标闭合差为

$$
\left.\begin{array}{l}
f_X = \displaystyle\sum_{i=1}^{n} \Delta X_i \\[3mm]
f_Y = \displaystyle\sum_{i=1}^{n} \Delta Y_i
\end{array}\right\}
\tag{7.18}
$$

B' 与 B 之间的距离称为导线的全长闭合差，以 f_S 表示，则有

$$
f_S = \sqrt{f_X^2 + f_Y^2}
\tag{7.19}
$$

将 f_S 除以导线全长，称为导线全长相对闭合差。通常，把导线全长相对闭合差化为分子为 1 的分数，用 K 表示，即

$$
K = \frac{f_S}{\sum S_i}
\tag{7.20}
$$

同方位角闭合差一样，导线的相对闭合差也是衡量测量精度的指标。不同等级导线的相对闭合差限差如表 7.1 所示。

若相对闭合差满足要求，可进行坐标闭合差配赋。否则，应查找原因，重新计算或实地返工重测。

坐标闭合差是按边长的大小比例配赋，设 v_{X_i}、v_{Y_i} 分别为坐标增量 ΔX_i、ΔY_i 的改正数，则

$$
\left.\begin{array}{l}
v_{X_i} = -\dfrac{f_X}{\displaystyle\sum_{i=1}^{n} S_i} S_i \\[6mm]
v_{Y_i} = -\dfrac{f_Y}{\displaystyle\sum_{i=1}^{n} S_i} S_i
\end{array}\right\}
\tag{7.21}
$$

求得坐标增量改正数之后，即可按下式计算各点坐标

$$
\left.\begin{array}{l}
X_i = X_{i-1} + \Delta X_{i-1} + v_{X_{i-1}} \\[2mm]
Y_i = Y_{i-1} + \Delta Y_{i-1} + v_{Y_{i-1}}
\end{array}\right\}
\tag{7.22}
$$

需要说明的是由于计算坐标增量改正数时按 4 舍 5 入保留 3 位小数,坐标增量改正数之和与坐标闭合差在数值上可能会相差±0.001,这时需将剩余值配赋给最长边对应的坐标增量改正数。

显然,最后求得的 B 点坐标应与已知值相等,否则应重新计算坐标增量改正数。

3．计算步骤

双定向附合(闭合)导线的计算步骤为:

(1)根据已知点坐标计算起始边和闭合边的坐标方位角,并按式(7.10)或式(7.11)计算导线的方位角闭合差。

(2)按式(7.12)计算角度改正数,并按式(7.13)计算各边的方位角。

(3)按式(7.14)计算各边的坐标增量。

(4)按式(7.17)或式(7.18)计算导线的坐标闭合差,按式(7.19)及式(7.20)式计算坐标闭合差及相对闭合差。

(5)当相对闭合差符合要求时,按式(7.21)计算各边的坐标增量改正数。

(6)按式(7.22)推求各点的坐标。

4．计算示例

计算示例见表 7.3,导线如图 7.16 所示。

表 7.3　附合导线计算

点名	观测角 /(° ′ ″)	改正数	方位角 /(° ′ ″)	边长 /m	ΔX /m	V_X	ΔY	V_Y	纵坐标 X /m	横坐标 Y /m
M									3 822 551.163	38 417 760.798
			119 02 43							
A	110 53 26	+1							3 822 367.568	38 418 091.396
			49 56 10	174.455	112.286	−0.001	133.515	−0.002		
P_1	235 47 24	+1							3 822 479.853	38 418 224.909
			105 43 35	237.629	−64.408	−0.002	228.734	−0.002		
P_2	130 49 42	+1							3 822 415.443	38 418 453.641
			56 33 18	222.681	122.728	−0.001	185.808	−0.002		
P_3	240 09 52	+1							3 822 538.170	38 418 639.447
			116 43 11	218.501	−98.244	−0.001	195.169	−0.002		
P_4	127 49 58	+1							3 822 439.925	38 418 834.614
			64 33 10	215.272	92.498	−0.001	194.387	−0.002		
P_5	274 44 11	+2							3 822 532.422	38 419 028.999
			159 17 23	161.789	−151.334	−0.001	57.215	−0.002		
B	80 48 36	+2							3 822 381.087	38 419 086.212
			60 06 01							
N									3 822 563.844	38 419 404.040

$f_\beta = -9''$　$f_x = +0.007$ m　$f_Y = +0.012$ m　$f_S = 0.014$ m　$\sum S = 1\,230.327$ m　$K = f_S / \sum S = 1/87\,880$

图 7.16　导线略图

7.4.3　单定向导线计算

单定向导线是只有起始已知边而无闭合已知边的附合导线,如图 7.17 所示。因为没有闭合边的方位角,计算时无法计算方位角闭合差,因而也不能进行方位角闭合差配赋,因此,单定向导线只有坐标闭合差的平差计算。

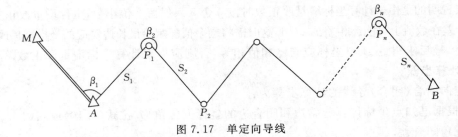

图 7.17　单定向导线

单定向导线的计算步骤为：

(1)按式(7.13)依次计算各导线边的方位角。

(2)按式(7.14)推算各边的坐标增量。

(3)按式(7.17)、式(7.19)及式(7.20)计算单定向导线的坐标闭合差及相对闭合差。

(4)当相对闭合差符合要求时,按式(7.21)计算各边的坐标增量改正数。

(5)按式(7.22)推求各点的坐标。

7.4.4　无定向导线的计算

无定向附合导线是没有起始方位角和闭合方位角的附合导线,只有一个多余观测,不能进行方位角闭合差计算检核。

如图 7.18 所示,无定向附合导线计算思路是先假定第一条导线边的坐标方位角为 α_1',并依次推算出各导线边的假定坐标方位角 α_i',进而根据测得的边长 S_i 计算出各边对应坐标增量 $\Delta X_i'$、$\Delta Y_i'$ 及各导线点的假定坐标 X_i'、Y_i'。由此推算出的闭合点 B 的假定坐标 X_B'、Y_B',必然与已知坐标 X_B、Y_B 不一致而移位至 B',如图所示,这是因为第一条导线边的假定坐标方位角 α_1' 与实际坐标方位角 α_1 不一致,相差一个角度 θ,同时由于测角、测边误差使的 AB' 长度 $S_{AB'}$ 与实际长度 S_{AB} 不一致。如果将推算出的各导线点假定坐标绕 A 点旋转 θ 角,并按 $S_{AB}/S_{AB'}$ 进行缩放,即可求得各导线点的正确坐标。按此思路可得无定向附合导线计算步骤。

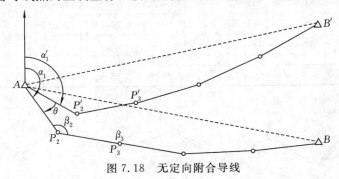

图 7.18　无定向附合导线

1. 计算各导线边的假定坐标方位角

设第一条边的坐标方位角为 α_1',则其余各边的坐标方位角为

$$\alpha_2' = \alpha_1' + \beta_2 \pm 180°$$

$$\alpha_3' = \alpha_2' + \beta_3 \pm 180°$$

$$\vdots$$

$$\alpha_n' = \alpha_{n-1}' + \beta_n \pm 180°$$

2. 计算各导线点的假定坐标

设

$$x'_A = 0$$
$$y'_A = 0$$

则

$$X'_i = \sum_{j=1}^{i} S_j \cos\alpha'_j$$

$$Y'_i = \sum_{j=1}^{i} S_j \sin\alpha'_j$$

$$X'_B = \sum_{i=1}^{n} S_i \cos\alpha'_i$$

$$Y'_B = \sum_{i=1}^{n} S_i \sin\alpha'_i$$

3. 计算旋转角 θ 和坐标改正(缩放)系数 λ

$$\theta = \alpha_{AB} - \alpha_{AB'}$$
$$\lambda = S_{AB}/S_{AB'} \tag{7.23}$$

4. 计算各导线点最后坐标

$$\begin{bmatrix} X_i \\ Y_i \end{bmatrix} = \begin{bmatrix} X_A \\ Y_A \end{bmatrix} + \lambda \begin{bmatrix} \cos\theta & -\sin\theta \\ \sin\theta & \cos\theta \end{bmatrix} \begin{bmatrix} X'_i \\ Y'_i \end{bmatrix} \tag{7.24}$$

无定向附合导线只有一个多余观测量,可用 $K = |S_{AB} - S_{AB'}|/\Sigma S$ 来计算导线全长相对闭合差,用以检查导线精度。由于检核条件不充分,所以只有在已知点稀少的特殊情况下才采用。表 7.4 为无定向导线计算示例。

表 7.4　无定向导线计算

点名	转折角 β /(° ′ ″)	边长 S /m	方位角 α' /(° ′ ″)	假定坐标增量 $\Delta X'$/m	假定坐标增量 $\Delta Y'$/m	假定坐标 X'/m	假定坐标 Y'/m	方位角 α /(° ′ ″)	最后坐标 纵坐标 X/m	最后坐标 横坐标 Y/m
A						0.000	0.000		3 845 667.079	465 495.833
		281.457	87 00 53	14.658	281.075			60 40 37		
P1	247 27 32					14.658	281.075		3 845 804.915	465 741.224
		269.974	154 28 25	−243.621	116.339			128 08 09		
P2	91 12 43					−228.963	397.414		3 845 638.201	465 953.567
		315.345	65 41 08	129.841	287.374			39 20 52		
P3	255 03 51					−99.122	684.788		3 845 882.056	466 153.502
		392.121	140 44 59	−303.654	248.099			114 24 43		
B						−402.776	932.887		3 845 719.997	466 510.560

$\alpha_{AB} = 87°00'53''$　　　$S_{AB} = 1016.106$ m

$\alpha'_{AB} = 113°21'09''$　　$S'_{AB} = 1016.123$ m

$\theta = \alpha_{AB} - \alpha'_{AB} = -26°20'16''$　　$\lambda = S_{AB}/S'_{AB} = 0.999\ 982\ 827\ 2$

$X_i = X_A + \lambda(X'_i\cos\theta - Y'_i\sin\theta)$

$Y_i = Y_A + \lambda(X'_i\sin\theta + Y'_i\cos\theta)$

$K = |S_{AB} - S'_{AB}|/\sum S = 0.017/1\ 258.897 = 1/72\ 145$

7.5　单导线的严密平差计算

导线的计算,无论采用何种方法,都必须采用适当的方法消除各项闭合差,以便使计算结果与已知数据不发生矛盾。单导线的闭合差有:方位角闭合差和纵、横坐标闭合差。计算中消除这些闭合差的过程称为平差。虽然好的平差方法并不能提高野外观测成果的精度,但不适当的平差却会破坏良好的观测成果。前文所述的单导线的近似平差方法,只是简单地把角度闭合差按角度数平均配赋,这样的平差,存在一定的不合理性。《城市测量规范》(CJJ/T 8—2011)规定,在进行四等以上的导线测量时,计算应采用严密平差方法。

　　本节所述的严密平差方法是条件平差法。其计算步骤是:①列出条件方程式;②组成联系数法方程,解法方程求得联系数;③计算观测值的改正数并求平差值;④计算各导线点的坐标。

7.5.1　条件方程式

　　如图 7.19 所示,附合在高级控制点 A、B 之间的单导线,观测了 β_1、β_2、$\cdots$、β_{n+1} 共 $n+1$ 个角,S_1、S_2、$\cdots$、S_n 共 n 条边,因此共有 $2n+1$ 个观测量,导线有 P_2、P_3、$\cdots$、P_n 共 $n-1$ 个待定点,所以,附合导线的多余观测量

$$r = 2n + 1 - 2(n-1) = 3 \tag{7.25}$$

因此,附合导线有 3 个条件,即方位角条件,纵、横坐标条件。

图 7.19　附合导线

1. 方位角条件

　　由式(7.10)可知,双定向附合导线方位角闭合差为

$$f_\beta = \sum_{i=1}^{n+1} \beta_i + (\alpha_{MA} - \alpha_{BN}) - m \cdot 180°$$

设 v_{β_i} 为观测角 β_i 的误差改正数,则改正后的角度应满足下式

$$\sum_{i=1}^{n+1} (\beta_i + v_{\beta_i}) + (\alpha_{MA} - \alpha_{BN}) - m \cdot 180° = 0$$

考虑方位角闭合差式(7.9),得附合导线的方位角条件方程为

$$v_{\beta_1} + v_{\beta_2} + \cdots + v_{\beta_{n+1}} + f_\beta = 0 \tag{7.26}$$

这就是改正数表示的方位角条件方程式。

2. 坐标条件

　　设 v_X、v_Y 分别为 X、Y 坐标增量改正数,则改正后的坐标增量应满足下列条件

$$\sum_{i=1}^{n} (\Delta X_i + v_{X_i}) + (X_A - X_B) = 0$$

$$\sum_{i=1}^{n} (\Delta Y_i + v_{Y_i}) + (Y_A - Y_B) = 0$$

将上式展开,并由式(7.17)可知,附合导线的纵横坐标条件方程为

$$\left. \begin{array}{l} \sum\limits_{i=1}^{n} v_{X_i} + f_X = 0 \\[2mm] \sum\limits_{i=1}^{n} v_{Y_i} + f_Y = 0 \end{array} \right\} \tag{7.27}$$

由于坐标增量不是直接观测量,而是观测值的函数,因此,必须把式(7.27)化为观测值(角度和边长)改正数表示的条件方程。为此,应找出坐标改正数 v_X、v_Y 与观测值的改正数 v_β、v_S 之间的关系。

对坐标增量公式

$$\Delta X_i = S_i \cos\alpha_i$$
$$\Delta Y_i = S_i \sin\alpha_i \tag{7.28}$$

微分得

$$\left.\begin{aligned} \mathrm{d}\Delta X_i &= \cos\alpha_i \mathrm{d}S_i - S_i \sin\alpha_i \mathrm{d}\alpha_i \\ \mathrm{d}\Delta Y_i &= \sin\alpha_i \mathrm{d}S_i + S_i \cos\alpha_i \mathrm{d}\alpha_i \end{aligned}\right\} \tag{7.29}$$

因

$$\alpha_i = \alpha_{MA} + \sum_{j=1}^{i} \beta_j - i \cdot 180°$$

则

$$\mathrm{d}\alpha_i = \sum_{j=1}^{i} \mathrm{d}\beta_j \tag{7.30}$$

将式(7.34)代入式(7.33)得

$$\left.\begin{aligned} \mathrm{d}\Delta X_i &= \cos\alpha_i \mathrm{d}S_i - S_i \sin\alpha_i \sum_{j=1}^{i} \mathrm{d}\beta_j \\ \mathrm{d}\Delta Y_i &= \sin\alpha_i \mathrm{d}S_i + S_i \cos\alpha_i \sum_{j=1}^{i} \mathrm{d}\beta_i \end{aligned}\right\} \tag{7.31}$$

因为自变量的微小增量相当于观测值的改正值,即 $\mathrm{d}\Delta X_i = v_{X_i}$、$\mathrm{d}\Delta Y_i = v_{Y_i}$、$\mathrm{d}\Delta S_i = v_{S_i}$,因此,将式(7.35)代入式(7.32),并考虑角度的微分以弧度表示,得

$$\sum_{i=1}^{n} \cos\alpha_i v_{S_i} - \frac{1}{\rho''} \sum_{i=1}^{n} \left(\Delta Y_i \sum_{j=1}^{n} v_{\beta_j} \right) + f_X = 0$$

$$\sum_{i=1}^{n} \sin\alpha_i v_{S_i} + \frac{1}{\rho''} \sum_{i=1}^{n} \left(\Delta X_i \sum_{j=1}^{n} v_{\beta_j} \right) + f_Y = 0$$

考虑到

$$\begin{aligned} \sum_{i=1}^{n} \left(\Delta Y_i \sum_{j=1}^{i} v_{\beta_j} \right) &= \Delta Y_1 v_{\beta_1} + \Delta Y_2 (v_{\beta_1} + v_{\beta_2}) + \cdots + \Delta Y_n (v_{\beta_1} + v_{\beta_2} + \cdots + v_{\beta_n}) \\ &= (\Delta Y_1 + \Delta Y_2 + \cdots + \Delta Y_n) v_{\beta_1} + (\Delta Y_2 + \cdots + \Delta Y_n) v_{\beta_2} + \\ &\quad \cdots + (\Delta Y_{n-1} + \Delta Y_n) v_{\beta_{n-1}} + \Delta Y_n v_{\beta_n} \\ &= (Y_{n+1} - Y_1) v_{\beta_1} + (Y_{n+1} - Y_2) v_{\beta_2} + \cdots + (Y_{n+1} - Y_n) v_{\beta_n} \\ &= \sum_{i=1}^{n} (Y_{n+1} - Y_i) v_{\beta_i} = \sum_{i=1}^{n+1} (Y_{n+1} - Y_i) v_{\beta_i} \end{aligned}$$

同理可得

$$\sum_{i=1}^{n} \left(\Delta X_i \sum_{j=1}^{i} v_{\beta_j} \right) = \sum_{i=1}^{n+1} (X_{n+1} - X_i) v_{\beta_i}$$

由此可得导线以观测值改正数表示的纵坐标条件和横坐标条件方程式为

$$\left.\begin{aligned} \sum_{i=1}^{n} \cos\alpha_i v_{S_i} - \frac{1}{\rho''} \sum_{i=1}^{n+1} (Y_{n+1} - Y_i) v_{\beta_i} + f_X &= 0 \\ \sum_{i=1}^{n} \sin\alpha_i v_{S_i} + \frac{1}{\rho''} \sum_{i=1}^{n+1} (X_{n+1} - X_i) v_{\beta_i} + f_Y &= 0 \end{aligned}\right\} \tag{7.32}$$

7.5.2　平差计算

1. 组成法方程,求联系数

由前述可知,单导线的全部三个条件方程式为

$$v_{\beta_1} + v_{\beta_2} + \cdots + v_{\beta_{n+1}} + f_\beta = 0$$

$$\sum_{i=1}^{n} \cos\alpha_i v_{S_i} - \frac{1}{\rho''} \sum_{i=1}^{n+1} (Y_{n+1} - Y_i) v_{\beta_i} + f_X = 0 \qquad (7.33)$$

$$\sum_{i=1}^{n} \sin\alpha_i v_{S_i} + \frac{1}{\rho''} \sum_{i=1}^{n+1} (X_{n+1} - X_i) v_{\beta_i} + f_Y = 0$$

式中

$$f_\beta = \sum_{i=1}^{n+1} \beta_i + (\alpha_{MA} - \alpha_{BN}) - m \cdot 180°$$

$$f_X = \sum_{i=1}^{n} \Delta X_i + (X_A - X_B) \qquad (7.34)$$

$$f_Y = \sum_{i=1}^{n} \Delta Y_i + (Y_A - Y_B)$$

为了便于组成法方程,条件方程式系数如表 7.5 所示。边长和角度观测值的权按下式计算

$$P_{S_i} = \frac{1}{m_{S_i}^2}, \ P_\beta = \frac{1}{m_\beta^2} \qquad (7.35)$$

式中,m_β 为导线的角度测量的中误差,因测量 β_i 时常用同一型号的仪器,测回数也相同,通常认为各角观测精度相等,故各角的中误差相等。

m_{S_i} 为导线边长的测量中误差,用电磁波测距仪测边长时,边长观测中误差为

$$m_{S_i} = \sqrt{A^2 + (B \cdot D)^2} \qquad (7.36)$$

式中,A 为测距固定误差,B 为测距比例误差,D 为边长。

表 7.5　单导线的条件方程式系数表

改正数 v	方位角条件系数 A_i	坐标条件系数		观测值权倒数 $\dfrac{1}{P_i}$
		纵坐标条件 B_i	横坐标条件 C_i	
v_{S_1}		$\cos\alpha_1$	$\sin\alpha_1$	$m_{S_1}^2$
v_{S_2}		$\cos\alpha_2$	$\sin\alpha_2$	$m_{S_2}^2$
$\vdots$		$\vdots$	$\vdots$	$\vdots$
v_{S_n}		$\cos\alpha_n$	$\sin\alpha_n$	$m_{S_n}^2$
v_{β_1}	1	$-\dfrac{1}{\rho''}(Y_{n+1} - Y_1)$	$\dfrac{1}{\rho''}(X_{n+1} - X_1)$	m_β^2
v_{β_2}	1	$-\dfrac{1}{\rho''}(Y_{n+1} - Y_2)$	$\dfrac{1}{\rho''}(X_{n+1} - X_2)$	m_β^2
$\vdots$	$\vdots$	$\vdots$	$\vdots$	$\vdots$
v_{β_n}	1	$-\dfrac{1}{\rho''}(Y_{n+1} - Y_n)$	$\dfrac{1}{\rho''}(X_{n+1} - X_n)$	m_β^2
$v_{\beta_{n+1}}$	1	$-\dfrac{1}{\rho''}(Y_{n+1} - Y_{n+1})$	$\dfrac{1}{\rho''}(X_{n+1} - X_{n+1})$	m_β^2

设方位角条件系数为 A_i，纵坐标条件系数为 B_i，横坐标条件系数为 C_i，则根据条件平差原理，可组成下列联系数法方程

$$\left.\begin{array}{l}
\left[\dfrac{AA}{P}\right]K_1 + \left[\dfrac{AB}{P}\right]K_2 + \left[\dfrac{AC}{P}\right]K_3 + f_\beta = 0 \\[3mm]
\left[\dfrac{AB}{P}\right]K_1 + \left[\dfrac{BB}{P}\right]K_2 + \left[\dfrac{BC}{P}\right]K_3 + f_x = 0 \\[3mm]
\left[\dfrac{AC}{P}\right]K_1 + \left[\dfrac{BC}{P}\right]K_2 + \left[\dfrac{CC}{P}\right]K_3 + f_y = 0
\end{array}\right\} \tag{7.37}$$

将表 7.5 的系数代入，可求得法方程式系数

$$\left[\frac{AA}{P}\right] = (n+1)m_\beta^2$$

$$\left[\frac{AB}{P}\right] = -\frac{1}{\rho''}\sum_{n=1}^{n+1}(Y_{n+1} - Y_i)m_\beta^2$$

$$\left[\frac{AC}{P}\right] = \frac{1}{\rho''}\sum_{n=1}^{n+1}(X_{n+1} - X_i)m_\beta^2$$

$$\left[\frac{BB}{P}\right] = \sum_{i=1}^{n}\cos^2\alpha_i m_{S_i}^2 + \frac{1}{\rho''^2}\sum_{n=1}^{n+1}(Y_{n+1} - Y_i)^2 m_\beta^2$$

$$\left[\frac{BC}{P}\right] = \sum_{i=1}^{n}\sin\alpha_i\cos\alpha_i m_{S_i}^2 - \frac{1}{\rho''^2}\sum_{n=1}^{n+1}(Y_{n+1} - Y_i)(X_{n+1} - X_i)m_\beta^2$$

$$\left[\frac{CC}{P}\right] = \sum_{i=1}^{n}\sin^2\alpha_i m_{S_i}^2 + \frac{1}{\rho''^2}\sum_{n=1}^{n+1}(X_{n+1} - X_i)^2 m_\beta^2$$

将以上系数代入式(7.37)，答解可求得联系数 K_i。

2. 计算平差值

由平差原理可知，改正数为

$$\left.\begin{array}{l}
v_{S_i} = m_{S_i}^2(\cos\alpha_i K_2 + \sin\alpha_i K_3) \\[3mm]
v_{\beta_i} = m_\beta^2\left(K_1 - \dfrac{1}{\rho''}(Y_{n+1} - Y_i)K_2 + \dfrac{1}{\rho''}(X_{n+1} - X_i)K_3\right)
\end{array}\right\} \tag{7.38}$$

角度、方位角、边长的最后平差值为

$$\left.\begin{array}{l}
\bar{\beta}_i = \beta_i + v_{\beta_i} \\[3mm]
\alpha_i = \alpha_i + \displaystyle\sum_{j=1}^{i} v_{\beta_i} \\[3mm]
\bar{S}_i = S_i + v_{S_i}
\end{array}\right\} \tag{7.39}$$

7.5.3 坐标计算

求得角度和边长的平差值之后，可按平差后的边长和方位角推求各边的坐标增量及各导线点的最后坐标。用经过平差后的角度和边长再一次计算坐标增量时，导线应完全闭合，不应产生任何闭合差，即再次推算的 3 个闭合差应全为 0。这样可以检核全部计算是否正确。

7.5.4　算例

与近似平差相比,单一导线的严密平差计算更复杂,因此,通常采用计算机编程计算。计算机计算的导线严密平差结果如表 7.6 所示。

表 7.6　单导线严密平差结果

点　名	X 坐标 /m	Y 坐标 /m	转折角 /(° ′ ″)	改正数 /(″)	距离 /m	改正数 /mm	方位角 /(° ′ ″)
M:眉 山	3 846 360.326	465 251.634					
A:高峰庙	3 845 667.079	465 495.833	80 04 52	−0.1	281.457	−0.003	160 35 42
N1	3 845 804.920	465 741.222	247 27 32	+2.8	269.974	−0.003	60 40 34
N2	3 845 638.206	465 953.568	91 12 43	+0.1	315.345	−0.002	128 08 09
N3	3 845 882.065	466 153.503	255 03 51	+4.9	392.121	−0.004	39 20 52
B:黄路口	3 845 719.997	466 510.560	219 58 55	+2.5			114 24 48
N:张 庄	3 844 979.618	466 865.356					

$f_\beta = -9.0''$　　$f_X = +0.018\,\mathrm{m}$　　$f_Y = +0.016\,\mathrm{m}$　　$f_s = 0.024\,\mathrm{m}$　　$K = f_s/[S] = 1/52\ 399$

7.6　导线观测值粗差的定位

导线测量的成果是否合格的主要依据是导线的角度闭合差和全长相对闭合差是否符合限差。在计算过程中,若导线的角度闭合差或全长相对闭合差超过限差,应首先检查观测成果的计算是否有无错误,其次再检查内业计算是否正确,当确认外业成果的整理和计算均准确无误时,再决定到外业返工检查。由于导线的观测量较多,若在返工重测前能根据导线闭合差的具体情况分析,找出可能有错误的角度和边长,对于快速准确地进行改正,避免盲目返工,节约时间,将是十分有益的。以下介绍在单导线中角度和边长测错时进行检查的方法。

7.6.1　单个观测角粗差的定位

如图 7.20 所示,设 A、B 为导线的起闭点,如果导线中有一个观测角有错误,则必然是角度闭合差超限。

图 7.20　观测角粗差的定位

1. 方法一

从图 7.20 中可以看出,如果导线点 P_i 的转折角 β_i 有错误,若从 A 点起,按照观测角和观

测边长逐点推求 P_1、$\cdots$、P_i、$\cdots$、P_n 和 B 点的坐标时,由于 i 点以前的各点均未受到错误角度 β_i 的影响,因而 P_1、$\cdots$、P_i 点均未产生移位,而 P_i 点以后的各点 P_{i+1}、$\cdots$、P_n 则受错误角度 β_i 的影响而产生移位;但若从 B 点起向 A 点方向,逐点推求 P_n、$\cdots$、P_i、$\cdots$、P_1 和 A 点坐标时,由于 P_n、$\cdots$、P_i 各点未受错误角度 β_i 的影响,P_n、$\cdots$、P_i 各点不产生移位,而 P_{i-1}、$\cdots$、P_1 则因受 β_i 的影响产生较大移位,这样在从 A 至 B 推算得到的各点的两组坐标中,只有 P_i 点的两组坐标十分接近,而其他各点的两组坐标值均相差较大。

根据以上分析,若导线的角度闭合差超限,不进行任何角度配赋,从导线的两个方向分别推求各导线点的坐标,将得到的两组坐标值相比较,若某点的两组坐标互差较小,其他各点均相差较大,则互差较小的点就可能是角度发生错误的点。

2．方法二

设导线中第 i 点的连接角 β_i 含有粗差 $\Delta\beta$,则导线中 i 点以前的各边的方位角 α_j($j=1,2$,$\cdots$,$i-1$) 不受 $\Delta\beta$ 的影响,而 i 点以后的各边的方位角 α_j($j=i$,$\cdots$,n) 都将含有粗差 $\Delta\beta$,因此,计算坐标增量时,i 点以前的各边的坐标增量为 ΔX_j、ΔY_j 为正确的,i 点以后的各边的坐标增量为

$$\left.\begin{array}{l} \Delta X'_j = \cos\Delta\beta \cdot \Delta X_j - \sin\Delta\beta \cdot \Delta Y_j \\ \Delta Y'_j = \cos\Delta\beta \cdot \Delta Y_j + \sin\Delta\beta \cdot \Delta X_j \end{array}\right\} \quad (j=i,\cdots,n)$$

式中,ΔX_j、ΔY_j 为正确的坐标增量,则导线的实际坐标闭合差为

$$\left.\begin{array}{l} f'_X = \sum_{j=1}^{i-1}\Delta X_j + \cos\Delta\beta \cdot \sum_{j=i}^{n}\Delta X_j - \sin\Delta\beta \cdot \sum_{j=i}^{n}\Delta Y_j - (X_B - X_A) \\ f'_X = \sum_{j=1}^{i-1}\Delta Y_j + \cos\Delta\beta \cdot \sum_{j=i}^{n}\Delta Y_j + \sin\Delta\beta \cdot \sum_{j=i}^{n}\Delta X_j - (Y_B - Y_A) \end{array}\right\} \quad (7.40)$$

若不考虑测量误差,应有

$$\left.\begin{array}{l} X_B - X_A = \sum_{j=1}^{n}\Delta X_j = \sum_{J=1}^{i-1}\Delta X_j + \sum_{j=i}^{n}\Delta X_j \\ Y_B - Y_A = \sum_{j=1}^{n}\Delta Y_j = \sum_{J=1}^{i-1}\Delta Y_j + \sum_{j=i}^{n}\Delta Y_j \end{array}\right\} \quad (7.41)$$

将式(7.41)代入式(7.40)得

$$\left.\begin{array}{l} f'_X = (\cos\Delta\beta - 1) \cdot \sum_{i=1}^{n}\Delta X_i - \sin\Delta\beta \cdot \sum_{i=1}^{n}\Delta Y_i \\ f'_Y = (\cos\Delta\beta - 1) \cdot \sum_{i=1}^{n}\Delta Y_i + \sin\Delta\beta \cdot \sum_{i=1}^{n}\Delta Y_i \end{array}\right\} \quad (7.42)$$

则

$$\begin{aligned} f_S^2 &= f'^2_X + f'^2_Y \\ &= (\cos\Delta\beta - 1)^2 S_{iB}^2 + \sin^2\Delta\beta \cdot S_{iB}^2 \\ &= 2(1 - \cos\Delta\beta)S_{iB}^2 = 4\sin^2\frac{\Delta\beta}{2} \cdot S_{iB}^2 \end{aligned}$$

$$f_S = 2\sin\frac{\Delta\beta}{2} \cdot S_{iB}$$

解得

$$S_{iB} = \frac{f_s}{2\sin\dfrac{\Delta\beta}{2}} \tag{7.43}$$

式中，$S_{iB} = \sqrt{\left(\sum\limits_{i=1}^{n}\Delta X_i\right)^2 + \left(\sum\limits_{i=1}^{n}\Delta Y_i\right)^2}$ 为有角度粗差的点 i 至导线闭合点 B 的距离。因此，可按上式定位 i 点。当导线的方位角闭合差超限且可能只有一个角有粗差时，不进行任何角度配赋，推求导线的坐标闭合差及其移位差 f_s，然后取 $\Delta\beta = f_\beta$ 按(7.43)式推求 S_{iB}，则存在粗差的点就在以 B 点为圆心，以 S_{iB} 为半径的圆上。因此，在选点图或地形图上量取 B 点到各未知点的距离，则与此圆弧相交或最接近的导线点，就是可能存在粗差的点。若无依比例的选点图或地形图可利用，则可用求得的各导线点的坐标逐点推求至 B 点的距离，哪个点至 B 点的距离与 S_{iB} 最接近，那个点就是可能存在粗差的点。

比较两种方法，显然方法二极大的简化了计算，减轻了计算工作量。

如果角度错误发生在某一个连接角上，方位角闭合差必然是超限，可采用方法一，从导线的一个方向推求的坐标闭合差超过限差，而从其反方向推求的坐标闭合差不超限，说明坐标闭合差超限时用到的起始连接角有错误。

另外一种角度错误是在计算时用错导线的转折角，即将右折角当做左折角使用。由于单导线的每个点上只有两个观测方向，若以后视作为起始方向，测得的角为左折角。反之，以前视为起始方向测得的角为右折角。这时角度闭合粗差为某一转折角与 180° 差值的 2 倍。因此，当角度闭合差超限较大，则可根据这个原理查出可能发生错误的角。这类错误易发生在接近于 180° 的转折角上。

7.6.2　单条观测边粗差的定位

由于边长错误与角度无关，因此，若导线上的某条边有错误，不影响其他边，只影响自身的坐标增量。

设第 i 条边的正确边长为 S_i，粗差为 ΔS，方位角为 α_i，则该边的坐标增量为

$$
\begin{aligned}
\Delta X_i &= (S_i + \Delta S)\cos\alpha_i = \Delta X_i + \Delta S\cos\alpha_i \\
\Delta Y_i &= (S_i + \Delta S)\sin\alpha_i = \Delta Y_i + \Delta S\sin\alpha_i
\end{aligned}
\tag{7.44}
$$

式中，ΔX_i、ΔY_i 为正确的坐标增量。

因为只有一条边有错，如果只考虑边长粗差而忽略观测误差，由式(7.44)可知，边长粗差 ΔS 对坐标闭合差的影响为

$$
\begin{aligned}
f'_X &= \Delta S\cos\alpha_i \\
f'_Y &= \Delta S\sin\alpha_i
\end{aligned}
$$

解此二元一次方程得

$$
\left.
\begin{aligned}
\Delta S &= \sqrt{f'^2_X + f'^2_Y} \\
\tan\alpha_i &= \frac{f'_Y}{f'_Y}
\end{aligned}
\right\}
\tag{4.45}
$$

根据这个原理，计算中当导线的方位角闭合差不超限，而相对闭合差超限，且可能只有一个边有粗差时，可推求导线的坐标闭合差，取 $f'_x = f_x$、$f'_Y = f_Y$，按式(7.45)计算 α_i 及 ΔS_i，导

线中哪条边的方位角与式(4.45)求得的 α_i 相近,该边就是可能存在粗差 ΔS_i 的边。利用这个方法即可定位粗差。

7.6.3　导线网中观测粗差的定位

导线网图形相对较复杂,观测值之间的联系条件较多,产生的闭合差也较多,因此,导线网的观测值粗差的检验,应首先将导线网分段按路线进行检查,根据闭合差的分布分析粗差可能发生的路线。如图 7.21 所示的单结点导线网,可构成三条附合路线,若路线①的闭合差不大,路线②的闭合差严重超限,路线③的闭合差与路线②相近,则粗差肯定发生在 PC 段,然后用单导线方法进一步寻找粗差的大小和位置。

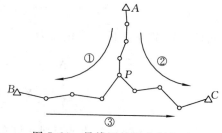

图 7.21　导线网的粗差定位

导线观测值错误的检查方法较多,但是,无论何种方法,都可能有检查不准确的情况。因此,当导线观测成果超限时,除了应用适当方法检查之外,还应当认真地对观测时的情况进行回忆和分析,确定错误可能发生的位置,以便能尽快地在实地予以改正。

7.7　测角交会测量

测角交会是根据方向交会的原理确定控制点坐标的方法,不需要进行距离测量,是控制测量的重要方法之一。但与导线测量相比,交会法效率低,精度低于光电测距导线,因而只能在图根控制测量或精度要求较低(如航外控制)的测量中使用,也可用于少量图根控制点的增补。

7.7.1　余切公式及交会图形

1. 余切公式

如图 7.22 所示,在 $\triangle ABP$ 中,A、B 为已知点,P 为未知点。α、β 为经纬仪测得的水平角,由 A、B 的已知坐标可反算出 AB 的边长 S_{AB} 和坐标方位角 α_{AB},由观测角 α、β 可计算 AP 的边长 S_{AP} 和方位角 α_{AP}。

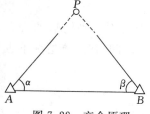

图 7.22　交会原理

由图 7.22 可知

$$\alpha_{AP} = \alpha_{AB} - \alpha \tag{7.46}$$

$$S_{AP} = \frac{S_{AB} \cdot \sin\beta}{\sin(180° - \alpha - \beta)} = \frac{S_{AB} \cdot \sin\beta}{\sin(\alpha + \beta)} \tag{7.47}$$

根据坐标正算公式有

$$X_P = X_A + S_{AP} \cdot \cos\alpha_{AP}$$

将式(7.46)及式(7.47)代入,得

$$X_P = X_A + S_{AP} \cdot \cos(\alpha_{AB} - \alpha)$$

$$= X_A + \frac{S_{AB} \cdot \sin\beta \cdot \cos(\alpha_{AB} - \alpha)}{\sin(\alpha + \beta)}$$

$$= X_A + \frac{S_{AB} \cdot \sin\beta \cdot \cos\alpha_{AB} \cdot \cos\alpha + S_{AB} \cdot \sin\beta \cdot \sin\alpha_{AB} \cdot \sin\alpha}{\sin(\alpha + \beta)}$$

因为

$$S_{AB} \cdot \cos\alpha_{AB} = X_B - X_A$$
$$S_{AB} \cdot \sin\alpha_{AB} = Y_B - Y_A$$

则

$$X_P = X_A + \frac{(X_B - X_A)\sin\beta \, \cos\alpha + (Y_B - Y_A)\sin\beta \, \sin\alpha}{\sin\alpha \, \cos\beta + \cos\alpha \, \sin\beta}$$

同理可得 Y_P，并进一步化简为

$$\left. \begin{aligned} X_P &= \frac{X_A \cdot \cot\beta + X_B \cdot \cot\alpha + Y_B - Y_A}{\cot\alpha + \cot\beta} \\ Y_P &= \frac{Y_A \cdot \cot\beta + Y_B \cdot \cot\alpha + X_A - X_B}{\cot\alpha + \cot\beta} \end{aligned} \right\} \tag{7.48}$$

因式(7.48)中除已知点坐标外，只有 α、β 的余切函数，故称之为前方交会余切公式。

使用该公式时应当注意 A、B 点的角分别为 α、β，且 A、B、P 三点呈逆时针分布。 如果 A、B、P 三点按顺时针分布，则计算公式为

$$\left. \begin{aligned} X_P &= \frac{X_A \cdot \cot\beta + X_B \cdot \cot\alpha - Y_B + Y_A}{\cot\alpha + \cot\beta} \\ Y_P &= \frac{Y_A \cdot \cot\beta + Y_B \cdot \cot\alpha - X_A + X_B}{\cot\alpha + \cot\beta} \end{aligned} \right\} \tag{7.49}$$

2. 交会图形与交会角

根据余切公式推导过程可知，利用未知点和两个已知点构成三角形，并在该三角形中观测任意两个角，即可求得未知点的坐标。但这只是交会的必要条件，在测量工作中，无论是测量还是计算都必须有检核，因此，测量时必须有多余观测。根据已知点的数量和多余观测的多少及采用的检核方法，测角交会法可分为前方交会、侧方交会、单三角形和后方交会。由于后方交会只在未知点设站，故其计算公式和方法都不同。

在各种交会图形中，通常把计算未知点坐标的三角形中以未知点 P 为顶点构成的角称为交会角。按照这个定义，前方交会有两个交会角，单三角形有一个交会角，侧方交会的 C 点用于检查计算，故其也只有一个交会角，而后方交会第四个已知点也用于检查计算，故其用于计算坐标的三个方向构成的角有两个是交会角(第三个不独立)。

根据交会法的原理可知，当交会角为 $90°$ 时，交会点的精度最高，但要求每种图形的交会角都为 $90°$ 是不现实的，因此，测量规范规定，交会角一般应在 $30°\sim150°$ 之间，在困难情况下也必须在 $20°\sim160°$ 之间。

7.7.2 前方交会、侧方交会和单三角形的坐标计算

1. 前方交会

前方交会三个已知点与未知点可组成两个三角形，如图 7.23 所示，在 3 个已知点上观测水平角 α_1、β_1 及 α_2、β_2，分别在两个三角形中求出 P 点的两组坐标 X'_P、Y'_P 和 X''_P、Y''_P，然后利用两组坐标代表的点位之间的距离，即移位差来限制误差。

移位差通常用 e 表示，若令

$$dX = X'_P - X''_P$$
$$dY = Y'_P - Y''_P$$

则

$$e = \sqrt{(dX)^2 + (dY)^2}$$

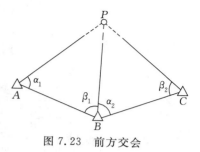

图 7.23　前方交会

在图根控制测量中，一般要求 $e \leqslant 0.1 \text{ mm} \cdot M$，$M$ 为测图比例尺分母。当 e 符合要求时，取两组坐标的中数为点的最后结果。

2. 侧方交会

侧方交会是在未知点和一个已知点设站观测 α、γ、ε 三个角，其中 α、γ 两个角用来计算点的坐标，ε 角用来检核。

如图 7.24 所示，A、B、C 为已知点，P 为未知点，在 P 点观测 γ、ε，在 A 点观测 α。

在三角形 ABP 中，$\beta = 180° - (\alpha + \gamma)$，则可根据 A、B 两点坐标及 α、β 按式(7.48)求得 P 点坐标。

为了检核 P 点坐标是否可靠，通常用 ε 进行检查计算。假定在观测过程中，α 观测无误，γ 有粗差 $\Delta\gamma$，则必然使 β 增大(或减小)$\Delta\gamma$，从而使得 P 移位至 P'，如图 7.25 所示，由 P' 点坐标及 C、B 坐标可求得 $\alpha_{P'C}$ 和 $\alpha_{P'B}$。那么，P 点的移位可反映在 ε 中，将由 $\alpha_{P'C}$ 和 $\alpha_{P'B}$ 求得的角 $\varepsilon_{计}$ 与实际测得的角 $\varepsilon_{观}$ 相比较进行检核。

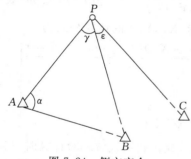

图 7.24　侧方交会

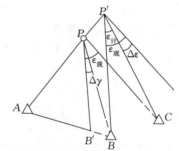

图 7.25　侧方交会检查

令 $\varepsilon_{计} = \alpha_{PC} - \alpha_{PB}$，则由于 γ 的粗差引起的 ε 误差为

$$\Delta\varepsilon = \varepsilon_{计} - \varepsilon_{观} \qquad (7.50)$$

由 $\Delta\varepsilon$ 可求出 P 点的移位差 PP' 为

$$e = \frac{\Delta\varepsilon}{\rho''} S_{PC} \qquad (7.51)$$

测量规范要求移位差 $e \leqslant 0.1M$ mm，M 为测图比例尺分母。侧方交会就是利用这个原理进行检核计算的。

移位差 e 在多数情况下可以反映观测角的粗差，但是，观测角的粗差有多种可能，可能某个角有误，也可能两个角和检查角同时有误，在这种情况下，按此方法进行检核计算时，求出的移位差 e 就不是 P 点的真正移位差，因此，侧方交会的检核计算有不可靠的情况，在实际工作中应当引起重视。

3. 单三角形

单三角形是在两个已知点和未知点分别设站，观测三角形的 3 个内角，利用三角形内角和

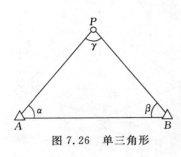

图 7.26　单三角形

的原理检核外业观测值的可靠性。

如图 7.26 所示，A、B 为已知点，P 为未知点，在 P 点观测 γ，在 A 点观测 α，在 B 点观测 β。首先进行检核计算，令

$$W = 180° - (\alpha + \beta + \gamma) \quad (7.52)$$

式中，W 称为三角形闭合差。

从理论上讲，W 应为零，但由于观测存在误差，W 一般不会为零，但其不应超过一定的范围。规范规定：$W \leqslant 35''$，计算中，当 W 符合要求时，将 W 平均配赋在 3 个观测角中，然后按配赋后的角及已知点 A、B 的坐标，即可求得 P 点的坐标。

7.7.3　后方交会

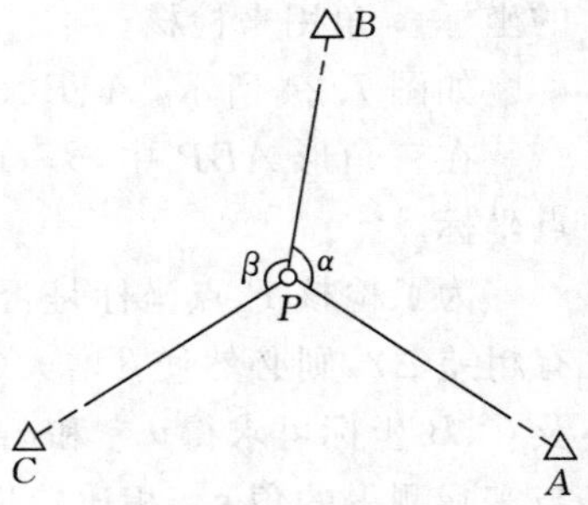

后方交会是在未知点上设站，观测三个已知点，得到观测角 α、β，从而计算出 P 点坐标。

1. 计算公式

后方交会也称"三点题"，有多种计算公式，本书只讲述其中的两种。

1）余切公式

如图 7.27 所示，$A(X_A, Y_A)$、$B(X_B, Y_B)$、$C(X_C, Y_C)$ 为

图 7.27　余切公式

已知点，在未知点 P 设站测得水平角 α 和 β，P 点的坐标 (X_P, Y_P) 的计算公式为

$$
\left.
\begin{aligned}
X_P &= X_B + \frac{(Y_B - Y_A)(\cot\alpha - \tan\alpha_{BP}) - (X_B - X_A)(1 + \cot\alpha \cdot \tan\alpha_{BP})}{1 + \tan^2\alpha_{BP}} \\
Y_P &= Y_B + (X_P - X_B)\tan\alpha_{BP} \\
\tan\alpha_{BP} &= \frac{(Y_A - Y_B)\cot\alpha + (Y_C - Y_B)\cot\beta + X_C - X_A}{(X_A - X_B)\cot\alpha + (X_C - X_B)\cot\beta - Y_C + Y_A}
\end{aligned}
\right\} \quad (7.53)
$$

考虑到方位角的误差在角度较小时对坐标值影响小，故在利用式（7.53）计算时，三个已知点的编号应选择 PB 与 X 轴的夹角最小，且要求三个已知点呈逆时针分布，AB 边所对的角为 α，BC 边所对的角为 β。

因式（7.53）中除已知点坐标外，只有 α、β 的余切函数，故称之为后方交会余切公式。

2）赫尔墨特公式

公式是由赫尔墨特发明的，通常称为赫尔墨特后方交会公式。

如图 7.28 所示，设 $A(X_A, Y_A)$、$B(X_B, Y_B)$、$C(X_C, Y_C)$ 为已知点，在未知点 P 设站测得水平角 α、β，取 $r = 360° - (\alpha + \beta)$，$P$ 点的坐标 (X_P, Y_P) 的计算公式为

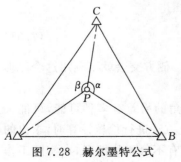

图 7.28　赫尔墨特公式

$$
\left.
\begin{aligned}
X_P &= \frac{X_A \cdot P_A + X_B \cdot P_B + X_C \cdot P_C}{P_A + P_B + P_C} \\
Y_P &= \frac{Y_A \cdot P_A + Y_B \cdot P_B + Y_C \cdot P_C}{P_A + P_B + P_C}
\end{aligned}
\right\} \quad (7.54)
$$

$$P_A = \frac{1}{\cot\angle A - \cot\alpha}, \quad P_B = \frac{1}{\cot\angle B - \cot\beta}, \quad P_C = \frac{1}{\cot\angle C - \cot\gamma} \quad (7.55)$$

式中，$\angle A$、$\angle B$、$\angle C$ 是 $\triangle ABC$ 的三个内角，称为固定角。其值是按相邻边的方位角计算

$$\angle A = \alpha_{AB} - \alpha_{AC}, \quad \angle B = \alpha_{BC} - \alpha_{BA}, \quad \angle C = \alpha_{CA} - \alpha_{CB} \qquad (5.56)$$

因为式(7.54)类似于最小二乘法的广义权中数计算公式，故又称为仿权公式。

公式说明：

①本公式在三个已知点共线的情况下无效。

②公式要求角度编号按照 BC 边所对的角为 α，AC 边所对的角为 β，$r = 360° - (\alpha + \beta)$。

③当 P 位于 $\triangle ABC$ 三内角的对顶角范围之内时，坐标计算公式仍为式(7.54)，但式(7.55)变为

$$P_A = \frac{1}{\cot\angle A + \cot\alpha}, P_B = \frac{1}{\cot\angle B + \cot\beta}, \ P_C = \frac{1}{\cot\angle C + \cot\gamma} \qquad (7.57)$$

④当 P 与三个已知点 A、B、C 共圆时，P 无解，这就是后方交会危险圆问题。

3)后方交会危险圆

如图 7.29 所示，当未知点 P 与 A、C 三个已知点共圆时

$$\beta = \angle B, \quad \alpha = \angle A$$

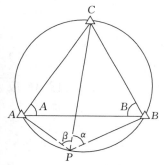

图 7.29　后方交会危险圆

即 α 和 β 固定不变，它说明仅有 α、β 这两个观测角不能唯一确定 P 点位置。理论证明，在这种情况下无论用后方交会的何种计算公式，均无法求出 P 点坐标。因此，人们称三个已知点所在的圆为后方交会危险圆。

由图 7.29 可知，当 P 点在危险圆上时，有

$$\alpha + \beta + \angle C = 180°$$

实际作业中，P 点在危险圆附近时，计算结果也会有较大的误差。因此，规范规定：$\alpha + \beta + \angle C$ 不得在 $170° \sim 190°$ 之间。

2. 检核计算

由于利用三个已知点解算后方交会点，尚无检核条件，因此，通常要求后方交会必须观测四个已知点，检查计算有两种方法：一种方法是利用四个已知点(每三个一组)组成两组图形分别计算，求得 P 点的两组坐标，按前方交会的方法进行检查计算，检查符合要求时，取两组坐标的平均值作为最后结果；另一种是利用三个已知点求 P 点的坐标，然后用侧方交会的方法进行检查计算。由于两组图形计算取中数可以提高未知点的精度，故在交会角符合要求的情况下，应当采用第一种方法计算。

7.8　测边交会与边角后方交会

7.8.1　测边交会

如图 7.30 所示，测得未知点 P 与两已知点 A、B 的水平距离为 S_1 和 S_2。根据已知点坐标可反算出 AB 间的坐标方位角 α_{AB} 和边长 S_0。在 $\triangle ABP$ 中用余弦定理可求得 β_1

$$\cos\beta_1 = \frac{S_0^2 + S_1^2 - S_2^2}{2S_0 S_1} \qquad (7.58)$$

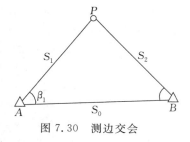

图 7.30　测边交会

则 AP 的坐标方位角 α_{AP} 为

$$\alpha_{AP} = \alpha_{AB} - \beta_1 \tag{7.59}$$

所以 P 点的坐标为

$$\left.\begin{array}{l} X_P = X_A + S_1\cos\alpha_{AP} \\ Y_P = Y_A + S_1\sin\alpha_{AP} \end{array}\right\} \tag{7.60}$$

7.8.2　边角后方交会

　　如图 7.31 所示，A、B 为两个互不通视的已知点，P 为待定点，在 P 点测得水平角 θ 和 PA 的距离 S_1，在 $\triangle ABP$ 中，应用正弦定理可求得 B 角

$$\sin\angle B = \frac{S_1}{S_0}\sin\theta \tag{7.61}$$

从而可计算角 A 和 AP 的方位角 α_{AP}

$$\angle A = 180° - (\theta + \angle B) \tag{7.62}$$

$$\alpha_{AP} = \alpha_{AB} - \angle A$$

待定点 P 的坐标为

$$\left.\begin{array}{l} X_P = X_A + S_1\cos\alpha_{AP} \\ Y_P = Y_A + S_1\sin\alpha_{AP} \end{array}\right\} \tag{7.63}$$

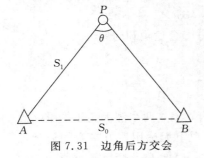

图 7.31　边角后方交会

　　精度分析可以证明，B 角较小，θ 接近 90° 时，交会点精度较高。所以，布设控制点时，应当注意这一点，一般应尽可能测量距待定点较近的边。

思考题与习题

　　1. 什么是平面控制测量？控制测量的目的是什么？

　　2. 建立平面控制网的方法有哪些？各有何优缺点？

　　3. 导线布设的主要形式有哪些？

　　4. 选定导线点应注意哪些问题？

　　5. 如何衡量导线的测量精度？导线计算有哪几项闭合差？各是如何计算的？

　　6. 简述双定向附(闭)合导线近似平差的计算步骤。

　　7. 按条件平差原理，双定向附合导线有哪几个条件？

　　8. 在经纬仪导线计算中，如果附(闭)合导线有一个观测角有粗差或者有一条边有粗差，如何通过计算找出粗差的可能位置？

　　9. 已知 A 点坐标 $X_A = 300.00$ m、$Y_A = 500.00$ m，方位角 $\alpha_{BA} = 15°$，在测站 A 点以 B 为起始方向测得与 P 点的夹角为 $15°$（P 为未知点），已知 AP 的水平距离为 $D = 173.21$ m，试求 P 点坐标 X_P、Y_P。

　　10. 如图 7.32 所示的双定向附合导线，高峰、李村、沙沟和枣园为已知点。

已知点坐标：高峰：$X = 3\,786\,256.725$，$Y = 38\,392\,198.474$。

　　　　　　　李村：$X = 3\,785\,237.159$，$Y = 38\,391\,947.554$。

　　　　　　　沙沟：$X = 3\,784\,967.289$，$Y = 38\,392\,674.275$。

　　　　　　　枣园：$X = 3\,785\,311.162$，$Y = 38\,393\,830.210$。

观测角：$\beta_1 = 152°18'39''$，$\beta_2 = 89°29'09''$，$\beta_3 = 223°48'24''$，$\beta_4 = 90°18'45''$，

　　　　$\beta_5 = 231°42'45''$，$\beta_6 = 238°00'21''$，$\beta_7 = 219°42'39''$，$\beta_8 = 74°15'36''$。

水平距离：$S_{B-N_1} = 226.812$ m，$S_{N_1-N_2} = 188.964$ m，$S_{N_2-N_3} = 166.010$ m，$S_{N_3-N_4} = 177.967$ m，

$S_{N_4-N_5} = 163.435$ m，$S_{N_5-N_6} = 143.943$ m，$S_{N_6-C} = 84.404$ m。

按照近似平差法计算 N_1、N_2、N_3、N_4、N_5、N_6 点的坐标。

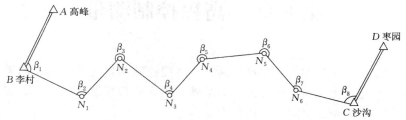

图 7.32 附合导线示例

11. 如图 7.33 所示的闭合导线，未庄、李村为已知点。

已知点坐标：李村：$X = 3\ 785\ 237.159$，$Y = 38\ 391\ 947.554$。

未庄：$X = 3\ 784\ 836.009$，$Y = 38\ 390\ 827.159$。

观测角：$\beta_1 = 195°23'06''$，$\beta_2 = 108°26'36''$，$\beta_3 = 84°10'34''$，$\beta_4 = 135°49'03''$，

$\beta_5 = 90°06'02''$，$\beta_6 = 286°05'00''$。

水平距离：$S_{B-T_2} = 201.608$ m，$S_{T_2-T_3} = 263.236$ m，$S_{T_3-T_4} = 240.601$ m，$S_{T_4-T_5} = 200.410$ m，

$S_{T_5-B} = 231.305$ m。

按照近似平差法计算 T_2、T_3、T_4、T_5 点的坐标。

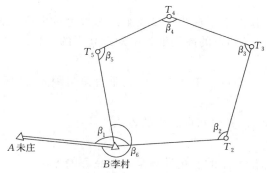

图 7.33 闭合导线示例

12. 测角交会法有哪几种？交会测量对交会角有何要求？

13. 如图 7.34 所示，已知点成果见表 7.7。观测角为：$\alpha_1 = 26°56'00''$，$\alpha_2 = 90°32'27''$，$\alpha_3 = 52°43'07''$，$\alpha_4 = 66°27'12''$，用前方交会法计算 P 点的坐标。

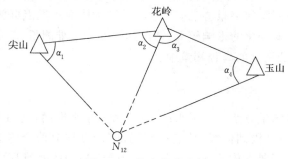

图 7.34 前方交会示例

表 7.7 已知点成果

点名	X	Y
尖山	51 387.6	27 901.8
花岭	58 617.1	32 406.8
玉山	60 123.8	36 265.2

14. 何为后方交会危险圆？如何判断未知点在危险圆上？

第8章 高程控制测量

测定高程控制点的过程称为高程控制测量。高程控制测量是控制测量的重要组成部分，是进行各种比例尺地形图测绘及工程测量的基础。建立高程控制网的方法有多种，通常根据所使用的仪器和要求的精度决定采用何种方法。

测区的高程系统应采用 1985 国家高程基准。对于不同高程系的旧控制点，应将其高程化算到 1985 国家高程基准。对于与国家高程控制网联测困难的小测区，也可以使用假定高程。

8.1 高程控制测量概述

8.1.1 高程测量的方法

高程测量的方法主要有：水准测量、三角高程测量、GNSS 高程测量和气压高程测量等。

1. 水准测量

水准测量是根据水准仪的水平视线直接在水准标尺上读取高差读数，利用两个标尺读数确定两点间的高差，从而由已知点的高程推算未知点高程的过程。

2. 三角高程测量

三角高程测量是测量已知点与未知点之间的垂直角与距离，计算未知点高程的方法。

3. GNSS 高程测量

利用 GNSS 测量数据，计算未知点高程的方法。

4. 气压高程测量

利用气压测量仪器测量气压的变化推算未知点高程的方法。

在以上所述的高程测量的方法中，水准测量精度最高，是高程控制测量的主要手段，常用于国家高程控制网建立、精密工程测量等精度要求较高的测量中。三角高程测量虽然精度低于水准测量，但其具有测定高差速度快、不受地形条件限制等优点，是山地、高山地高程测量的主要手段。随着高精度电磁波测距仪和全站仪的普及应用，三角高程测量已经能够达到三、四等水准测量的精度。GNSS 高程测量是一种新的测量方法，但它必须与高精度水准点联测才能求得高精度的高程。气压高程测量受气象变化的影响较大，精度远远低于水准测量、三角高程测量及 GNSS 高程测量的精度，只用于低精度的高程测量中。

8.1.2 国家高程控制网

我国早期的国家高程控制网是用水准测量方法建立起来的，也称为国家水准网，是确定地面点高程的基础。国家高程控制网采用"由高级到低级、从整体到局部"的办法分四个等级布设，逐级控制、加密。各等级水准路线一般都要求构成闭合环线，或闭合于高一级水准路线上构成环形。

一等水准测量是国家高程控制网的骨干，也是进行有关科学研究的主要依据。一等水准路线应该沿着地质构造稳定、路面坡度平缓的交通路线布设,以适合高精度水准观测的要求。路线应构成环形,环线周长在平原和丘陵地区应在 1 000～1 500 km 之间,一般山区应在 2 000 km 左右,这样的密度对于地域辽阔的我国是比较合适的。

　　二等水准测量是国家高程控制网的基础,应沿着铁路、公路、河流布设,并构成环形。环线周长一般为 500～750 km 之间,在平坦地区,根据需要可适当缩短,在山区或困难地区可酌情放宽。

　　三、四等水准测量是直接为地形测量和工程建设提供所必须的高程控制点的,三等水准路线在高等级水准网内加密成闭合环线或附合路线,其环线周长规定不超过 300 km。四等水准路线一般是在高等级水准点间布成附合或闭合路线,其长度规定不超过 80 km。

　　各等级水准测量的精度,是用每千米水准测量高差中数的中误差 M_Δ 表示,其限差规定如表 8.1 所示。

表 8.1　水准测量限差　　　　　　　单位:mm

测量等级	一等	二等	三等	四等
M_Δ 的限差	≤0.5	≤1.0	≤3.0	≤5.0

8.1.3　水准点及水准标石

　　水准测量确定的高程控制点称为水准点。经过实地选线确定水准点位置后,要用水准标石将它长期标志出来,以供各种高程控制测量和地形测量联测使用。按用途区分。水准标石有基本水准标石、普通水准标石和基岩水准标石三大类。

　　基本水准标石的作用是长久地保存水准测量精确成果,以供随时联测新设水准点,求出新点高程和检测或恢复破坏的旧水准点。基本水准标石通常用混凝土材料,由一个正方形截面锥体的"柱石"及与其相固定的"底盘"所构成。柱石顶面与底盘面的一侧各安装一个水准标志,标志上有标志盖,在柱石标志盖上方还埋设护盖。基本标石埋设在一、二等水准路线上,每隔 20～30 km 一座,荒漠地区 60 km 左右一座,通过大城市时,应在城市附近沿水准路线的对称位置上各埋设基本水准标石一座。

　　普通水准标石的作用是直接为地形测量或其他工程测量提供高程基础。普通水准标石通常也是用混凝土做成正方形截面锥体柱形式,顶面安装一个标志,并盖以标志盖,如图 8.1 所示。普通水准标石可埋设在各等级水准路线上,一般要求每隔 4～8 km 埋设一座。在困难或人烟稀少的地区可放宽到 10 km 左右,经济发达地区为 2～4 km。

　　基岩水准标石是与岩层直接联系的永久性标石,是研究地壳和地面垂直运动的主要依据。基岩水准点可以用来联测、检测高等级水准点,可在大面积范围内测量地壳垂直形变,为地质构造、地震等科学研究服务。在埋设基岩标石时,首先对基岩层外部的复盖物、风化物要彻底清除,然后在基岩上开凿一深度不小于 0.5～1.0 m 的坑,在其中浇灌钢筋混凝土柱石,基岩标石的标志用不锈钢或玛瑙制成,基岩标石的布设密度从必要性与可能性出发,一般情况下规定在一等水准路线上每隔 500 km 埋设一座,在大城市或地震带附近,可适当增设,以满足科学研究的需要。

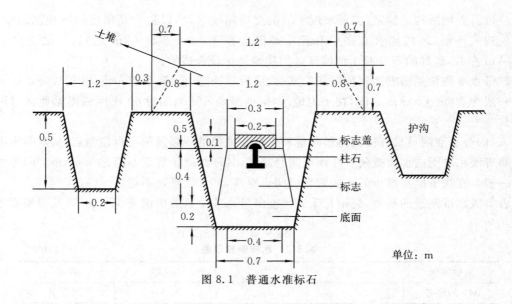

图 8.1　普通水准标石

8.2　水准测量的基本原理

　　水准测量是利用水准仪的水平视线,直接读取竖立在两点的水准标尺上读数,利用读数确定两点间的高差,从而由已知点的高程推算未知点高程的过程。水准测量又称为几何水准测量。

8.2.1　水准测量的原理

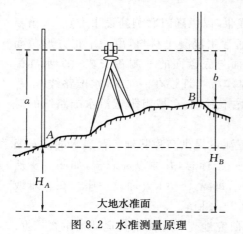

图 8.2　水准测量原理

　　如图 8.2 所示,在 A、B 两点之间安置水准仪,在 A、B 两点竖立水准标尺,用水准仪的水平视线分别照准 A、B 标尺读数,设读数分别为 a、b,则 B 点对 A 点的高差为

$$h_{AB} = a - b \qquad (8.1)$$

若已知 A 点的高程为 H_A,则 B 点的高程为

$$H_B = H_A + h_{AB}$$

8.2.2　线水准测量

　　如果已知点 A 距离未知点 B 较远,或 AB 两点间的高差较大,不能在一个测站直接测得其高差时,就应在 A、B 间增设若干测站求 AB 之间的高差 h_{AB}。

　　如图 8.3 所示,要测定 AB 之间的高差 h_{AB},在 A、B 之间增设 n 个测站,测得每站的高差

$$h_i = a_i - b_i \qquad (i = 1, 2, \cdots, n)$$

A、B 两点之间的高差为

$$h_{AB} = h_1 + h_2 + \cdots + h_n$$
$$= \sum_{i=1}^{n} h_i = \sum_{i=1}^{n} (a_i - b_i)$$

则

$$H_B = H_A + h_{AB} = H_A + \sum_{i=1}^{n}(a_i - b_i) \tag{8.2}$$

这种从已知点起,连续多次设站测定高差,最后取各站高差代数和求 AB 间高差的方法,称为线水准测量。如果有若干个待定点,可以按照这种方法逐点依次推求各点高程。

在线水准测量中,通常使用一对标尺,把沿水准路线前进方向的标尺称为前视标尺,在水准路线后方的标尺称为后视标尺,相应的标尺读数分别称为前视读数和后视读数。水准线路中用于传递高程的过渡标尺点称为转点。图 8.3 中除 A、B 两点之外的各标尺点均为转点,k 为测站编号。

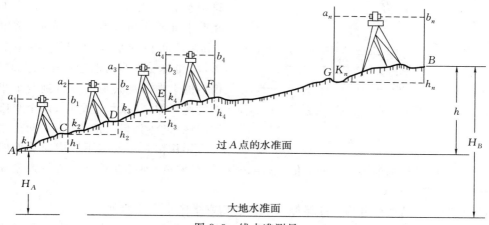

图 8.3 线水准测量

8.2.3 面水准测量

由图 8.2 可知,如果要利用已知点 A 测定某场地多个点的高程,则在该场地的适当位置整置水准仪,测得在已知点 A 的标尺读数 a,可求得视线高程

$$H_o = H_A + a \tag{8.3}$$

然后观测各点的标尺读数 b_i,则其他各点的高程为

$$H_i = H_o - b_i \qquad (i = 1, 2, \cdots, n) \tag{8.4}$$

这种测定某个场地面高程的水准测量称为面水准测量。面水准测量常用于确定某个建筑场地地坪的高程,以便将该地坪平整为同一高程面,因此,又称为抄平。

8.3 水准仪及水准标尺

水准仪和水标标尺是水准测量的主要仪器。水准仪有微倾水准仪、自动安平水准仪、激光水准仪和数字水准仪等。水准标尺有普通水准标尺和精密水准标尺等。

本节主要介绍微倾水准仪、自动安平水准仪和普通水准标尺。

国产的水准仪系列有 DS05、DS1、DS3、DS10 等型号,其中"D"和"S"分别代表为"大地测量"和"水准仪",05、1、3、10 等是以毫米为单位的每千米高差中数偶然中误差,通常在书写时省略字母"D",直接写为 S05、S1、S3 等。

8.3.1 微倾水准仪

微倾水准仪没有横轴,其望远镜只能绕竖轴作水平方向转动。为了使仪器能获得精确的水平视线,水准仪有一个微倾装置,转动倾斜螺旋,可使望远镜在照准面内作微小俯仰。故称这种水准仪为微倾水准仪。有些水准仪还安装有水平角度盘,可概略确定方位。

微倾水准仪的管水准器与望远镜固连成为一个整体。在倾斜螺旋的作用下,管水准器的气泡居中(即管水准轴水平),若照准轴与管水准轴平行,则照准轴处于水平位置,照准方向线就是水平视线。

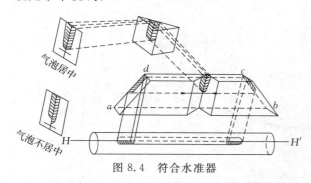

图 8.4 符合水准器

为了提高置平精度,微倾水准仪采用符合水准器,如图 8.4 所示,符合水准器是在管水准器上方安装一组棱镜,这组棱镜的 $abcd$ 面和管水准轴 HH' 在一个平面上,水准器气泡的两端通过棱镜折射后,在仪器的水准器观察窗可以看到两个半圆形的气泡影像,如果气泡居中,两个半圆形气泡影像重合;如果气泡不居中,两个半圆形气泡影像错开。气泡不居中时影像错开的距离等于气泡偏离管水准器中心的 2 倍,这样,气泡稍有偏离,即可在符合水准器观察窗中发现,从而提高了置平精度。

微倾水准仪按精度可分为普通微倾水准仪和精密微倾水准仪两种。

普通微倾水准仪主要指测量精度满足三、四等水准测量的微倾水准仪。其主要部件由望远镜、管水准器、基座、圆水准器和脚架构成。图 8.5 所示为国产的 S3 普通微倾水准仪及仪器的主要部件名称。

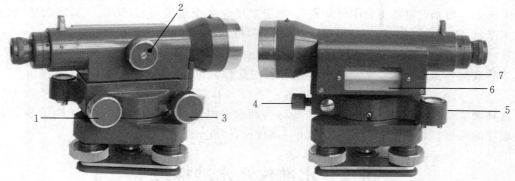

1—微倾螺旋;2—物镜调焦螺旋;3—水平微动螺旋;4—照准部制动螺旋;5—圆水准器;6—符合水准器;7—符合水准器气泡观察窗。

图 8.5 S3 水准仪

精密微倾水准仪主要用于高精度的国家一、二等水准测量和精密工程测量,如高层建筑物的沉降观测,大型桥梁工程以及大型机械安装的精密水平测量等。

精密微倾水准仪与普通微倾水准仪最大区别是具有测微装置。因为水准测量时精确的水平视线一般不会恰好对准水准标尺的整分划处,用普通微倾水准仪观测时,不足一个分划的读数只能估读,而精密微倾水准仪测微装置可精确测定不足 1 个分划的格值。例如,国产的 DS1 级水准仪可精确测定 0.05 mm。

　　除了测微装置之外。精密微倾水准仪的望远镜放大率、水准器灵敏度都很高,其望远镜放大率一般为 40～50 倍,水准器的分划值为 6″/2 mm～10″/2 mm。例如,国产的 DS1 型精密水准仪,它的望远镜放大率为 38 倍,水准器分划值为 10″/2 mm。

8.3.2　自动安平水准仪

　　用微倾水准仪观测时,首先要使圆水准器气泡概略居中,然后再用微倾螺旋使管水准器气泡精确居中,才能获得精确的水平视线。微倾水准仪的管水准器气泡居中的操作费时、费力,管水准器灵敏度越高,用时就越多,而且随着观测时间的延长、外界条件的变化,居中的管水准器气泡也可能发生变化,从而使测量产生误差,自动安平水准仪就是为克服这些缺点而生产的。由于自动安平水准仪可以自动补偿使仪器视线水平,所以在观测时只需将圆水准器气泡居中,十字丝中丝读取的标尺读数即为水平视线的读数。自动安平水准仪不仅加快了作业速度,而且能自动补偿对于地面的微小震动、仪器下沉、风力以及温度变化等外界因素影响引起的视线微小倾斜,从而保证测量精度。

1. 自动安平的原理

　　如图 8.6 所示,照准轴水平时,照准轴指向标尺的 a 点,即 a 点的水平线与照准轴重合;当照准轴倾斜一个小角 α 时,照准轴指向标尺的 a′,而来自 a 点过物镜中心的水平线不再落在十字丝的水平丝上。自动安平就是在仪器的照准轴倾斜时,采取某种措施使通过物镜中心的水平光线仍然通过十字丝交点。

　　通常有两种自动安平的方法:

　　(1)光路中安置一个补偿器,在照准轴倾斜一个小角 α 时,使光线偏转一个 β 角,使来自 a 点过物镜中心的水平线落在十字丝的水平丝上。

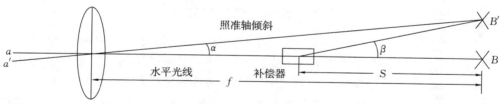

图 8.6　自动安平原理

　　如图 8.6 所示,由于 α、β 均很小,应有

$$\alpha \cdot f = S \cdot \beta$$

式中,f 为物镜的焦距,α 为照准轴的倾斜角,β 为补偿角,α、β 均以弧度表示,则光线的补偿角为

$$\beta = \frac{\alpha \cdot f}{S} \tag{8.5}$$

　　(2)使十字丝自动地与 a 点的水平线重合而获得正确读数,即使十字丝从 B′ 移动到 B 处,移动的距离为 $\alpha \cdot f$。

　　两种方法都达到了改正照准轴倾斜偏移量的目的。第一种方法要使光线偏转,需要在光路中加入光学部件,故称为光学补偿。第二种方法则是用机械方法使十字丝在照准轴倾斜时自动移动,故称为机械补偿。常用的仪器中采用光学补偿器的较多。

2．光学补偿器

光学补偿器的主要部件是一个屋脊棱镜和两个由金属簧片悬挂的直角棱镜。如图 8.7(a)所示，光线经第一个直角棱镜反射到屋脊棱镜，再经屋脊棱镜三次折射后到第二个直角棱镜，最后到达十字丝中心。当照准轴倾斜时，若补偿器不起作用，到达十字丝中心 B 的光线是倾斜的照准轴，而水平光线则到达 A。

由于两个直角棱镜是用簧片悬挂的，当照准轴倾斜 α 时，悬挂的两个直角棱镜在重力的作用下自动反方向旋转 α，使水平光线仍然到达十字丝中心 B，如图 8.7(b)所示。

自动安平水准仪的观测步骤与微倾水准仪相同，不同的是自动安平水准仪只需使圆水准器气泡居中即可。

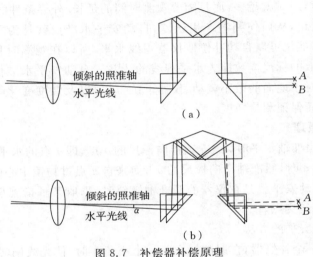

图 8.7　补偿器补偿原理

8.3.3　水准标尺与尺台

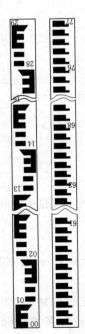

图 8.8　普通水准标尺

水准标尺按精度可分类为普通水准标尺和精密水准标尺两种，普通水准标尺主要用于三、四等水准测量，精密水准标尺则用于精度较高的一、二等水准测量。两种标尺都有基本分划和辅助分划，同一高度的基本分划和辅助分划相差一个常数，称为基辅差。设置基辅差的目的是防止读数错误，提高测量精度。

普通水准标尺多用优质的木料或金属材料制成。尺上绘有黑白相间的区格式厘米分划，故又称为区格式标尺。图 8.8 所示为长 3 m 的木质双面水准标尺。标尺的两面分别为基本分划和辅助分划，最小分划都为 1 cm。黑面为黑白相间的基本分划，红面为红白相间的辅助分划。每分米注记数字，一般黑面的基本分划从 0 mm 起刻划，而红面的辅助分划则从 4 687(或 4 787)mm 开始刻划。

使用标尺应注意以下几点：

(1)使用双面水准标尺，必须成对使用。例如，三、四等水准测量的普通水准标尺，就是红面起点为 4 687 mm 和 4 787 mm 的两个标尺为一对。

（2）观测时，特别是在读取中丝读数时应使水准标尺的圆水准器气泡居中。

（3）为保证同一标尺在前视与后视时的位置一致，在水准路线的转点上应使用尺台或尺桩。尺台和尺桩如图8.9所示。尺台通常用于一般地区的水准测量，尺桩用于沙地或土质松软地区的水准测量。标尺立于尺台或尺桩的球形顶上，保证在水准仪迁站后重放标尺时位置一致。

图8.9 尺台与尺桩

8.4 水准仪与水准标尺的检验与校正

为了保证水准测量成果的正确可靠，应在作业前对水准仪、水准标尺检验、校正，在作业过程中还要定期进行检验与校正。

8.4.1 水准仪的检验与校正

由水准测量的原理可知，水准仪应当满足的基本条件是：圆水准器的水准轴应与仪器的竖轴平行；十字丝的水平丝应保持水平；符合水准器的水准轴应与照准轴平行。

1. 圆水准器的水准轴应与竖轴平行

检验：先用基座螺旋使仪器的圆水准器气泡居中，然后将仪器照准部旋转180°，若气泡仍居中，说明仪器的圆水准器的水准轴与竖轴平行；若气泡不居中，则说明圆水准器的水准轴与竖轴不平行，仪器需要校正。

校正：用基座螺旋改正气泡偏离值的一半，再用圆水准器校正螺丝使气泡居中。由于圆水准器只有一个气泡居中的圆圈标志，而没有气泡偏离多少的准确格值，校正时不易掌握气泡偏离值的一半，因此，此项检校应反复进行，直到仪器满足条件为止。

2. 十字丝的横丝应保持水平

十字丝的横丝是读取水平视线在标尺上读数的，横丝水平与否，是保证获取正确高差的关键。

检验：整平仪器后，用十字丝横丝的一端照准一点状目标点，然后徐徐转动水平微动螺旋，使目标点沿十字丝横丝移动，若目标始终不离开十字丝横丝。则表明十字丝横丝水平；若目标离开十字丝横丝有一段距离 e，说明十字丝横丝不水平，应进行校正。

校正：打开十字丝护盖，松开十字丝的固定螺丝，旋转十字丝环，使十字丝中点照准检验开始照准的点即可。重新检验，若仪器满足条件，将十字丝固定，安上护盖。

3. 管水准轴应平行于照准轴

管水准轴与照准轴相当于两条空间直线，空间两直线的平行有两种情况：一是二者在水平面上的投影平行；另一种是二者在铅垂面上的投影平行。通常把水准仪管水准轴与照准轴在铅垂面上投影的夹角称为 i 角，i 角对高差观测值的影响称为 i 角误差。把水准仪管水准轴与照准轴在水平面上投影的夹角称为交叉角，交叉角对高差观测值的影响称为交叉误差；由于交叉误差较小，在三、四等水准测量中可以忽略不计。

i 角检校的方法较多，本节介绍其中两种方法。

1)方法一

$AI_1 BI_2(AI_1I_2B)$ 检验与校正法,其中 I 代表仪器,A、B 代表标尺。

检验:如图 8.10 所示,在地面上任选两点 A、B,在 A、B 两点放置尺台和水准标尺。先在 A、B 两点的中点整置仪器,管水准器气泡居中后分别照准 A、B 两点的标尺黑面观测,读取中丝读数 a_1、b_1,然后将仪器移至离 B 点(或 A 点)3~5 m 处,(AI_1I_2B 方法仪器移至 A、B 标尺内侧),管水准器气泡居中后测得 A、B 两点的标尺黑面读数为 a_2、b_2。

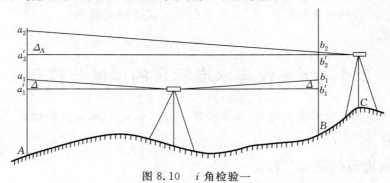

图 8.10　i 角检验一

当仪器位于 A、B 两点的中点观测时,由于仪器与 A、B 两点的距离相等,因此,i 角对两个标尺读数的影响均为 Δ,如果无 i 角影响的读数为 a_1'、b_1',则高差为

$$h_{AB} = a_1' - b_1' = (a_1 - \Delta) - (b_1 - \Delta)$$
$$= a_1 - b_1 \tag{8.6}$$

由此可见,仪器位于 A、B 两点的中点时,测得的高差不受 i 角的影响。

设仪器移至 C 点时,不受 i 角影响的 A、B 标尺的读数为 a_2'、b_2',由于仪器离 B 点很近,i 角对 B 点的标尺读数的影响可以忽略不计,即 $a_2' = a_2$,若 i 角对 A 标尺读数的影响为 Δ_A,则

$$h_{AB} = a_2' - b_2' = (a_2 - \Delta_A) - b_2$$
$$= a_2 - b_2 - \Delta_A \tag{8.7}$$

式(8.6)与式(8.7)联立解得

$$\Delta_A = a_2 - b_2 - (a_1 - b_1) \tag{8.8}$$

故

$$\tan i = \frac{\Delta_A}{S_{CA}}$$

$$i'' = \frac{\Delta_A}{S_{AB}}\rho'' \tag{8.9}$$

为了使测得的 i 角更准确,实际检验时应当对标尺多次读数并取平均值再求 Δ 及 i 角。规范规定用于三、四等水准测量的仪器 i 角不得大于 $20''$。如果检验所得 i 角大于 $20''$,应进行校正。

校正:保持仪器在 C 点检验时的视线高度,照准 A 点标尺,旋转微倾螺旋,使中丝读数为 $a_2 - \Delta_A$,此时,管水准器气泡必不居中,用校正螺丝使气泡居中即可。校正完成后应当再次检验,直到 i 角不大于 $20''$ 为止。

该方法忽略 i 角对 B 点标尺读数的影响,当 i 角较大时求得的 i 角不准确,会造成校正不彻底,增加检验校正次数。

2) 方法二

如图 8.11 所示,在地面上选一直线段 CE,并将其三等分,分隔点为 A、B,在 A、B 两点放置尺台并竖水准标尺。先在 C 点整置仪器,管水准器气泡居中后分别对在 A、B 两点竖立的标尺黑面进行读数得 a_1、b_1,为了提高精度,可进行多次读数取平均值。由于 i 角的影响,每段距离将产生大小为 Δ 的 i 角误差,设无 i 角误差影响的正确读数为 a'_1、b'_1,含 i 角误差影响的读数为 a_1、b_1,则 B 点对 A 点的高差为

$$h_{AB} = a'_1 - b'_1$$
$$= (a_1 - \Delta) - (b_1 - 2\Delta)$$
$$= a_1 - b_1 + \Delta$$

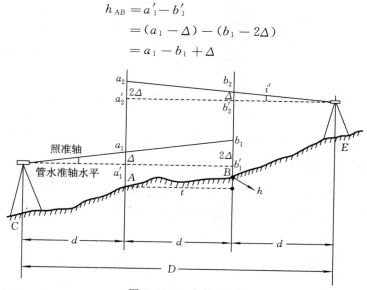

图 8.11　i 角检验二

然后将仪器移至 E 点读得 A、B 两点标尺上的读数为 a_2、b_2,设无 i 角误差影响的正确读数为 a'_2、b'_2,则 B 点对 A 的高差为

$$h_{AB} = a'_2 - b'_2$$
$$= (a_2 - 2\Delta) - (b_2 - \Delta)$$
$$= a_2 - b_2 - \Delta$$

将以上两式合并求得

$$\Delta = \left[(a_2 - b_2) - (a_1 - b_1) \right] / 2$$

由于 i 角一般较小,故可用以下式求得

$$i = \frac{\Delta}{S_{AB}} \rho''$$

若 Δ 以毫米为单位,S_{AB} 以米为单位,则可写为

$$i = \Delta \rho'' / (1\,000 S_{AB})$$

取 $S_{AB} = 20.62$ m,则

$$i = 206\,265 \times \Delta / 20\,620$$
$$\approx 10 \times \Delta''$$

校正:当 i 角大于 $20''$ 时,应进行校正。校正时,仪器在 E 点不动,旋转微倾螺旋,使中丝在 A 点标尺上读数为 $a_2 - 2\Delta$ 位置,这时,管水准器气泡不居中,再用校正螺丝使气泡居中。为了检核校正的正确性,此时再照准 B 点标尺读数,若管水准器气泡居中时读数为 $b_2 - \Delta$,则认

为校正正确,否则应再次检校,直到 i 角小于 $20''$ 为至。i 角检验校正算例如表 8.2 所示。

表 8.2　水准仪 i 角检验校正

测站	观测次数	标尺读数		高差 $(a-b)$/mm	i 角计算
		a	b		
C	1	1 352	1 207	+145	$S = 20\,620$ mm $\Delta = [(a_2 - b_2) - (a_1 - b_1)]/2$ 　$= +1$(mm) $i = 10\Delta'' = +10''$
	2	1 353	1 206		
	3	1 352	1 208		
	4	1 351	1 207		
	中数	1 352	1 207		
E	1	1 468	1 321	+147	校正: $a_2' = a_2 - 2\Delta$ 　$= 1\,465$(mm) $b_2' = b_2 - \Delta$ 　$= 1\,393$(mm)
	2	1 467	1 320		
	3	1 467	1 319		
	4	1 466	1 320		
	中数	1 467	1 320		

8.4.2　水准标尺的检校

规范要求三、四等水准标尺的检验项目有:标尺上圆水准器的检校;标尺分划面弯曲差的测定;一对标尺零点不等差及基、辅分划读数差的测定;一对标尺名义米长的测定;标尺分米分划误差的测定。

1. 标尺圆水准器的检校

标尺圆水准器的检校方法有以下 3 种:

(1)方法一。①水准仪圆水准器气泡居中,照准距水准仪 50 m 处竖立的水准标尺,并使水准标尺的中线(或边缘)与望远镜的竖丝精密重合,若标尺的圆水准器的气泡不居中,用圆水准器的校正螺丝使气泡居中。②旋转水准标尺 180°,使水准标尺的中线(或边缘)与望远镜的竖丝精密重合。观察气泡,若气泡居中,表示标尺此面已垂直,否则应重新检校十字丝。③旋转水准标尺 90°,检查标尺另一面是否垂直,检校方法同①、②。④重复上述操作,直到使标尺在圆水准器气泡居中时准确地位于垂直位置。

(2)方法二。在避风处悬挂垂球,竖立标尺,使标尺边缘与垂球线平行,若圆水准器的气泡不居中,用校正螺丝使其居中。

(3)方法三。选择一处比较平直的墙角,将标尺紧靠在墙角,用校正螺丝使气泡居中。事实上,方法三更易操作。

2. 标尺分划面弯曲差的测定

将标尺平放在工作台上,通过标尺两端引一条细直线,在标尺的两端及中央分别量取分划面至该细线的距离,分别为 $R_上$、$R_中$、$R_下$,则标尺的弯曲差为

$$f = R_中 - (R_上 + R_下)/2 \tag{8.10}$$

规范要求 f 不得大于 8 mm。

3. 一对标尺零点不等差及基、辅分划读数差的测定

水准标尺底面与其分划零点的差值称为水准标尺的零点差,一对标尺的零点差之差称为一对标尺零点不等差。每根标尺基本分划读数加上基辅差与对应的辅助分划之间的差称为基辅分划读数差。

在地面选择一点整置水准仪,在距水准仪 20～30 m 处选定一点打上木桩,然后从此点起再等距离选择两点打下木桩,使桩间高差约为 20 cm。在 3 个木桩上依次安放一对标尺,仪器分别读取每个标尺基本分划和辅助分划的中丝读数各 3 次,并 3 次变换仪器高观测。

分别计算基本分划和辅助分划读数的中数。两标尺基本分划读数中数的差,即为一对标尺的零点不等差。每一标尺基本分划读数的中数与辅助分划读数中数的差即为该标尺基、辅分划读数差的常数。

规范规定:一对标尺的零点不等差大于 1 mm 时须对标尺进行调整;标尺基、辅分划差与标定常数之差大于 0.5 mm 时须在观测计算中加改正。

4. 一对标尺名义米长的测定和标尺分米分划误差的测定

这两项检验必须利用专门的工具进行,通常是由专业人士在室内进行。

8.5　三、四等水准测量

8.5.1　三、四等水准路线的布设及技术要求

三、四等水准路线的布设取决于测量目的、地形特点和已有高等级水准点的分布情况等。水准路线的布设形式一般有以下几种:

(1)起闭于两个高等级水准点之间的附合水准路线,如图 8.12(a)所示。

(2)起闭于同一高等级水准点的闭合水准环线,如图 8.12(b)所示。

(3)若干条附合或闭合水准路线相互连接构成节点或网状形式,称为水准网,如图 8.11(c)所示。

(4)起始于一个高等级水准点的水准支线,如图 8.12(d)所示。

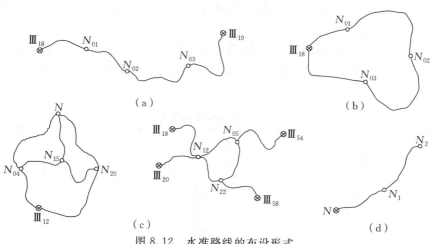

图 8.12　水准路线的布设形式

由于起闭于一个高级水准点的闭合水准路线只有一个已知高程点,当起始点高程有误时无法发现,因此,在未确认高级水准点的高程时不应当布设闭合水准路线;而对于无检核条件的水准支线,只有在特殊条件下才能使用,一般应当进行往返测。因此,水准路线一般应当布设成附合路线或者水准网。

8.5.2　三、四等水准测量的实施

水准测量中,如果进行往返测,称为双程观测;只进行往测或返测,称为单程观测。在单程观测过程中,如果在前视和后视每一转点处,安置左右相距 0.5 m 的两个尺台,相应于左右两条水准路线。每一测站首先完成右路线的观测,然后进行左路线的观测,则称为单程双转点观测。

三、四等水准路线的观测,应以测段为单位逐段进行。一个测段的观测,应从水准点开始连续设站,逐站观测。每站观测时,已知点、待求高程的水准点,以及标尺应直接立在水准点标志中心,而在转点上应安放尺台,标尺立在尺台上。水准路线为附合路线或闭合路线时采用单程测量,若采用单面标尺,应变动仪器高度观测两次;水准支线应进行往返测或单程双转点法观测。三、四等水准路线每一测站的各项限差要求如表 8.3 所示。

表 8.3　三、四等水准测量技术要求

等级	仪器类型	视线长度/m	前后视距差/m	前后视距差累计/m	视线高度	红黑面(基辅)读数差/mm	红黑面(基辅)所测高差之差/mm	检测间歇点高差之差/mm
三等	DS3	≤75	≤2.0	≤5.0	三丝能读数	2.0	3.0	3.0
	DS1、DS05	≤100				1.0	1.5	
四等	DS3	≤100	≤3.0	≤10.0	三丝能读数	3.0	5.0	5.0

1. 三等水准测量的实施

1)测站上的观测和手簿

三等水准测量一般采用中丝读数法进行往返测,当使用有光学测微器的水准仪和线条式因瓦水准标尺观测时,也可进行单程双转点观测。每站按后(黑)、前(黑)、前(红)、后(红)的顺序进行观测。每站记簿格式如表 8.4 所示。具体操作过程如下:

(1)用圆水准器整平仪器,并使符合水准器气泡影像分离不大于 1 cm,然后测定前后视距,使其符合限差要求。

(2)照准后视标尺黑面,调符合水准器,使气泡居中,读下丝与上丝(对于正像仪器与标尺,读上丝与下丝)在标尺上的读数记录于表 8.4 中的(1)(2)栏内,读取中丝在标尺上的读数记于手簿(3)栏内。

表 8.4　三等水准测量手簿　　　　　　　　　单位:mm

测站编号	后尺 下丝 上丝 后距 视距差 d	前尺 下丝 上丝 前距 ∑d	方向及尺号	标尺读数 黑面	标尺读数 红面	K+黑减红	高差中数	备考
	(1)	(4)	后	(3)	(8)	(10)		后视标尺 4787
	(2)	(5)	前	(6)	(7)	(9)		
	(15)	(16)	后-前	(11)	(12)	(13)	(14)	
	(17)	(18)						
1	1500	1768	后 N_1	1338	6124	+1		
	1175	1450	前	1609	6298	-2		
	32.5	31.8	后-前	-0271	-0174	+3	-0.2725	
	+0.7	+0.7						

续表

测站编号	后尺 下丝/上丝 后距 视距差 d	前尺 下丝/上丝 前距 $\sum d$	方向及尺号	标尺读数 黑面	标尺读数 红面	K+黑减红	高差中数	备考
2	1459	1990	后	1210	5899	−2		
	0961	1481	前	1736	6521	+2		
	49.8	50.9	后一前	−0526	−0622	−4	−0.5240	
	−1.1	−0.4						
3	1377	1808	后	1221	6011	−3		
	1070	1508	前	1657	6342	+2		
	30.7	30.0	后一前	−0436	−0331	−5	−0.4335	
	+0.7	+0.3						
4	1609	1652	后	1370	6055	+2		
	1130	1182	前	1419	6208	−2		
	47.9	47.0	后一前	−0049	−0153	+4	−0.0510	
	+0.9	+1.2						
5	1719	1611	后	1533	6320	0		
	1349	1234	前	1421	6109	−1		
	37.0	37.7	后一前	+0112	+0211	+1	+0.1115	
	−0.7	+0.5						
6	1879	1850	后	1578	6265	0		
	1272	1249	前 N_8	1550	6336	+1		
	60.7	60.1	后一前	+0028	−0071	−1	+0.0285	
	+0.6	+1.1						
								观测：×××
								记录：×××
	$\sum S$　516.1					$\sum$ 高差中数 −1.141		

（3）照准前视标尺的黑面，调符合水准器，使气泡居中，读下丝与上丝（对于正像仪器与标尺，读上丝与下丝）读数，分别记于(4)、(5)栏内，再读取中丝读数记于手簿(6)栏。

（4）前视标尺翻转到红面，照准前视标尺红面，检查确保在符合水准器气泡居中时，读中丝读数记于手簿(7)栏内。

（5）旋转仪器照准后视标尺红面，调符合水准器使气泡居中，读取中丝读数记于手簿(8)栏。至此，一个测站上的观测全部完成。

2）每测站的计算与检核

每个测站的观测，记簿与计算应同时进行，以便及时发现和纠正错误；测站上的所有计算工作完成，并且符合限差时方可迁站，否则应重新测量。

（1）距离计算。（距离计算各项结果均保留 1 位小数，单位为米）

后视距离(15)＝[(1)−(2)]/10；

前视距离(16)＝[(4)−(5)]/10；

前后视距差(17)＝(15)−(16)；

前后视距差累积(18)＝ 本站(17)＋ 前站(18)，第一站时前站(18)取 0。

(2)高差计算。

黑面高差(11)＝(3)－(6)；

红面高差(12)＝(8)－(7)；

前视标尺红黑面读数差(9)＝(6)＋K_1－(7)；

后视标尺红黑面读数差(10)＝(3)＋K_2－(8)(K_1、K_2为标尺红面起点刻划，为 4787 或 4687)；

红黑面高差之差(13)＝(11)－(12)±100＝(10)－(9)；

高差中数(14)＝[(11)＋(12)±100]／2000，保留 4 位小数，单位为米。

以上两式中的"±"，当后视标尺红面起点刻划为 4687 时，取"＋"，否则取"－"。

2．四等水准测量的实施

1)观测和记簿

四等水准测量一般采用中丝读数法进行单程观测，水准支线要往返测或采用单程双转点观测。观测时直接读取前后视距离，观测顺序为后(黑)、后(红)、前(黑)、前(红)。

四等水准测量在一个测站的观测和记簿步骤为：

(1)准备。首先概略测定前后视距离，调整仪器或者前视标尺，使前、后视距差符合要求。

(2)观测后视标尺。直接在标尺上读后视距离，记入表 8.5 所示手簿的(15)栏；读取标尺黑面中丝读数，记入手簿的(3)栏；后视标尺翻面，读取红面中丝读数，记入手簿的(8)栏。

(3)观测前视标尺。直接在标尺上读前视距离，记入表 8.5 所示手簿的(16)栏；读取标尺黑面中丝读数，记入手簿的(6)栏；前视标尺翻面，读取红面中丝读数，记入手簿的(7)栏。

应当指出的是：如果使用微倾式水准仪，在读取中丝读数时应当调节符合水准器使气泡居中。

2)手簿的计算与检核

四等水准测量中，前后视距是直接读取的，不需计算，其余计算及检核与三等水准测量相同，检核限差按四等水准测量要求进行。

表 8.5　四等水准测量手簿　　　　单位:mm

测站编号	后尺 下丝 上丝	前尺 下丝 上丝	方向及尺号	标尺读数 黑面	标尺读数 红面	K＋黑减红	高差中数	备考
	后距	前距						
	视距差 d	$\sum d$						
	(1)	(4)	后	(3)	(8)	(10)		后视标尺4787
	(2)	(5)	前	(6)	(7)	(9)		
	(15)	(16)	后一前	(11)	(12)	(13)	(14)	
	(17)	(18)						
1			后 N_{13}	2006	6792	＋1		
			前	1878	6565	0		
	27.9	29.0	后一前	＋0128	＋0227	＋1	＋0.1275	
	－1.1	－1.1						
2			后	1161	5847	＋1		
			前	0188	4974	＋1		
	29.7	28.1	后一前	＋0973	＋0873	0	＋0.9730	
	＋1.6	＋0.5						

续表

测站编号	后尺 下丝/上丝 后距 视距差 d	前尺 下丝/上丝 前距 ∑d	方向及尺号	标尺读数 黑面	标尺读数 红面	K+黑减红	高差中数	备考
3			后	2054	6840	+1		
			前	0155	4840	+2		
	11.6	10.3	后一前	+1899	+2000	−1	+1.8995	
	+1.3	+1.8						
4			后	2492	7179	0		
			前	0752	5540	−1		
	6.2	8.0	后一前	+1740	+1639	+1	+1.7395	
	−1.8	0						
5			后	2060	6849	−2		
			前	0459	5147	−1		
	13.5	11.7	后一前	+1601	+1702	−1	+1.6015	
	+1.8	+1.8						
6			后	2552	7240	−1		
			前 N₂	0506	5293	0		
	21.3	21.9	后一前	+2046	+1947	−1	+2.0465	
	−0.6	+1.2						
								观测： ××× 记录： ×××
∑S	219.2			∑高差中数			+8.388	

3. 工作间歇

每天作业结束或因故需临时中断作业时,应尽量完成测段而终止于一个水准点上。否则,则在最后一站应选择两个坚稳可靠、光滑突出便于放置标尺的固定点(如桥墩、里程桩、墓碑等)作为转点,这样的转点称为间歇点。间歇后应进行检测,检测结果与间歇前高差之差不超过限差时即可继续测量。

当无法找到理想的固定地物作为间歇点时,可以在最后两站的转点上打入钉有圆帽铁钉的三个木桩作为间歇点。间歇后继续作业时,应首先检测最后两个转点间的高差,如果间歇前后高差之差满足限差要求,则可以从最后一个转点起进行测量。如果超限,则退至前两个间歇点检查,满足要求,则从第二个间歇点起测量,否则,再检查第一个与第三个间歇点的高差,如果满足要求,则说明第二个间歇点有变动,从最后一个间歇点开始继续测量;如果还不满足要求,说明三个间歇点至少有两个有变动,则应退至前一水准点开始测量。

8.5.3 单一水准路线高程平差计算

1. 计算原理

如图 8.13 所示水准路线,已知起点 A 和终点 B 的高程分别为 H_A、H_B,1、2、…、n 为待求高程的水准点,设各测段的高差和距离分别为 h_i、S_i($i=1,2,…,n$)。

显然,高程闭合差 W 为

$$W = \sum_{i=1}^{n} h_i + H_A - H_B \tag{8.11}$$

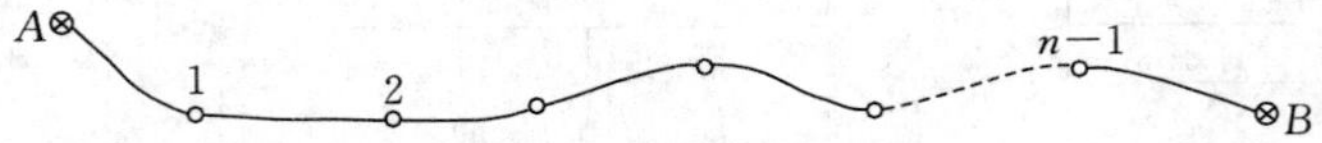

图 8.13　水准路线

高程闭合差是衡量观测质量的精度指标。只有当高程闭合差符合相应等级的限差要求之后,方可进行平差。不同等级的水准路线,高程闭合差的限差不同。表 8.6 为《国家三、四等水准测量规范》(GB/T 12898—2009)中水准路线限差。

表 8.6　三、四等水准路线限差　　　　　单位:mm

等级	测段路线往返测高差不符值	测段路线左右路线高差不符值	附合路线或环线闭合差		检测已测测段高差之差
			平原	山区	
三等	$\pm 12\sqrt{K}$	$\pm 8\sqrt{K}$	$\pm 12\sqrt{L}$	$\pm 15\sqrt{L}$	$\pm 20\sqrt{R}$
四等	$\pm 20\sqrt{K}$	$\pm 14\sqrt{K}$	$\pm 20\sqrt{L}$	$\pm 25\sqrt{L}$	$\pm 30\sqrt{R}$

注:K 为路线或测段的长度(取单位为 km 的数值);L 为附合路线(环线)长度(取单位为 km 的数值);R 为检测测段长度(取单位为 km 的数值);山区指高程超过 1 000 m 或路线中最大高差超过 400 m 的地区。

各测段的高差改正数为 v_i,则单一水准路线的改正数应满足

$$\sum_{i=1}^{n} v_i + W = 0 \tag{8.12}$$

这就是单一水准路线平差的条件方程。按照最小二乘法原理,其法方程为

$$\sum_{i=1}^{n} \frac{1}{P_i} k_a + W = 0$$

式中,P_i 为水准测量高差的权,k_a 为联系数。

由于水准测量中高差的权与路线长成反比,则各测段高差的权为

$$P_i = \frac{1}{S_i}$$

将 P_i 代入法方程,得

$$k_a = -\frac{W}{\sum_{i=1}^{n} S_i}$$

则高差改正数 v_i 为

$$v_i = \frac{1}{P_i} k_a = -\frac{W}{\sum_{i=1}^{n} S_i} S_i \tag{8.13}$$

那么,高差的平差值和各水准点的高程平差值为

$$\bar{h}_i = h_i + v_i$$
$$H_i = H_{i-1} + h_i + v_i \tag{8.14}$$

式中,$i = 1, 2, \cdots, n$。当 $i = 1$ 时,$H_{i-1} = H_A$;$i = n$ 时,$H_i = H_B$。

对闭合水准路线,由于起闭点为同一点,即 $H_A = H_B$,所以,闭合差为

$$W = \sum_{i=1}^{n} h_i \tag{8.15}$$

闭合水准路线的平差计算与附合水准路线相同。

2．平差计算步骤

(1)按式(8.11)或式(8.15)计算水准路线闭合差。

(2)按式(8.13)计算高差改正数。

(3)按式(8.14)计算水准点的高程。

计算示例如表 8.7 所示。

表 8.7　N9-P5-N7 四等水准路线高程误差配赋

计算者:×××　　检查者:×××　　　　　　　　　　　　　　　　单位:m

点名	平距	平均高差	改正数	改正后高差	点之高程
N9					423.592
	130.3	−0.583	−0.001	−0.584	
P1					423.008
	83.3	+1.549	−0.001	+1.548	
P2					424.556
	159.2	+0.478	−0.002	+0.476	
P3					425.032
	168.9	−0.983	−0.002	−0.985	
P4					424.047
	89.2	−0.917	−0.001	−0.918	
P5					423.129
	149.7	+2.507	−0.002	+2.505	
P6					425.634
	92.9	+1.340	−0.001	+1.339	
P7					426.973
	143.4	−0.159	−0.002	−0.161	
P8					426.812
	104.5	−4.462	−0.001	−4.463	
N7					422.349
$\sum$	1 121.4	−1.230	−0.013	−1.243	

$$W_允 = \pm 0.021 \qquad\qquad W = H_起 + \sum h - H_闭 = +0.013$$

8.6　水准测量的误差分析

水准测量的误差包括仪器误差、外界因素和人的观测误差三类。

8.6.1　仪器误差的影响

仪器误差主要有 i 角误差和交叉误差。

1. i 角误差

正如前文所述,水准仪管水准轴与照准轴在铅垂面上投影的夹角称为 i 角, i 角对高差观测值的影响称为 i 角误差。虽然仪器经过检校,但要使 i 角为 0 是不可能的,因此, i 角误差总是存在的。

如图 8.14 所示,设仪器的后视距离和前视距离分别为 D_1、D_2,标尺的实际读数分别为 a、b, i 角对标尺读数的影响分别为 δ_1、δ_2,即

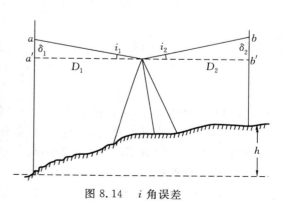

图 8.14　i 角误差

$$\left.\begin{array}{l}\delta_1 = D_1 \tan i_1 \\ \delta_2 = D_2 \tan i_2\end{array}\right\} \tag{8.16}$$

设无 i 角影响的标尺读数为 a'、b',则高差

$$h = a' - b' = (a - \delta_1) - (b - \delta_2)$$
$$= (a - b) - \Delta h$$

式中,$\Delta h = \delta_1 - \delta_2$,顾及式(8.16)

$$\Delta h = \delta_1 - \delta_2 = \tan i (D_1 - D_2) \tag{8.17}$$

由此可见,当后视距离 D_1 和前视距离 D_2 相等时,前、后视标尺的 i 角误差就可以相互抵消。 在实际作业中,要使前视、后视距离完全相等比较困难。因此,规范规定四等水准测量:前视、后视距离差不超过 3 m,前视、后视距离累计差不超过 10 m。

当 $i \leqslant 20''$,对一个测站而言,若 $(D_1 - D_2) \leqslant 3$ m,根据式(8.17)可求得 $\Delta h \leqslant 0.29$ mm;对任意测站而言,当 $\sum_{i=1}^{j}(D_1 - D_2) \leqslant 10$ m,根据式(8.17)可求得 $\Delta h \leqslant 0.9$ mm。不足 1 mm 的误差对于四等水准测量而言,是完全可以忽略不计的。这就是规范规定前后视距离差小于 3 m 和任一测站前、后视距离累计差小于 10 m 的依据。

2. 交叉误差

当仪器 i 角很小时,若仪器的竖轴严格垂直,尽管仪器存在交叉误差,管水准轴水平时,仪器的照准轴也水平,交叉角不影响标尺读数,因为仪器的照准轴与管水准轴在铅垂面的投影是平行的。但是,当仪器的竖轴不垂直时,交叉角就可能使仪器产生 i 角,从而对高差产生影响。由于交叉角对高差的影响较小,在三、四等水准测量中可以忽略不计。

3. 标尺的尺长误差

标尺的尺长误差属于系统误差,通常采用对标尺进行检验,然后加改正的方法消除。

设两个标尺的每米间隔平均真长误差分别为 f_1、f_2,则标尺的尺长误差对前、后视标尺读数的影响分别为

$$\delta_a = a \cdot f_1$$
$$\delta_b = b \cdot f_2$$

式中,a、b 分别为后视标尺和前视标尺读数,则一个测站的观测高差为

$$h = (a + a \cdot f_1) - (b + b \cdot f_2)$$
$$= (a - b) + (af_1 - bf_2)$$

如果两标尺的尺长误差相同,即 $f_1 = f_2$,则尺长误差对一个测站高差的影响为

$$\delta_f = f \cdot h$$

尺长误差对一个测段高差的影响为

$$\sum \delta_f = f \sum h \tag{8.18}$$

分析:

(1)在实际作业中,可以按照式(8.18)对各测段的高差进行改正。

(2)因为尺长误差对高差的影响与高差有关,往、返测高差的符号相反,因此,采用往、返测取中数的方法可以消除尺长误差的影响。

4. 标尺零点差

标尺零点差是标尺刻划的起点差,此差是由于标尺制造的缺陷或者标尺长期使用使起点

部位的磨损产生的。一对标尺的零点差通常不会完全相等,一对标尺零点差之差称为一对标尺的零点不等差。

若无零点差的后视标尺、前视标尺读数分别为 a'、b',则正确高差为

$$h' = a' - b'$$

设含有标尺零点差的读数分别为 a、b,后视标尺的零点差为 Δa,前视标尺的零点差为 Δb,则一测站的观测高差

$$h = a - b = (a' + \Delta a) - (b' + \Delta b)$$
$$= h' + (\Delta a - \Delta b)$$

由于 h' 为正确高差,所以 $\Delta a - \Delta b$ 就是一对标尺的零点差对一测站高差的影响。

因为水准测量时两支标尺交替做为后视和前视,因此,在一测段内,若每支标尺做后视和前视的次数相等,即测站数为偶数时,可以抵消标尺零点差对高差的影响。所以,四等水准测量要求每测段测站数为偶数。

5. 标尺倾斜误差

标尺倾斜误差产生的原因有:一是测量时标尺水准器未严格居中使标尺倾斜;二是标尺的水准器本身的条件不满足,测量时即使标尺水准器气泡严格居中,标尺仍然倾斜。前者属于偶然误差,后者属于系统误差。

标尺倾斜的情况比较复杂,可能有向前倾斜、向后倾斜,也可能左、右倾斜。左右倾斜可以在观测时发现,但前后倾斜却不易发现。

标尺倾斜对高差的影响与标尺的倾斜程度、前后视距长度,以及高差的大小都有关,因此,只能是通过检校标尺水准器使其满足要求,测量时注意使气泡居中才可能避免标尺倾斜误差。

8.6.2　外界因素产生的影响

外界因素的影响主要包括地球曲率、大气折光、温度变化、仪器和尺台升沉等的影响。

1. 地球曲率的影响

地面两点间的高差是过两点的水准面之间的高差。如图 8.15 所示,设 A、B 之间的高差为 h,过仪器中心的水准面在两支标尺上所对应的读数为 a'、b',而水平视线在标尺上的读数分别为 a 和 b,则高差应为

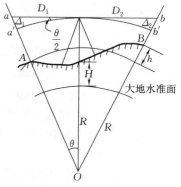

$$h = a' - b'$$

若仪器的水平视线读数与水准面在标尺上所对应的读数之间的差值分别为 Δ_1、Δ_2,即

$$h = a' - b' = (a - \Delta_1) - (b - \Delta_2)$$
$$= h' - (\Delta_1 - \Delta_2) \tag{8.19}$$

图 8.15　地球曲率的影响

假设地球是一个圆球,过 A 点的铅垂线与过仪器中心的铅垂线相交于地球中心,圆心角为 θ,则

$$\Delta_1 = \frac{\theta}{2} D_1 \tag{8.20}$$

又因

$$\tan\theta = \frac{D_1}{R + H + i} \approx \frac{D_1}{R}$$

式中，R 为地球平均半径，H 为测站高程，i 为仪器高。

因为地球半径很大，仪器至标尺的距离很近，因此角 θ 很小，取 $\tan\theta \doteq \theta$，故

$$\theta = \frac{D_1}{R}$$

代入式(8.20)得

$$\Delta_1 = \frac{D_1^2}{2R}$$

同理

$$\Delta_2 = \frac{D_2^2}{2R}$$

将 Δ_1、Δ_2 代入式(8.19)得

$$h = h' - \frac{D_1^2 - D_2^2}{2R} \tag{8.21}$$

由式(8.21)可知，若能使 $D_1 = D_2$，即后视距离与前视距离相等时，可以消除地球弯曲对高差的影响。由于地球的平均半径 R 很大，又因为水准测量仪器至标尺的距离很近，只要前、后视距离 D_1 和 D_2 的差符合测量规范的限差要求，地球曲率对高差的影响可忽略不计。

2. 大气折光的影响

大气折光是由于地面大气密度不均匀引起的，光线通过不同密度的大气层时发生折射，观测的视线产生垂直方向的弯曲，使观测读数含有误差。如果在较为平坦的地区测量，即视线高度大致相同，且前、后视距离相等，则大气折光对视线的影响相同，视线在前、后视标尺弯曲的程度也相同，因此，高差不受大气折光的影响。

但是，若前、后视线离地面的高度不同，则视线通过大气层的密度不同，对视线的折光影响也不同，视线在垂直面内的弯曲程度也就不同。若水准测量通过一个较长的坡度，因为通过坡度时前后视的视线高度不同，因此，前后视受到的折光影响也不同，对高差产生系统影响。为了减弱大气折光对高差的影响，测量时应当采取使前后视距离尽可能相等，使视线离地面有一定的高度，在坡度较大的地区作业时缩短距离等措施。

大气折光的影响与观测时的气象条件、水准路线所处的地理位置和自然环境、观测时间、视线长度、视线离地面的高度等诸多因素有关，因此，在作业中完全消除大气折光的影响是不可能的，只有在实际作业中严格遵守测量规范要求，才能有效地减弱其影响。

3. 温度变化

在野外测量时，太阳光的热辐射、地面温度的反射都会使大气温度发生变化。气温变化使仪器的各部件发生热胀冷缩，由于仪器各部件所处的位置不同，所以膨胀的程度也不均匀。仪器各部件不均匀的膨胀使仪器的 i 角发生变化，从而对观测高差产生影响。因此，测量时应当采取措施减弱温度的影响。例如，晴天时打伞，避免阳光直接照射仪器，不在每日温度变化较大的时段观测等等。在高等级的精密水准测量中，还要求刚从箱中取出的仪器要有与外界环境的适应过程。例如，规定仪器从箱中取出半小时后再观测，但这些措施也只能是减弱其影响。

4. 仪器升沉误差

在水准测量过程中，由于仪器、脚架本身的重量及地面的反作用，仪器会产生轻微的下沉

（或上升），因为前视、后视不可能同时读数，因此，仪器下沉（或上升）必将对高差产生影响。因为仪器下沉或上升的情况类似，下面以仪器的上升情况为例分析仪器的升沉误差。

如图 8.16 所示，水准仪整置于 K 点上，于 A、B 两点竖立双面标尺，如果按"后 — 前 — 前 — 后"的次序进行观测读数时，其读数分别为 a_1、b_1、b_2、a_2，由于仪器随观测时间不断上升，在 a_1 和 b_1 的观测间隔内，仪器上升 Δ_1；在 b_2、a_2 的观测时间间隔内，仪器上升 Δ_2。假定在前视标尺上对应于后视标尺读数时的正确读数为 b_1' 和 b_2'，则有

$$b_1' = b_1 - \Delta_1$$
$$b_2' = b_2 - \Delta_2$$

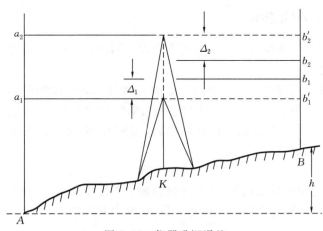

图 8.16　仪器升沉误差

设实际测得的黑面高差和红面高差分别为 h_1'、h_2'，不含仪器升沉误差的理论值为 h_1、h_2，则有

$$h_1 = a_1 - b_1' = a_1 - (b_1 - \Delta_1) = h_1' + \Delta_1$$

同理

$$h_2 = a_2 - (b_2 + \Delta_2) = h_2' - \Delta_2$$

高差中数为

$$h = \frac{1}{2}(h_1 + h_2) = \frac{1}{2}(h_1' + h_2') + \frac{1}{2}(\Delta_1 - \Delta_2) \tag{8.22}$$

式中，第二个等号后面的第一项为实际测得的红、黑面高差中数，第二项为仪器上升误差对观测高差的影响。

如果仪器匀速上升，且"后—前"和"前—后"的观测时间间隔相等，则 $\Delta_1 = \Delta_2$，高差中数将不受仪器升沉误差的影响。事实上，仪器不会匀速上升，"后—前"和"前—后"的观测时间间隔也不等，虽然这种观测方法不能完全消除仪器升沉误差的影响，但若按照"后—前—前—后"的顺序观测，却有利于减弱仪器升沉误差的影响。因此，规范要求高等级水准测量须按照"后—前—前—后"的顺序观测。

由于仪器升沉对高差的影响较小，因此，测量规范不要求四等水准测量中按照"后—前—前—后"顺序观测。

5. 尺台下沉误差

由于水准标尺和尺台本身的重量，尺台压入地面后一般要发生下沉现象，其下沉速度也将

随时间而递减。尺台下沉对观测高差的影响主要产生于迁站过程中。迁站后,原来的前视标尺转为后视标尺,尺台在迁站过程中下沉了,它总是使后视标尺的读数比应有值大,致使各测站所测高差都比应有值大,对整个水准路线的高差影响就呈现系统性。如果采用往、返测观测,由于往、返测高差的符号相反,因此,尺台下沉误差在往返测高差中数中会得到一定程度的抵消和减弱。

为了提高水准测量的精度,要采取有效措施来减弱上述误差的影响。例如,观测时,标尺提前半分钟安放在尺台上,等它升沉缓慢时开始读数。迁站时转点上的标尺应从尺台上取下,观测前半分钟再放上去,这样可以减少尺台的升沉量,减小误差。

8.6.3 观测误差的影响

观测误差主要有管水准器符合气泡的居中误差、调焦误差和标尺读数误差。

1. 气泡居中误差

以 S3 水准仪为例,其管水准器气泡的分划值为 $20''/2$ mm,如果读数时管水准器气泡偏离 $1/5$ 格,对水准视线的影响约为 $4''$,如果仪器至标尺的距离为 100 m,则对高差读数的影响达到 2 mm。因此,观测前应认真检校仪器的管水准器,观测时,应使符合水准器气泡严格符合,才能有效地减弱气泡居中误差的影响。

2. 调焦误差

在前、后视观测过程中反复调焦,将会使仪器的 i 角发生变化,从而影响高差读数。因此,观测时应当避免在前、后视读数时反复调焦。所以,规范规定"同一测站观测时一般不得两次调整焦距"。

3. 读数误差

读数误差主要是观测时的估读误差。估读的精度与测量时的视线长度、仪器十字丝的粗细、望远镜的放大倍率以及测量员的作业经验等有关。其中,影响最大的是视线长度,因此,测量规范对不同等级的水准测量规定了不同的最大视线长度。例如,四等水准测量的最大视线长度为 100 m。

8.7 数字水准仪

8.7.1 数字水准仪概述

数字水准仪又称电子水准仪,它具有测量速度快、精度高、读数客观、自动读数、自动记录、程序计算高差等特点,数字水准仪减轻了作业劳动强度,实现了水准测量内外业一体化。

数字水准仪的研制经历了漫长的过程。早在 20 世纪 60 年代,电子测角和电磁波测距仪器就已经开始使用,而真正的数字水准仪的出现却是 20 世纪 90 年代初期。为了实现水准仪读数的数字化,专家们进行了近 30 年的尝试。直到 1990 年,徕卡公司研制出世界上第一台数字水准仪 NA2000,才真正使大地测量仪器完成了从精密光机仪器向光机电测一体化的高技术产品的过渡,攻克了大地测量仪器中水准仪数字化读数这一难关。1994 年,德国的蔡司公司和日本的拓普康公司相继研制出自己的数字水准仪产品。1998 年,日本索佳公司也推出了数字水准仪。从那时起,世界测绘仪器市场上就出现了目前的 4 种数字水准仪的格局。

8.7.2 数字水准仪的测量原理

1. 数字水准仪的基本组成

与光学水准仪相同,数字水准仪也由仪器和标尺两大部分组成。数字水准仪的主机光学部分和机械部分与自动安平水准仪基本相同,仪器主机由望远镜系统、补偿器、分光棱镜、目镜系统、CCD 传感器、数据处理器、键盘、数据处理软件组成,如图 8.17 所示为瑞士徕卡公司的DNA03 数字水准仪。数字水准仪的标尺是条码标尺,条码标尺是由宽度相等或不等的黑白条码按一定的编码规则有序排列而成的。这些黑白条码的排列规则就是各仪器生产厂家的技术核心,各厂家的条码图案完全不同,更不能互换使用。如图 8.18 是徕卡公司的条码标尺。

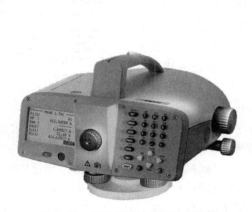

图 8.17 徕卡 DNA03 数字水准仪

图 8.18 徕卡条码标尺

数字水准仪测量的基本原理:利用线阵探测器对标尺图像进行探测,自动解算出视线高度和仪器至标尺的距离。其关键技术就是条码设计与探测,从而形成自动显示读数。

数字水准仪自动测量的过程:人工完成照准和调焦之后,标尺的条码影像光线到达望远镜中的分光镜,分光镜将这个光线分离成红外光和可见光两部分,红外光传送到线阵探测器上进行标尺图像探测,可见光传到十字丝分化板上成像,供测量员目视观测。仪器的数据处理器通过对探测到的光源进行处理,就可以确定仪器的视线高度和仪器至标尺的距离,并在显示窗显示。

如果使用传统的水准标尺,数字水准仪又可以当作普通的自动安平水准仪使用。

2. 数字水准仪自动读数原理

由于生产数字水准仪的各厂家采用不同的专利技术,测量标尺不同,采用的自动读数方法也不同,目前主要有 4 种:①徕卡公司使用的相关法;②蔡司公司使用的双相位码几何计算法;

③拓普康公司使用的相位法;④索佳公司使用的双随机码的几何计算法。

这里介绍前两种方法的读数原理。

1)相关法

徕卡的数字水准仪采用相关法,就是将代表水准标尺的伪随机码的图像存储在数字水准仪中,作为参考信号,测量时,标尺的伪随机码成像在探测器上,被转换成电讯号,并与存储的参考信号相比较,按一定的步距移动参考信号,逐步将测量信号与参考信号进行相关计算,直至两个信号取得最大相关,由此获得视线高度在标尺上的读数和视距。

运用相关法对标尺自动读数需要获取两个参数,即"视线高"和"比例"。仪器视线在标尺上的读数表现为参考信号的位移量,仪器与标尺之间的距离则表现为条码成像的宽窄。要获取这两个量就必须对测量信号与参考信号进行相关分析。图8.19说明了相关读数的原理,当两信号相同,即图中左边的虚线位置时,也就是最佳相关位置时,读数就可以确定。图8.19中箭头所指为0.116 m对应的区格式标尺的位置。

图 8.19　相关法读数原理

标尺到仪器的距离不同,条码在探测器上成像的宽窄也不同,随之电讯号的"宽窄"也将改变。徕卡系列仪器采用二维相关法,根据精度要求以一定步距改变仪器内部参考信号的"宽窄",与探测器采集到的测量信号相比较,如果没有相同的两信号,则再调整参考信号,再进行相关计算,直到两信号相同。参考信号的"宽窄"与视距相对应,"宽窄"相同的两信号相比较就可以求得视线高。

2)双相位码的几何计算法

蔡司公司采用的几何法,其标尺采用双相位码,标尺上条码的片段如图8.20所示。

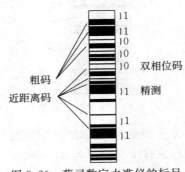

图 8.20　蔡司数字水准仪的标尺

蔡司数字水准仪的标尺每2 cm划分为一个测量间距,其中的码条构成一个码词,每个测量间距的边界由黑白过渡线构成,其下边界到标尺底部的高度可由该测量间距中的码词判断,就像传统的区格式标尺上的注记一样。

蔡司数字水准仪的几何法计算原理如图8.21,图中G_i和G_{i+1}都是以标尺底部起算的高度,G_i为某测量间距的下边界,G_{i+1}为上边界,G_i和G_{i+1}在CCD线阵上成像在b_i与b_{i+1}处,b_i及b_{i+1}为从光轴(中丝)起算的距离,b_i和b_{i+1}在光轴之上为负值,在光轴之下取正值。因为CCD上像素的宽度是已知的,b_i及b_{i+1}在CCD线阵上所占的像素数可以由输出信号得知,因此可以算出b_i和b_{i+1}。

设用第i个测量间距来测量时,物像比为A_i,即测量间距与该间距在CCD探测器上的像间距之比

$$A_i = \frac{G_{i+1} - G_i}{b_i - b_{i+1}} \tag{8.23}$$

因为G_i可以由测量的码词探测得到,则视线高为

$$h_i = G_i + Ab_i \tag{8.24}$$

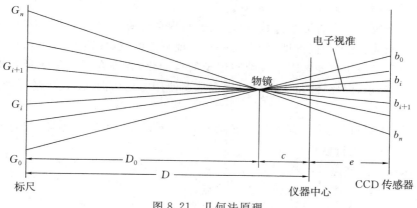

图 8.21　几何法原理

为了提高测量精度,蔡司系列仪器取 N 个测量间距平均计算,也就是取标尺上中丝上下各 15 cm 的范围,即 15 个测量间距取平均来计算。于是物像比为

$$A = \frac{\sum_{i=1}^{n} G_{i+1} - G_i}{\sum_{i=1}^{n} b_{i+1} - b_i} \tag{8.25}$$

则视线高的最后结果为

$$h = \frac{1}{n} \sum_{i=0}^{n} (G_i + A b_i) \tag{8.26}$$

对于视距,由相似三角形原理可知

$$\frac{D_0}{c+e} = A \tag{8.27}$$

式中,c 为仪器中心至物镜的距离,e 为仪器竖轴至 CCD 焦平面的距离,则

$$D_0 = A(c+e)$$

则

$$D = D_0 + c \tag{8.28}$$

视线高和视距的计算均由仪器电子部件完成。CCD 输出的带测量信息的视频信号经模数转换后,由仪器的微处理器进行处理,结果输入存储器,同时送至显示器。

8.7.3　数字水准仪的特点

1. 数字水准仪的优点

与传统的光学水准仪相比,数字水准仪有以下特点:

(1)测量效率高。因为仪器能自动读数、自动记录、检核并计算处理测量数据,并能将各种数据输入计算机进行后处理,实现了内外业一体化。

(2)数字水准仪自动记录。因此不会出现读错、记错和计算错误,而且没有人为的读数误差。

(3)测量精度高。视线高和视距读数都是采用多个条码的图像经过处理后取平均值得出来的,因此削弱了标尺分划误差的影响。多数仪器都有进行多次读数取平均值的功能,还可以削弱外界条件的影响,如振动、大气扰动等。

(4)测量速度快。由于省去了读数、复述记录和现场计算的过程,所有这些都由仪器自动完成,人工只需照准、调焦和按键即可,不仅提高了观测速度,也减轻了劳动强度。

(5)操作简单。由于仪器实现了读数和记录的自动化,并预存了大量测量和检核程序,在操作时还有实时提示,因此,测量人员可以很快掌握使用方法,即使不熟练的作业人员也能进行高精度测量。

(6)自动改正测量误差。仪器可以对条码尺的分划误差、CCD 传感器的畸变、电子 i 角、大气折光等系统误差进行修正。

2.数字水准仪的缺点

与光学水准仪相比,数字水准仪有以下缺点:

(1)数字水准仪对使用标尺有严格要求。光学水准仪,可以使用自制的标尺,甚至是普通的钢尺,只要有准确的刻划线就能读数,而数字水准仪则只能使用配套的标尺。

(2)数字水准仪要求要有一定的视场范围。在特殊情况下,如水准仪只能在一个较窄的狭缝中看见标尺时,就只能使用光学水准仪或数字、光学一体化的水准仪。

(3)数字水准仪对环境要求高。由于数字水准仪是由 CCD 传感器来分辨标尺条码的图像进行电子读数,测量结果受制于 CCD 传感器的性能。CCD 传感器只能在有限的亮度范围内将图像转换为用于测量的有效电信号。因此,标尺上的亮度是很重要的,测量时要求标尺的亮度均匀、适中。

8.8　三角高程测量

三角高程测量是通过测量垂直角和距离求解高差的方法。它具有测量速度快、不受地形条件限制等优点,是一种常用的高程测量方法。

8.8.1　三角高程测量原理

如图 8.22 所示,设 A、B 为地面上任意两点,若已知 A 点高程为 H_A,欲求 B 点高程,只需求得 B 点对 A 点的高差 h_{AB},则

$$H_B = H_A + h_{AB}$$

为了求得高差 h_{AB},在 A 点整置经纬仪,在 B 点设置觇标,测得垂直角 α,则由图 8.22 可知

$$h_{AB} = M'B_0 + B_0E + EF - MB - MM'$$

式中,$B_0E = i$ 为仪器高,$MB = L$ 为觇标高。令 $EF = \gamma_1$,称为地球弯曲差;$MM' = \gamma_2$,称为大气折光差;通常将 $\gamma = \gamma_1 - \gamma_2$ 简称为球气差,则有

$$h_{AB} = M'B_0 + i - L + \gamma \qquad (8.29)$$

由式(8.29)可知,只要根据测得的垂直角 α 及 AB 之间的距离求得 MB_0,并求得球气差 γ,即可求得高差 h_{AB}。

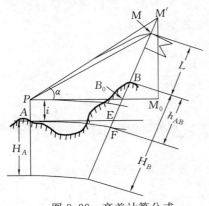

图 8.22　高差计算公式

8.8.2 高差计算公式

如图 8.23,假定地球是平均半径为 R 的圆球,过 A 点和 B 点的铅垂线相交于地球中心 O,圆心角为 θ。由于 $\triangle B_0PO$ 为直角三角形,$\angle B_0PO$ 为直角,则 $\angle PB_0M' = 90° + \theta$,在 $\triangle PB_0M'$ 中,根据正弦定理,有

$$M'B_0 = PM' \frac{\sin\alpha}{\sin(90° + \theta)} = S\frac{\sin\alpha}{\cos\theta} \quad (8.30)$$

式中,$S = PM'$ 为电磁波测距仪测得的 A、B 两点的斜距,α 为在 A 点测得的 B 点觇标的垂直角,由图 8.23 可知

$$\cos\theta = \frac{R + H_A}{R + H_A + \gamma_1} = 1 - \frac{\gamma_1}{R + H_A + \gamma_1}$$

由于地球的平均曲率半径很大,地球弯曲差 γ_1 很小,上式等号后第二项可忽略不计,故取 $\cos\theta \approx 1$,则

$$M'B_0 = S \cdot \sin\alpha \quad (8.31)$$

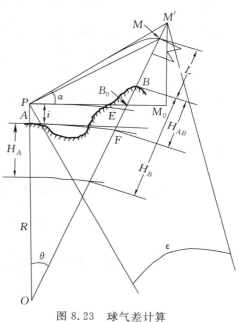

图 8.23 球气差计算

将式(8.31)代入式(8.29),得利用斜距计算高差的公式为

$$h = S \cdot \sin\alpha + i - L + \gamma \quad (8.32)$$

式(8.32)中 S 为斜距,平距 D、斜距 S 和垂直角 α 的关系为

$$D = S \cdot \cos\alpha \quad (8.33)$$

在图 8.23 中,过 M' 点作 PB_0 的垂线,交 PB_0 的延长线于 M_0,由图可知,平距为 $D = PM_0$。由式(8.33)解出 S,代入式(8.32)得利用平距计算高差的公式

$$h = D \cdot \tan\alpha + i - L + \gamma \quad (8.34)$$

8.8.3 地球曲率和大气折光对高差的影响

1. 地球弯曲差

如图 8.23 所示,过测站点 A 的水平面与水准面之间的差,即 $EF = \gamma_1$,就是地球曲率对高差的影响,称为地球弯曲差,简称球差。

在直角 $\triangle OAE$ 中

$$(R + H_A + \gamma_1)^2 = (R + H_A)^2 + AE^2$$

$$2(R + H_A)\gamma_1 + \gamma_1^2 = AE^2$$

$$\gamma_1 = \frac{AE^2}{2(R + H_A) + \gamma_1}$$

由于地球的平均曲率半径很大,故上式中分母的 γ_1、H_A 可忽略不计,并令 $AE \approx D$,则

$$\gamma_1 = \frac{D^2}{2R} \quad (8.35)$$

2. 大气折光差

大气折光是由于大气密度不均匀产生的。光线通过不同密度的大气层时发生折射,使观

测的视线产生垂直方向的弯曲,因此,观测垂直角的视线事实上是一条凹向地面的曲线,如图 8.23 所示。当仪器照准目标点 M 时,光线的传播路径是 $\overparen{PM}$,实际的照准轴的方向为 PM',测得的垂直角 α 就含有大气折光的影响 $\angle M'PM$,对高差的影响为 MM',称为大气折光差,简称气差。

设光线传播路线 $\overparen{PM}$ 为曲率半径为 R' 的圆弧,其所对的圆心角为 ε,则 $\angle M'PM=\dfrac{\varepsilon}{2}$,因为 $MM'=r_2$ 很小,故可以认为是以 PM' 为半径的圆弧,则

$$M'M=PM'\frac{\varepsilon}{2}$$

将 $\varepsilon=\dfrac{PM}{R'}$ 代入上式,并近似的取 $PM'\approx PM\approx D$,则

$$\gamma_2=\frac{D^2}{2R'} \tag{8.36}$$

3. 两差改正

地球弯曲和大气折光对高差的改正统称为两差(或球气差)改正,用 γ 表示

$$\gamma=\gamma_1-\gamma_2=\frac{D^2}{2R}\left(1-\frac{R}{R'}\right)$$

设 $f=\dfrac{R}{R'}$,称为折光系数,则按平距计算的球气差为

$$\gamma=\frac{D^2}{2R}(1-f) \tag{8.37}$$

如果按斜距计算,因为 $D=S\cdot\cos\alpha$,则

$$\gamma=\frac{S^2\cos^2\alpha}{2R}(1-f) \tag{8.38}$$

因为 R' 大于 R,故 f 介于 0 与 1 之间。

实践证明,折光系数 f 在中午时最小,且比较稳定,日出和日落时稍大一些,且变化较大。所以在较高等级的三角高程测量中,为了提高测量精度,垂直角测量应避免日出日落时测量。

由于 f 值变化比较复杂,不同地区、不同时刻、不同天气情况均不一样,甚至同一点各个方向上也不一样,所以,在作业中,很难也不可能确定每一方向的折光系数,只能求出某一地区折光系数的平均值。在我国大部分地区折光系数 f 的平均值取 0.11 比较合适。

8.8.4 高程计算

在测量工作中,通常把已知点观测未知点称为直觇观测或往测,把未知点观测已知点称为反觇观测或返测。

已知测站点 A 的高程 H_A,欲求 B 点高程 H_B,若为直觇观测,即以 A 点为测站观测 B 点,测算得直觇高差 $h_直$,则 B 点高程为

$$H_B=H_A+h_直 \tag{8.39}$$

若为反觇观测,即以 B 点为测站观测 A 点,测算得反觇高差 $h_反$,则 B 点高程为

$$H_B = H_A - h_反 \tag{8.40}$$

如果在 AB 之间同时进行了往测和反觇,则称为往反测或对向观测,这时 B 点高程为

$$H_B = H_A + \frac{1}{2}(h_直 - h_反)$$

令 $h = \frac{1}{2}(h_直 - h_反)$,称为直反觇高差中数,则

$$H_B = H_A + h$$

设测量时 A、B 两点的仪器高和觇标高分别为 i_A、i_B 和 L_A、L_B,A、B 两点对向观测的垂直角分别为 α_{AB}、α_{BA},AB 两点间的平距为 D,γ 为两差改正,则

$$h_直 = D\tan\alpha_{AB} + i_A - L_B + \gamma$$

$$h_反 = D\tan\alpha_{BA} + i_B - L_A + \gamma$$

$$h = \frac{1}{2}(h_直 - h_反) = (\tan\alpha_{AB} + i_A - L_B) - (\tan\alpha_{BA} + i_B - L_A) \tag{8.41}$$

式中不含两差改正 γ,可见直反觇高差取中数可以消除球气差对高差的影响。但由于大气折光差的复杂性,A、B 两点对向观测时的大气折光差一般不相等,所以直反觇高差取中数只能减弱大气折光差的影响,而不能完全消除。

8.9　测距高程导线

高程导线是将若干个未知点以平面导线的形式连接于已知点之间,在每个点(包括已知点和未知点)上设站观测,对向观测每边的垂直角,并测量每边的水平距离(或由点的平面坐标求解水平距离),利用三角高程测量的高差计算公式,求得每条边的两个高差,称为往返测高差。往返测高差取中数求得各边的平均高差,从而求得各未知点高程。通常,将采用实测距离的高程导线称为测距高程导线。

高精度测距仪器的广泛使用,提高了测距的精度,也提高了测距高程导线的精度。实践证明,测距高程导线可以代替三、四等水准测量,测量规范也有类似的规定。在测量实践中,通常是将高程导线和平面导线同时布设,以便同时测算未知点的平面坐标与高程。因此,测量时不仅要观测各相邻导线边之间的水平角,还要测量垂直角和边长。

独立高程点测量是通过测量已知点与未知点之间的垂直角及距离,求取单个点的高程的方法,因为这种方法不能充分利用多余观测有效地消除测量误差,所以只能在较低精度的控制测量中使用。

8.9.1　测距高程导线布设形式

测距高程导线是直接测算出某条边的高差,其布设形式与经纬仪导线及水准路线类似,也有四种形式:

(1)附合高程导线,起、闭于两个已知点的布设形式。

(2)闭合高程导线,起、闭于同一已知点的布设形式。

(3)高程支导线,起于一个已知点的布设形式。

(4)高程导线网,起、闭于三个以上已知点的布设形式。

高程导线的起、闭点应当是等级较高的水准点或三角高程点。《城市测量规范》(CJJ/T 8—2011)规定:"代替四等水准的测距高程导线,起、闭点的等级应不低于国家三等水准点。测距导线边的边长应不大于 1 km,高程导线的长度应不大于四等水准路线的最大长度"。

与闭合水准路线相同,因为闭合高程导线起闭于同一个已知点,当起始已知点高程有误时无法检核,因此,在施测过程中要对起点高程进行检核,确认无误时才能使用。

高程导线网的起算点等级、网中任意点与最近高程起算点的间隔边数应符合规范要求。例如,平均边长不超过 1 km 时,间隔边数不应超过 10 条。

8.9.2　测距高程导线的测量

(1)高程导线与经纬平面导线同时施测时,除了平面导线的观测,即每站测水平角,测量每条边的边长外,高程导线还要求观测前、后视的垂直角,并量取每站的仪器高与觇标高。

(2)若高程导线的各点是已知平面坐标的导线点,因为平面导线的距离已测,因此高程导线只需观测前后视的垂直角,并量取每站的仪器高和觇标高;对于只求高程的高程导线,除观测前后视的垂直角,并量取每站的仪器高和觇标高之外,每站还必须测量前、后视两条边的距离。与经纬仪平面导线相同,距离测量可以采用隔站测两条边或每站测一条边的方法施测。

(3)仪器高和觇标高的量取,通常要求量至毫米,量取时应在觇标(棱镜或觇牌)的两边各量一次,两次读数之差不超过 1 cm 时取中数作为最后结果。量取觇标高度的位置应与观测垂直角时的照准位置一致。

8.9.3　测距高程导线的计算

计算开始,首先应检查野外观测数据,确认记录计算无误再进行高程导线的计算。计算步骤为:

(1)根据距离观测值选用高差的斜距计算公式(8.32)、平距计算公式(8.34),以导线的前进方向为往测,计算各边的往、返测高差。

(2)计算各边的往、返测高差较差

$$\Delta h = h_{往} + h_{返} \tag{8.42}$$

(3)当各边的往、返测高差较差符合规范要求时,求各边的往、返测高差中数

$$h_{中} = \frac{1}{2}(h_{往} - h_{返}) \tag{8.43}$$

(4)按照水准路线高程误差配赋的方法,求测距高程导线的闭合差。

(5)当高程导线的闭合差符合规范要求时,进行高程误差配赋求各待定点的高程。配赋的方法通常采用与水准路线相同的方法,即将误差与边长成比例配赋。但是,由于三角高程测量高差的权与边长的平方成反比,因此,严格的讲,测距高程导线的高差改正数应当为

$$V_i = -\frac{W}{\sum\limits_{i=1}^{n} S_i^2} S_i^2 \tag{8.44}$$

但在实际作业中,习惯上采用与水准路线相同的方法。

8.10 跨河水准测量

凡跨越江河、洼地、山谷等障碍地段的水准测量,统称为跨河水准测量。由于跨江河、洼地、山谷等障碍物的视线较长,使观测时前、后视线不能相等,仪器 i 角误差的影响随着视线长度的增长而增长,跨越障碍物的视线大大加长,必然使大气垂直折光的影响增大,这种影响随着地面覆盖物、水面情况和视线高度等因素的不同而不同,同时还随空气温度的变化而变化;视线长度的增大,水准标尺上的分划在望远镜中所成的像就显得非常小,甚至无法辨认,因而也就难以精确照准水准标尺分划和无法读数。基于上述原因,水准测量规范规定:当一、二等水准路线跨越江河、峡谷、湖泊、洼地等障碍物的视线长度在 100 m 以内,三、四等水准测量视线长度在 200 m 以内时,可用一般观测方法进行施测,但在测站上应变换一次仪器高,观测两次的高差之差应不超过 1.5 mm(一、二等水准)或 7 mm(三、四等水准),取用两次观测高差的中数。若一、二等水准路线视线长度超过 100 m,三、四等水准测量视线长度超过 200 m 时,则应根据视线长度和仪器设备情况,选用特殊的方法进行观测。下面仅介绍光学测微法和测距三角高程法跨河水准测量。

8.10.1 跨河场地布设

跨河场地应选择在水面较窄、土质坚实、便于设站的河段。尽可能有较高的视线高度,安置标尺和仪器点应尽量等高(测距三角高程法除外)。两岸仪器及标尺构成如图 8.24 所示的"Z"字形、平行四边形、等腰梯形、大地四边形。图形布设时,在图 8.24 中, I_1 、 I_2 及 b_1 、 b_2 分别为两岸安置仪器和标尺的位置。图 8.24(a)中,应使近尺视线长度 $I_1 b_1 \approx I_2 b_2$,且其距离为 20 m 左右;图 8.24(b)、(c)、(d)中,应使跨河视线长度 $I_1 b_2 \approx I_2 b_1 (AC \approx BD)$,近尺视线长度 $I_1 b_1 \approx I_2 b_2 (AB \approx CD)$,且其距离为 10 m 左右。

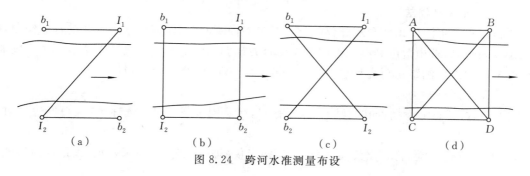

图 8.24 跨河水准测量布设

8.10.2 觇板制作

为了能照准较远距离的水准标尺分划并进行读数,须采用预制有加粗标志线的特制觇板,如图 8.25 所示。觇板可采用铝板制作,涂成白色,在其上画有一个黑色的矩形标志线,矩形标志线的宽度按所跨越距离而定,一般取跨越距离的 1/25 000,矩形标志线的长度约为宽度的 5 倍。觇板中央开以矩形小窗口,在小窗口中央装有一条用马尾丝或细铜丝制作的水平指标线。指标线应恰好平分矩形标志线的宽度,即与标志线的上、下边线等距。觇板的背面装有夹

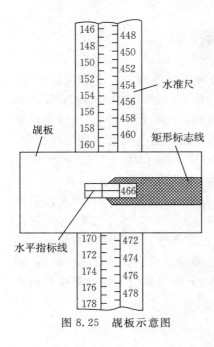

图 8.25　觇板示意图

具,可使觇板沿水准标尺尺面上下滑动,并能用螺旋将觇板固定在水准标尺的任一位置。

8.10.3　观测方法

1. 光学测微法

光学测微法最大视线长度为 500 m(四等水准可到 1 000 m)。当用一台水准仪观测时,采用图 8.24(a)所示的形式布设为佳。水准仪在 I_1 点设站,先照准本岸 b_1 点标尺的基本分划两次,并使用测微器进行读数,设读数为 B_1;再照准对岸 I_2 点标尺,使气泡精密符合,指挥对岸扶尺员将觇板尺面上下移动,待标志线到望远镜楔形丝中央时,并读取觇板指标线在水准尺上的读数,设读数为 A_1;然后在不触动望远镜调焦位置的情况下,将水准仪立即移至河对岸 I_2 点设站,先照准对岸 I_1 点标尺,按同样方法读取觇板指标线在水准尺上的读数,设读数为 B_2;再照准本岸 b_2 标尺的基本分划两次,并使用测微器进行读数,设读数为 A_2。b_1 点至 b_2 点的高差按下式计算

$$h_{b_1 b_2} = \frac{1}{2}\left[(B_1 - A_1) + (B_2 - A_2) + (h_{b_1 I_1} + h_{b_2 I_2})\right] \tag{8.45}$$

式中,$h_{b_1 I_1}$、$h_{b_2 I_2}$ 分别为 b_1 点至 I_1 点和 b_2 点至 I_2 已测定的高差。

为了更好地减弱以至消除水准仪 i 角的误差影响和大气折光的影响,最好用两台同型号的水准仪在两岸同时进行观测,可采用图 8.24(b)和(c)的布置方案。水准仪位置在 I 点,标尺位置在 b 点。一岸观测完后,两岸对调仪器再进行观测。

2. 测距三角高程法

测距三角高程法使用两台经纬仪(或全站仪)对向观测,测定偏离水平视线的标志倾角,用测距仪量测距离,求出两岸高差。按图 8.24(d)大地四边形布设跨河点,A、B、C、D 为仪器、标尺交替两用点。测距三角高程法可用于 500~3 500 m 的跨河水准测量。

垂直角观测步骤为:

(1)在 A、C 点上设站,同时观测本岸近标尺,而后同步观测对岸远标尺(大地四边形对角线);

(2)A 点仪器不动,将 C 点仪器迁至 D 点,两岸仪器同步观测对岸远标尺(大地四边形跨河平形边);

(3)D 点仪器不动,观测本岸近标尺,此时将 A 点仪器迁至 B 点,然后两岸仪器同步观测对岸远标尺(大地四边形对角线);

(4)B 点仪器不动,观测本岸近标尺,此时将 D 点仪器重新迁至 C 点,接着两岸仪器同步观测对岸远标尺(大地四边形跨河平形边)。

(5)两岸对调观测员、仪器、标尺,按上述步骤再进行观测。跨河长度较长时,应进行多次测量。

思考题与习题

1. 绘图说明水准测量的基本原理。

2. 何为水准仪的照准轴? 何为管水准器的水准轴?

3. 什么是水准仪的 i 角? 什么是 i 角误差?

4. 试分析水准测量的误差有哪些。

5. 为什么四等水准测量要求各测段测站数为偶数?

6. 为什么四等水准测量要求每测站前后视距离要大致相等?

7. 试分析仪器升沉对一测站高差的影响。

8. 某水准路线如图 8.26 所示,已知 A 点高程为 110.399 m, C 点高程为 112.533 m,观测成果如图 8.26,平差计算各点的高程。

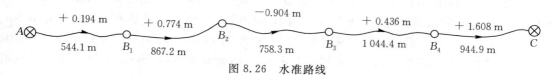

图 8.26　水准路线

9. 三角高程用平距和斜距计算高差的公式有何区别?

10. 三角高程往返测高差较差可消除什么影响? 试用公式证明。

11. 试分析测距高程导线与水准测量的区别及其优缺点。

12. 测距高程导线的平差计算与水准路线平差计算有什么不同?

13. 如图 8.27 所示,已知庙沟和阳关的高程以及各边的水平距离,平差计算测距高程导线中 N_1、N_2、N_3、N_4 点的高程。

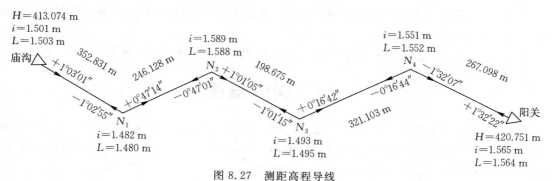

图 8.27　测距高程导线

第9章　GNSS测量

全球导航卫星系统(global navigation satellite system, GNSS),泛指所有的全球的、区域的和增强的卫星导航系统,还涵盖在建和以后要建设的其他卫星导航系统。GNSS 是个多系统、多层面、多模式的复杂组合系统,当前正在运行和在建的全球导航卫星系统主要有美国的全球定位系统(Global Positioning System, GPS)、俄罗斯的格洛纳斯导航卫星系统(Global Navigation Satellite System, GLONASS)、欧洲的伽利略卫星导航系统(Galileo Satellite Navigation System, Galileo)、中国的北斗卫星导航系统(BeiDou Navigation Satellite System, BDS)等。区域性和增强卫星导航系统主要有日本的准天顶导航卫星系统(Qnasi-Zenith Satellite System, QZSS)、印度的区域导航卫星系统(Indian Regional Navigation Satellite System, IRNSS)和美国的广域增强系统(Wide Area Augmentation System, WAAS)、局域增强系统(Local Area Augmentation System, LAAS)、欧洲静地卫星导航重叠系统(European Geostationary Navigation Overlay Service, EGNOS)、日本的多功能运输卫星增强系统(Multi-Functional Satellite Augmentation System, MSAS)等。目前,所有全球导航卫星系统在轨可用的卫星数目已达到 100 颗以上。

GNSS 测量是利用 GNSS 接收机接收导航卫星的卫星信号进行地面测量工作。具有速度快、精度高,可全天候测量,不需要点间通视,不用建造观测觇标,能同时获得点的三维坐标等优点。近年来,随着 GNSS 接收机性能价格比大幅提高,GNSS 测量已成为各级测量的主要方法之一。

本章以美国的全球定位系统 GPS 为例介绍 GNSS 测量的原理、方法及应用。

9.1　GPS 概述

GPS 是美国的第二代卫星导航系统,是美国军方建立的定位系统。自 1978 年首次发射卫星,1994 年完成 24 颗中圆地球轨道(medium earth orbit, MEO)卫星组网,共历时 16 年,耗资 120 多亿美元。至今,已先后发展了三代卫星。

9.1.1　GPS 的组成

GPS 由空间星座部分,地面监控部分和用户接收机三部分组成。

1. 空间部分

GPS 空间部分由 21+3 颗(备用 3 颗)卫星组成,分布在六个轨道面上,如图 9.1 所示。每颗卫星可覆盖全球 38% 的面积,每个轨道面有 4 颗卫星,按等间隔分布,可保证在地球上任何地点、任何时间、在高度角大于 15° 以上的天空同时能观测到 4 颗以上卫星。

卫星上装有原子钟(铷钟和铯钟),并发布两个频率的载

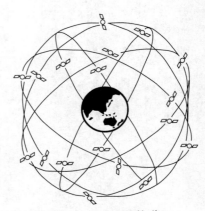

图 9.1　GPS 卫星轨道

波无线电信号,即 $L1=1\,575.42\,MHz$ 载波,其上带有 $1.023\,MHz$ 的伪随机噪声码,称 C/A 码 (粗码,coarse/acquisition code),$10.23\,MHz$ 的伪随机噪声码,称 P 码(精码,precise code),以及每秒 50 bit 的导航电文; $L2=1\,227.6\,MHz$ 载波,其上只调制精码和导航电文。

2．监控部分

监控部分包括一个主控站、三个注入站和五个监控站。监控站的主要任务是监控卫星运行和服务状态,接收卫星下行信号并传送给主控站。主控站的任务是根据监控站观测资料,计算每颗卫星的轨道参数和卫星钟改正数,推算一天以上的卫星星历和钟差,并转化为导航电文发给注入站。三个注入站的任务是在每颗卫星运行到上空时,把卫星星历、轨道纠正信息和卫星钟差纠正信息等控制参数和指令注入到卫星存贮器。

3．用户设备部分

用户设备由天线、主机、电源等部分组成。天线安放在整置于控制点的脚架上,接收卫星信号,在控制显示器上获得的是天线相位中心的三维坐标。目前大多数接收机为一体机。用户接收机的主要功能是接收卫星发射的信号和导航电文,根据导航电文提供的卫星位置和钟差信息计算接收机的位置。

接收机的种类很多,按接收频率可分类为单频接收机和双频接收机;按定位功能可分类为导航型接收机和定位型接收机等。双频接收机一般用于静态大地测量和高精度动态测量,也就是定位型接收机。目前,接收机正向多功能、广用途、全跟踪、微型化、功耗小、精度高等方向发展。

9.1.2　GPS 坐标系统

GPS 所用的坐标系统是 1984 世界大地坐标系(World Geodetic System 1984,WGS-84)。正如第 2 章所述,WGS-84 坐标系属于协议地球坐标系,坐标系的原点位于地球质心,Z 轴指向 BIH1984.0 定义的协议地球极(CTP)方向,X 轴指向 BIH1984.0 的零子午面与 CTP 赤道的交点,Y 轴垂直于 XOZ 平面,构成右手坐标系。

每一种坐标系都有两种表示形式:以经度 L、纬度 B 和高程 H 表示的球面大地坐标系,和以 X、Y、Z 表示的三维空间直角坐标。GPS 接收机可以输出某一种坐标或同时输出两种坐标。

因为 WGS-84 坐标系与我国常用的坐标系的各项参数及定义不同,因此,要将 GPS 测得的 WGS-84 坐标系测量成果转换成我国常用的 1954 北京坐标系、1980 西安坐标系或地方坐标系后方可使用。

9.1.3　GPS 时间系统

由于 GPS 卫星在空中运行,其位置是随时间变化的,在给出卫星运行位置的同时,必须给出相应的瞬间时刻。GPS 定位是通过接收和处理 GPS 卫星发射的无线电信号来确定用户接收机至卫星的距离,进而确定观测站的位置。因此,时间是 GPS 的一个十分重要的观测量。

为了精密导航和测量的需要,GPS 建立了专用的时间系统 GPST,由 GPS 主控站的原子钟控制。GPS 时间系统采用原子时秒长作时间基准,时间起算的原点定义在 1980 年 1 月 6 日世界协调时(UTC)0 时,启动后不跳秒,保证时间的连续。以后随着时间积累,GPS 时与 UTC 时的整秒差以及秒以下的差异通过时间服务部门定期公布。

9.1.4　GPS 定位方法分类

利用 GPS 定位的方法有多种,按照不同的分类标准,主要有以下几种分类。

1．根据定位的模式分类

1)绝对定位

绝对定位又称单点定位。即利用 GPS 卫星和用户接收机之间的伪距观测值,确定测站点在 WGS-84 坐标系中的位置。这种定位模式的特点是单机作业,作业方式简单,精度较低。因此,绝对定位通常用于导航和精度要求不高的测量。

2)相对定位

相对定位又称差分定位。是利用两台或两台以上 GPS 接收机,在不同的测站同步观测相同的 GPS 卫星,从而确定两个测站之间的相对位置(或基线向量)。因为这种方法采用载波相位测量,是目前 GPS 定位中精度较高的一种,因而被广泛地使用。

2．根据定位所采用的观测值分类

1)伪距定位

伪距定位采用的观测值为 GPS 伪距观测值。它既可以是 C/A 码伪距,也可以是 P 码伪距。伪距定位的优点是数据处理简单,缺点是定位精度较低,利用 C/A 码进行实时绝对定位,各坐标分量精度在 $5\sim10$ m 左右,三维综合精度在 $15\sim30$ m 左右;利用 P 码进行实时绝对定位,各坐标分量精度在 $1\sim3$ m 左右,三维综合精度在 $3\sim6$ m 左右。

2)载波相位定位

载波相位定位采用的观测值为 GPS 的载波相位观测值,即 $L1$、$L2$ 或它们的某种线性组合。载波相位定位的优点是观测值的精度高,一般优于 2 mm;其缺点是数据处理过程复杂。

3．根据获取定位结果的时间分类

1)实时定位

实时定位是由观测数据实时地解算出接收机天线所在的位置的一种定位方法。

2)非实时定位

非实时定位又称后处理定位,它是通过对观测数据事后处理来进行定位的方法。

4．根据定位时接收机的运动状态分类

1)静态定位

所谓静态定位,就是在进行 GPS 定位时,接收机的天线始终处于静止状态。多台接收机在不同的测站上连续地同步观测相同的卫星,观测时间从几分钟、几小时甚至到数十小时不等,以获取充分的多余观测数据。测后,通过数据处理,求得本测站的坐标或两测站间的坐标差。静态定位一般用于高精度的测量定位。而且观测时间越长,多余观测数越多,定位的精度相对提高。

2)动态定位

所谓动态定位,就是在进行 GPS 定位时,将一台接收机固定在已知点上作为基准站,另一台接收机在运动过程中实时定位。

在实际的 GPS 定位中,往往是几种定位方法的组合。例如,采用伪距观测值的动态实时定位,采用载波相位观测值的静态相对定位。

9.2 GPS 绝对定位的基本原理

常用的 GPS 绝对定位方法有伪距法和相位法,下面分别叙述其基本原理。

9.2.1 伪距法定位的基本原理

伪距定位是测定 GPS 卫星发射的无线电信号传播到测站的时间,根据无线电信号传播的速度来推算距离的。

设某一信号自卫星发播的 GPS 标准时刻为 T^j,接收机所接收到该信号的 GPS 标准时刻为 T_i,若无线电信号的传播速度为 c,则在忽略大气折射影响的情况下,卫星至观测站的几何距离为

$$\rho_i^j = c \cdot (T_i - T^j) \tag{9.1}$$

由于卫星钟的钟面时 t^j 和接收机钟面时 t_i 都与 GPS 标准时刻存在钟差,设分别为 δt^j、δt_i,则有

$$t^j = T^j + \delta t^j$$
$$t_i = T_i + \delta t_i \tag{9.2}$$
$$T_i - T^j = t_i - t^j - \delta t_i + \delta t^j \tag{9.3}$$

将式(9.3)代入式(9.1),并令

$$\rho_i^j = c(t_i - t^j + \delta t^j)$$

得

$$\rho_i^j = \rho_i^j + c \cdot \delta t_i \tag{9.4}$$

卫星钟面时 t^j 及其钟差 δt^j 均可从导航电文中获取,因此 ρ_i^j 是实际获得的观测量,由于其中含有接收机钟差的影响,故称其为伪距。用户一般不能以足够的精度测定接收机钟差 δt_i,通常把它作为一个待定参数与接收机所在测站点位置一起解算。

设接收机所在测站点的坐标为 X、Y、Z,卫星坐标为 X_s、Y_s、Z_s,则

$$\rho_i^j = \sqrt{(X - X_s)^2 + (Y - Y_s)^2 + (Z - Z_s)^2} \tag{9.5}$$

将式(9.5)代入式(9.4),并考虑大气折射对卫星信号传播的影响,得

$$\rho_i^j = \sqrt{(X - X_s)^2 + (Y - Y_s)^2 + (Z - Z_s)^2} + c \cdot \delta t_i + \Delta_{i,Ig}^j(t) + \Delta_{i,T}^j(t) \tag{9.6}$$

式中,$\Delta_{i,Ig}^j(t)$ 为观测历元 t 时刻电离层折射对测码伪距的影响,$\Delta_{i,T}^j(t)$ 为观测历元 t 时刻对流层折射对测码伪距的影响。

由于卫星坐标及电层折射、对流层折射对测码伪距的影响可从导航电文中获取,则式(9.6)中只有测站点的坐标 X、Y、Z 和接收机钟差 δt_i 共 4 个未知数,因此,接收机只要在测站上同时观测 4 颗以上卫星,如图 9.2,则可解出这 4 个未知数。这就是伪距定位的原理。由于这种定位方法只涉及一个地面点,故又称为单点定位。

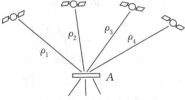

图 9.2 伪距法定位原理

9.2.2 相位法定位的基本原理

相位法分有码测量和无码测量两种,有码测量是指利用 GPS 的 C/A 码和 P 码进行的定位测量;无码测量是由 GPS 卫星发射的载波信号进行的相位测量,又称非码相位测量或载波

相位测量。

载波相位测量,是测量接收机接收到的载波信号与接收机产生的参考载波信号之间的相位差。设 $\varphi^j(t^j)$ 为卫星 j 于历元 t^j 发射的载波信号相位,$\varphi_i(t_i)$ 为接收机于历元 t_i 的参考信号相位,同时考虑到接收到的信号相位与卫星发射信号的相位相等,则上述相位差可表示为

$$\Phi_i^j = \varphi_i(t_i) - \varphi^j(t^j) \tag{9.7}$$

对于一个稳定良好的震荡器来说,相位与频率之间的关系,可一般地表示为

$$\varphi(t + \Delta t) = \varphi(t) + f \cdot \Delta t \tag{9.8}$$

式中,f 为信号频率,Δt 为微小的时间间隔。

将式(9.2)代入式(9.7),则有

$$\begin{aligned}\Phi_i^j(t_i) &= \varphi_i(T_i) - \varphi^j(T^j) + f \cdot (\delta t_i - \delta t^j) \\ &= f \cdot \Delta\tau_i^j + f \cdot (\delta t_i - \delta t^j)\end{aligned} \tag{9.9}$$

式中,$\Delta\tau_i^j$ 是在卫星钟与接收机钟同步的情况下,卫星信号的传播时间,它与卫星信号的发射历元及该信号的接收历元有关。因为卫星信号的发射历元一般是未知的,所以应将其化为接收机历元的函数。

设 $\rho_i^j(\Delta\tau_i^j)$ 为卫星 j 与接收机 i 之间的几何距离,则在忽略大气折射的情况下有

$$\Delta\tau_i^j = \rho_i^j(\Delta\tau_i^j)/c \tag{9.10}$$

由于 $\rho_i^j(\Delta\tau_i^j)$ 是卫星信号发射历元 T^j 与接收历元 T_i 的函数,考虑到关系式 $T^j = T_i - \Delta\tau_i^j$,将式(9.10)按级数展开,且只取一次项,得

$$\Delta\tau_i^j = \frac{1}{c}\rho_i^j(T_i) - \frac{1}{c}\dot{\rho}_i^j(t_i)\Delta\tau_i^j$$

若进一步考虑接收机观测历元 t_i 和钟差 δt_i 与 T_i 之间的关系,则利用式(9.2)将上式改写为以接收机的观测历元 t_i 表达的形式

$$\Delta\tau_i^j = \frac{1}{c}\rho_i^j(t_i) - \frac{1}{c}\dot{\rho}_i^j(t_i)\delta t_i(t_i) - \frac{1}{c}\dot{\rho}_i^j(t_i)\Delta\tau_i^j \tag{9.11}$$

上式右边仍含有 $\Delta\tau_i^j$,可用迭代法求解,由于 $\rho_i^j(t_i)/c$ 很小,故收敛很快,这里只取一次迭代,并略去 $\rho_i^j(t_i)/c$ 的平方项,于是得

$$\Delta\tau_i^j = \frac{1}{c}\rho_i^j(t_i)\left[1 - \frac{1}{c}\dot{\rho}_i^j(t_i)\right] - \frac{1}{c}\dot{\rho}_i^j(t_i)\delta t_i(t_i) \tag{9.12}$$

如果考虑大气折射的影响,则卫星信号的传播时间最终可表示为

$$\Delta\tau_i^j = \frac{1}{c}\rho_i^j(t_i)\left[1 - \frac{1}{c}\dot{\rho}_i^j(t_i)\right] - \frac{1}{c}\dot{\rho}_i^j(t_i)\delta t_i(t_i) + \frac{1}{c}\left[\Delta_{i,I_p}^j(t_i) + \Delta_{i,T}^j(t_i)\right] \tag{9.13}$$

式中,$\Delta_{i,I_p}^j(t_i)$ 为观测历元 t_i 时刻电离层折射对卫星载波信号传播路线的影响,$\Delta_{i,T}^j(t_i)$ 为观测历元 t_i 时刻对流层折射对卫星载波信号传播路线的影响。

将式(9.13)代入式(9.9),并略去观测历元的下标,则得以观测历元 t 为根据的载波相位差

$$\begin{aligned}\Phi_i^j(t_i) &= \frac{1}{c}f \cdot \rho_i^j(t)\left[1 - \frac{1}{c}\dot{\rho}_i^j(t)\right] + f \cdot \left[1 - \frac{1}{c}\dot{\rho}_i^j(t)\right]\delta t_i(t) - f \cdot \delta t^j + \\ &\quad \frac{f}{c}\left[\Delta_{i,I_p}^j(t) + \Delta_{i,T}^j(t)\right]\end{aligned} \tag{9.14}$$

因为通过测量接收机振荡器所产生的参考载波信号与接收机接收到的卫星载波信号之间的相位差,只能测定其不足一周的小数部分,所以,如果假设 $\delta\varphi_i^j(t_0)$ 为某一起始观测历元

t_0 的相位差的小数部分，$N_i^j(t_0)$ 为相应起始观测历元 t_0 的载波相位差的整周数，则于历元 t_0 在卫星与测站的距离上的总相位差为

$$\Phi_i^j(t_0) = \delta\varphi_i^j(t_0) + N_i^j(t_0) \tag{9.15}$$

当卫星于历元 t_0 被跟踪（锁定）后，载波相位变化的整周数便被自动记数，所以，对其后任一观测历元 t 的总相位差，可写出

$$\Phi_i^j(t) = \delta\varphi_i^j(t) + N_i^j(t - t_0) + N_i^j(t_0) \tag{9.16}$$

式中，$N_i^j(t-t_0)$ 表示从某一起始观测历元 t_0 至历元 t 之间的载波相位的整周数，可由接收机连续记数来确定，为已知量，令

$$\varphi_i^j(t) = \delta\varphi_i^j(t) + N_i^j(t - t_0)$$

则式（9.16）可写为

$$\Phi_i^j(t) = \varphi_i^j(t) + N_i^j(t_0)$$

或

$$\varphi_i^j(t) = \Phi_i^j(t) - N_i^j(t_0) \tag{9.17}$$

式中，$\varphi_i^j(t)$ 为载波相位的实际观测量，$N_i^j(t_0)$ 一般是未知的，故通常称为整周未知数或整周模糊度。

因为对同一观测站和同一卫星而言，$N_i^j(t_0)$ 只与起始历元 t_0 有关，所以，在历元 t_0 与 t 的观测过程中，只要跟踪的卫星不中断（失锁），$N_i^j(t_0)$ 就保持为一个常量。将式（9.14）代入式（9.17），得载波相位的观测方程为

$$\varphi_i^j(t) = \frac{1}{c}f \cdot \rho_i^j(t)\left[1 - \frac{1}{c}\dot{\rho}_i^j(t)\right] + f \cdot \left[1 - \frac{1}{c}\dot{\rho}_i^j(t)\right]\delta t_i(t) - f \cdot \delta t^j - N_i^j(t_0) +$$
$$\frac{f}{c}\left[\Delta_{i,I_p}^j(t) + \Delta_{i,T}^j(t)\right] \tag{9.18}$$

考虑到 $\lambda = c/f$，则可得测相伪距的观测方程

$$\lambda\varphi_i^j(t) = \rho_i^j(t)\left[1 - \frac{1}{c}\dot{\rho}_i^j(t)\right] + c \cdot \left[1 - \frac{1}{c}\dot{\rho}_i^j(t)\right]\delta t_i(t) - c \cdot \delta t^j - \lambda N_i^j(t_0) +$$
$$\Delta_{i,I_p}^j(t) + \Delta_{i,T}^j(t) \tag{9.19}$$

式中，含有 $\dot{\rho}_i^j(t)/c$ 的项，对伪距的影响为米级。在相对定位中，如果基线较短（如＜20 km），则可以忽略，于是式（9.18）和式（9.19）便可简化为

$$\varphi_i^j(t) = \frac{1}{c}f \cdot \rho_i^j(t) + f \cdot \left[\delta t_i(t) - \delta t^j\right] - N_i^j(t_0) + \frac{f}{c}\left[\Delta_{i,I_p}^j(t) + \Delta_{i,T}^j(t)\right] \tag{9.20}$$

$$\varphi_i^j(t)\lambda = \rho_i^j(t) + c \cdot \left[\delta t_i(t) - \delta t^j\right] - \lambda N_i^j(t_0) + \Delta_{i,I_p}^j(t) + \Delta_{i,T}^j(t) \tag{9.21}$$

这就是载波相位观测的数学模型。将式（9.21）与式（9.6）比较可知，式（9.21）只是多了一项与整周未知数有关的项之外，其形式完全与测码伪距定位的基本观测方程相似，故解算也类似，但载波相位观测相对定位的方法更精确。

9.3　GPS 相对定位方法

相对定位的最基本情况，是用两台 GPS 接收机，分别安置在基线的两端并同步观测相同的卫星，以确定基线端点在协议地球坐标系中的相对位置，如图 9.3 所示。这种方法，可以推

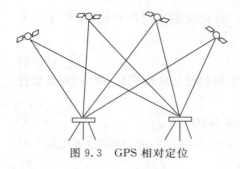

图 9.3　GPS 相对定位

差和三差。

广到多台接收机安置在若干条基线上,通过同步观测GPS卫星,以确定多条基线端点相对位置的情况。

因为是在两个测站(或多个测站)同步观测相同的卫星,卫星的轨道误差、卫星钟差、接收机钟差以及电离层和对流层的折射误差等,对观测量的影响具有一定的相关性,所以,利用这些观测量的不同组合,进行相对定位,可以有效的消除或减弱这些误差的影响,从而提高相对定位的精度。相对定位常用的组合方法有单差、双

9.3.1　单差观测及其基线解

单差就是在不同的两个测站同步观测相同卫星所得观测量之差。

如图 9.4 所示,设两台接收机在测站 1、2 同步观测相同的卫星,根据式(9.21),测站 1、2 的观测量方程分别为

$$\varphi_1^j(t)\lambda = \rho_1^j(t) + c \cdot [\delta t_1(t) - \delta t^j] - \lambda N_1^j(t_0) + \Delta_{1.I_p}^j(t) + \Delta_{1.T}^j(t) \qquad (9.22)$$

$$\varphi_2^j(t)\lambda = \rho_2^j(t) + c \cdot [\delta t_2(t) - \delta t^j] - \lambda N_2^j(t_0) + \Delta_{2.I_p}^j(t) + \Delta_{2.T}^j(t) \qquad (9.23)$$

因为是两台接收机在同一接收机钟面时对同一卫星取得的观测量,故以式(9.23)减式(9.22)得

$$\lambda[\varphi_2^j(t) - \varphi_1^j(t)] = [\rho_2^j(t) - \rho_1^j(t)] + c \cdot [\delta t_2(t) - \delta t_1(t)] - \lambda[N_2^j(t_0) - N_1^j(t_0)] +$$
$$[\Delta_{2.I_p}^j(t) - \Delta_{1.I_p}^j(t)] + [\Delta_{2.T}^j(t) - \Delta_{1.T}^j(t)] \qquad (9.24)$$

若应用符号

$$\Delta\varphi^j(t) = \varphi_2^j(t) - \varphi_1^j(t)$$

$$\Delta t(t) = \delta t_2(t) - \delta t_1(t)$$

$$\Delta N^j = N_2^j(t_0) - N_1^j(t_0)$$

$$\Delta\Delta_{I_p}^j(t) = \Delta_{2.I_p}^j - \Delta_{1.I_p}^j(t)$$

$$\Delta\Delta_T^j(t) = \Delta_{2.T}^j(t) - \Delta_{1.T}^j(t)$$

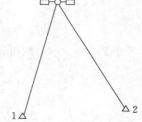

图 9.4　单差观测

则单差方程可写为

$$\lambda\Delta\varphi^j(t) = [\rho_2^j(t) - \rho_1^j(t)] + c \cdot \Delta t(t) - \lambda\Delta N^j + [\Delta\Delta_{I_p}^j(t) - \Delta\Delta_T^j(t)] \qquad (9.25)$$

可见,在单差方程中,已经消除了卫星钟的钟差,$\Delta t(t)$ 项是两个接收机的相对钟差(钟差之差),它对于同一历元,两个接收机同步观测是常量。

式(9.25)的相对钟差参数 $\Delta t(t)$ 可作为待定参数,即有多少次观测就有多少个这样的参数。若用两台接收机分别安放在图 9.4 的 1、2 两个测站上,对 M 颗卫星进行 N 次历元观测,就可以按式(9.25)建立 $M \cdot N$ 个观测方程。其中,坐标增量参数 3 个,整周未知数参数 M 个,钟差参数 N 个,即共有 $(M+N+3)$ 个未知数。当观测方程个数超过未知数个数时,按最小二乘法求解。

9.3.2　双差观测量及其基线解

双差即在不同的测站,同步观测同一组卫星,对求得的单差再求差的结果。

如图 9.5 所示,在测站 1、2 同步观测 j、k 两颗卫星,根据式(9.25),并忽略大气残差的影响,可得双差观测量方程为

$$\lambda \nabla \Delta \varphi^{jk}(t) = [\rho_2^k(t) - \rho_1^k(t) - \rho_2^j(t) + \rho_1^j(t)] - \lambda \nabla \Delta Nkj \qquad (9.26)$$

式中

$$\nabla \Delta \varphi^{jk}(t) = \Delta \varphi^k(t) - \Delta \varphi^j(t)$$

$$\nabla \Delta N^{jk} = \Delta N^k - \Delta N^j$$

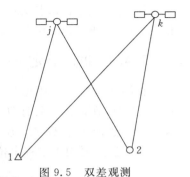

图 9.5 双差观测

可见,双差观测量方程中,消除了接收机钟差的影响。

当对 M 颗卫星进行 N 次单差观测,由于双差观测是两颗卫星的单差之差,则 M 颗卫星可组成$(M-1)$次双差观测,因此,双差观测总观测方程为$(M-1) \cdot N$ 个。双差观测只包含$(M-1)$个整周未知参数,实际上是单差观测的整周未知参数之差,加上 3 个未知点坐标,共有$(M+2)$个未知数。同理,当观测方程个数超过未知数个数时,按最小二乘法求解。

9.3.3 三差观测量及其基线解

三差即在不同历元同步观测同一组卫星,对求得的双差再求差的结果。

如果分别以 t_1 和 t_2 表示两个不同的历元,则根据式(9.26)可得三差观测量方程为

$$\lambda \delta \nabla \Delta \varphi^{jk}(t) = [\rho_2^k(t_2) - \rho_1^k(t_2) - \rho_2^j(t_2) + \rho_1^j(t_2)] - [\rho_2^k(t_1) - \rho_1^k(t_1) - \rho_2^j(t_1) + \rho_1^j(t_1)]$$

$$(9.27)$$

式中

$$\delta \nabla \Delta \varphi^{jk}(t) = \nabla \Delta \varphi^{jk}(t_2) - \nabla \Delta \varphi^{jk}(t_1)$$

可见,三差观测量方程中,整周未知参数的影响已被消除,只有未知点的坐标是未知数。

综上所述,单差基线解是利用原始观测量组成方程组,将未知点坐标、接收机钟差参数和其他参数一并求解,观测量间是独立的;双差基线解是对原始观测量先行消去接收机钟差参数再组成方程组,求解其他参数和未知点坐标,观测量间是相关的;三差基线解是在双差观测量的基础上,又消去了整周未知参数的影响后组成方程组,求解未知点坐标。显然,观测量间也是相关的。原则上讲,三种解法的原始观测量和待定参数相同,在本质上没有区别。由于双差法是利用差值组成观测量方程,能较好地削弱卫星对两测站的共同影响部分,所以人们更倾向于用双差求解。三差法观测组成观测量时较复杂,但观测量个数明显减少,不需要解整周未知参数,通常用于短时间观测的快速定位中。

9.4 GPS 测量的作业模式

GPS 测量常用的作业模式主要有静态相对定位、快速静态相对定位、准动态定位和动态相对定位等。

9.4.1 静态定位模式

采用两台或两台以上的接收设备,分别安置在一条或数条基线的端点上,同步观测一组卫星一定时间段。这是 GPS 定位测量应用范围最广,使用最普遍的一种模式。它的优点是定位精度高。

9.4.2　快速静态定位模式

在测区中部选择一个基准站,并安置一台接收设备连续跟踪所有可见卫星,另一台接收机依次到各点流动设站,每点观测数分钟,如图 9.6 所示。优点是作业速度快,精度高;但只有两台接收机,不能构成闭合图形,可靠性相对较低。

9.4.3　准动态定位模式

在测区选择一个基准点,安置一台接收机连续跟踪所有可见卫星;将另一台接收机先在 1 号点观测,在保持对所有卫星连续跟踪而不失锁的情况下,将流动接收机分别在 2、3、4、…,各点观测数秒钟,如图 9.7 所示。

此方法主要用于工程定位、线路测量、碎部测量等。

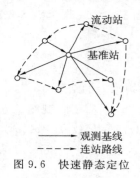

图 9.6　快速静态定位

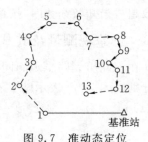

图 9.7　准动态定位

9.4.4　动态定位模式

建立一个基准点安置接收机连续跟踪所有可见卫星,流动接收机先在出发点上静态观测数分钟,然后从出发点开始连续运动,按指定的时间间隔自动测定运动载体的实时位置,如图 9.8 所示。

此方法主要用于测定运动目标的轨迹、线路的中桩和边桩测量、碎部测量等。

以上四种测量模式都需要在外业测量完成后用专门的软件对测量数据进行处理。

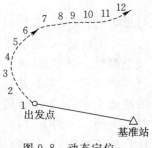

图 9.8　动态定位

9.4.5　实时动态测量(real-time kinematic survey，RTK)

在一个固定位置安置一台 GPS 接收机(基准站),另一台或几台 GPS 接收机(流动站)流动工作,基准站和流动站同时接受相同的 GPS 卫星发射的信号,基准站实时地将测得的载波相位观测值、伪距观测值、基准站坐标等信息用无线电传送给运动中的流动站,流动站通过无线电接收基准站发射的信息,将载波相位观测值实时进行差分处理,得到基准站和流动站基线向量(ΔX,ΔY,ΔZ),基线向量加上基准站坐标得到流动站每个点的 WGS-84 坐标,通过坐标转换得到流动站每个点的平面坐标(x,y)和高程 H,这个过程称为实时动态(real-time kinematic，RTK)测量,通常又称做 GPS 实时动态测量。GPS 实时动态测量定位技术主要用于运动物体的精密导航、地形测量、工程放样等。

　　由于实时动态测量技术是建立在流动站与基准站误差相关这一假设基础上的,随着基准站和流动站间距离的增加,误差相关性越来越差,定位精度就越来越低,而且数据通信也受传输设备的性能、可靠性及传输软件功能的限制,只能在有限的距离范围(10~15 km)内应用。

　　网络实时动态测量技术是在某个地区设置多个固定的基准站,固定基准站实时采集 GPS卫星观测数据并传输给网络控制中心,控制中心接受各个固定基准站发来的数据,也接受从流动站发来的概略坐标,然后根据用户位置,选定一组最佳的固定基准站数据,整体改正 GPS 轨道误差、电离层、对流层和大气折光引起的误差,将经过改正后的高精度的差分信号通过无线电发送给流动站,这就相当于在移动站附近设置了一个虚拟的基准站,不仅解决了实时动态测量作业距离上的限制,也极大地提高了流动站的定位精度。

9.5　GPS 控制网的技术设计

9.5.1　GPS 控制网的精度设计

　　《全球定位系统(GPS)测量规范》(GB/T 18314—2009)规定,GPS 控制网按精度和用途分为 A、B、C、D、E 五级。

　　A 级 GPS 网由卫星定位连续运行基准站构成,其精度应不低于表 9.1 的要求。B、C、D和 E 级的精度应不低于表 9.2 的要求。

　　A 级 GPS 测量用于建立国家一等大地控制网,进行全球性的地球动力学研究、地壳形变测量和精密定轨等的 GPS 测量。B 级 GPS 测量用于建立国家二等大地控制网,建立地方或城市坐标基准框架、区域性的地球动力学研究、地壳形变测量、局部形变监测和各种精密工程测量等的 GPS 测量。C 级 GPS 测量用于建立三等大地控制网,以及建立区域、城市及工程测量的基本控制网等的 GPS 测量。D 级 GPS 测量用于建立四等大地控制网。用于中小城市、城镇以及测图、地籍、土地信息、房产、物探、勘测、建筑施工等的控制测量等的 GPS 测量,应满足 D、E 级 GPS 测量的精度要求。

　　用于建立国家二、三、四等大地控制网的 GPS 测量,在满足 B、C 和 D 级精度要求的基础上,其相对精度应分别不低于 1×10^{-7}、1×10^{-6} 和 1×10^{-5}。各级 GPS 网点相邻点的 GPS 测量大地高差的精度,应不低于表 9.2 规定的各级相邻点基线垂直分量的要求。

表 9.1　A 级 GPS 控制网精度要求

级别	坐标年变化率中误差/(mm/a)		相对精度	地心坐标各分量年平均中误差/mm
	水平分量	垂直分量		
A	2	3	1×10^{-8}	0.5

表 9.2　B、C、D 和 E 级 GPS 控制网精度要求

级别	相邻点基线分量中误差/mm		相邻点间平均距离
	水平分量	垂直分量	/km
B	5	10	50
C	10	20	20
D	20	40	5
E	20	40	3

9.5.2　GPS 控制网的布网与设计要求

GPS 控制网的布设应遵循以下规定:

(1)各级 GPS 网一般应逐级布设,在保证精度、密度等技术要求时可跨级布设。

(2)各级 GPS 网点位应均匀分布,相邻点间距离最大不宜超过该网平均点间距的 2 倍。

(3)新布设的 GPS 网应与附近已有的国家高等级 GPS 点进行联测,联测点数不应少于3 点。

(4)为求定 GPS 点在某一参考坐标系中坐标,应与该参考坐标系中的原有控制点联测,联测的总点数不应少于3 点。在需用常规测量方法加密控制网的地区,D、E 级网点应有1~2方向通视。

(5)A、B 级网应逐点联测高程,C 级网应根据区域似大地水准面精化要求联测高程,D、E级网可依具体情况联测高程。

(6)A、B 级网点的高程联测精度应不低于二等水准测量精度,C 级网点的高程联测精度应不低于三等水准测量精度,D、E 级网点按四等水准测量或与其精度相当的方法进行高程联测。

(7)B、C、D、E 级网布设时,测区内高于施测级别的 GPS 网点均应作为本级别 GPS 网的控制点(或框架点),并在观测时纳入相应级别的 GPS 网中一并施测。

(8)在局部补充、加密低等级的 GPS 网点时,采用的高等级 GPS 网点点数应不少于4 个。

(9)各级 GPS 网最简异步观测环或附合路线的边数应不大于表 9.3 的规定。

表 9.3　异步观测环及附合路线的边数

级别	B	C	D	E
闭合环或附合路线的边数/条	6	6	8	10

9.5.3　GPS 控制网的网型设计

1. GPS 观测的几个基本概念

观测时段:接收机开始接收卫星信号到观测停止的连续工作时间。

同步观测:两台或两台以上的接收机同时对同一组卫星进行观测。

同步观测环:三台或三台以上的接收机同步观测获得的基线向量构成的闭合环。

异步观测环:在构成多边形环路的所有基线中,只要有非同步观测基线向量,则该多边形环路就是异步观测环,简称异步环。

独立基线:若有 n 台 GPS 接收机同步观测,则有 $n(n-1)/2$ 条同步观测基线,其中有 $n-1$ 条独立基线。

2. GPS 控制网的布设

GPS 网的布网形式有以下几种:

(1)跟踪站式。

将数台接收机长期固定放在测站上,进行常年不间断的观测,这种布网形式称为跟踪站式。其特点是观测时间长,数据量大,多余观测数多,精度高,这种形式主要用于构建国家框架网,对于普通形式的 GPS 网,一般不采用这种布网形式。

（2）会战式。

将多台 GPS 接收机,集中在一段不太长的时间内共同作业,所有接收机在一批点上进行较长时间的同步观测。观测结束后,所有接收机迁移到下一批点上进行相同方式的观测,这就是所谓会战式布设 GPS 网。这种网的各条基线因观测时间长和时段多,具有较高的精度,一般用于构建 A、B 级的 GPS 网。

（3）同步图形扩展式。

这是布设 GPS 网最常用的方式。将多台接收机安置在不同的测站上,观测一个同步时段后,把其中的几台接收机迁至另外几个测站上,和没有迁站的接收机一起再进行同步观测,周而复始,直至观测完网中所有点。每次观测都可得到一个同步图形,不同的同步图形间有若干个公共点相连,这种布网形式称为同步图形扩展式。同步图形扩展式作业方法简单,布网扩展速度快,图形精度高,因而在实践中得到了广泛应用。

根据相邻两个图形间公共(相连)点的多少,同步图形扩展式又分为点连接、边连接和混合连接等。点连接是相邻同步图形之间仅有一个公共点相连接。边连接是相邻同步图形之间由一条公共边相连。混合连接是根据测量的具体情况,将多种连接方式结合起来,灵活应用的作业方法。如图 9.9 中(a)、(b)、(c)所示。

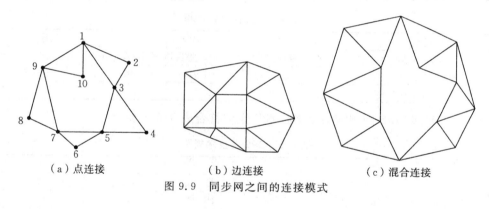

（a）点连接　　　　　　　（b）边连接　　　　　　　（c）混合连接

图 9.9　同步网之间的连接模式

9.6　GPS 控制测量的实施

GPS 控制的测量模式有多种,本节主要讲述静态定位测量实施的方法。

9.6.1　准备工作

1. 收集资料

根据测区范围和任务要求,搜集有关国家三角网、导线网、水准路线和已有的国家各级 GPS 网资料。包括测区地形图、交通图、大地网图、已知点点之记、成果表、技术总结等。

2. 图上设计

根据控制点的密度要求,在图上选定 GPS 网的点位,点位要选在交通方便、便于观测的地点。点间不要求通视,但为了布设低等控制网时的联测,在地面点上应与 1~2 个点相互通视。为了归算至国家坐标系,网中应有三个以上点与原有大地点重合,并有三个以上点用水准进行联测。

9.6.2　选点与埋石

1. 选点

选点员根据设计图到实地踏勘,最后选定点位。点位基础应坚实稳定,既易于长期保存,又有利于观测作业。点位应位于视野开阔、卫星高度角大于 15°、附近无大功率无线电发射源、且交通便利的地方。

2. 埋石

各级 GPS 点按规定埋设中心标石,测图点、临时性控制点可以使用木桩等临时标记。点位确定之后应绘点之记。

9.6.3　观测方案设计

地形控制网采用载波相位法观测,同步观测接收机数应多于 2 台。观测前根据测区位置编制出 GPS 卫星可见性预报表,其中包括可见卫星号,卫星高度和方位角,最佳观测星组,点位几何图形强度因子等内容。

B、C、D 和 E 级 GPS 网测量采用的 GPS 接收机的选用按表 9.4 规定执行。

表 9.4　GPS 接收机选用

级别	B	C	D、E
单频/双频	双频/全波长	双频/全波长	双频或单频
观测量至少有	$L1$、$L2$ 载波相位	$L1$、$L2$ 载波相位	$L1$ 载波相位
同步观测接收机数	≥4	≥3	≥2

B、C、D 和 E 级 GPS 网观测的基本技术规定应符合表 9.5 的要求。

表 9.5　GPS 网技术规定

项目	级别			
	B	C	D	E
卫星截止高度角/(°)	10	15	15	15
同时观测有效卫星数	≥14	≥4	≥4	≥4
有效观测卫星总数	≥20	≥6	≥4	≥4
观测时段数	≥3	≥2	≥1.6	≥1.6
时段长度	≥23 h	≥4 h	≥60 min	≥40 min
采样间隔/s	30	10～30	5～15	5～15

注:①计算有效观测卫星总数时,应将各时段的有效观测卫星数扣除其间的重复卫星数。②观测时段长度,应为开始记录数据到结束记录的时间段。③观测时段数≥1.6,指采用网观测模式时,每站至少观测一时段,其中二次设站点数应不少于 GPS 网总点数的 60%。④采用基于卫星导航定位连续运行基准站点观测模式时,可连续观测,但观测时间应不低于表中规定的各时段观测时间的和。

作业调度者根据测区地形和交通状况、采用的 GPS 作业方法设计的基线的最短观测时间等因素综合考虑,编制观测计划表,按该表对作业组下达相应阶段的作业调度命令。同时依照实际作业的进展情况,及时做出必要的调整。

9.6.4　观测前的准备

GPS 接收机在开始观测前,应进行预热和静置。天线安置应符合下列要求:

（1）用三脚架安置天线时，其对中误差不应大于 1 mm；

（2）B 级 GPS 测量，天线定向标志线应指向正北，顾及当地磁偏角修正后，其定向误差应不大于±5°，对于定向标志不明显的接收机天线，可预先设置标记，每次按此标记安置仪器；

（3）天线集成体上的圆水准气泡必须居中，没有圆水准气泡的天线，可调整天线基座脚螺旋，使在天线互为 120°方向上量取的天线高互差小于 3 mm。

9.6.5　观测作业的要求

（1）观测应严格按规定的时间段进行。经检查接收机电源电缆和天线等各项连接无误，方可开机。开机后经检验有关指示灯与仪表显示正常后，方可进行自测试并输入测站、观测单元和时段等控制信息。

（2）接收机启动前与作业过程中，应随时逐项填写测量手簿中的记录项目，测量手簿格式，记录内容及要求见表。

（3）接收机开始记录数据后，观测员可使用专用功能键和选择菜单，查看测站信息、接收卫星数、卫星号、卫星健康状况、各通道信噪比、相位测量残差、实时定位的结果及其变化、存储介质记录和电源情况等，如发现异常情况或未预料到的情况，应记录在测量手簿的备注栏内，并及时报告作业调度者。

（4）每时段观测开始及结束前各记录一次观测卫星号、天气状况、实时定位经纬度和大地高、PDOP 值等。一次在时段开始时，一次在时段结束时。时段长度超过 2 小时，应每当 UTC整点时增加观测记录上述内容一次，夜间放宽到 4 小时。

（5）每时段观测前后应各量取天线高一次。两次量高之差不应大于 3 mm，取平均值作为最后天线高。若互差超限，应查明原因，提出处理意见记入测量手簿记事栏。观测墩上天线高用天线高量测杆或小钢卷尺从厂家规定的天线高量测基准面彼此相隔 120 的三个位置分别量取至天线墩中心标志面的垂直距离，互差应小于 2 mm，取平均值。三脚架上天线高测定，对备有专用测高标尺的接收设备，将标尺插入天线的专用孔中，下端垂准中心标志，直接读出天线高（某些仪器需加一常数）。无测高标尺的接收设备，可采用倾斜测量方法。从脚架三个空档（互成 120°）测量天线高量测基准面至中心标志面的距离，互差应小于 3 mm，取平均值为斜高，同时量取天线底盘半径，计算出天线垂直高。

（6）除特殊情况外，不宜进行偏心观测。若实施偏心观测时，应测定归心元素。

（7）观测员要细心操作，观测期间防止接收设备震动，更不得移动，要防止人员和其他物体碰动天线或阻挡信号。观测期间，不应在天线附近 50 m 以内使用电台，10 m 以内使用对讲机。天气太冷时，接收机应适当保暖；天气很热时，接收机应避免阳光直接照晒，确保接收机正常工作。

（8）一时段观测过程中不应进行以下操作：

①接收机重新启动；

②进行自测试；

③改变卫星截止高度角；

④改变数据采样间隔；

⑤改变天线位置；

⑥按动关闭文件和删除文件等功能键。

经检查,所有规定作业项目均已全面完成,并符合要求,记录与资料完整无误,方可迁站。

9.6.6　外业成果记录

A级GPS网外业成果记录的内容和要求按《全球导航卫星系统连续运行基准站网技术规范》(GB/T 28588—2012)的相关规定执行。B、C、D、E级GPS网外业成果记录应包括观测数据、测量手簿、其他记录(包括偏心观测资料)等。观测记录项目应包括以下主要内容:

(1)观测数据(原始观测数据和接收机可交换格式数据)。

(2)对应观测值的GPS时间。

(3)测站和接收机初始信息:测站名、测站号、观测单元号、时段号、近似坐标及高程、天线及接收机型号和编号、天线高与天线高量位置及方式、观测日期、采样间隔、卫星截止高度角。

GPS测量手簿记录格式见表9.6。

表 9.6　GPS 测量手簿记录格式

测站号		测站名		图幅编号	
观测记录员		观测日期		时段号	
接收机型号及编号		天线类型及其编号		存储介质类型及编号	
原始观测数据文件名		接收机可交换格式数据文件名		备份存储介质类型及编号	
近似纬度		近似经度		近似高程	
采样间隔		卫星截止高度角			
开始记录时间			结束记录时间		
天线高测定		天线高测定方法及略图		点位略图	
测前:　　　　测后: 测定值_____ m _____ m 修正值_____ m _____ m 天线高_____ m _____ m 平均值_____ m _____ m					
时间(UTC)		跟踪卫星数		位置精度衰减因子	
记事					

9.7　GPS 观测数据的预处理

数据处理包括外业数据质量检核和 GPS 网平差,通常在外业成果检查、验收后进行。

9.7.1　数据处理的准备工作

数据处理前的准备工作包括检查野外记录手簿和已知点成果收集和 GPS 数据处理软件的准备和数据下载等工作。

9.7.2　基线解算

1.基线解算的分类

1)单基线解

若有 n 台 GPS 接收机同步观测了一个时段,共有 $n(n-1)/2$ 条同步基线。其中有 $n-1$ 条独立基线。构成闭合环的同步基线是函数相关的。独立基线是不能构成闭合环的,也就没有函数相关,但它们同步观测间的误差却是相关的。所谓单基线解,就是在解算基线时,不顾及同步观测基线间的误差相关性,对某一条基线单独进行解算。

2)多基线解

在基线解算时,将一个时段同步观测的所有基线一并解算的方法叫做多基线解。多基线解算顾及了同步观测基线间的误差相关性。因而在理论上是严密的。在实际工作中,常把多期同步观测的数据共同处理,因数据量大,解算结果可构成一个网,也称之为网解。

2.基线解算

在进行基线解算时,若初始解算的整周未知数为实数,用其对应解出的基线向量称为实数解或浮动解。若初始解算的整周未知数为整数,则与之对应解出的基线向量称为整数解或固定解。

基线解算的过程就是一个平差的过程。整个过程分三部进行。第一步进行初始平差,解算出整周未知数参数的实数解和基线向量的实数解;第二步将整周未知数固定成整数;第三步,把整周未知数作为已知值,再次进行平差,求出基线向量的固定解。

B、C、D 和 E 级 GPS 网基线测量中误差 σ 采用外业测量时使用的 GPS 接收机的标称精度。计算时边长按实际平均边长计算

$$\sigma = \sqrt{a^2 + (b \cdot D)^2} \tag{9.28}$$

式中,a 为固定误差(mm),b 为比例误差系数(1×10^{-6}),D 为相邻点间的平均距离(km)。

9.7.3　外业数据质量检核

1.单位权方差因子

单位权方差因子又称参考方差,即

$$\sigma_0 = \sqrt{V^{\mathrm{T}} P V / (n - K - 2)} \tag{9.29}$$

式中,V 为观测值的残差,P 为观测值的权,n 为误差方程的个数,K 为观测的卫星数。

2.均方根(root mean square,RMS)误差

$$RMS = \sqrt{V^{\mathrm{T}} P V / (n - 1)} \tag{9.30}$$

式中，V、P、n 的含义同式(9.29)。RMS 表明了观测值的质量，观测值质量越好，RMS 越小；反之，RMS 越大。它不受观测期间卫星分布图形的影响。

3．Ratio 值

Ratio 值为在采用搜索算法确定整周未知数时，产生的次最小的单位权方差与最小的单位权方差的比值，也称方差比。它反映了计算过程的收敛程度。

Ratio 值反映的是整周未知数参数的可靠性。其值的大小，既与观测值的质量有关，也与观测时卫星分布图形的结构有关。观测值质量越好，Ratio 越大。

4．异步环闭合差

当有若干个独立观测边组成异步环时，各异步环的坐标分量闭合差应满足下述关系式

$$
\begin{aligned}
w_x &\leqslant 3\sqrt{n}\sigma \\
w_y &\leqslant 3\sqrt{n}\sigma \\
w_z &\leqslant 3\sqrt{n}\sigma
\end{aligned}
\tag{9.31}
$$

式中，n 为闭合环中的边数，σ 为依据平均边长按式(9.28)计算的相应级别规定的标准差。

5．同步观测环的检验

三台以上接收机同步观测一个时段组成的闭合环称为同步观测环。在三边同步环中只有两个同步边成果可以视为独立的成果，第三边成果应为其余两边的代数和。由于模型误差和处理软件的内在缺陷，第三边处理结果与前两边的代数和差值应满足下列关系式

$$
\begin{aligned}
w_x &\leqslant \frac{\sqrt{3}}{5}\sigma \\
w_y &\leqslant \frac{\sqrt{3}}{5}\sigma \\
w_z &\leqslant \frac{\sqrt{3}}{5}\sigma
\end{aligned}
\tag{9.32}
$$

$$
w = \sqrt{w_x^2 + w_y^2 + w_z^2} \leqslant \frac{\sqrt{3}}{5}\sigma
$$

式中，σ 的含义同式(9.31)。

6．数据删除率

在基线解算时，如果观测值的改正数大于某一规定的限差时，则认为该观测值含有粗差，需要将其删除。被删除观测值的数量与观测值的总数的比值，就是所谓的数据删除率。

数据删除率从某一方面反映出了 GPS 原始观测值的质量。数据删除率越高，说明观测值的质量越差。

7．相对定位精度衰减因子（relative dilution of precision，RDOP）

相对定位精度衰减因子指的是在基线解算时，待定参数的协因数矩阵的迹(tr(**Q**))的平方根。若把观测卫星的分布和运行轨道称为观测条件的话，相对定位精度衰减因子值的大小与基线所在的位置和观测条件有关。当基线位置一定，相对定位精度衰减因子值就只与观测条件有关；而观测条件又是时间的函数，所以相对定位精度衰减因子值的大小与观测时段有关。它表明了 GPS 卫星的运行状况对定位的影响。为了保证相对定位的精度，一般规范都规定相对定位精度衰减因子的值要小于 8。

8．重复基线较差

不止一个观测时段对同一条基线的观测结果,就是重复基线。这些观测结果的互差,就是重复基线较差。

当重复基线较差达到限差要求时,则表明这些基线向量的质量是合格的;否则,这些基线向量中至少有一条质量不合格。参考同步环、异步环闭合差,可确定哪个时段的基线向量有问题。

9.7.4　GPS 基线解算步骤

无论是各厂商配的随机软件,还是各种类型的商用软件,可能在用户界面、使用方法上各有特色,但其基线解算的步骤都基本相同。

1．导入数据

输入观测文件和星历文件,检查数据(点号、天线高、天线类型及量高方法、测站坐标和观测时间等)。

2．参数设置

参数设置是基线解算的重要步骤。参数设置一般包括:采用观测值的类型、观测卫星号的选择、Ration 值、参考方差、均方根误差限值、电离层延迟改正模型、对流层改正方法等。

3．基线解算

选定要解算的基线,软件自动进行平差计算,并提供相应的基线解算报告。

4．质量检核(评估)

按照上述的质量控制指标,对基线解算结果进行检验。合格基线用于后续的 GPS 网平差;对于不合格基线,可重新单独解算,若还不合格,需进行重测。

9.8　GPS 控制网平差计算

GPS 基线向量网的平差就是以 GPS 基线向量为观测值,以其方差阵之逆阵为权,进行平差计算,求定各 GPS 网点的坐标并进行精度评定。下面介绍网平差的一些基本概念。

9.8.1　GPS 控制网平差的分类

(1)按平差所进行的空间,可将 GPS 网平差分为三维平差和二维平差。

三维平差是指平差在三维空间进行,观测值为三维基线向量$(\Delta x, \Delta y, \Delta z)$。若将网中某点作为起算点,给定起算坐标,则平差结果为点的三维空间坐标。

二维平差指平差在椭球面或高斯平面上进行。它首先将三维 GPS 基线向量及其方差阵转换至二维平差计算面,然后再进行二维平差。即观测值为二维观测值,高斯平面坐标为(X, Y),解算的结果为二维平面坐标。

(2)按平差时所采用的观测值和约束数据的类型,可分为无约束平差、约束平差和联合平差。

GPS 网的无约束平差指的是只固定网中某一点的坐标而没有多余的起算数据,是 WGS-84 坐标系统内的平差方法。其主要目的是考察网本身的内部符合精度以及基线向量之间有无明显的系统误差和粗差,同时为 GPS 大地高与公共点正常高联合确定 GPS 网点的正常高,提供平差后的大地高程数据。

  GPS 网的约束平差是以平面基准——国家大地坐标系或地方坐标系的坐标、边长和方位角——为约束条件,顾及 GPS 网和地面网之间的转换参数进行平差。

  GPS 网的联合平差不仅采用了 GPS 基线向量观测值和用来约束的起算数据,还采用了地面常规观测值如边长、方向、高差等,一并进行平差的方法。

9.8.2 GPS 控制网平差计算的过程

1. 数据准备

  GPS 网平差的数据分为两大类:一是基准数据,包括平面基准、方位基准、长度基准和高程基准,即对 GPS 网进行约束的各种起算数据。二是观测数据,包括 GPS 基线向量和地面观测值。用来构建 GPS 网的基线向量一般选独立基线,并要求独立基线构成的异步环的闭合差应在一定的允许范围内。

2. 三维无约束平差

  进行三维无约束平差,可以发现和剔除观测值中可能存在的粗差。得到 GPS 网中各个点在 WGS-84 基准下的经过平差处理的三维空间直角坐标。为将来可能进行的高程拟合,提供经过了平差处理的大地高数据。

3. 二维约束平差或联合平差

  当二维约束平差或联合平差完成后,网点的坐标就已转到国家坐标系或是约束所在的地方坐标系。其平差的步骤一般有:

  (1)指定平差基准和坐标系统;

  (2)指定起算数据;

  (3)检验约束条件的质量;例如,选取的三个已知坐标点,它们是否属于同一坐标系统,它们内符合精度是否相当,若检查通过,则认为它们是相容的。

  (4)平差计算;

  (5)质量分析。它包括基线向量改正数,给定一个区间,大于或小于该区间,则认为有粗差。用单位权方差、相邻点的中误差和相对中误差来表示全网的精度、各基线的精度。

4. 坐标转换

  如果采用二维约束平差或联合平差,则不需要坐标转换。而对于三维无约束平差,因为求得的点位是 WGS-84 坐标系,必需归算到原有地面网所属的国家坐标系中,归算的方法通常是利用三个以上的重合点,根据重合点在两坐标系中的差值来计算坐标系间的转换参数,坐标变换公式为

$$\begin{bmatrix} x-x' \\ y-y' \\ z-z' \end{bmatrix} = \begin{bmatrix} \mathrm{d}x_0 \\ \mathrm{d}y_0 \\ \mathrm{d}z_0 \end{bmatrix} + \begin{bmatrix} 0 & -z' & y' \\ z' & 0 & -x' \\ -y' & x' & 0 \end{bmatrix} \begin{bmatrix} \varepsilon_x \\ \varepsilon_y \\ \varepsilon_z \end{bmatrix} + \Delta m \begin{bmatrix} x' \\ y' \\ z' \end{bmatrix} \tag{9.33}$$

式中,$\mathrm{d}x_0$、$\mathrm{d}y_0$、$\mathrm{d}z_0$ 为三个平移参数,ε_x、ε_y、ε_z 为三个旋转参数,Δm 为尺度比,x、y、z 和 x'、y'、z' 分别为重合点在两坐标系中的坐标。前面七个参数称为坐标变换参数,若有三个以上重合点,就可组成三组以上的前述方程,以求解七个转换参数。转换参数求得后,按下式列出基线向量误差方程式

$$\begin{bmatrix} V_{\Delta x} \\ V_{\Delta y} \\ V_{\Delta z} \end{bmatrix} = R_j \begin{bmatrix} \delta B \\ \delta L \\ \delta H \end{bmatrix}_j - R_i \begin{bmatrix} \delta B \\ \delta L \\ \delta H \end{bmatrix}_i + \begin{bmatrix} \Delta x^0 & 0 & -z^0 & \Delta y \\ \Delta y^0 & \Delta z^0 & 0 & -\Delta x^0 \\ z^0 & -\Delta y & \Delta x & 0 \end{bmatrix} \begin{bmatrix} \Delta m \\ \epsilon_x \\ \epsilon_y \\ \epsilon_z \end{bmatrix} + \begin{bmatrix} \Delta x^0 - \Delta x \\ \Delta y^0 - \Delta y \\ \Delta z^0 - \Delta z \end{bmatrix}$$

$$(9.34)$$

而

$$R = \begin{bmatrix} -(M+H)\sin B\cos L & -(N+H)\cos B\sin L & \cos B\cos L \\ (M+H)\sin B\cos L & (N+H)\cos B\cos L & \cos B\cos L \\ (M+H)\cos B & 0 & \sin B \end{bmatrix} \quad (9.35)$$

式中，δB、δL 为地面网坐标系中大地纬度、大地经度近似值改正数，δH 为地面网坐标系中高程改正数，Δx_0、Δy_0、Δz_0 为由大地坐标求得的近似三维直角坐标，R 为某点的大地坐标与空间直角坐标间的微分关系式中的转换矩阵，L、B 为点的大地经、纬度，H 为点的大地高，M、N 是点的子午圈、卯酉圈曲率半径。在保持原有地面网点坐标不变的情况下，通过坐标平差法求得基线矢量各坐标差的改正数，进而求得点的最后结果。

若地面重合点的精度不均匀，为了不降低 GPS 网的精度，可考虑先以地面网中某一点作为位置基准和某一边作为方位基准，进行纯 GPS 网平差。平差后选取与地面网点坐标较差小的点作为重合点，剔除坐标差较大的点，根据新选的重合点求转换参数，再按式（9.33）列误差方程式进行平差。这样求得的转换参数较可靠，平差结果精度也较好，但所剔除的地面网点将有新的坐标值。

转换及平差通常可以采用随仪器专门携带的软件包进行，计算只要按照软件提示输入独立点的矢量坐标差，就能求得网中所有点的坐标及其精度。

9.9　GPS 水准与精密单点定位

9.9.1　GPS 水准

1. GPS 水准的概念

由 GPS 相对定位得到的三维基线向量，通过 GPS 网平差，可以得到高精度的大地高高差。如果网中有一点或多点具有精确的 WGS-84 大地坐标系的大地高程，则在 GPS 网平差后，可求得各 GPS 点的 WGS-84 大地高。

大地高是以椭球面为基准的高程系统，其定义为由地面点沿该点的椭球法线到椭球面的距离。但是，目前常用的高程是以铅垂线和水准面为依据的水准测量得来的，所以，在实际工程中一般不采用大地高系统，而采用正高系统或正常高系统。正高即地面点沿垂线方向到大地水准面的距离，正常高即地面点沿正常重力线到似大地水准面的距离。

其相互关系为

$$H_{大地高} = H_{正高} + N$$
$$H_{大地高} = H_{正常高} + \xi$$

式中，N 为大地水准面差距，ξ 为高程异常。

GPS 水准指的是采用 GPS 技术测定点的正高或正常高。GPS 水准包括三方面内容：

(1)采用 GPS 静态测量方法确定大地高;

(2)采用其他技术方法确定大地水准面差距或高程异常;

(3)确定正高或正常高。

目前,国内外用于 GPS 水准计算的方法主要有绘等值线图法、解析内插法(包括曲线内插法、样条函数法和 Akima 法)、曲面拟合法(包括平面拟合法、多项式曲面拟合法、多面函数拟合法、非参数回归曲面拟合法和移动曲面法)等。下面以加权二次曲面拟合为例介绍其原理及思路。

加权二次曲面拟合的基本原理是将高程异常近似看作一定区域内各点坐标的二次曲面函数,用已联测水准的 GPS 点的平面坐标和高程异常来拟合该函数。利用拟合函数求未联测点的高程异常,从而求出该点的正常高。设在测区内任一点的平面坐标为 (x,y),高程异常为 $\zeta(x,y)$,函数关系为

$$\zeta = a_0 + a_1 x + a_2 y + a_3 x^2 + a_4 y^2 + a_5 xy$$

需在测区内联测 5 个水准点,列出 5 个方程,求解函数系数。如果测区内已联测点的个数大于 5 个,则可用最小二乘方法进行系数求解。对每一个 GPS 点利用拟合函数求出其高程异常,进而求出正常高。

GPS 水准与传统的水准相比,最大的优点是跨越距离长。目前 GPS 测高精度在 5～10 km 的距离上已可达到三等水准测量的精度,在大范围内可接近二等水准的精度。且 GPS 相对定位具有速度快、精度高、全天候、全自动化的特点,使 GPS 水准得到越来越广泛的应用。GPS 水准测量的缺点是没有有效的校核条件,如由于人为的原因使接收机天线高量取错误,将直接导致测点高程错误,在测量时应该加以注意。

2. GPS 水准应用

1)GPS 三、四等水准加密

在山区或丘陵地区进行水准测量,工作量大,因此可利用 GPS 测量进行三、四等水准加密。

2)跨河水准测量

近年来,在跨越宽水域或山谷的跨河水准测量中,通常采用三角高程测量的方法,也可得到高精度的测量结果。但三角高程测量受到折光、垂线偏差和大地水准面起伏的影响,这些误差可能潜伏在内,往往在水准大环的闭合差检查时表现出来。利用 GPS 相对定位,跨越距离大,精度高,如果利用一岸已有的国家水准点,选取合理的图形构成 GPS 水准网(一般 3～5 点),利用曲线或曲面拟合方法,即可把 GPS 大地高差转化为正常高差,实现高精度、大跨度的跨河水准测量。

3)GPS 用于变形观测

经典变形监测网,通常是将水平形变和高程变化分开测设,考虑误差传播、通视条件、工作量及成本等因素,监测网经常设在形变区内,这就造成形变分析时难以找到稳定的基准,影响形变分析的质量。GPS 技术以其速度快、精度高和不受通视条件、边长限制等优点,使监测网的布设范围可扩大至相对稳定区域,从而建立可靠的形变分析稳定基准。

9.9.2 精密单点定位

传统 GPS 单点定位利用伪距观测值以及广播星历提供的卫星轨道参数和卫星钟差改正

数进行计算。但由于伪距观测值的精度一般为数分米至数米,广播星历提供的卫星位置的误差可达数米至数十米,卫星钟改正数的误差约为±20 ns左右,定位精度只能达到数米,一般只能用于低精度的应用中。载波相位绝对定位较伪距单点定位的精度高,但由于涉及整周未知数的求解问题,一般很难达到实时性求解,且卫星的星历误差,卫星钟差等主要误差仍然存在,其定位精度依然较低。

1997年美国喷气推进实验室(Jet Propulsion Laboratory,JPL)的Zumberge提出了一种新的GPS数据处理模型,即精密单点定位技术(precise point positioning,PPP)。利用全球若干国际GNSS服务跟踪站数据计算出卫星的精密轨道参数和卫星钟差,再对单台双频接收机采集的相位和伪距观测值进行非差定位处理。他们利用此方法处理单机静态观测一天的数据,其内符合精度在水平、垂直方向均达到毫米级,处理全球动态数据的内符合精度在水平方向为8 cm,高程方向约为20 cm。与传统GPS单点定位相比,精密单点定位在数据处理过程中需同时使用相位和伪距观测值,卫星轨道精度需达到cm级水平,卫星钟差改正数精度需达到ns量级,同时需考虑更精确的误差改正模型。

在精密单点定位中,影响定位结果的主要误差有:

(1)与卫星有关的误差有卫星钟差、卫星轨道误差、相对论效应;

(2)与接收机和测站有关的误差有接收机钟差、接收机天线相位误差、地球潮汐、地球自转等;

(3)与信号传播有关的误差有对流层延迟误差、电离层延迟误差和多路径效应。

由于精密单点定位没有使用双差分观测值,很多误差没有消除或削弱,所以必须组成各项误差估计方程来消除粗差。一般常用的有两种方法,一是对于可以精确模型化的误差,采用模型改正。二是对于不能精确模型化的误差,加入参数估计或者使用组合观测值。如采用双频观测值组合消除电离层延迟,采用不同类型观测值的组合可同时消除电离层延迟、卫星钟差及接收机钟差。

目前国内院校研制的精密单点定位软件通过处理单台GPS接收机的非差伪距与相位观测值,可实现毫米级到厘米级的单点静态定位,以及厘米级到分米级的动态单点定位,直接得到点的国际地球参考框架坐标,无需地面基准站的支持,不受作业距离的限制,单机作业,灵活机动,大大节约了用户成本,实现了用户使用单台GPS接收机就可以精确确定点位位置,实现高精度定位导航的功能。此外,还可处理动态、静态、走走停停等作业的数据,同时能处理GPS、GLONASS、北斗组合数据。

精密单点定位技术拥有广阔的应用前景,广泛应用于测绘、航空、交通、水利、电力、国土、农业、规划、海洋、石油物探等部门。可实现区域坐标框架维持和精化、无图区测图、海岛和岛礁测绘、长距离动态定位、无地面控制的航空测量及海洋测绘等。

思考题与习题

1. GPS由哪几部分组成? 各部分的功能和作用是什么?

2. GPS采用的坐标系是如何定义的?

3. 简述GPS伪距定位的原理。

4. 为什么说接收机测得的距离为伪距?

5. 什么是 GPS 绝对定位？什么 GPS 相对定位？

6. 什么是 GPS 相对定位的单差、双差和三差？

7. 在 GPS 相对定位中，单差和双差分别可消除什么影响？若将两台接收机安放在不同的测站上，同时对 M 颗卫星进行 N 次观测，单差和双差分别可以建立多少个观测方程？方程中各有哪些未知数？

8. 在测量工作中，常用的 GPS 作业模式有哪些？

9. 简述 GPS RTK 的测量原理。

10. GPS 数据处理分哪几个步骤？

11. GPS 观测数据预处理有哪些内容？外业数据的检核有哪几项？

12. GPS 控制网平差可分为哪几类？

13. 什么是 GPS 水准？GPS 水准的主要工作有哪几项？

14. 简述精密单点定位的基本原理。

第四单元 数字测图

　　传统的地形测量是用仪器在野外测量角度、距离、高差,经过计算、处理,绘制成地形图。由于地形测量的主要成果——地形图是由测绘人员利用专用工具模拟测量,按图式符号展绘到白纸(绘图纸或聚酯薄膜)上,所以又俗称白纸测图或模拟测图。

　　随着电子技术、激光技术、计算机技术的发展,产生了以全站仪、GPS 接收机等为代表的光机电结合型的测绘仪器。有了新型测量仪器和计算机技术的支持,就可以建立三维数据自动采集、传输、处理的测量数据处理系统,将传统的手簿记录、手工录入、繁琐计算、手工绘图等大量的重复性工作交给计算机处理,从而就产生了数字测图系统。数字测图的方法很多,本单元主要介绍野外数字测图的相关理论及方法。野外数字测图又称地面数字测图,它是以全站仪(或 GPS 接收机)和计算机为核心,连接绘图仪等输入、输出设备,实现野外地图测绘的自动化和数字化。在我国,野外数字测图技术和方法经过近 20 年的发展,于 20 世纪末趋于成熟。目前,数字测图系统已经跳出单一的"测图"模式,向测图与设计一体化、数据采集与数据管理一体化、自动化、成果多元化等方向发展。因此,从白纸测图到数字测图不仅仅是产品形式上的更新,更重要的是由"小测绘"到"大测绘"的飞跃。

第10章 野外数据采集

10.1 数字测图概述

10.1.1 数字测图的概念

数字地图是存储在计算机的硬盘、软盘、光盘或磁带等介质上的地图,地图内容是通过数字来表示的,需要通过专用的计算机软件对这些数字进行显示、读取、检索和分析。生产数字地图的方法和过程叫数字测图,它实际上是通过采集有关的绘图信息并记录在数据终端(或直接传输给便携机),然后通过数据接口将采集的数据传输给计算机,由计算机对数据进行处理,再经过人机交互的屏幕编辑,形成地图数据文件。

数字测图的基础是采集绘图信息,包括点位信息、属性信息和连接信息。

点位信息是目标在空间的位置,一般用 X、Y、$Z(H)$ 表示其在测量坐标系中的三维坐标。点号在一个数据采集文件中是唯一的,根据它可以得到点位坐标。

连接信息是同一地物上多个特征点之间的连接关系。点位信息和连接信息统称为几何信息。

属性信息又称非几何信息,是用来描述地形点属性的信息,一般用地形编码或特定的文字表示。属性信息反映在图面上就是地图符号或注记。

10.1.2 数字测图的分类

将客观存在的地形信息(模拟量)转换为数字这一过程通常称为数据采集。根据数据来源和数据采集方法的不同,可以将数字测图分为以下三种:

(1)基于影像的数字测图。

以航空像片或卫星像片作为数据来源,利用摄影测量与遥感的方法获得测区的影像并构成立体像对,在解析测图仪上采集地形特征点并自动传输到计算机中或直接用数字摄影测量方法进行数据采集,经过软件进行数据处理,自动生成数字地图。

这种方法工作量小,采集速度快,是我国测绘基本图的主要方法。目前,该方法可以满足 1∶1 000 地形图的精度要求。

(2)基于现有地形图的数字化。

将现有的地形图经过数据采集和处理生成数字地图叫地图数字化。地图数字化的方法主要有两种:一种是手扶跟踪数字化,即在数字化仪上对原图上各种地图要素的特征点通过手扶跟踪的方法逐点进行采集,将采集结果自动传输到计算机中,并由相应的成图软件处理成数字地图。另一种是扫描数字化,即首先通过扫描仪将原图扫描成数字图像,再在计算机屏幕上进行逐点采集或半自动化跟踪,也可以直接对各种地图要素进行自动识别和提取,最后由相应成图软件处理成数字地图。

由于手扶跟踪数字化受精度、劳动强度和效率等方面的影响,一般只用于小批量或比较简单的地形图数字化。而地图扫描数字化具有精度高、速度快等优点,随着有关技术的不断发展和完善,已成为地图数字化的主要手段。

(3)野外数字测图。

野外数字测图又称地面数字测图,它是用全站仪或 GNSS 接收机在野外直接采集有关地形信息并将其传输到计算机中,经过测图软件进行数据处理形成地图数据文件。

由于全站仪和 GNSS 接收机具有较高的测量精度,这种测图模式又具有方便灵活的特点,比较适合小范围、大比例尺的测图场合。目前是我国城市地区大比例尺(尤其是 1∶500)测图中的主要方法。

以上三种数字测图方法的不同之处主要表现在数据来源和数据采集方法,本书主要介绍第三种。

10.1.3　数字测图的过程

数字测图一般要经过数据采集、数据处理和成果输出三个阶段。

1. 数据采集

数据采集工作是数字测图的基础,它是通过一定的方法测定地形特征点的平面位置和高程,将这些点位信息和属性信息、连线信息自动存储在存储介质上。空间信息一般是每个特征点一个记录,包括点名、平面位置和高程,直接存储在全站仪内存或外部数据终端上;属性信息和连线信息有两种存储模式,一是以编码的形式和空间信息一并存储,二是单独存储,如常见的草图法。

2. 数据处理

数据处理是数字测图的中心环节,它是通过相应的计算机软件来完成的,主要包括地图符号库、地物要素绘制、等高线绘制、文字注记、图形编辑、图形显示、图形裁剪、图幅接边和地图整饰等功能。

地图符号库是数字测图软件不可缺少的组成部分,数字地图上的各种地图要素都是用相应的地图符号来表示的。地图符号库的建立要以国家颁布的各种地形图图式为依据,一般来说,测图比例尺不同,相应的地形图图式也不同。地图符号库中的地图符号都可以分为三类,即点状符号、线状符号和面状符号。

图形编辑是利用数字测图系统提供的各种编辑功能对图形数据进行必要的调整,以确保地形图的正确和规范。图形编辑的本质是对点、线、面图形的增加、删除和修改。

图形显示是在计算机显示屏上将所生成的图形文件显示出来,它本身也是数字地图的一种输出形式,包括图形的开窗放大、缩小、移动和分层显示。

图形裁剪是保留给定区域内图形而删除区域外图形的一种处理方法。

图幅接边是在相邻图幅公共边上对图形数据进行适当调整,消除矛盾现象,保证图形数据在公共边附近的一致性。

地图整饰是根据图式要求,分幅进行的一种装饰工作,主要包括绘制内外图廓线、图名、图号、接图表、比例尺和其他内图廓线以外的必要信息。

3. 成果输出

数字测图的成果输出主要有三种形式:存储、绘图输出、加工处理。

存储是按照数字地图的文件形式存储在各种介质上，如光盘、硬盘等。

绘图输出是利用绘图仪绘制成纸制地形图。

加工处理有多种形式，一是将数字地图转换成各种信息系统所需的图形格式，建立和更新各种信息系统的空间数据库；二是通过对图层的控制，可以编辑和输出各种专题地图，以满足不同用户的需要。

10.1.4　数字测图的特点

数字测图虽然是在白纸测图的基础上发展而来的，但它与传统的白纸测图相比有许多优点。

1. 数字测图过程的自动化

传统测图方式主要是手工作业，野外测量人工记录，人工绘制地形图。数字测图则使野外测量自动记录、自动解算、自动成图，并向用户提供形式多样的、便于深加工的数字地图，从而实现了测图过程的自动化。

2. 产品数字化

数字测图的主要成果是数字地图，它有以下优点：①便于传输和处理，共享性好；②便于建立地图数据库和地理信息系统；③成果多样化，服务主动化；根据用户需求可以方便地进行分层处理，绘制各类专题图；④便于提取点位坐标、线段长度和方向、区域面积等信息；⑤便于修改和更新。

3. 点位精度高

传统测图方法的比例尺决定了图形的精度，无论所采用的测量仪器精度多高，测量方法多精确，地形图上表示的精度只能是比例尺的最大精度。例如，比例尺为 1∶1 000 的地形图，比例尺的最大精度是 10 cm，若再考虑测量方法等综合误差，一般只能达到 20～30 cm 的精度。即便使用高精度的电子仪器来提高测量精度，但最终反映在图面上也仍然如此，只能造成新的资源浪费。

数字测图则不然，全站仪或 GNSS 测量的数据作为电子信息，可自动传输、记录、存储、处理和绘图。在这一过程中，原始测量数据的精度毫无损失，从而获得高精度（与仪器测量同精度）的测量成果。最终的数字地图最好地体现了外业测量的高精度，同时也体现了仪器发展更新、精度提高的高科技进步的价值。

10.1.5　数字测图技术的发展趋势

数字测图技术的发展主要取决于数据采集和与之相应的数据处理方法的发展。今后数字测图系统的发展趋势主要体现在以下几方面。

1. 全站仪自动跟踪测量模式

随着技术的发展，徕卡、拓普康等公司相继推出了自动跟踪全站仪。利用自动跟踪全站仪，可以实现测站的无人操作，测量数据由测站通过无线传输系统自动传输到位于棱镜站的便携机中，这样就可减少野外测图人员的数量。从理论上讲，按照这种全站仪自动跟踪测量方法，可以实现单人数字测图。尽管目前这种全站仪的价格昂贵，还仅适用于特定的应用场合，但随着科学技术的不断发展，它必将在数字测图中得到广泛的应用。

2．超站仪测量模式

实时动态定位(RTK)技术能够实时提供待测点的三维坐标,在测程 20 km 内可以达到厘米级精度。利用实时动态定位技术进行数字测图时具有速度快、图根控制和碎部测图同步、适合开阔地区作业的特点,但遇到诸如房角点、大树下等影响接收卫星信号的特征点时就无能为力。超站仪就是把全站仪和实时动态定位测量结合在一起,使其同时具有全站仪和 GNSS 的功能,从而为数字测图提供了广阔的空间。

3．野外数字摄影测量模式

利用全站仪或超站仪进行数据采集时,每次只能测定一个点,而摄影测量则可以同时测定多个点,这就是摄影测量方法的最大优点。随着技术的进步,充分利用野外测量灵活性和摄影测量高效性的测量方式必将成为野外数字测图的又一发展趋势。视频全站仪就是顺应这一技术发展的新型仪器,它通过在全站仪上安装数字相机的方法,可在对被测目标进行摄影的同时测定相机的摄影姿态,使野外数字摄影测量成为可能。试验表明,利用这种方法测定的点位精度可达厘米级,完全可以满足野外数字测图的需要。

4．激光扫描测量模式

三维激光扫描技术是 20 世纪末兴起的一门新兴测绘技术,它通过高速激光扫描测量的方法,高分辨地获取被测对象表面的三维坐标数据,通过一定的技术可以真实再现所测物体的三维立体景观。三维激光扫描技术在测绘领域最基本的应用就是地形图测绘,基于扫描的点云数据可直接生成三维模型,同时自动提取等高线,实现一次测量,同时获取二维和三维数据。

5．无人机测量模式

无人机摄影测量日益成为一项新兴的重要测绘手段,其具有续航时间长、成本低、机动灵活等优点。无人机低空摄影测量系统一般由地面系统、飞行平台、传感器、数据处理等四部分组成。随着无人机与数码相机技术的发展,基于无人机平台的数字摄影测量技术已显示出其独特的优势,其精度完全可以满足大比例尺地形图的测图要求。

总之,野外数字测图系统未来的发展主要在改进野外数据采集手段方面,从而不断提高野外数字测图的作业效率。

10.2　碎部点的测定方法

地物、地貌的平面轮廓由一些特征点所决定,这些特征点统称碎部点。传统的碎部测图方法主要有平板仪测图、经纬仪配合小平板测图等形式,其实质是图解法测图。数字测图是直接测定或解算出碎部点的空间位置 (x,y,h),然后参照实地地形用规定的符号表示出来。在数字测图中,可以利用控制点根据实际情况选用不同的方法进行碎部测量。

10.2.1　极坐标法

极坐标法是最基础也是最主要的碎部点测定方法。将仪器整置在测站点,目标棱镜竖在地形点上,无论是水平角还是垂直角均可用一个度盘位置测定。水平角观测实际上就是坐标方位角观测。

如图 10.1(a)所示,S 为测站点,用盘左照准某一已知点 N,安置水平度盘读数为该方向的坐标方位角 A_{SN},然后松开度盘。测量时,当望远镜照准点 P 的目标棱镜时,则水平度盘上的读数即为该方向的坐标方位角 A_{SP}；与此同时还可测得垂直角 α_p 和斜距 D'，如图 10.1(b) 所示。

不难看出，只要在数据终端中预先输入仪器高 k 和觇标高 l，当输入观测数据后，数据终端可按下式计算 P 点的有关信息

$$
\left.
\begin{aligned}
D &= D'\cos\alpha_P \\
X_P &= X_S + D\cos A_{SP} \\
Y_P &= Y_S + D\sin A_{SP} \\
H_P &= H_S + D\tan\alpha_P + k - l
\end{aligned}
\right\}
\tag{10.1}
$$

用全站仪测量碎部点时，需事先将仪器高和觇标高输入到仪器中，其显示的碎部点坐标就是根据上式计算得到的。

10.2.2　方向与直线相交法

这种方法是不依赖测距而确定已知线上一点的方法，也就是通过照准方向线与已知直线相交来确定采样点的方法。如图 10.2 所示，$T_1(X_1,Y_1)$ 和 $T_2(X_2,Y_2)$ 是已测点，设采样点 P 位于已知直线 T_1T_2 上，现在只要在测站点 $S(X_S,Y_S)$ 上照准 P 点而测得方位角 A_{SP}，则不难由下式求得 P 点坐标。即

$$
\left.
\begin{aligned}
X_P &= X_S + X \\
Y_P &= Y_S + Y
\end{aligned}
\right\}
\tag{10.2}
$$

式中，$X=(M-NK_2)/(1-K_1K_2)$，$Y=K_1X$，$M=X_1-X_S$，$N=Y_1-Y_S$，$K_1=\tan A_{SP}$，$K_2=(X_2-X_1)/(Y_2-Y_1)$，K 为斜率。

用这种方法测定的点，一般是无须测定高程，而且多半是一些较远而难以到达或不便竖立棱镜的点。

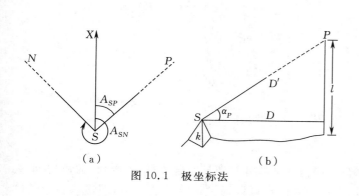

图 10.1　极坐标法

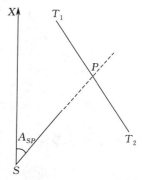

图 10.2　方向与直线交会法

10.2.3　方向交会法

某些距测站较远而且无法到达的地物点，如塔尖、避雷针、旗杆等，采用单交会法来确定其点位既方便又可靠。如图 10.3 所示，若在当前测站点 $S(X_S,Y_S)$ 上测得采样点 P 的方位角为 A_1，在以前的测站点 N 上测得采样点 P 的方位角为 A_2，则 P 点坐标可由下式确定

$$
\left.
\begin{aligned}
X_P &= X_S + X \\
Y_P &= Y_S + Y
\end{aligned}
\right\}
\tag{10.3}
$$

式中,$X = (X_0 K_2 - Y_0)/(K_2 - K_1)$,$Y = K_1 X$,$K_1 = \tan A_1$,$K_2 = \tan A_2$,$X_0 = X_N - X_S$,$Y_0 = Y_N - Y_S$。

　　显然,只有在当前测站点为第二次照准目标点时才有可能算得该采样点坐标。因此,在数据终端中要有存储第一次观测数据的功能,并且在当前测站上有调用以前测站上所测数据的功能,一般采用某种标识符可将二者联系起来。同样,这些点一般也是无需求取高程的。

10.2.4　正交内插法

　　某些地物(如大型建筑物)具有直角多边形图形,其外轮廓具有迂回曲折的特点。在一个测站上有时能测定其绝大多数轮廓点,但难以测定其个别隐蔽点,但根据已测定轮廓点可以内插出这些隐蔽点,使问题获得解决。

　　如图 10.4 中,在测站点 S 上可以测定房角点 1、2、3、5,但 4 点却无法测定,而 34 和 45 的长度也无法直接量取,此时利用已知的 2、3、5 点和直线 45 // 23,34 ⊥ 23 的特点,可以求得第 4 点的坐标,作为一般表达式,由已知的 A、B、D 点求 C 点,且 CD // AB,BC ⊥ AB,则

$$\left. \begin{array}{l} X_C = \dfrac{K^2 X_B + K(Y_B - Y_D) + X_D}{1 + K^2} \\[3mm] Y_C = \dfrac{K^2 Y_D + K(X_B - X_D) + Y_B}{1 + K^2} \end{array} \right\} \tag{10.4}$$

式中,$K = (X_B - X_A) / (Y_B - Y_A)$。

　　值得指出的是,这类点没有输入任何新的观测值,完全是一种由采样点扩展采样点的方法,用它补充个别隐蔽点是可以的。当然,能直接测定的点仍以直接测定为宜。

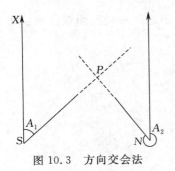

图 10.3　方向交会法

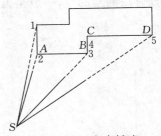

图 10.4　正交内插法

10.2.5　导线法

　　基于野外直接测量的方法具有解析的特点,某些外轮廓具有规律性(如直角)的地物(如大楼房),可只测定少量的定向、定位点,大量的中间点可以通过计算方法求得,即量取各边长度且各转折角均为直角,则相当于一条闭合导线。只不过由于各边互相平行或正交,可用较简便的方法进行计算。

　　在图 10.5 中,设该建筑物共有 18 个轮廓点,在测站点 S 上只能直接测定其中的少数几点。若有选择的测定其两端较长边上的转折点如 A、B、C、D 四个点,用钢卷尺量取各边长度后,且各转折角又都是直角,则不难用两条导线来分别算得中间各点。

　　值得指出的是,有起、闭边的图形可以看成是标准导线图形;当无闭合边但有闭合点 C

时,则无直线间平行或正交的检核条件,但有坐标闭合条件;当既无闭合边又无闭合点时,则无任何检核条件,实际上就是支导线,一般可以测定 1~2 个支点。

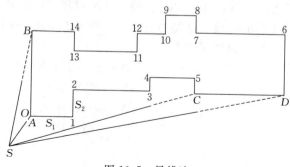

图 10.5 导线法

10.2.6 距离交会法

如图 10.6 所示,已知碎部点 A、B,欲测碎部点 P。可以分别量取 P 至 A、B 点的距离 D_1、D_2,即可求得 P 点坐标。

由于 A、B 点坐标已知,可以计算该两点间距离 D_{AB},联合 D_1、D_2,即可求出角度 α、β。

$$\left.\begin{aligned}\alpha &= \arccos \frac{D_{AB}^2 + D_1^2 - D_2^2}{2D_{AB} \cdot D_1}\\ \beta &= \arccos \frac{D_{AB}^2 + D_2^2 - D_1^2}{2D_{AB} \cdot D_2}\end{aligned}\right\} \tag{10.5}$$

然后根据交会法的余切公式即可求得 P 点坐标。

10.2.7 直线内插法

如图 10.7 所示,已知 A、B 两点,欲测位于直线 AB 上的碎部点 P_1、P_2。可以依次量取 A 至 P_1、A 至 P_2 的距离 D_{A1} 和 D_{A2},然后按照下式进行计算

$$\left.\begin{aligned}X_i &= X_A + D_{Ai} \cdot \cos\alpha_{AB}\\ Y_i &= Y_A + D_{Ai} \cdot \sin\alpha_{AB}\end{aligned}\right\} \tag{10.6}$$

式中,α_{AB} 是直线 AB 的坐标方位角。

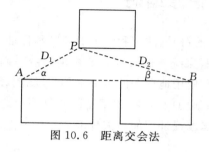

图 10.6 距离交会法

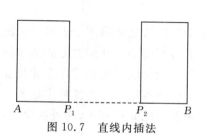

图 10.7 直线内插法

10.2.8 对称点法

具有对称形状的地物如规则楼房、操场跑道等,只要测定其中互相对称的一组点(2 个或

4 个点),计算出对称参数,其余的两两互相对称的点,只要测定其中之一,另一个则可通过计算而得。

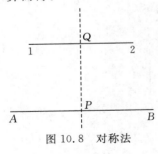

图 10.8　对称法

在图 10.8 中,若测了互相对称的两点 A 和 B,另一组对称点为 1 和 2,设 PQ 是对称轴,若测定了 1 点,则 2 点不难算得,反之亦然。由图可知

$$X_P = (X_A + X_B)/2$$
$$Y_P = (Y_A + Y_B)/2$$
$$X_Q = (X_1 + X_2)/2$$
$$Y_Q = (Y_1 + Y_2)/2$$

令

$$k = (Y_B - Y_A)/(X_B - X_A)$$

则

$$(Y_Q - Y_P)/(X_Q - X_P) = -1/k$$
$$(Y_1 - Y_Q)/(X_1 - X_Q) = k$$

由上两式联立解得

$$X_Q = (X_p + kY_p + k^2 X_1 - kY_1)/(1 + k^2)$$
$$Y_Q = (Y_1 + kX_p + k^2 Y_p - kX_1)/(1 + k^2)$$

从而可得

$$\left. \begin{array}{l} X_2 = (2X_p + 2kY_P + k^2 X_1 - 2kY_1 - X_1)/(1 + k^2) \\ Y_2 = (Y_1 + 2kX_p + 2k^2 Y_p - 2kX_1 - k^2 Y_1)/(1 + k^2) \end{array} \right\} \tag{10.7}$$

10.2.9　RTK 测量

RTK 测量方法在本书 9.4.5 小节中已有详细介绍。无论是传统的 RTK 测量模式,还是网络 RTK 测量模式,都在碎部点测量中得到了广泛应用,与全站仪碎部点测量相比,在测量精度和效率等方面都有明显改善。随着仪器设备的发展,在碎部测量中,RTK 测量已经成为主要测量手段,而全站仪测量则逐步成为辅助手段。

10.3　图式符号及信息编码

地形图图式是地形图上表示各种地物和地貌要素的符号、注记和颜色的规则和标准,是测绘和出版地形图必须共同遵守的基本依据之一,是由国家统一颁布执行的标准。统一而标准的图式科学地反映了实地的形态和特征,是人们识别和使用地形图的重要工具,是测图者和用图者相互沟通的语言。为使数字地形图更好地满足各部门的需要,数字测图软件不仅需要建立一个完整的图式符号库,而且在设计上还应当遵守国家或部门的有关标准。

10.3.1　地形图符号的基本特征

地形图符号由点、线、几何图形及有关注记组成,它是测图者和用图者互相沟通的语言,是地面信息在图纸上的集中表现。任何一个符号都具有形状、大小和颜色三个基本特征。

1. 符号的形状

地形图符号的形状(图形)是用于区别物体或现象的主要标志,其形状应力求与被表现的物体有神似或形似的关系,即具有会形或会意的特点,既便于区分又便于识别。由于地形图是平面图,与实地有一定的比例关系,而地面信息既有平面的或立体的实物,如水井和宝塔等,也有纯意象性的非实体,如境界、水流方向、等高线等。因此,地形图符号绝大部分是按照正射投影的原理构成缩小的平面图形,然后在平面图形内绘以补充标志(说明符号、说明注记和颜色等),以区别不同物体的性质或数量,按其形状特征可分为:

(1)正形符号。

这种符号以物体垂直投影后的几何形状表示,如图 10.9 中的居民地边界、湖泊边界等;单个的物体(简称独立地物)则以其投影后的象形图案表示,如粮仓、水井、独立房等。

(2)侧形符号。

这种符号从物体一侧按正射投影后的抽象几何形状表示,一般都是独立物体,如图 10.9 中的水塔、突出树、烟囱等。这些地物若从垂直投影看,它们都具有相似的外轮廓,如塔、亭的垂直投影形状可能都是正六边形,难以区分,而从侧面观之,则有不同的形状。

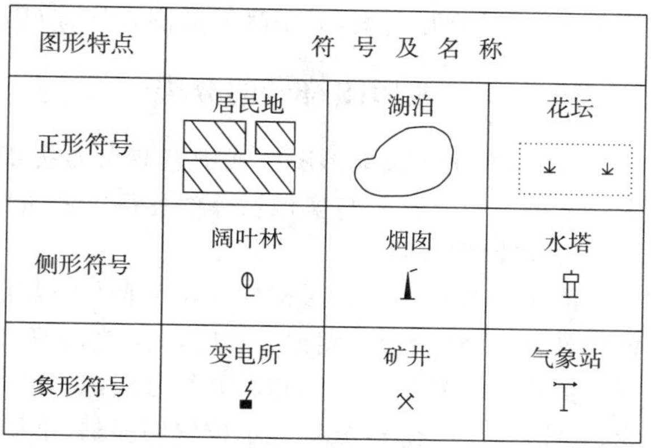

(3)象形性符号。

有些地物无论从垂直投影还是从侧面正射投影看,其形状均易雷同。例如,矿井

图形特点	符　号　及　名　称		
正形符号	居民地	湖泊	花坛
侧形符号	阔叶林	烟囱	水塔
象形符号	变电所	矿井	气象站

图 10.9　符号的图形分类

的垂直投影有圆形的、方形的或线状的;就其作业方式也有竖井、斜井、平硐和小矿井等之分;就其作用而言有正在开采的和废弃的,但"矿井"却是它们的共性。如图 10.9 所示,用一个象征性的符号,即两把交叉的采矿工具(铁镐)表示之。其他如学校用"文"、卫生所用"＋"等象征其作用。

(4)会意符号。

有些地物在地面上虽有位置,但无论用何种比例尺缩绘,它只能是一个点,如三角点、控制点等。有些地面信息只有概念而无实物,如境界只有境界标志而无境界线,诸如此类信息只能用会意符号表示。例如,用"△"表示三角点,名、实相符,而控制点和图根点符号则纯属会意的;国界线、省界线等只是按其重要程度用不同形式的线段加以区分。

(5)注记符号。

有些地物只从形状上还难以区分其性质,因此,必须附加某些说明注记以示区别。例如,同是一个矿井符号,但要区分其为铜、铁、磷或煤,就必须在其旁加注相应的属性字。因此,不论是数字注记还是汉字注记,都可看成是地形图的符号之一。

2. 符号的大小

符号的大小特征也就是符号的尺寸特征,它与实地物体的大小和重要程度有关。重要的物体一般以大的符号和较粗的线划来描绘。例如,国界的线宽为 0.8 mm,界碑点为直径 1.0 mm 的黑点;省界线宽为 0.6 mm,界碑点直径为 0.8 mm;又如公路用 0.3 mm 的粗线表示铺面宽,用两条 0.15 mm 的细线表示路基宽,如此等等。

3．符号的颜色

符号的颜色主要用以区别地物大类的基本性质，增强地形图的表现力，提高艺术效果，使之美观逼真，清晰易读。由于目前我国的地形图一般只采用四色印刷，所以不能完全按物体的自然色表示出来，而只能按四大类分别表示，即：

黑色——表示人工物体，如居民地、道路、管线与垣栅、境界等。

蓝色——表示水系要素，如河流、湖泊、沟渠、泉、井等。

棕色——表示地貌与土质，如等高线、特殊地貌符号等。

绿色——表示植被要素，如森林、果园等。

值得指出的是，符号的颜色系指出版图而言，有的只用三色出版(用绿色表示水系而无蓝色)。但在传统的平板测图中，外业原图一般都是用黑色描绘，特别是工程用的大比例尺地形图，通常并不公开出版，只是晒印蓝图，以供应用。

10.3.2　地形图符号的分类

目前，大比例尺地形图图式中有 9 大类共 410 多个符号，表示着地面上千姿百态和千差万别的物体。根据符号与实地物体的比例关系可将地形图符号分成三种类型。

1．依比例符号

依比例符号又叫真形符号或轮廓符号，以保持物体平面轮廓形状的相似性为特征，轮廓位置准确，如森林、海洋、湖泊、草地、沼泽地，以及某些较大的建筑设施等。

依比例符号是由轮廓和填充符号组成，轮廓表示面状物体的真实位置与形状，其线划有实线、虚线和点线之分，分别表示位置明显的、准确而无实物的和不明显的界线，如岸线、境界线和地类界。填充符号只起说明物体性质的作用，不表示物体的具体位置，是一种配置性的符号，有时还要加注文字或数字以说明其质量或数量特征，如森林符号。水域在出版图上涂以蓝色，不再填充符号，但在地形单色原图上不作填充。

2．不依比例符号

不依比例符号又叫点状符号或独立符号，以不保持物体的平面轮廓形状为特征，只表示该地物在图上的点位和性质。这是由于某些独立地物实在太小，按比例缩绘在图上只能是一个点，所以用一个专门的符号表示，如三角点、控制点、独立树、纪念碑、水井等。当然，在大比例尺测图时，有些独立地物仍然可以按比例描绘其轮廓，则必须

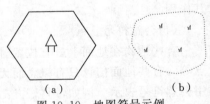

（a）　　　　　　　　　　（b）

图 10.10　地图符号示例

如实测绘，再在其中适当位置绘一独立符号，如图 10.10(a)所示的亭符号。由此可见，独立符号有时可作填充符号，反之亦然，如图 10.10(b)所示的竹林符号。

3．半依比例符号

半依比例符号是指物体的长度按比例描绘而宽度不按比例描绘的符号，在实地大都是一些狭长的线状物体，所以又称为线状符号。如铁路、公路、城墙、通信线和高压线等。但在某些较大比例尺的测图中，有时铁路、公路的宽度也可以依比例尺表示，则成为依比例表示的符号。

符号的依比例、半依比例或不依比例没有绝对的概念，同一地物可能同时用两类符号表示，例如，河流的发源端绘成半依比例的单线，到中游和下游则逐渐变成依比例的双线河。同一地物在不同比例尺的图上可能用不同类的符号表示，例如，独立房屋有时是不依比例的独

立符号,而在更大比例尺的测图中却可依比例描绘。

10.3.3 地形图符号的定位和定向

不依比例和半依比例的地形图符号实际上都是一些规格化了的、放大了的图形,那么,符号中的哪一点代表实际地物的真实位置? 符号按什么方向描绘? 这就是地形图符号的定位和定向问题,这在图式中均有明确的规定。

1. 不依比例符号的定位

不依比例符号是以符号的"主点"和与之相对应地物垂直投影后"中心点位"相重合为特征的,而独立符号是由几何图形组成,既有单个的几何图形,也有复合的几何图形。因此,图形的"主点"就是定位点(如图 10.11 所示),其基本法则如下:

(1)带点的符号,如三角点、导线点的中心点就是主点。

(2)具有典型的几何形状的符号,如电杆、石油井、抽水机站、粮仓等其几何中心就是主点。

(3)具有宽底的符号,如水塔、环保检测站、散坟等,其底线中心即为主点。

(4)底部成直角状的符号,如独立树、汽车站、路标等,其直角顶点即为主点。

(5)由多种几何图形组成的符号,如瞭望塔、清真寺、教堂等,其下部几何图形中心即为主点。

定位点	符号及名称			
中心点	三角点	△	导线点	⊡
几何中心	电杆	○	水车	⚙
底线中心	水塔	⛫	散坟	⊥
直角顶点	路标	𝄇	针叶树	♠
下方几何中心	教堂	●	消火栓	⍿

图 10.11 不依比例尺符号的定位点

(6)其他图案符号,如矿井、发电厂等,其符号的中心即为主点。

(7)底端为缺口的符号,如亭、城门、山洞等,其缺口底端中心即为主点。

不依比例符号的主点也就是野外采样时所要测定的碎部点。

2. 半依比例符号的定位

半依比例符号大多为线状符号,是以符号的"主线"与相应地物投影后的中心线位置相重合为特征的(如图 10.12 所示),确定符号主线的法则如下:

类别	定位线	符号及名称	类别	定位线	符号及名称
对称符号	在中心线上	公路 铁路	不对称符号	在底线上或缘线上	城墙 陡坎

图 10.12 半依比例尺符号的定位线

(1)单线符号,如人行小路、单线河、栏杆、地类界、岸线等,线划本身就是主线。

(2)对称性的双线符号,如公路、铁路、土堤和岸垅等,其中心线就是主线。

(3)非对称性的双线符号,如城墙、陡岸等,其底线或缘线就是主线。

主线就是野外采样时必须确定的位置,直线由两点联结之,曲线由多点逼近光滑。

3．符号的定向法则

不依比例符号在描绘时必须遵守其定向法则。通常分为按标定方位定向和按地物的真方位定向两种情况,前者称为定向符号,后者称为变向符号(如图 10.13 所示)。

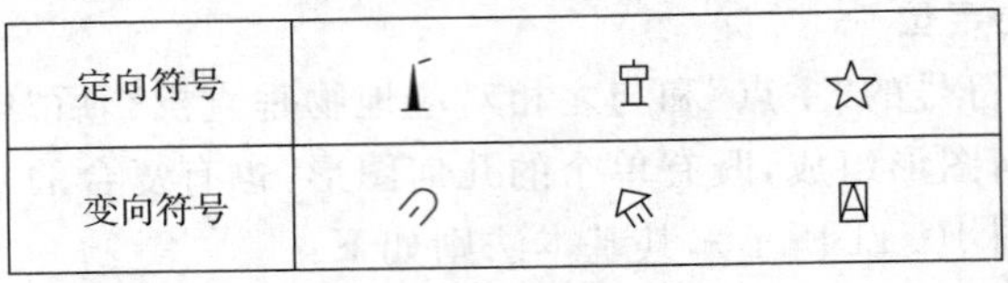

定向符号	⌐	☖	☆
变向符号	⌐	⋖	◲

图 10.13　符号的方向

1)定向符号

这类符号不管实际地物的真实方向如何,其符号始终按垂直于南图廓线描绘,独立地物符号多数为定向符号,且多为突出地面的地物。

2)变向符号

这类符号的方向必须按地物的实际方向描绘,例如窑洞、独立房、山洞、城门、城楼、地下建筑物的地表出入口、斜井井口、平硐洞口,以及与风向有关的沙丘地貌等。

野外采样时,定向符号只要测定定位参数即可,而变向符号还必须增加一个定向参数。

10.3.4　野外采样信息

野外数字测图时首先测定地物或地貌特征点的坐标,然后经绘图软件处理,自动绘出所测的地形图。因此,对地形点必须同时给出点位信息及绘图信息。

综上所述,数字测图中地形点的描述必须具备三种信息。①地形点的三维坐标。②地形点的属性,即地形点的特征信息。绘图时必须知道该点是什么点:地貌点? 地物(房角、消火栓、电线杆……)点? 有什么特征等等。③地形点的连接关系,据此可将相关的点连成一个地物。前一项是定位信息,后两项则是绘图信息。

地形点的点位是用仪器在外业测量中测得的,最终以 X、Y、$Z(H)$ 三维坐标表示。测点时要标明点号,点号在测图系统中是唯一的,根据它可以提取点位坐标。

地形点的属性是用地形编码表示的,有编码就知道它是什么点,图式符号是什么。反之,外业测量时知道测的是什么点,就可以给出该点的编码并记录下来。

地形点的连接信息包括连接点和连接线型两个内容。当被测目标是独立地物时,仅用属性信息和空间信息就可以完整表示。如果被测目标是一个线状地物或面状地物时,必须明确当前点与哪个点连接,以什么线型相连,才能形成一个完整地物。

野外测量时,知道测的是什么,是房屋还是道路等,当场记下该测点的编码和连接信息。显示成图时,利用测图系统中的图式符号库,只要知道编码,就可以从库中调出与该编码对应的图式符号成图。也就是说,如果测得点位,又知道该测点应与那个测点相连,还知道它们对应的图式符号,就可以将所测的地形图绘出来了。这一少而精、简而明的测绘系统工作原理,正是根据系统编码、图式符号、连接信息一一对应的设计原则实现的。

10.3.5 野外采样信息编码

计算机是通过测点的属性信息来识别测点是哪一类特征点,用什么符号来表示的。为此,在数字测图系统中必须设计一套完整的信息编码系统替代地物的名称和代表相应的符号,以表明测点的属性信息。

地形图的地形要素很多,《1∶500 1∶1 000 1∶2 000 地形图图式》(GB/T 2025.1—2007)已将它们总结归类,并规定出用以表达的图式符号。所颁布的地形图图式符号约有 410 多个,按独立要素约有 600 余个。对数字测图软件来说,首先考虑到外业的方便,以最少位数的数码来代表点的地形分类属性,以地形图图式作为地形点属性编码的依据是适宜的,因此对每一个地形要素都赋予一个编码,使编码和图式符号一一对应。

地形编码设计应遵循以下原则:

(1)科学性。以适应现代计算机和数据库技术应用和管理为目标,按地图符号的要素特征或属性进行科学分类,形成系统的分类体系。

(2)体系一致性。同一要素在不同比例尺地形图中有一致的分类和唯一的代码。

(3)稳定性。分类体系选择各要素最稳定的特征和属性为分类依据,能在较长时间里不发生重大变更。

(4)完整性和可扩展性。分类体系覆盖已有的多种比例尺地图要素,既反映要素的类型特征,又反映要素的相互关系,具有完整性。编码结构应留有适当的扩充余地。

(5)适用性。分类体系应充分考虑与原有体系的衔接,要素名称尽量沿用习惯名称。

常见的地形编码方案有以下几种类型。

1. 三位整数编码

三位整数是最少位数的地形编码,三位整数足够对全部地形要素进行编码。它主要参考地形图图式符号,对地形要素进行分类、排序编码。

根据 1∶500、1∶1 000、1∶2 000 地形图图式,地形要素分为测量控制点、居民地、工矿企业建筑物和公共设施、独立地物等九大类。在每一大类中又有许多地形元素,在设计三位整数编码时,第一位为类别号,代表上述大类;第二、三位为顺序号,即地物符号在某大类中的序号。例如编码 103,"1"为大类,即控制点类;"03"为图式符号中顺序为 3 的控制点即小三角点(见图 10.14);106 为埋石图根点。通过统计,符号最多的是第七类(水系及附属设施),超过 99,有 130 多个。符号最少的是第一类(控制点),只有 9 个。此外,测图系统中,一些特殊的线、层等也需要设系统编码;一些制作符号的图元及线型(虚线、点划线……)也需要设编码。因此,在实际测图软件的编码系统中,为了用三位编码概括以上需要,在上述九大类的基础上应作适当的调整。如水系及附属设施的编码就可分为两段,即 700～799 段和 850～899 段。

一、测量控制点

编码	名 称
100	天文点
101	三角点
102	土堆上三角点
103	小三角点
⋮	⋮

二、居民地

编码	名 称
200	一般房屋
201	一般房屋(混凝土)
202	一般房屋(砖)
⋮	⋮

图 10.14 三位整数编码

三位整数编码的优点是:编码位数最少,最简单,操作人员易于记忆和输入;按图式符号分类,符合测图人员的习惯;与图式符号一一对应,编码就带有图形信息;计算机可自动识别,自动绘图。

2.四位整数编码

《地形要素分类与代码》(GB 14804—93)采用四位整数编码,地形编码制定的原则同前,只是考虑到系统的发展,预留一些编码的冗余位,以便编码的扩展。此外,还考虑到与原图式中编号的相似性,原图式的编号就有三位,在一个编号下还要细分几种类型,例如,图式中烟囱及烟道的编号为327,此编号下还分3种:A.烟囱,B.烟道,C.架空烟道。若采用三位编码,则按顺序依次编下去,而四位编码则可编为3271、3272、3273。

由于三位整数编码位数最少,操作、记忆都方便,因此一些测图系统的编码仍采用三位整数编码。三位和四位在编码的思路和原则上是一致的,所以,在需要统一时,通过转换程序,即可以方便地将三位码转换为四位国标码。

3.六位整数编码

《基础地理信息要素分类与代码》(GB/T 13923—2006)采用线分类法,要素类型按从属关系依次分为四级:大类、中类、小类、子类。大类包括:定位基础、水系、居民地及设施、交通、管线、境界与政区、地貌、土质与植被等8类;中类在大类基础上分出共46类;小类和子类按照1:500 1:1 000 1:2 000、1:5 000～1:10 万、1:25 万～1:100 万三个比例尺段进行类别划分(详细划分情况见《基础地理信息要素分类与代码》(GB/T 13923—2006)。

该分类编码标准采用6位十进制数字码,分别为按数字顺序排列的大类、中类、小类和子类码,具体代码结构如图10.15所示,编码规则为:

(1)左起第一位为大类码;

(2)左起第二位为中类码,在大类基础上细分形成的要素码;

(3)左起第三、四位为小类码,在中类基础上细分形成的要素码;

(4)左起第五、六位为子类码,在小类基础上细分形成的要素码。

图10.15　六位整数编码

例如,图根点的编码为110102,其中第一位的1表示大类为定位基础,第二位的1表示测量控制点,第三、四位的01表示平面控制点,第五、六位的02表示图根点;一般建成房屋的编码为310301,其中第一位的3表示大类为居民地及设施,第二位的1表示居民地,第三、四位的03表示单幢普通房屋,第五、六位的01表示建成房屋。

数字地图的要素编码形式多样,尤其是早期开发的数字测图软件中所使用的要素编码大都各自为战,互不通用,给数字地图的后续开发及应用带来不便。随着技术进步和"互联网＋"的发展,大家越来越认识到编码统一的重要性,相信涉及地理信息编码的系统会逐步统一到国家标准上来。

10.4 地物测绘

10.4.1 测绘地物的方法

《1∶500 1∶1 000 1∶2 000 地形图图式》(GB/T 7929—1995)*将地物符号归纳为居民地、独立地物、管线和垣栅、境界、道路、水系、植被等几部分,其测绘方法如下。

1. 居民地

居民地是人们集中活动的地方,是地形图上十分重要的地物要素。居民地按其大小分为城市、集镇和村庄等几种类型。

测绘居民地时,应着重表示居民地的外部轮廓特征、内部街道分布及通行情况,表示清楚街道口与道路的联接,以及与其他地物的关系。对分割或包围居民地的地物,以及那些对接近居民地有隐蔽、障碍或有方位作用的地物,均应认真表示。

在大比例尺数字测图中,居民地中的建筑物一般用极坐标法按比例逐一测绘,而对于排列整齐的大片房屋,不必逐一施测,可在精确测定该片房屋的两条互相垂直的外边缘线后,用量距内插或方向与直线相交法确定各房角点。居民地内部不便布设控制点的地方,则需在周围较大建筑物已测的基础上,利用各种量距、定向的方法逐一确定。

2. 独立地物

大比例尺数字测图中,独立地物大多依比例尺测绘其外围轮廓,而于其中央位置配以相应的符号。如图 10.16 所示的散热塔,可用极坐标法测定周围 1、2、3 点,绘出其圆形外轮廓,中央绘上塔形建筑物符号,并注"散"字。

3. 管线和垣栅

地面上输送石油、煤气或水等的管道,以及各种电力线和通信线等统称管线;各类城墙、围墙、栏栅,称为垣栅。它们都属于线状物体,在地形图上一般采用半依比例尺的线状地形符号表示。大比例尺数字测图时,除城墙一般要依比例尺测绘外,有些架空管线的支架塔柱或其底座基础,也须按比例尺测定其实际位置,单杆电线表示如图 10.17(a)所示,若为双杆高压线,则按图 10.17(b)表示,其中两个小圆圈表示两电杆的实际位置。

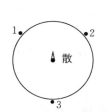

图 10.16 独立地物的测绘

(a) (b)

图 10.17 电线与电杆

4. 境界

境界是划定国家之间或国内行政区划的界线。特别是国界,它涉及国家的领土主权和与

---

* 本标准已由《国家基本比例尺地图图式 第 1 部分:1∶500 1∶1 000 1∶2 000 地形图图式》(GB/T 20257.1—2017)所代替。

邻国的政治、外交关系等问题。测绘国界线,须由有经验的测量员在边防人员陪同下,准确而迅速地进行,不得有任何差错。国内行政区划界线,通常依据居民地或其他地物的归属绘出,应由地方政府有关部门指定专人在实地指认确定。

5．道路

道路是连接居民地的纽带,是国家经济生活的脉络,是军事行动的命脉。因此,各类地图都十分重视对道路的正确测绘。

地形图中通常有双线道路和单线道路两类符号。在中、小比例尺测图中铁路和公路多用双线符号表示,其中心线即为道路的真实位置,大车路以及人行小路等多用单线表示。在大比例尺测图中,除人行小路用单线表示外,其他类型的道路大都可以按比例尺测绘其宽度,然后用相应的符号表示之。

测绘道路时,除了道路本身的位置应当准确、等级应当分明、取舍应当恰当、分布应当合理外,沿道路的各种附属地物,如桥梁、隧道、里程碑、路标、路堤和路堑等,也应准确测绘,道路两侧附近那些具有方位意义的地物,如独立房屋、碑亭等,也应准确表示,道路与居民地的接合处应当十分明确,特别是双线道路在居民地内的走向及通行情况,更应交待清楚。

6．水系

水系是江、河、湖、海、水库、渠道、池塘、水井等及其附属地物和水文资料的总称,它与人类生活密切相关,是地形图的要素之一,必须准确地测绘和表示。

海岸线是多年大潮(朔、望潮)的高潮所形成的岸线,一般根据海水侵蚀后的岸边坎部、海滩堆积物或海滨植被所形成的痕迹来确定,比较容易用仪器测定其准确的位置。低潮时的水涯线称为低潮界,它与海岸线之间的地段称为干出滩(即浸潮地带),干出滩内的土质、植被、河道及其他地物均应表示。因此,首先应设法测定低潮界的位置,方可正确表示有关干出滩的地形。

低潮界一般采用这样的方法测定:当干出滩伸展的范围不大(几百米以内)时,可于低潮时刻直接用视距法测定低潮线;当干出滩伸展的范围较大(一千米以上)时,通常可于退潮时刻在距低潮界数百米处设站,快速地用视距法测定几个低潮界的碎部点和主要河道的特征点等,便可准确的描绘出干出滩的位置及其附属地物;当干出滩十分平坦且来不及于退潮时刻设站时,可于低潮界的特征点处竖立标志,用单交会法确定其位置,也可参照海图或询问当地居民用目测或半仪器法测定。

大比例尺测图中,水系及其附属地物多应依比例尺测绘,并以相应的符号表示,只有宽度小于图上 0.5 mm 的河流可用单线表示。

河流岸线只要准确测定其交叉点和明显的转弯点,即可参照实地形状描绘,细小的弯曲和变化可以舍弃或综合表示之。

7．植被

植被系指覆盖在地表上的各类植物。地形图上要充分反映地面植被分布的特征和性质,准确地表示植被覆盖的范围,这对于资源开发、环境保护、农牧业生产规划和军事行动等方面的用图,都具有十分重要的意义。因此,要求准确测绘地类界的转折点,以便准确地描绘植被覆盖的范围。有关植被的说明注记,应遵照图式规定的内容,于实地准确的查看和量取,以确保其可靠性。

综上所述,尽管地物类别很多,但在图上表示不外乎点状、线状和面状符号三种。其测绘要领如下。

测绘点状地物时,应测定其底部的中心位置,再以相应符号的定位点与图上点位重合,并按规定的方向描绘。独立地物底部经缩绘后多大于符号尺寸,需将其轮廓按真实形状绘出,并在轮廓内绘相应符号。

测绘线状地物时,主要测定物体中心线上的起点、拐点、交叉点和终点,再对照实地地物,以相应符号的定位线与图上点位重合绘出。

测绘面状地物时,应测绘地物轮廓的特征点,再对照实地地物,以相应符号的轮廓线与图上点位重合后绘出。部分面状地物如居民地、水库、森林等,还应在轮廓范围内(或外)加注地理名称或说明注记等。

10.4.2　测绘地物应注意的问题

测绘地物时除了按照有关规定表示每个符号外,还应该正确处理以下几种关系。

1. 正确处理符号之间的关系

图上表示地物时,大量的问题是如何处理各种符号之间的关系,如不同符号相交或相遇时,怎样根据不同情况按相交、压盖、间隔、移位或共边的关系表示,以达到真实、准确、清晰、易读的目的。现将地物符号表示中常遇到的几个问题说明如下:

(1)正确应用街道线符号。表示清楚街道的出入口,既能正确反映居民地的通行情况,也能反映街道的主次,如图 10.18 所示,箭头所指均为街道线符号,如不补齐或不绘街道线,居民地的通行情况等则含糊不清。

(2)高出地面的建筑物,直接建筑在陡坎或斜坡上的房屋或围墙,其房屋或围墙应按正确位置绘出,坎、坡无法准确表示时,可移位 0.2 mm 绘出。悬空建筑在水上的房屋与水涯线冲突时,可间断水涯线,而将房屋完整表示。

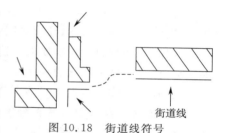

图 10.18　街道线符号

(3)通信线和电力线遇居民地时,应相接于居民地边缘,不留间隔;当遇到独立地物时,应断开 0.2 mm;当遇到双线路、双线堤、双线河渠、湖泊、水库、鱼塘时,则应连续绘出不必中断。

(4)铁路与公路相交,铁路照常绘出,公路中断于铁路边缘。双线公路相交,要保证其连通。双线路与房屋围墙等高出地面的建筑物边界线重合时,可用建筑物边线代替道路边线,且在道路边线与建筑物接头处,应间隔 0.2 mm。双线路与单线路相交,单线路接于双线路边线。道路与河流相交,一定要实线相交。道路通过桥梁应间隔 0.2 mm。虚线路拐弯或相交处应为实线。

(5)河流在桥下穿过时,河流符号应中断于桥梁符号边缘,河流通过涵洞,也中断于涵洞符号边缘,河流、湖泊的水涯线与陡坎重合时,仍应在坡脚绘出水涯线。

(6)境界以线状地物一侧为界时,应离线状地物 0.2 mm 按规定符号描绘境界线,若以线状地物中心为界时,境界线应尽量按中心线描绘,确实不能在中心线绘出时,可沿两侧每隔3~5 cm 交错绘出 3~4 个符号,并在交叉、转折及与图边交接处绘出符号以表示走向。

(7)地类界与地面有实物的线状符号(如道路、河渠、土堤、围墙等)重合时,可省略地类界符号。当与地面上无实物的线状符号(如境界)或架设线路的符号(如电力线、通信路等)重合时,地类界移位绘出,不得省略。

(8)当植被被线状地物符号分割时,应在每块被分割的范围内至少绘出一个能说明植被属性的符号。

地物测绘是地形测图的重要内容,测定地物点的位置并不难,难的是如何正确理解和运用规定的地物符号,恰如其分地表示实际地物,使用图者不致产生错觉或混淆。这就要求测量人员要不断地学习图式和规范,不断地总结经验,以提高和丰富这方面的知识。图式和规范的规定在实际工作中必须遵守。但是,规范和图式的规定并不能包括工作中的所有情况,这就需要我们根据基本原则,灵活运用,测绘出高质量的地图来。

2. 正确掌握综合取舍原则

既然地形图上不可能、也无必要逐个表示全部地物,这就必然存在地物的取舍与综合问题。因此,必须紧紧把握所测地形图的性质和使用目的,重点、准确地表示那些具有重要使用价值和意义的地物,如突出的、有方位意义的地物,对部队战斗行动有障碍、荫蔽、支撑以及有利于夜间判定方位的地物,对经济建设的设计、施工、勘察和规划等有重要价值的地物,以及用图单位要求必须重点表示的地物,都要重点表示,即按实地位置准确表示。

移位或综合表示次要地物。次要,是相对主要而言,如两地物相距很近,且均需在图上表示,但都不能按其真实位置描绘时,则可将其中主要地物绘于真实位置,次要地物移位表示。移位后的地物应保持其总的轮廓特征及正确的相关位置。

对于那些既不能综合又不能移位表示的密集地物,可只表示主要地物,舍去次要地物。例如,戈壁滩上有些干河床,像蜘蛛网一样的密集,既无必要一一表示,又不能综合成大干河床,只能选择主要的,而舍去次要的。这样既保持图面清晰,又保证了主要干河床位置正确。对于那些临时性的、易于变化的和用途不大的地物,一般不表示。

地物的综合取舍,贯穿于整个测图过程,它与所测地形图的比例尺关系密切,也与测图人员的经验有关。综合取舍是否合理,直接关系到地图的质量,它是一项重要而又严肃的工作。特别是对中小比例尺测图,作业人员要做到正确的综合取舍,不但要有高度的责任心,同时还有熟练的测绘技术及丰富的社会知识、军事知识和识图用图的经验,并通过反复实践,多次比较和体会,方能合理地综合取舍,满足用图需要。

10.5 地貌测绘

地貌是测绘工作中对地球表面各种起伏形态的统称,按其形态和规模可分为山地、丘陵、高原、平原和盆地等,地图上一般用等高线和注记表示。

10.5.1 地貌的分类与组成

地表物质的起伏形状和性质,称为地貌与土质。它以其"形"与"质",影响人类的生产活动、经济建设、军事行动,并对其他地形要素的存在与分布产生影响。

地貌按高低起伏程度的不同,划分为不同的类型,其具体的划分又随着需要和作用的不同,有着不同的标准。就野外地形测量而言,为了达到经济实惠的目的,对不同的地面坡度地形图提出不同的精度要求,采取适当的测量方法。在中小比例尺地形测图中,其分类标准如下:

(1)平地。图幅内绝大部分的地面坡度在 $2°$ 以下,比高一般不超过 20 m。

(2)丘陵地。图幅内绝大部分的地面坡度在 $2°\sim6°$,比高一般不超过 150 m。

(3)山地。图幅内绝大部分的地面坡度在 $6°\sim25°$,比高一般在 150 m 以上。

(4)高山地。图幅内绝大部分地面坡度在25°以上地区。

大比例尺测图通常只在平地或丘陵地区进行,无需考虑到地形类别。

地貌按土质和成因,分为石灰岩地貌、黄土地貌、沙漠地貌、雪山地貌和火山地貌。

地貌按形态的完整程度,又分为一般地貌和特殊地貌。特殊地貌是指地表受外力作用改变了原有形态的变形地貌和形态奇特的微地貌形态。前者如冲沟、陡崖、陡石山、崩崖、滑坡;后者如石灰岩地貌中的孤峰、峰丛、溶斗;沙漠地貌中的沙丘、沙窝、小草丘;黄土地地貌中的土柱、溶斗。

地貌形态虽然多种多样,但从测绘等高线的角度看,任何一个完整的地貌单元,通常由山顶、鞍部、山谷、山脊、山脚等地貌元素组成,如图10.19所示。

图10.19　地貌要素

山顶是山体的最高部分,按其形状的不同分为尖山顶、圆山顶和平山顶,特别高大陡峭的山顶,称为山峰。

鞍部是两山顶相邻之间的低凹部分,形如马鞍。

山脚是山体的最下部位。

山脊是从山顶到山脚或从山顶到鞍部凸起的部分。山脊最高点连线称山脊线,因雨水以山脊线为界流向两侧,故又称分水线。山脊按形态可分为尖山脊、圆山脊和平山脊。

山谷是相邻两山脊之间的低凹部分。它的中央最低点的连线称山谷线,亦称合水线。山谷按形态的不同分为尖形谷(V形)、圆形谷(U形)和槽形(口形)谷。

凹地是四周高、中间低,无积水的地域,大范围的则称盆地。

10.5.2　等高线的概念

等高线是地面上高程相等的各相邻点所连成的闭合曲线。长期以来,等高线一直是地形图上显示地貌要素的有力工具,它不但能完整而形象地构成地形起伏的总貌,而且还能比较准确地表达微型地貌的变化,同时也能提供某些数据和高程、高差和坡度等。

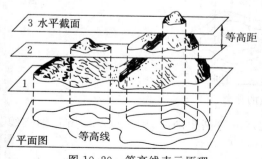

图10.20　等高线表示原理

1. 等高线表示地貌的原理与特性

如图10.20所示,设想用一组高差间隔相等的水平面去截地貌,则其截口必为大小不同的闭合曲线,并随山梁、山凹的形态不同而呈现不同的弯曲。将这些曲线垂直投影到平面上并按比例尺缩小,便形成了一圈套一圈的曲线,它们即构成等高线。这些曲线的数目、形态完全与实地地貌的高度和起伏状况相应。

等高线具有如下特性：

(1)同一条等高线上各点的高程相等。

(2)等高线是闭合曲线，一般不相交、不重合，只有通过悬崖、绝壁或陡坎时才相交或重合。

(3)等高线与分水线、合水线正交，即在交点处，分水线、合水线应该与等高线的切线方向垂直。

(4)在等高距相同的情况下，图上等高线愈密地面坡度愈陡；反之，等高线愈稀，地面坡度则愈缓。

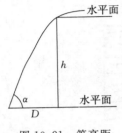

图 10.21 等高距

2. 等高距及等高线的种类

相邻等高线的高程差，叫等高距。等高距愈小，表示地貌愈真实、细致，但若过小，将会使图上等高线的间隔甚微而影响地形图的清晰。如果等高距过大，则显示地貌粗略，一些细貌形态将被忽略，从而影响地形图的使用价值。如图 10.21 所示，等高距 h 的大小与等高线的水平间隔 D 和地面坡度 α 有以下关系

$$h = D\tan\alpha = lM\tan\alpha \tag{10.8}$$

式中，l 为图上相邻等高线间隔，M 为比例尺分母。

若取绝壁的 1/2 倾角 45° 作为 α 的界定值，l 取人眼的最小鉴别间隔 0.2 mm（含线划粗 0.1 mm）则式(10.8)为

$$h = 0.2M \tag{10.9}$$

按此，可得出不同比例尺地形图所采用的等高距，如表 10.1 所示。

表 10.1 不同比例尺的等高距

比例尺	1:1 000	1:2 000	1:1 万	1:2.5 万	1:5 万	1:10 万	1:20 万
等高距 /m	0.5 1 2	0.5 1 2	2 2.5	5	10	20	40

地形图上的等高线，按其作用不同分为首曲线、计曲线、间曲线和助曲线，如图 10.22 所示。

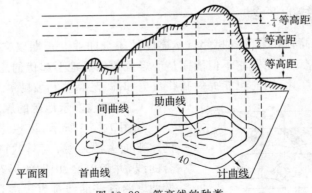

图 10.22 等高线的种类

首曲线：也叫基本等高线。由高程零米起，按规定的等高距测绘，图上以 0.1 mm 细实线描绘。如 1:5 万图上首曲线依次为 10 m、20 m、……

计曲线：也叫加粗等高线。由高程零米起，每隔四条（或三条）首曲线加粗一条，以

0.2 mm 的粗实线表示。这样,在地形图上就便于查算点的高程或两点间高差。如 1∶5 万图上计曲线依次为 50 m、100 m、……

间曲线:也叫半距等高线。是按等高距的一半,以长虚线描绘的等高线,主要用于高差不大,坡度较缓,单纯以首曲线不能反映局部地貌形态的地段。间曲线可以绘一段而不需封闭。

助曲线:也叫辅助等高线。通常是按四分之一等高距描绘等高线;但也可以任意高度描绘等高线。助曲线用以表示首曲线和间曲线尚无法显示的重要地貌,图上以短虚线描绘。

10.5.3　测绘等高线的基本方法

测绘地貌,首先应全面分析地貌的分布形态,尤其是山脊、山谷的走向,找出其坡度变化和方向变化的特征点。因此,地貌特征点包括山顶点、山脚点、鞍部点、分水线(或合水线)的方向变换点及坡度变换点。测量方法一般用极坐标法。

在测定地貌特征点的同时要根据其位置和实地点与点之间的关系正确连接分水线或合水线。分水线与合水线统称地性线。

地性线连好后,即可按照地性线两端碎部点的高程,在地性线上求得等高线的通过点。一般来说,地性线上相邻两点间的坡度是等倾斜的,根据垂直投影原理可知,其图上等高线之间的间距也应该是相等的。因此,确定地性线上等高线的通过点时,可以按比例计算的方法求得。

在地性线上求得等高线通过点后,即可根据等高线的特性描绘等高线。

最后,再对等高线进行适当注记,等高线注记的主要内容包括高程注记、山顶点,注记和示坡线绘制等。

10.5.4　地貌特征的表示

1. 山顶

根据等高线特性,山顶表示为数条封闭曲线,且内圈高程大于外圈。如图 10.23 所示,圆山顶,图上顶部环圈大,由顶向下等高线由稀变密,测绘时山顶点和其周围坡度变化的地方均需设立棱镜;尖山顶,顶部环圈小,由顶向下等高线由密变稀,测绘时除山顶外,其周围要适当增加棱镜点;平山顶,顶部环圈不仅大,且有宽阔空白,向下等高线变密,测绘时应注意在山顶坡度变化处设立棱镜。

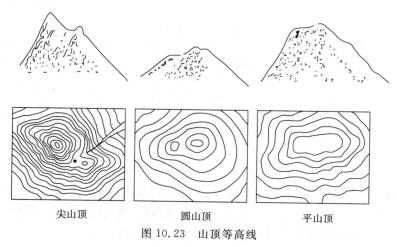

尖山顶　　　　　　　圆山顶　　　　　　　平山顶
图 10.23　山顶等高线

2. 山脊

如图 10.24 所示,尖山脊的等高线依山脊延伸方向呈较尖的圆角状,圆山脊的等高线依山脊延伸方向呈较尖的圆弧状,平山脊的等高线依山脊延伸方向呈疏密悬殊的长方形状。

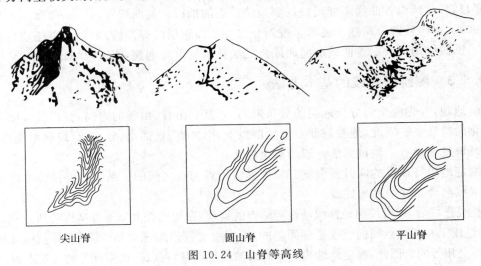

尖山脊　　　　　　　　　圆山脊　　　　　　　　　平山脊

图 10.24　山脊等高线

3. 山谷

如图 10.25 所示,尖底谷是底部尖窄,等高线在谷底处呈圆尖状;圆底谷是底部较圆,等高线在谷底处呈圆弧状,测绘时山谷线不太明显,应注意找准位置;平底谷是底部较宽,底部平缓,两侧较陡,等高线过谷底时其两侧呈近似直角状,测绘时棱镜应设立在山坡与谷底相交处,以控制谷宽和走向。

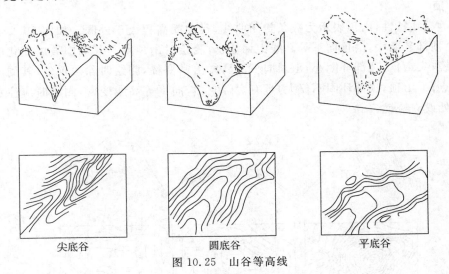

尖底谷　　　　　　　　　圆底谷　　　　　　　　　平底谷

图 10.25　山谷等高线

4. 鞍部

如图 10.26 所示,各种鞍部都是凭借两对等高线的形状和位置来显示其不同特征,一对是高于鞍部高程的等高线,另一对是低于鞍部高程的等高线,具有较明显的对称性。测绘时鞍部的最低点必须设立棱镜,其附近要视坡度变化情况适当选择测量点位。

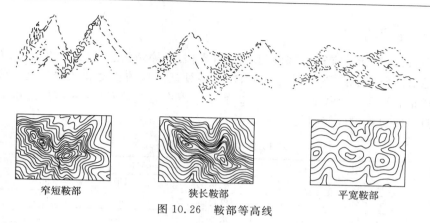

| 窄短鞍部 | 狭长鞍部 | 平宽鞍部 |

图 10.26　鞍部等高线

5. 特殊地貌

特殊地貌通常不能用等高线表示,图式中制定有相应的符号,其表示图例如图 10.27 所示。测绘时,应测出分布特征,然后绘以相应符号。

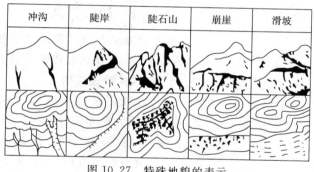

| 冲沟 | 陡岸 | 陡石山 | 崩崖 | 滑坡 |

图 10.27　特殊地貌的表示

10.6　野外采样信息的数据结构

数据结构是对数据记录的编排方式及数据记录之间关系的描述。在数据结构中,数据元素是最基本的数字形式,它由若干字符组成,特征码、坐标值等都是数据元素。数据记录由一个或多个数据元素组成,一般包含特征码和坐标串两部分,它可以有标识,也可以无标识。数据文件是许多记录的集合,可以当作一个单位对待,因此必须有标识,即必须有文件名。

外业数据文件通常都采用可读的文本格式,以便检查和交换。文件中表达信息的最小单位是数据项,若干数据项组合到一起,描述某一测量要素(如测站或测点),称作记录。一条记录通常与文件的一行对应。外业数据文件中一般有若干不同作用的记录,用相应的标志加以区分,称为记录类型标志。记录中含有的那些数据项、各数据项的名称,在记录中的位置、长度、数据类型等称为记录的结构。记录的结构和长度可以固定,便于阅读和存取,也可以不固定,减少不必要的数据存储空间。无论采用什么格式,外业数据采集软件必须能够完整地记录成图信息。

外业采样信息一般可分为两大类:一是标识信息,二是地形点信息。两类信息既可存放在同一文件中,也可分别存放。

10.6.1　标识信息

标识信息的内容非常丰富,归纳起来包括管理信息、测站信息、后视觇点信息、前视觇点信息、检查信息、注释信息等。在一个系统软件中,各种记录项的长度和数据类型一般都是固定的,且给每类信息赋予一个代码,如表 10.2 所示。表中后视信息、前视信息是供导线测量用的,后视信息同时也可供碎部测量使用。

表 10.2　标识信息数据格式

类　型	第一项	第二项	第三项	第四项	第五项	第六项
管理信息	观测者	记录者	测区号	日　期	时　间	仪器号
测站信息	测站名	编码	仪器高	温　度	气　压	天　气
后视信息	点　号	编码	水平角			
前视信息	点　号	编码	水平角	垂直角	斜　距	觇标高
检查信息	点　号	编码	水平角			
注释信息	注　释					

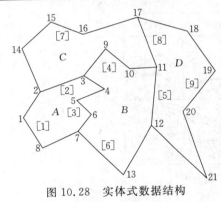

图 10.28　实体式数据结构

10.6.2　地形信息

地形信息的数据结构按其功能和方法可分为实体式、索引式、双重独立式和链状双重独立式。

1. 实体式数据结构

实体式数据结构是指构成多边形边界的各个线段,以多边形为单元进行组织。按照这种数据结构,边界坐标数据和多边形单元实体一一对应。如图 10.28 所示的多边形 A、B、C、D,可以用表 10.3 的数据来表示。

表 10.3　多边形数据文件

多边形	编码	数据项
A	×××	$(x_1,y_1),(x_2,y_2),(x_3,y_3),(x_4,y_4),(x_5,y_5),(x_6,y_6),(x_7,y_7),(x_8,y_8),(x_1,y_1)$
B	×××	$(x_3,y_3),(x_9,y_9),(x_{10},y_{10}),(x_{11},y_{11}),(x_{12},y_{12}),(x_{13},y_{13}),(x_7,y_7),(x_6,y_6),(x_5,y_5),(x_4,y_4),(x_3,y_3)$
C	×××	$(x_2,y_2),(x_{14},y_{14}),(x_{15},y_{15}),(x_{16},y_{16}),(x_{17},y_{17}),(x_{11},y_{11}),(x_{10},y_{10}),(x_9,y_9),(x_3,y_3),(x_2,y_2)$
D	×××	$(x_{17},y_{17}),(x_{18},y_{18}),(x_{19},y_{19}),(x_{20},y_{20}),(x_{21},y_{21}),(x_{12},y_{12}),(x_{11},y_{11}),(x_{17},y_{17})$

这种数据结构的优点是编排直观、结构简单、便于绘图仪绘图和多边形面积计算等。但这种方法也有以下明显缺点:

(1)相邻多边形的公用边界要存储两遍,造成数据冗余存储;

(2)缺少多边形的邻域信息和图形的拓扑关系;

(3)岛只作为一个单独图形,没有建立与外界多边形的联系。

2. 索引式数据结构

索引式数据结构是指根据多边形边界索引文件,来检索多边形的坐标数据的一种组织形式,按照多边形边界索引文件性质的不同,分为折点索引和线段索引两种。

1)折点索引

折点索引是对多边形边界的各个折点进行编号,建立按多边形编排的折点索引文件,形成折点索引文件和多边形折点坐标数据文件。应用时,最后根据折点编号直接检索折点的坐标,生成各个多边形的边界坐标数据,从而进行绘图仪绘图或进行多边形面积统计计算。以图 10.28 为例,这种数据结构的表示形式如下。

折点索引文件:

多边形号	编码	数据项(折点号)
A	×××	1,2,3,4,5,6,7,8,1
B	×××	3,9,10,11,12,13,7,6,5,4,3
C	×××	2,14,15,16,17,11,10,9,3,2
D	×××	17,18,19,20,21,12,11,17

坐标数据文件:

折点号	数据项(坐标)
1	x_1,y_1
2	x_2,y_2
⋮	⋮
21	x_{21},y_{21}

2)线段索引

线段索引是对多边形边界的各个线段进行编号(如图 10.28 所示,线段号从[1]到[9]),建立按多边形单元编排的线段索引文件。根据线段索引文件查阅线段号,由线段号找折点号,由折点号便可从坐标数据文件中检索到各个多边形的边界坐标数据,从而进行绘图仪绘图或进行多边形面积计算。这种数据结构形式如下。

线段索引文件:

多边形号	编码	数据项(线段号)
A	×××	[1],[2],[3]
B	×××	[3],[4],[5],[6]
C	×××	[2],[7],[8],[4]
D	×××	[8],[9],[5]

线段编码文件:

线段号	数据项(折点号)
[1]	7,8,1,2,
[2]	2,3
[3]	3,4,5,6,7
[4]	3,9,10,11
[5]	11,12
[6]	12,13,7
[7]	2,14,15,16,17
[8]	17,11
[9]	17,18,19,20,21,12

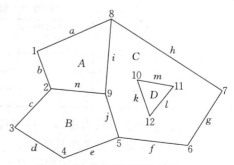

图 10.29　多边形原始数据

3．双重独立式数据结构

双重独立式数据结构最早是由美国人口统计局研制用来进行人口普查分析和制图的,简称 DIME(dual independent map encoding)系统。其特点是采用了拓扑编码结构。

双重独立式数据结构是对图上网状或面状要素的任何一条折线(两点连线),用其两端的折点及相邻的面域予以定义。如图 10.29 所示的多边形数据,用双重独立式数据结构表示如表 10.4 所示。

表 10.4　双重独立式(DIME)数据结构

线号	左多边形	右多边形	起点	终点
a	0	A	1	8
b	0	A	2	1
c	0	B	3	2
d	0	B	4	3
e	0	B	5	4
f	0	C	6	5
g	0	C	7	6
h	0	C	8	7
i	C	A	8	9
j	C	B	9	5
k	C	D	12	10
l	C	D	11	12
m	C	D	10	11
n	B	A	9	2

表中的第一行表示线段 a 的方向是从节点1到节点8,其左侧面域为0,右侧面域为 A。在双重独立式数据结构中,节点与节点或者面域与面域之间为邻接关系,节点与线段或者面域与线段之间为关联关系。这种邻接与关联的关系称为拓扑关系。利用拓扑关系来组织数据,可以有效地进行数据存储正确性检查,同时便于对数据进行更新和检索。因为在这种数据结构中,当数据经计算机编辑处理后,面域单元的第一个始字节应当和最后一个终字节相一致,而且当按照左侧面域或右侧面域来自动建立一个指定的区域单元时,其空间点的坐标应当自动闭合。如果不能自行闭合,或者出现多余的线段,则表示数据存储或编码有错,这样就达到数据自动编辑的目的。例如,从上表中寻找右多边形为 A 的记录,则可以得到组成 A 多边形的线及结点如表 10.5 所示,通过这种方法可以自动形成面文件,并可以检查线文件数据的正确性。

表 10.5　自动生成的多边形 A 的线及结点

线号	左多边形	右多边形	起点	终点
a	0	A	1	8
i	C	A	8	9
n	B	A	9	2
b	0	A	2	1

当然,这种数据结构还需要点文件,这里不再列出。

4．链状双重独立式数据结构

链状双重独立式数据结构是双重独立式数据结构的一种改进。在双重独立式中,一条边只能用直线两端点的序号及相邻的面域来表示,而在链状数据结构中,一条边可以由许多点组成。这样,在寻找两个多边形之间的公共界线时,只要查询链名就行,与这条界线的长短和复杂程度无关。

在链状双重独立式数据结构中,主要有四个文件:多边形文件、弧段文件、弧段坐标文件、结点文件。多边形文件主要由多边形记录组成,包括多边形号、组成多边形的弧段号以及周长、面积、中心点坐标及有关"岛"的信息等,多边形文件也可以通过软件自动检索各有关弧段生成,并同时计算出多边形的周长、面积及中心点坐标,当多边形中含有"岛"时,则此"岛"的面积为负,并在总面积中减去,其组成的弧段号前也冠以负号。弧段文件主要由弧记录组成,存储弧段的起止结点号和弧段左右多边形号。弧段坐标文件由一系列点的位置坐标组成,点的顺序确定了这条链段的方向。结点文件由结点记录组成,存储每个结点的结点号、结点坐标及与该结点连接的弧段。

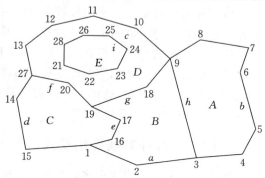

图 10.30　多边形数据

对如图 10.30 所示的矢量数据,其链状双重独立式数据结构的多边形文件、弧段文件、弧段坐标文件分别见表 10.6、表 10.7、表 10.8。

表 10.6　多边形文件

多边形号	弧段号	周长	面积	中心点坐标
A	h,b			
B	a,h,g,e			
C	e,f,d			
D	c,f,g,-i			
E	i			

表 10.7　弧段文件

弧段号	左多边形	右多边形	起点	终点
a	B	0	1	3
b	A	0	3	9
c	D	0	9	27
d	C	0	27	1
e	C	B	1	19
f	C	D	19	27
g	D	B	19	9
h	B	A	3	9
i	E	D	21	21

表 10.8　弧段坐标文件

弧段号	点号	弧段号	点号
a	3, 2, 1	f	19, 20, 27
b	9, 8, 7, 6, 5, 4, 3	g	19, 18, 9
c	9, 10, 11, 12, 13, 27	h	3, 9
d	27, 14, 15, 1	i	21, 22, 23, 24, 25, 26, 28, 21
e	1, 16, 17, 19		

10.7　常用野外数据采集模式

数据采集工作是数字测图的基础,它是通过全站仪或 GPS 测定地形特征点的平面位置和高程,将这些点位信息自动记录和存贮在专用存储器中再传输到计算机中或直接将其记录到与仪器相连的微机中。大比例尺数字测图由于其野外工作的特点,需要一种便于携带、功能齐全并且集计算、采集、成图为一体的专用工具。

从数字测图的发展过程看,野外数据采集模式决定并制约着数字测图技术的发展,每一种数据采集模式都有与之相应的数据处理方法和成图软件。根据地形复杂程度和地物的密度以及测图综合成本等因素,选择不同的数据采集模式和成图软件,对提高工作效率,保证成图质量,减轻劳动强度是非常重要的。

10.7.1　野外数据采集模式

野外数据采集的模式很多。目前,国内常用的有两种模式。

1. 数字测记模式

数字测记法俗称草图法。采用数字测记模式作业时,每个作业小组一般需要仪器操作员1人,绘草图员 1人,扶棱镜 1人(若采用 RTK 存储模式则不需要)等 3人,绘草图人员一般还负责协调和指挥。

这种方法是将采集数据存储到存储设备的同时绘制测区草图,记录采样点的相关信息,然后在室内将测量数据传输到计算机,绘图员参考测区草图对测量数据进行编辑和处理,直至生成数字地图。

数字测记模式通常又分为有码作业和无码作业。有码作业需要在现场存储采样点的同时输入属性编码,也就是空间位置和属性信息直接存储到存储器中,而连线信息辅以草图;无码作业方法是存储器仅存储采样点的空间信息,属性信息和连线信息则由草图记录。无论采用有码作业还是无码作业,野外绘制的草图都是内业编辑数据和数字成图的关键信息,因此草图绘制要遵循清晰、易读、相对位置关系正确的原则。同时,为了保证草图的正确性,绘制草图的人员必须跟随司镜员在现场绘制,并且随时和测站保持联系,确保碎部点点号的一致性。

在一个测站上,当所有碎部点观测完毕后,必须找一个已知点检查,以确定在测量过程中没有出现因误操作、仪器碰动或其他原因造成的错误。

2. 电子平板模式

全站仪测量数据通过 RS-232 接口直接进入便携机(或掌上电脑,俗称 PDA),便携机内装有测图软件,在现场可进行展点、编辑,调用符号库可直接显示所测地物图形,真正实现了内外业一体化数字测图。由于这一数字测图模式在自动成图的基础上,同时也体现了传统平板仪测图现场成图的特点,人们习惯上也将这种数字测图系统称为电子平板。电子平板测图软件既有与全站仪通信和数据记录的功能,又在测量方法、数据处理和图形实时编辑方面有了突破性的进展,完全取代了图板、图纸、铅笔、橡皮、三角板和复比例尺等平板仪测图绘图工具。高分辨率的显示屏可清晰准确地显示图形,实现了所显即所测。数字测图的成果质量和作业效率全面超过了传统手工测图,使数字测图技术走向了实用化,数字测图系统实现了商品化。1993 年以后,内外业一体化的数字测图系统相继问世。具有代表性的产品主要有清华大学的

EPSW 系统和南方测绘仪器公司的 CASS 系统等。

采用电子平板模式测图时,每个作业小组一般需要观测员 1 名,电子平板操作员 1 名,司镜员 1 名。测图时,全站仪传输到电子平板的数据与测图软件有关,有的软件直接传输三维坐标,有的软件则传输水平距离、水平角和垂直角,计算坐标的任务交给电子平板完成。

10.7.2　数据存储模式

无论采用何种数据采集模式,首先要考虑的是将采集数据存储到什么地方。目前,常见的数据存储模式有以下几种。

1. 机载 PCMCIA 卡存储模式

PCMCIA 卡是个人计算机存储卡国际协会(Personal Computer Memory Card Internation Association,PCMCIA)确定的标准计算机设备的一种配件,简称 PC 卡,其尺寸和插头均是标准化的,目的在于提高不同计算机以及其他电子产品之间的互换性,当前它已成为笔记本电脑和全站仪的标准扩展。目前,新推出的全站仪和 GPS 接收机几乎都设有 PC 卡接口,尼康 DTM-750 系列、徕卡 TC 系列、拓普康 GTS-700 系列等全站仪、徕卡公司生产的 GPS1200 接收机都采用 PC 卡记录程序和数据。

野外观测值记录在 PC 卡上,将卡插入便携机卡槽中,可读出和处理野外观测数据。同时,经处理后的控制点坐标再存储在卡上,全站仪或 GPS 接收机便可读出卡中的数据以便设置测站参数。

采用带 PC 卡记录数据的全站仪测图时,控制点数据和碎部点数据分别存入不同的文件中,测站坐标设置及定向只需输入点号就可完成,对文件数据可进行查询、删除等操作。因此,使用 PC 卡记录数据具有安全可靠、操作和交换方便、通用性强的特点。

2. 机载内存存储模式

当前的全站仪和 GPS 接收机大都有较大的内存容量,测量数据可通过主机上的 RS-232 串行数据口、USB 口、蓝牙等方式输出到计算机,控制点数据可按规定格式通过计算机传到全站仪内存中,也可通过键盘输入到内存的文件中。有的全站仪把数据存储器放在键盘上,键盘可以自由装卸,脱离全站仪工作,数据传输非常方便。

机载内存数据采集模式同 PC 卡一样具有操作方便、安全可靠的优点。

3. 全站仪专用数据记录卡存储模式

索佳 SET2C、SET3C,徕卡 TC1600 等全站仪,其数据记录采用专用数据卡。记录卡插入仪器内可记录测量数据,但数据输出时需要读卡器,例如,TC1600 的读卡器是 GIF10,通过读卡器才能实现卡与计算机之间的数据传输。

全站仪专用数据记录卡使用方便,存储数据安全可靠,若配合全站仪专用程序,可从卡中调入数据用于设置测站坐标、计算方位角、查询及删除数据等,不足之处是不同类型的仪器不能通用,且需要专用软件来支持。

4. 电子手簿存储模式

全站仪主机上都带有 RS-232 串行数据输出端口,因此测量数据通过端口实时输出给电子手簿。比较常见的电子手簿有夏普公司的 PC-E500,惠普公司的 HP100、HP200,瑞得公司的 RD-EBI 等,这些手簿的共同特点是:重量轻、体积小,便于携带;数据通信方便,有的电子手簿还有 PC 卡插槽,甚至还有红外数据发射端口;记录数据可靠,适合于野外工作条件;图形显示功能较差,且一般采用非 Windows 操作系统,需专用开发语言。

5.便携机存储模式

全站仪测量数据通过 RS-232 接口直接进入便携机,便携机内装有测图软件,在现场可进行展点、编辑,调用符号库可直接显示所测地物图形,真正实现了内外业一体化数字测图。

内外业一体化的数字测图模式有效地克服了前一阶段内外业独立作业模式的缺点,实现了现场实时成图,地形要素误测和漏测现象得以有效避免,从而保证了测量成果的正确性。便携机数据采集模式的缺点是便携机的电池及屏幕显示很难适应野外工作环境,因此目前还没有让野外工作者十分满意的便携机。

6.掌上电脑存储模式

掌上电脑数据采集模式是最新推出的野外数据采集及成图一体化的硬件和软件。由于掌上电脑小巧玲珑,在野外测图时可放在手上作业,因此又称掌上平板。掌上电脑数据采集模式充分结合笔记本电脑、电子手簿、掌上平板的优点,同步采集坐标、图形、属性数据,现场成图,实现真正的内外业一体化。

掌上电脑数据采集模式有如下特点:小巧玲珑,重量仅有几百克;采用 Windows 操作界面,因此掌上电脑与全站仪连接后又称 Win-全站仪;触摸屏操作、光笔手写输入,数据输入、文字注记方便快捷;600 mAh 锂电池,支持长时间外业工作,可连续工作 12～16 h,完全克服了便携机电池缺点不足。

思考题与习题

1.何为数字地图?数字地图的特点有哪些?

2.极坐标法测碎部点,在 A 点架设仪器。已知 $X_A = 234\,753.89$ m,$Y_A = 190\,374.04$ m,$H_A = 107.42$ m,仪器高为 1.52 m,仪器照准 1 号点的棱镜读得垂直角为 $+3°20'08''$,斜距为 173.21 m,方位角为 $184°24'38''$,棱镜高为 2.00 m,计算 1 号点的坐标。

3.举例说明依比例符号、不依比例符号和半依比例符号,并叙述绘制这些地物的基本要领。

4.叙述数字测图的主要步骤。在数字测图中野外信息包括哪些内容?

5.什么是等高线?等高线有哪些特性?

6.如图 10.31,直线 AB 为一地性线,已知 $H_A = 437.4$ m。在 K 点设置仪器,高度为 1.6 m,测定 B 点的垂直角为 $\alpha_{KB} = +30°$,棱镜高为 2.2 m,仪器至 B 的平距为 $D_{KB} = 150$ m。若 K 点高程为 $H_K = 363.5$ m,等高距为 2.5 m,试计算:①B 点高程(不计两差改正,保留一位小数);②AB 点间通过等高线的数目和每条等高线的高程。

7.举例说明线段索引式数据结构。

8.叙述数字测记模式测绘数字地图的基本过程。

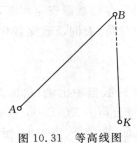

图 10.31　等高线图

第11章 数字成图的原理与方法

地形测量是利用测量仪器对地球表面局部区域内地物地貌的空间位置和几何形状进行直接测定,并按一定的比例尺缩小后用规定的符号和注记绘制成地形图的工作。传统的地形测量是利用以光学经纬仪、水准仪和平板仪为代表的常规测量仪器测定角度、距离和高差等原始数据并进行人工记录,再经过人工计算求得待测点的平面位置和高程,最后由作业员将其展绘到图纸上并按图式符号描绘成地形图。由此可见,传统的地形测量工作是通过手工作业方式来完成的,从而不可避免地具有精度低、作业效率低、自动化水平低、所绘制的地形图不够精确和规范等明显缺点。

数字测图软件是测图系统的关键,一个完整的数字测图软件应具有数据采集、输入、数据处理、成图、图形编辑与修正及绘图输出等功能。处理后的成果可以列表方式、文件方式或以地形图方式输出。

11.1 坐标变换

大比例尺数字测图系统中使用的坐标系有高斯坐标系和设备坐标系。在进行外业测量和绘制地形图时使用高斯坐标系,而在编制绘图软件用于计算机图形显示和绘图输出时使用的是相应的图形设备上的绘图坐标系,又称之为设备坐标系。

高斯坐标系和设备坐标系的不同之处除了空间和平面的区别之外,还表现在坐标的数值范围和单位的不同。高斯坐标可以根据不同地区的参考点确定,坐标数值一般是以米为单位的实数,并且可以在很大范围内变化,而绘图坐标都是以绘图设备的某一固定参考点为原点(如显示屏以左上角为原点,绘图仪则以左下角为原点),坐标数值一般都限制在 0 至最大绘图范围之内,并且坐标一般只能是正整数,坐标单位是设备的最小分辨率单位(如像素、绘图笔移动的步长等)。

外业测量采集的高斯坐标数据经过处理后需以图形方式输出时,要进行坐标变换,把高斯坐标转换为绘图坐标,以符合各种图形输出设备的绘图坐标范围。从图形设备输入数据时,要把绘图坐标转换为高斯坐标,因此坐标变换是数字绘图软件中常用的算法。

11.1.1 高斯坐标到屏幕坐标的变换

图 11.1(a)中,(x_T, y_T) 为 T 点在高斯坐标系的坐标值,图幅范围为 $(x_T, y_T)_{\min}$ 到 $(x_T, y_T)_{\max}$ 的矩形区。图 11.1(b) 中,(x_P, y_P) 为 P 点在屏幕坐标系的坐标值,显示范围用 $(x_P, y_P)_{\min}$、$(x_P, y_P)_{\max}$ 表示。由图 11.1 可知,高斯坐标转换为屏幕坐标的转换公式为

$$\left.\begin{aligned} x_P &= x_{P\min} + K_x(y_T - y_{T\min}) \\ y_P &= y_{P\max} - K_y(x_T - x_{T\min}) \end{aligned}\right\} \tag{11.1}$$

式中,K_x、K_y 是高斯坐标转换为屏幕坐标时的转换系数。

$$\left.\begin{aligned} K_x &= \frac{x_{P\max} - x_{P\min}}{y_{T\max} - y_{T\min}} \\ K_y &= \frac{y_{P\max} - y_{P\min}}{x_{T\max} - x_{T\min}} \end{aligned}\right\} \tag{11.2}$$

由于 K_x 和 K_y 的值不同,在显示屏上显示时取 K_x 和 K_y 中的较小者作为变换参数。

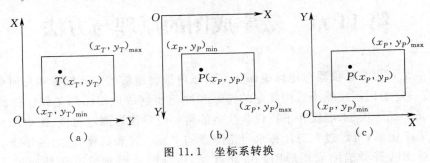

图 11.1　坐标系转换

11.1.2　高斯坐标到绘图坐标的变换

绘图仪坐标系的原点一般位于绘图仪的左下角,有的位于绘图仪的中心或位于左上角,但一般都可以通过软件来设定。设绘图坐标系如图 11.1(c)所示,则高斯坐标转换为绘图坐标的计算公式为

$$\left.\begin{array}{l} x_P = x_{P\min} + M(y_T - y_{T\min}) \\ y_P = y_{P\min} + M(x_T - x_{T\min}) \end{array}\right\} \tag{11.3}$$

式中, M 是高斯坐标转换为绘图坐标的转换系数,即待绘地形图的比例尺分母。

11.1.3　坐标系的平移旋转及比例变换

同一坐标系的变换包括平移变换、比例变换和旋转变换。

1. 坐标平移变换

$$\left.\begin{array}{l} x'_P = x_P - x_0 \\ y'_P = y_P - y_0 \end{array}\right\} \tag{11.4}$$

式中,(x_P, y_P) 是原坐标系的坐标,(x'_P, y'_P) 是平移后的坐标系坐标,(x_0, y_0) 是新坐标系原点在原坐标系中的位置,如图 11.2 所示。

2. 坐标比例变换

$$\left.\begin{array}{l} x' = K_x x \\ y' = K_y y \end{array}\right\} \tag{11.5}$$

式中,(x', y')、(x, y) 分别是新旧坐标系中的坐标,K_x、K_y 分别是 x 方向和 y 方向上新旧坐标单位长度之比,如图 11.3 所示。

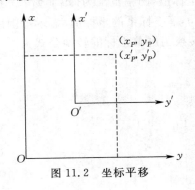

图 11.2　坐标平移

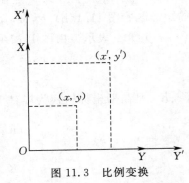

图 11.3　比例变换

3. 坐标旋转变换

$$\left.\begin{aligned} x' &= x\cos\varphi + y\sin\varphi \\ y' &= y\cos\varphi - x\sin\varphi \end{aligned}\right\} \tag{11.6}$$

新旧坐标系的原点为同一点,而相应坐标轴之间的角度为 φ,即坐标轴旋转了 φ 角度。设定顺时针方向为 φ 的正方向。

11.2 　地物符号设计的基本原理

数字测图软件中图式符号库的设计思想应当与其图形系统的实现方法相一致。对于不具备专用图形系统的软件,数字地图的生成多依赖于 AutoCAD 等环境,其符号库的建立不可避免地要以 AutoCAD 有关概念和方法为基础,如图块(block)、线型(linetype)、填充(hatch)等类符号的建立、使用和维护,基本上是应用 AutoCAD 所提供的命令和数据结构。

对于相对独立的图形系统的数字测图软件,符号库的设计按生成符号数据的方法可分成两类:一类是程序生成法,即根据给定的符号代码(编码)和定位信息,通过一段程序生成相应的符号数据;另一类是模板生成法,它是先把所有图式符号套合在固定的格网模板上,逐个写出其在模板上点、线、弧的坐标及连线信息,生成符号库,使用时根据符号代码和定位信息从符号库中读出相应数据,经过坐标系的旋转、平移和其他处理即可生成真正的符号数据。第一种方法,每个图式符号都对应一段固定程序,因此其重点是编写程序代码,第二种方法的关键是设计符号数据库,而负责转换的程序代码相对简单。若按生成符号数据结构来分,也可分成两类,一类是直接产生绘图信息,如传统的 PU、PD 命令;另一类是生成数据结构固定的图形文件。无论采用什么形式的符号库,符号库都必须具备扩充功能。从这一点看,模板生成法更具优势,它不必增加程序代码,只需在符号库文件(一般为文本文件)中按规则加入相应模板数据即可。本节着重介绍模板法符号库的设计及应用。

在模板法符号库中,将符号库分成以下几类:

(1)点状符号。点状符号只有一个定位点 (x,y),对应一个固定的、不依比例尺变化的图形符号,如控制点、路灯、消火栓等。

(2)线状符号。线状符号在野外需测两个以上的采样点,如道路、电力线、境界等。宽度依比例或不依比例均属这一类,其特点是在定位线方向上一般呈周期性变化。

(3)面状符号。面状符号一般由区域边界闭合线和内部配置符号组成,如果园、草地等。

11.2.1 点状符号库的设计

1. 基本原理

点状符号在图式中占有较大比重,事实上,在许多线状地物或面状地物符号的组成中,也离不开点状符号。在模板法符号库中,点状符号的生成与使用最方便。模板法设计点状符号的基本原理是把点状符号叠置在格网模板上,要求格网的分划比例与符号比例一致,并且使符号的定位点落在格网坐标的(0,0)处,如图 11.4 所示。然后在模板符号库中,按一定的数据结构分别记录组成该符号的基本图元的坐标信息。

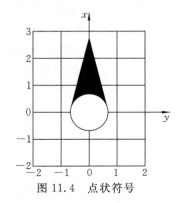

图 11.4　点状符号

经过分析,点状符号均可看成是某些基本图元的集合,这些基本图元包括点、线段、圆(弧)、多边形等 4 种,分别用 p、l、c、g 作为标识。这 4 种基本图元的记录格式如下。

点:p,n(点数),x_1,y_1,$\cdots$,x_n,y_n

线:l,n(线数),x_{11},y_{11},x_{12},y_{12},w(线宽)
$$\vdots$$
$$x_{n1}$,$y_{n1}$,$x_{n2}$,$y_{n2}$,$w$(线宽)$$

圆(弧):c,n(圆数),k,x_1,y_1(圆心坐标),r_1(半径),α_{11},α_{12}(起闭方位角)
$$\vdots$$
$$k$,$x_n$,$y_n$,$r_n$,$\alpha_{n1}$,$\alpha_{n2}$$$

多边形:g,n(多边形个数)
$$k$,$m$(点数),$x_1$,$y_1$,$\cdots$,$x_m$,$y_m$$$
$$\vdots$$
$$k$,$m$,$x_1$,$y_1$,$\cdots$,$x_m$,$y_m$$$

在圆(弧)类中:$k=0$,表示圆(弧)线;$k=1$,表示涂黑区域;$k=2$,表示岛。

在多边形类中:$k=1$,表示涂黑区域;$k=2$,表示多边形岛。

另外,在圆(弧)类中,当 $\alpha_1 \neq 0$ 且 $\alpha_2 \neq 360$ 时,实际上是圆弧线或由圆弧和起闭方位角处半径线所围成的区域。

图 11.4 所示盐井的模板符号库数据结构如图 11.5 所示。

```
3160    盐井
    g   1
        1   4   0   0.8   2.8   0   0   -0.8   0   0.8
    c   2
        2   0   0   0.8   270   90
        0   0   0   0.8   90   270
    *
```

图 11.5　盐井的模块符号库

图中,3160 是盐井的编码,* 是一个符号的结束标志,坐标、宽度以毫米为单位,角度以度为单位。

2. 点状符号库的应用

由于点状符号库的坐标是模板格网坐标系统,因此实际应用时须经一定转换。多数点状符号只有一个定位点,转换时只须进行坐标系统的平移和比例缩放。假设测图比例尺分母为 M,某符号的定位坐标为 (X_0,Y_0),单位是米,则坐标转换公式为

$$\left. \begin{array}{l} X_i = x_i/1\,000 \cdot M + X_0 \\ Y_i = y_i/1\,000 \cdot M + Y_0 \end{array} \right\} \tag{11.7}$$

长度(或宽度)转换为

$$D_i = \frac{d_i}{1\,000} \cdot M \tag{11.8}$$

式中,X_i、Y_i、D_i 是高斯坐标系下坐标或长度,x_i、y_i、d_i 是库内格网坐标或长度。

11.2.2　线状符号库的设计

1. 线状符号的分类

根据模板法符号库的设计原理,线状符号可以分成以下四类:

(1)单实线符号。如小比例尺实线路。

(2)周期单线符号。如图 11.6 所示的小路、篱笆、陡坎等。这类符号有个共同的特点就是只有一条边缘线(定位线)且符号整体沿边缘线方向呈周期性变化。

(3)双实线符号。如简易公路、公路等。

(4)周期双线符号。如图 11.7 所示的铁路、围墙等。这类符号的共同特点是符号有两条平行边缘线(实线或虚线)且沿边缘线方向呈周期性变化。

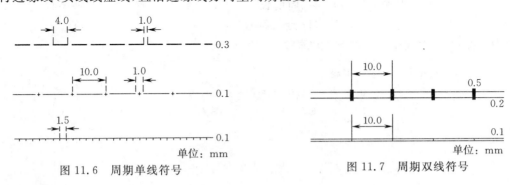

图 11.6　周期单线符号　　　　　　　　图 11.7　周期双线符号

2. 基本原理

线状符号库的设计与点状符号相似,就是把线状符号套在格网模板上,根据符号的定位信息和符号的形状,写出在模板格网坐标系下构成相应基本图元的坐标。但是和点状符号相比,由于其定位坐标多于一个且数量不统一,因此,给库设计带来诸多不便。综合上述几类线状符号,结合模板法符号库设计的基本方法,线状符号库设计的关键是用一种通用的数据结构来表达各类符号。

经分析,在线状符号库数据结构设计中应考虑以下几方面:

(1)线长。主要指边缘实线的长度,用 a 表示,应用时 a 可以根据定位坐标计算得到。

(2)符号宽。主要指双线符号的两边缘线中轴之间的间距,库中用 b 表示,应用时分两种情况,一是宽度不依比例,二是宽度实测,它们由符号代码来区分。

(3)周期。沿线状符号前进方向的变换周期一般均可由符号直接得到,如图 11.6 所示几种符号的周期分别为 5.0、10.0 和 1.5。

(4)基本图元。线状符号的基本图元有线段和圆(弧),每种图元在库中的数据结构同点状符号。

为了使符号库中待定参数尽量少,所有基本图元的定位坐标表达式使用统一模式,即

$$T_0 + a(\text{或} b) \cdot T_1 \tag{11.9}$$

式中,T_0 和 T_1 都是已知量。当 a(或 b)为零时,表达式简化为 T_0;当 a(或 b)不为零时,T_0 和 T_1 不能省略($T_0 = 0$,$T_1 = 1.0$ 时)。

每个符号的库结构包括 4 个部分,依次为线段、圆(弧)、一周期线段、一周期圆(弧),详细结构如下。

符号代码　　　　　　　　符号名称

线段数(n)　　　　$x_{11},y_{11},x_{12},y_{12}$,线宽

$$\vdots$$

　　　　　　　　　　$x_{n1},y_{n1},x_{n2},y_{n2}$,线宽

圆(弧)数(n)　　　　$x_1,y_1,r_1,\alpha_{11},\alpha_{12}$

$$\vdots$$

　　　　　　　　　　$x_n,y_n,r_n,\alpha_{n1},\alpha_{n2}$

周期内线段数(n)　　　　周期长

　　　　　(同点状符号)

周期内圆(弧)数(n)　　　周期长

　　　　　(同点状符号)

例如,图 11.7 中围墙符号的数据结构如图 11.8 所示。

2430　　砖石等围墙

2　　0.0　0.0　0.0　0.0+$a*$1.0　0.1

　　0.0+$b*$1.0　0.0　0.0+$b*$1.0　0.0+$a*$1.0　0.1

0

1　　10.0

　　0.0　5.0　0.0+$b*$1.0　5.0　0.1

0

图 11.8　围墙符号的数据结构

应注意的是,线状符号套在格网模板时,要求线状符号的边缘定位线应与格网坐标的 y 轴平行,并且使定位线的起点落在格网坐标系的(0,0)处。

3. 线状符号库的应用

线状符号库的应用模块主要解决以下几方面问题:

① 按照模板法生成原理,用线状符号的野外采样坐标串计算 a、b 值。

② 计算对于每个 a 值的方位角、格网坐标系到高斯坐标系的旋转角及周期数。

③ 在每个 a 值范围内,把符号库内对应符号的图元按周期数循环计算出高斯坐标系的坐标及其他数据。

④ 根据定位线计算符号平行线在相邻两段 a 之间的交点坐标(拐点求交)。

下面以依比例尺围墙为例说明线状符号应用模块的功能。假设某宽度不依比例的围墙野外采样坐标串为(x_1,y_1)、(x_2,y_2)、(x_3,y_3),即中间有一个节点(x_2,y_2)。

(1)计算 a,b 值。

根据代码及坐标串数据,该符号应有两个 a 值,一个 b 值。

$$\left.\begin{array}{l} a_1=\sqrt{(x_1-x_2)^2+(y_1-y_2)^2} \\ a_2=\sqrt{(x_2-x_3)^2+(y_2-y_3)^2} \end{array}\right\} \tag{11.10}$$

$$b=\frac{0.5}{1\,000} \cdot M \tag{11.11}$$

式中,围墙宽按图上 0.5 mm 计,M 是比例尺分母。

（2）计算方位角、旋转角及周期数。

以 a_1 段为例，各个计算表达式如下

$$\alpha = 180° - 90° \cdot \text{sgn}(y_2 - y_1) - \tan^{-1}\left(\frac{x_2 - x_1}{y_2 - y_1}\right) \tag{11.12}$$

$$\Delta\alpha = 90° - \alpha \tag{11.13}$$

$$N = \text{int}(a_1 / ds) \tag{11.14}$$

式中，ds 是从符号库中读取的周期长（以米为单位），int 表示取整数。

（3）转换图元数据。

数据转换的核心是各图元定位坐标的旋转与平移，包括利用上一步的 a、b 值计算库中式（11.9）的实际数据。

该步计算需进行 N 次循环，在循环体内逐个把库中的周期图元转换到高斯坐标系统中，转换公式如下

$$\left.\begin{array}{l}X_i = X_0 + x_i \cos(\Delta\alpha) + y_i \sin(\Delta\alpha)\\ Y_i = Y_0 + y_i \cos(\Delta\alpha) - x_i \sin(\Delta\alpha)\end{array}\right\} \tag{11.15}$$

式中，(x_i, y_i) 是库中读取的坐标，(X_i, Y_i) 是高斯坐标，(X_0, Y_0) 是周期内定位线起点高斯坐标。

需注意的是单位的一致性和 X_0、Y_0 的计算，X_0、Y_0 应随周期数的变化而变。

11.2.3　面状符号库的设计

面状符号一般由边界线（线状符号）和填充模式（点状符号或线状符号）组成，因此，在模板法符号系统中它没有专门的模板符号库，只是在应用时分别读取线状符号库和点状符号库进行组合而已。由于边界线的应用前面已经讨论过，这里主要讨论填充符号的配置。

1. 建筑物符号的填充

建筑物的填充符号通常称为晕线，1：2 000 图式中，大多数建筑物需填充 45° 的晕线；1：500 和 1：1 000 中除特种房屋外，一般均不填晕线。在相对独立的图形系统中，填充线设计的基本思想仍然是模拟手工绘图的过程，因此，绘晕线的关键是找出晕线端点的坐标。

在图 11.9 中，该建筑物共有 n 个坐标已知的拐点，4 个方向的拐角分别用 W_s、W_n、E_n、E_s 表示，晕线的间隔为 C。

首先，将坐标原点选在图形的 W_s 点，每条晕线的直线方程为

$$x + y - jd = 0 \tag{11.16}$$

式中，$d = \sqrt{2}C, j = 0, 1, 2, \cdots, n_j$。显然，自该图形的西南角（$W_s$）至东北角（$E_n$）共应绘制 n_j 条晕线，即

$$n_j = \text{int}\left(\frac{X_{E_n} + Y_{E_n}}{d}\right) \tag{11.17}$$

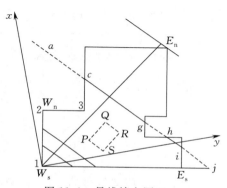

图 11.9　晕线填充原理

依次求出建筑物每条边与第 j 条晕线的交点。由于图形是封闭的，作为晕线点必定要满足下面几个条件：

（1）晕线端点必定是某条边上的内分点；

(2)每条晕线所算得的交点必定是偶数(对具有直角形态的房屋而言,过拐点除外);

(3)若有两个以上的内交点,应依 x(或 y)的大小排列,每两点为一条晕线,不重复使用。

据此,应列出每条边的直线方程

$$y = m_i x + c_i \tag{11.18}$$

式中, $m_i = (y_{i+1} - y_i)/(x_{i+1} - x_i)$, $c_i = y_i - m_i x_i$, $i = 1,2,\cdots,n$,但 $x_{n+1} = x_1$, $y_{n+1} = y_1$ 。

由式(11.18)与式(11.16)联立解出 x ,即

$$x = (jd - c_i)/(m_i + 1) \tag{11.19}$$

按下式判断该点是否晕线端点

$$\lambda = (x - x_i)/(x_{i+1} - x) \tag{11.20}$$

当 $\lambda < 0$ 时为外分点,舍去; $\lambda = 0$ 时,该点过 i 点; $\lambda = \infty$ 时过 $i+1$ 点; $\lambda > 0$ 时才是内分点,将 x 值代入式(11.18)或式(11.16)求得 y 值。当求得另一个晕线端点时,便可依次存放或及时绘出晕线。应该指出的是,某条晕线可能求出许多交点,但有用的只有少数,如图 11.7 中的 aj 晕线,其中只有 c、g 和 h、i 是一对晕线,其余的点均为外分点,取用 c、g、h、i 诸点后,按 c、g 为一组, h、i 为一组分别绘晕线。

为了保证图形周边的光滑,可先绘晕线后绘周边;若要留出注记空间,可在图形内选定一矩形 $PQRS$,一并视为周边计算晕线端点,最后不绘边线就是。

2. 植被符号的填充

植被的配置符号一般为点状符号,应用时主要解决点状符号位置的确定和边缘处符号的取舍问题。

1)配置符号位置的确定

配置符号一般呈菱形规则分布,如图 11.10 所示,其定位点可通过计算得到。

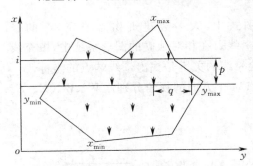

图 11.10　植被符号配置原理

设配置符号在 x 方向的间隔为 p ,在 y 方向的间隔为 q ,且相邻两列的符号在 y 方向错开 $q/2$ 。为了找出区域内配置符号的定位点,先找出边界采样点中 x、y 的极值 x_{max}、x_{min}、y_{max}、y_{min} ,则可按下式求出该区域内配置符号的列数和行数

$$\left.\begin{array}{l} n_x = \mathrm{int}\left(\dfrac{x_{max} - x_{min}}{p}\right) \\[2mm] n_y = \mathrm{int}\left(\dfrac{y_{max} - y_{min}}{q}\right) \end{array}\right\} \tag{11.21}$$

由坐标极值转成的矩形中可绘出 $n_x \cdot n_y$ 个配置符号,其定位坐标可按下式得到

$$\left.\begin{array}{l} x_{ij} = x_{max} - i \cdot p \\[2mm] y_{ij} = \begin{cases} y_{min} + j \cdot q & (i \text{ 为奇数}) \\ y_{min} + (j - 0.5) \cdot q & (i \text{ 为偶数}) \end{cases} \end{array}\right\} \tag{11.22}$$

式中, $1 \leqslant i \leqslant n_x$, $1 \leqslant j \leqslant n_y$ 。

得到每个配置符号的点位后,随着计算机速度的提高和海量存储技术的发展,可直接在无穷区域内计算配置符号位置,而后再利用该点坐标和边界多边形进行包容判断,若在区域内,就到点状符号库调用相应符号,否则,就舍去。

2)靠近边界线符号的取舍

植被配置符号的最大规格为 $3.0\,mm \times 3.0\,mm$,有的定位点虽在区域内,但十分靠近边界线,绘出的符号可能压在边线上,这样的点位显然应当舍弃。

边界线附近配置符号的取舍有两种方法:一是屏幕编辑法,二是通过软件处理。软件处理法的原理很简单,即计算出配置符号的定位点后,再根据符号的大小及特点(定位点在符号中的几何位置)计算符号四个角点的位置,然后逐一进行点与多边形包容关系的判断。

11.3　等高线的自动绘制

等高线是地形图上一种重要的地图要素,用来表示地形的起伏形态。根据各种高程采样点来自动生成等高线是数字测图重要的研究内容之一,也是数字测图系统重要的组成部分。自动绘制等高线的基本思想是首先根据高程采样点跟踪等高线通过点,再利用适当的光滑函数对等高线通过点进行光滑处理,从而形成光滑的等高线。按照高程采样点性质的不同,等高线的跟踪主要有三种方法,即基于矩形格网的等高线跟踪,基于三角形格网的等高线跟踪和基于地性线的等高线跟踪。

11.3.1　基于矩形格网的等高线跟踪

矩形格网结构是最常用的数字地形模型(digital terrain model,DTM)表示形式,在摄影测量与遥感领域中,一般可通过解析测图仪采样或影像自动匹配来直接获取矩形格网形式的离散高程点,在野外测量中也可通过离散高程点和三角形格网来间接生成矩形格网。根据矩形格网形式排列的高程点来跟踪等高线是等高线自动绘制最基本的方法之一。

1. 矩形格网高程数据的表示形式

在矩形格网中,高程点是沿水平和垂直方向等间隔排列的,各格网点的高程通常用一个二维数组来存贮。如图 11.11 所示,某区域沿垂直和水平方向被等间隔分成 $m \times n$ 个格网点,水平方向上的格网点记为 $j,j \in [1,n]$,垂直方向上的格网点记为 $i,i \in [1,m]$,任一格网点 (i,j) 相应的高程记为 $z(i,j)$。设水平方向格网间隔为 Δy,垂直方向格网间隔为 Δx,则任一格网点 (i,j) 的平面位置为

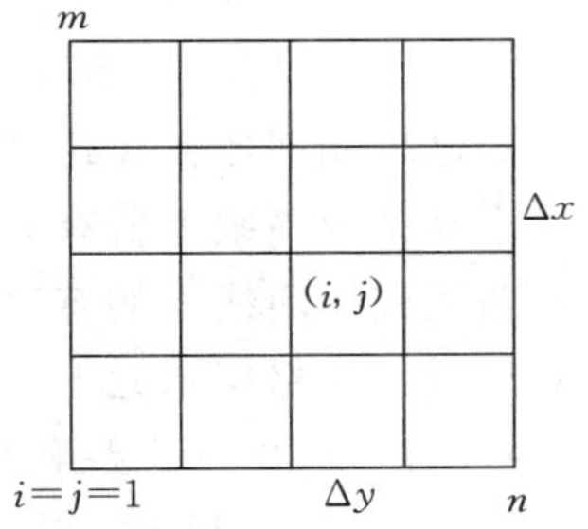

图 11.11　矩形格网

$$\left.\begin{array}{l} x_i = x_1 + (i-1) \cdot \Delta x \\ y_j = y_1 + (j-1) \cdot \Delta y \end{array}\right\} \qquad (11.23)$$

式中,x_1 和 y_1 分别为区域左下角格网点的 x 坐标和 y 坐标。

对于不规则的区域,为了仍用二维数组来表示相应的矩形格网,常用的处理方法是按 x 和 y 方向的最小值和最大值来规定矩形区域,并将原始区域之外的格网点高程设为 0 或负值。

2. 矩形格网等高线跟踪算法

在矩形格网上跟踪等高线的算法主要包括内插格网上等高线通过点的平面位置和追踪相邻等高线通过点两个步骤。

1)内插格网上等高线通过点的平面位置

当准备绘制等高线时,需要利用网格点的高程值,通过线性内插方法求出某条等高线的各个等值点的平面位置。显然,这些等值点均位于网格的横边或纵边上。为了确定等值点是在网格

的横边上还是纵边上通过,就要给定等高线通过网格边的条件。设等高线的高程值为 Z,只有当 Z 介于两个相邻网格点高程值之间时,等高线才通过该网格边。则其判别条件为:① 令 $\Delta Z = (Z - Z(i,j)) \cdot (Z - Z(i,j+1))$,当 $\Delta Z \leqslant 0$ 时,$(i,j) - (i,j+1)$ 边(横边)上有等高线通过;② 令 $\Delta Z = (Z - Z(i,j)) \cdot (Z - Z(i+1,j))$,当 $\Delta Z \leqslant 0$ 时,$(i,j) - (i+1,j)$ 边(纵边)上有等高线通过。当判别式 $\Delta Z = 0$ 时,说明等高线正好通过网格点,这将为后面的等高线追踪带来不便。为了避免这种奇异性,在精度允许范围内将网格点的高程值加上一个微小值(如 0.0001 m)。

当确定了某条网格边上有等高线通过后,即可求该边上等值点的平面位置。如图 11.12 所示,设网格角点 A、B、C、D 的高程值分别为 $Z(i,j)$、$Z(i,j+1)$、$Z(i+1,j+1)$、$Z(i+1,j)$。如果在网格横边上内插高程值为 Z 的等值点 A',则可计算出 A' 在横边上距 A 点的距离 $S(i,j)$,即

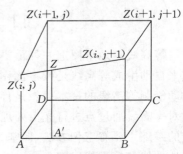

图 11.12　内插等高线
通过点的平面位置

$$S(i,j) = \frac{Z - Z(i,j)}{Z(i,j+1) - Z(i,j)} \Delta X \qquad (11.24)$$

若以网格横向边长 ΔX 为单位长,则上式可简化为

$$S(i,j) = \frac{Z - Z(i,j)}{Z(i,j+1) - Z(i,j)} \qquad (11.25)$$

同理,如果在网格纵边上内插高程值为 Z 的等值点 A',则可计算出 A' 在纵边上距 A 点的距离 $H(i,j)$,即

$$H(i,j) = \frac{Z - Z(i,j)}{Z(i+1,j) - Z(i,j)} \Delta Y \qquad (11.26)$$

若以网格纵向边长 ΔY 为单位长,则上式可简化为

$$H(i,j) = \frac{Z - Z(i,j)}{Z(i+1,j) - Z(i,j)} \qquad (11.27)$$

2)跟踪相邻等高线通过点

当某条等高线上所有等高线通过点的平面位置确定以后,就需将这些等高线通过点组织成开曲线或闭曲线上的有序点集。由于一个格网单元上可能有两个以上的等高线通过点,因此必须对一个格网单元上求出的等高线通过点位置加以分析,确定正确的相邻等高线通过点的连接方法,以保证跟踪和绘出的等高线不会出现相互交叉的矛盾现象。

如图 11.13 所示,等高线的走向有多种可能。这时要对矩形格网进一步划分,如图 11.14 所示,然后根据 A、E、F、G 点的高程可以判断出等高线的走向。

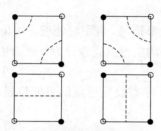

○ 表示小于等高线高程值
● 表示大于等高线高程值

图 11.13　几种可能的等高线走向

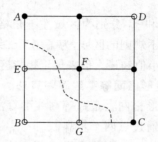

○ 表示小于等高线高程值
● 表示大于等高线高程值

图 11.14　格网细分法追踪等高线

在一条等高线上的所有等高线跟踪完毕后,使用曲线光滑算法对等高线进行光滑处理,进而生成光滑的等高线。由于矩形格网中高程采样点的数量较大,一般均能得到较为协调的等高线。基于矩形格网绘制等高线方法的缺点是,由于格网点一般不能处于山顶、山脊、鞍部等地形特征点上,因此所绘出的等高线形态不够逼真。

11.3.2 基于三角形格网的等高线跟踪

三角形格网是另一种常见的离散高程点的组织形式。与矩形格网相比,三角形格网具有许多优点,首先在野外测量中高程采样点一般为地形特征点,以较少的采样点即可较好地表达地形信息,根据这些不规则的采样点可以方便地构成三角形格网;其次利用三角形格网可较好地体现地形特征线和断裂线,因而据此绘出的等高线能更好地表示区域内的地形;另外,三角形格网中高程点一般都是直接测量获得的,不必经过内插计算,因而保持了原始高程点的精度。因此,根据三角形格网来绘制等高线一直是数字测图系统中等高线绘制的主要方法。三角形格网的构成方法主要有以下两种:一种是根据采样密度较高的散乱分布的高程点自动构建三角形格网;另一种是在地性线的基础上,根据实际地形由人工来确定高程点间的连接关系,进而构成三角形网。

1. 三角形格网高程数据的表示形式

在研究三角形格网高程数据的表示方法时,主要应考虑以下三种因素:①应完全包含点与点之间的连接信息;②应具有尽可能少的数据存贮量;③应便于等高线的跟踪。一般而言,愈要求方便处理,其数据存贮量尤其是重复数据量就越大,二者之间是相互矛盾的,这就要求在使用中根据实际情况妥善进行高程数据表示方法的选择。

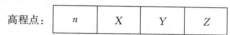

| 高程点: | n | X | Y | Z |

| 三角点: | m | n_1 | n_2 | n_3 |

图 11.15 三角形格网数据记录格式

三角形格网高程数据的表示方法很多,其中以高程点文件加三角形文件的表示方法最常见。高程点文件包括高程点的点号、平面坐标(X,Y)和高程Z。三角形文件包括三角形序号和三个顶点的点号。高程点文件和三角形文件的记录格式如图 11.15 所示。

例如,对于如图 11.16 所示的三角形格网,其相应的高程点文件如表 11.1 所示,三角形文件如表 11.2 所示。

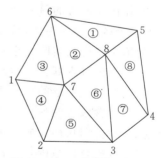

图 11.16 三角形格网示例

表 11.1 高程点文件

点号	X	Y	Z
1	X_1	Y_1	Z_1
2	X_2	Y_2	Z_2
3	X_3	Y_3	Z_3
4	X_4	Y_4	Z_4
5	X_5	Y_5	Z_5
6	X_6	Y_6	Z_6
7	X_7	Y_7	Z_7
8	X_8	Y_8	Z_8

表 11.2 三角形文件

序号	顶点 1	顶点 2	顶点 3
①	5	6	8
②	6	7	8
③	1	6	7
④	1	2	7
⑤	2	3	7
⑥	3	7	8
⑦	3	4	8
⑧	4	5	8

2. 三角形格网等高线跟踪算法

在三角形格网建立之后,即可进行等高线的跟踪。在三角形格网上跟踪等高线的算法主要包括求取等高线通过点的平面位置和跟踪相邻等高线通过点两个步骤。

1)求取等高线通过点的平面位置

设(X_1,Y_1,Z_1)和(X_2,Y_2,Z_2)是三角形格网中某条边的两个端点,给定等高线的高程为Z,只有当等高线高程介于该边两端点高程值之间时,等高线才通过该条边。其判断准则为

$$\Delta Z = (Z - Z_1)(Z - Z_2) \tag{11.28}$$

当$\Delta Z \leqslant 0$时,则等高线通过该边,否则等高线不通过该边;当$\Delta Z = 0$时,说明等高线正好通过该边的端点。为了便于处理,同矩形格网跟踪等高线的情况相似,可在精度允许范围内将端点的高程值加上一个微小值(如0.0001 m),使其值不等于Z。

该边上等高线通过点的平面位置可由下式求得

$$\left. \begin{array}{l} X = X_1 + \dfrac{Z - Z_1}{Z_2 - Z_1} \cdot (X_2 - X_1) \\[2mm] Y = Y_1 + \dfrac{Z - Z_1}{Z_2 - Z_1} \cdot (Y_2 - Y_1) \end{array} \right\} \tag{11.29}$$

2)跟踪相邻等高线通过点

对于给定高程的等高线,其跟踪过程如下:

(1)依次检查区域边界,若某边上有等高线通过点,则从该边所在的三角形开始开曲线跟踪。

(2)检查该三角形的另外两条边,其中必有且仅有一条边上有该等高线通过点。

(3)在包含该边的另一个三角形中,跟踪下一个等高线通过点。这样依次进行跟踪,直至到达另一条区域边界为止,从而完成一条开曲线的跟踪。

(4)依次检查其他区域边界,重复(1)、(2)、(3)直至所有开曲线跟踪完毕为止。

(5)检查区域内部各边,若某边上有等高线通过点,则从该边所在三角形开始闭曲线跟踪。

(6)检查该三角形的另外两边,求取闭曲线的第二个等高线通过点。

(7)在包含该边的另一个三角形中,跟踪下一个等高线通过点。这样依次进行跟踪,直至回到起始点为止,从而完成一条闭曲线的跟踪。

(8)依次检查区域内其他各边,重复(5)、(6)、(7),直至所有闭曲线跟踪完毕为止。

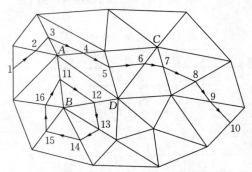

图 11.17　三角形格网等高线跟踪示例

在如图 11.17 所示的三角形格网中,开曲线上等高线通过点的跟踪顺序为 1、2、3、4、5、6、7、8、9、10;闭曲线上等高线通过点的跟踪顺序为 11、12、13、14、15、16。

在跟踪取得一条等高线上所有的等高线通过点后,利用曲线光滑算法将其处理成光滑的等高线。由于三角形格网中高程点的采样密度较稀,且相邻等高线通过点之间的距离疏密不均,光滑算法又只对单条等高线进行处理,因此绘出的等高线之间的协调性往往不够理想,甚至还可能出现等高线

相互交叉等矛盾现象,这可以通过图形编辑方法加以修正。

11.3.3　基于地性线的等高线跟踪

根据地性线来绘制等高线是野外测图中绘制等高线的基本方法,与矩形格网和三角形格网相比,地性线用最少的高程采样点最好地实现了对地形信息的描述。在数字测图过程中,在保证获取足够的必要地形信息的条件下,应该尽可能地减少野外作业的工作量,因此,根据地性线来绘制等高线是目前最为理想的等高线绘制方法。

1. 地性线高程数据的表示形式

基于地性线高程数据的基本表示方法是采用高程点文件和地性线文件,高程点文件包括高程点的平面坐标 X、Y 和高程 Z,地性线文件包括地性线(边)两端点的点号。在这两个文件中高程点号和边号可以省略,而将其在文件中的记录号缺省为相应的点号和边号。高程点文件和地性线文件的记录格式为

$$高程点：X,Y,Z$$
$$地性线：n_1,n_2$$

为了方便等高线的跟踪,需在原始数据的基础上自动派生出地形特征点连接文件和山顶文件。地形特征点文件的记录格式为

$$n,m,n_1,\cdots,n_m$$

其中,n 是地形特征点号,m 是与地形特征点 n 相连的特征点数,n_1、$\cdots$、n_m 是按逆时针方向依次与 n 号点相连的地形特征点号。实际上,地形特征点文件包含了地性线间的拓扑关系。

山顶文件的记录格式与地形特征点文件的格式相同,为

$$n,k,n_1,\cdots,n_k$$

在山顶文件中,显然有如下关系

$$h_n > h_{n_1},h_n > h_{n_2},\cdots,h_n > h_{n_k}$$

2. 基于地性线的等高线跟踪算法

在高程点文件、地性线文件、地形特征点文件和山顶文件建立后,即可进行等高线跟踪。等高线的跟踪方法有两种:一种是以等高线为索引连续把一条等高线跟踪完毕;另一种是以地性线为索引,依次把相邻两条地性线之间的所有分段等高线都找出来,然后再对分段等高线进行连接。由于区域内存在同名等高线会造成前一种方法使用起来较麻烦,这里介绍后一种方法。跟踪的基本思路是以山顶文件为索引,逐个记录(山顶)由高到低依次计算等高线在地性线上的通过点,单个山顶的处理步骤如下:

(1)从山顶文件和地形特征点文件里找到与山顶相关联的前两条直接相邻地性线。如图 11.18 中以 1 号山顶为例,与之关联的前两条直接相邻地性线为 1→2→5、1→3→6。

(2)根据山顶高程 h_1 和基本等高距 Δh 计算这两条地性线上所有等高线通过点。

(3)依次从山顶文件和地形特征点文件里找到与山顶相关联的后续两条直接相邻地性线。如图 11.18 中的 1→3→7、1→4→8→9,再用前述方法进行处理,直至把与山顶 1 相关联的地性线处理完毕。

在等高线跟踪过程中需注意以下几个问题:

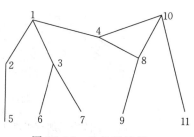

图 11.18　地性线示例

(1)在地形特征点文件和山顶文件里,与地形特征点(或山顶)相关联的地性线要按逆时针顺序依次存放。

(2)始终遵循直接相邻地性线原则。如图 11.18 中 1→2→5 和 1→3→6 是一对,而 1→2→5 和 1→3→7 之间不作处理。

(3)在求等高线通过点时,一条连续的地性线只能是由高到低。如图 11.18 中 1→4→8→9 是一条地性线,而 1→4→10 则不构成地性线(4 是鞍部点)。

(4)遇到相邻两条地性线终点重合时,只处理到重合点。如图 11.18 中 10→4→8 和 10→8。

(5)处理过程中遇到次山顶,则按照山顶文件格式把次山顶相关信息写入该文件尾部。如图 11.18 中 3→6,3→7 构成一个次山顶。

(6)与山顶相关联的两条地性线之间的夹角大于某个规定值(如 120°)时,它们之间不再内插等高线。

综上所述,在图 11.18 跟踪等高线中处理地性线的顺序如下:

1→2→5,1→3→6

1→3→7,1→4→8→9

10→4→8,10→8

10→8→9,10→11

3→6,3→7

待所有地性线处理完毕后,再按坐标、高程将分段等高线依次相连形成连续的等高线。理论上,在求得一条等高线上的所有等高线通过点后可以采用任意一种曲线光滑算法生成光滑的等高线。而对由地性线跟踪出的等高线而言,最好选用抛物线双向加权平均光滑算法,它不仅可以保证等高线的光滑性,还可满足等高线与地性线正交的条件。

3．等高线光滑算法

在根据地性线绘制等高线时,为了使等高线能更好地反映地形特征,应该充分利用等高线与地性线正交的特性,这样我们自然地想到以一个等高线通过点为顶点且以相应的地性线为轴线并通过另一相邻等高线通过点的抛物线来连接相邻等高线通过点。这样可在两个相邻等高线通过点之间以完全类似的方法建立两条抛物线。由于这两条抛物线一般是不重合的,因此可将二者加权平均作为最终的连接线。考虑到该方法是利用由两个点和一条轴线建立的半支抛物线,故将这种等高线光滑算法称为半抛物线加权平均光滑算法。

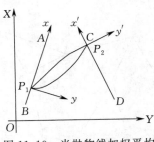

图 11.19　半抛物线加权平均光滑算法原理

如图 11.19 所示,AB 和 CD 是两条相邻的地性线,$P_1(X_1,Y_1)$ 和 $P_2(X_2,Y_2)$ 是通过前述方法得到的两个相邻等高线通过点,AB 和 CD 的坐标方位角分别为 α_1 和 α_2。现以 P_1 为原点、以 AB 为纵轴建立平面直角坐标系 xP_1y。则 P_1 和 P_2 在 xP_1y 里的坐标分别为 $(0,0)$、(u,v)。其中

$$\begin{bmatrix} u \\ v \end{bmatrix} = \begin{bmatrix} \cos\alpha_1 & \sin\alpha_1 \\ -\sin\alpha_1 & \cos\alpha_1 \end{bmatrix} \begin{bmatrix} X_2 - X_1 \\ Y_2 - Y_1 \end{bmatrix}$$

则以 AB 为主轴、以 P_1 为顶点且过 P_2 的抛物线 C_1 的方程为 $x = a_1 y^2$,即

$$x = f_1(y) \tag{11.30}$$

式中,$a_1 = u/v^2$。

同理,建立以 P_2 为原点,以 CD 为纵轴的平面直角坐标系 $x'P_2y'$,则以 CD 为主轴,以 P_2 为顶点且过 P_1 的抛物线 C_2 的方程为

$$x' = a_2 y'^2$$

式中,$a_2 = g/h^2$。

$$\begin{bmatrix} g \\ h \end{bmatrix} = \begin{bmatrix} \cos\alpha_2 & \sin\alpha_2 \\ -\sin\alpha_2 & \cos\alpha_2 \end{bmatrix} \begin{bmatrix} X_1 - X_2 \\ Y_1 - Y_2 \end{bmatrix}$$

设 xP_1y 和 $x'P_2y'$ 之间的旋转角为 β,则 C_2 在 xP_1y 里的方程为

$$(x-u)\cos\beta - (y-v)\sin\beta = a_2[(x-u)\sin\beta + (y-v)\cos\beta]^2$$

即

$$x = f_2(y) \tag{11.31}$$

在 $y \in [0,v]$ 区间内,$x = f_1(y)$ 和 $x = f_2(y)$ 都是单值函数,把其加权平均即

$$x = f_1(y) \cdot w_1(y) + f_2(y) \cdot w_2(y) \tag{11.32}$$

作为 P_1、P_2 之间的内插函数。式(11.32)中的权函数取

$$w_1(y) = (1 + \cos(y/v)\pi)/2$$
$$w_2(y) = (1 - \cos(y/v)\pi)/2$$

最后,再把按式(11.32)计算得到的 (x,y) 恢复到 $O-XY$ 坐标系里。

半抛物线加权平均光滑算法具有以下特点:

(1)等高线与地性线正交。

(2)只须两个相邻等高线通过点和相应的地性线,即可光滑绘出其间的等高线。

(3)该方法在理论上是严密的,可保证在整条曲线上处处光滑(包括等高线通过点处)。

(4)利用该方法使兼顾相邻等高线成为可能,从而能有效提高相邻等高线之间的协调性。

在实际使用中,为了克服相邻等高线之间经常出现的不协调现象,可以采用在建立抛物线时轴线方向取相邻三段地性线方向加权平均的方法。

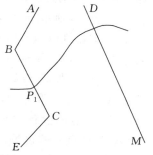

图 11.20　地性线方向发生突变

通过分析不难发现,出现等高线不协调的原因是由于在地性线方向发生突变时,建立抛物线所用的主轴方向也随之发生突变。图 11.20 中,在地性线 BC 段建立抛物线方程时,若考虑上下两段即 AB、CE 对 BC 方向的影响,就可以有效的避免这种情况。设 α_1、α_2、α_3 分别表示 AB、BC、CE 段的坐标方位角,那么在 BC 段内抛物线的轴线方向可以用下式表示

$$\alpha = W_1(s)\alpha_1 + W_2(s)\alpha_2 + W_3(s)\alpha_3 \tag{11.33}$$

式中,$W_1(s)$、$W_2(s)$、$W_3(s)$ 分别是 AB、BC、CE 段的权,s 是从 B 点到抛物线顶点 P_1 的距离。权函数 $W_1(s)$、$W_2(s)$、$W_3(s)$ 应满足如下条件

$$W_1(s) + W_2(s) + W_3(s) = 1$$

B 点处$(s = 0)$,$W_1(0) = W_2(0) = 0.5$,$W_3(0) = 0$;C 点处$(s = d)$,$W_1(d) = 0$,$W_2(d) = W_3(d) = 0.5$,其中 d 为 BC 段全长。

满足以上条件的权函数很多,试验证明用下面权函数绘出的等高线效果较好

$$W_1(s) = \frac{(d-s)^2}{2d^2}$$

$$W_3(s) = \frac{s^2}{2d^2}$$

$$W_2(s) = 1 - W_1(s) - W_3(s)$$

11.4　图形裁剪

在数字测图过程中,为了保持地形图的规范性,往往需要通过图形裁剪将图幅外的图形去除掉。同样,在图形显示时,也需要通过图形裁剪去除掉显示窗口范围之外的图形。图形裁剪实际上是一种保留给定区域内图形而除掉区域外图形的一种图形处理方法。尽管从理论上讲图形裁剪区域可以是任意多边形,但实际使用的裁剪区域通常是四边形,最常用的裁剪区域是矩形。图形裁剪的处理对象主要是构成各种地图要素的直线段。图形裁剪算法的基本思想是,根据线段两端点的位置判断该线段是否与裁剪区域边界相交,如果相交,则计算出交点位置,并用裁剪区域内的线段部分取代原线段。图形裁剪的算法有多种,本书仅介绍常用的四位码线段裁剪方法。

11.4.1　四位码线段裁剪方法

四位码线段裁剪方法是依裁剪区域边界把平面划分为 9 个区域,如图 11.21 所示,矩形剪区域位于中心,每个区域用 4 位二进制编码表示。此编码的每一位表示相对于矩形裁剪区域边界的位置。设矩形区域的左下角坐标为 (x_{min}, y_{min}),右上角坐标为 (x_{max}, y_{max}),$P(x, y)$ 为平面上任一点,则每一位编码的定义如下。

若 $x > x_{max}$,则 $C_1 = 1$,表示 P 点位于上边界上方;

若 $x < x_{min}$,则 $C_2 = 1$,表示 P 点位于下边界下方;

若 $y > y_{max}$,则 $C_3 = 1$,表示 P 点位于右边界右方;

若 $y < y_{min}$,则 $C_4 = 1$,表示 P 点位于左边界左方。

这里,C_1、C_2、C_3 和 C_4 分别表示从左至右的第 1 位、第 2 位、第 3 位和第 4 位编码。若某位为 0,则表示 P 点的位置与取值为 1 时相反。

显然,当 P 点的四位编码为 0000 时,P 点位于矩形裁剪区域内;当 P 点的四位编码不为 0000 时,P 点位于区域外。如图 11.22 所示,线段相对于矩形裁剪区域的位置,存在以下四种情况:

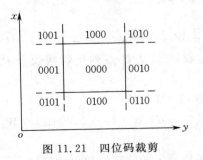

图 11.21　四位码裁剪

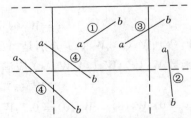

图 11.22　线段与裁剪区域的位置关系

①线段两端点的四位编码均为 0000,则该线段位于矩形裁剪窗口内。此时只须保留该线

段的两端点即可。

　　②线段两端点的四位编码均不为 0000,且逻辑相乘结果不为 0。此时该线段位于矩形裁剪区域之外,则将该线段舍弃即可。

　　③线段一个端点的四位编码为 0000,另一端点的四位编码不为 0000。此时该线段一个端点位于矩形裁剪区域之内,另一端点位于矩形裁剪区域之外,则需要计算线段与矩形裁剪区域边界的交点,并用求得的交点代替矩形裁剪区域外的线段端点。

　　④线段两端点的四位编码均不为 0000,且逻辑相乘结果为 0,此时该线段两端点均在矩形裁剪区域之外,则需要计算线段与矩形裁剪区域边界的交点。若线段与矩形裁剪区域边界无交点,则表示整个线段在矩形裁剪区域之外,只须将该线段舍弃即可。若线段与矩形裁剪区域边界有交点(必为两个交点),则表示部分线段在矩形裁剪区域内,用两个交点分别代替原线段的两端点即可。

　　需要计算线段与矩形裁剪区域边界交点的情况具有这样的规律,即线段两端点四位编码的逻辑和有几位为 1,则就有矩形裁剪区域的几个边界需要与线段进行交点计算。设线段两端点的坐标分别为 (x_1,y_1) 和 (x_2,y_2),则线段与裁剪区域上边界的交点为

$$\left.\begin{array}{l} x = x_{\max} \\ y = y_1 + \dfrac{x_{\max} - x_1}{x_2 - x_1} \cdot (y_2 - y_1) \end{array}\right\} \tag{11.34}$$

线段与裁剪区域下边界的交点为

$$\left.\begin{array}{l} x = x_{\min} \\ y = y_1 + \dfrac{x_{\min} - x_1}{x_2 - x_1} \cdot (y_2 - y_1) \end{array}\right\} \tag{11.35}$$

线段与裁剪区域右边界的交点为

$$\left.\begin{array}{l} x = x_1 + \dfrac{y_{\max} - y_1}{y_2 - y_1} \cdot (x_2 - x_1) \\ y = y_{\max} \end{array}\right\} \tag{11.36}$$

线段与裁剪区域左边界的交点为

$$\left.\begin{array}{l} x = x_1 + \dfrac{y_{\min} - y_1}{y_2 - y_1} \cdot (x_2 - x_1) \\ y = y_{\min} \end{array}\right\} \tag{11.37}$$

线段与裁剪区域存在交点的判别准则为

$$\left.\begin{array}{l} x_{\min} \leqslant x \leqslant x_{\max} \\ y_{\min} \leqslant y \leqslant y_{\max} \end{array}\right\} \tag{11.38}$$

　　实际上,由于线段与裁剪区域边界的交点是按两条直线方程来计算的,线段与裁剪区域边界是否真正存在交点,仍须用式(11.38)加以判别。

11.4.2　多边形的裁剪方法

　　多边形是地形图上常见的图形元素,如居民地、房屋、田地和池塘等,它们都是用多边形来表示的。多边形的裁剪比直线要复杂得多。因为经过裁剪后,多边形的轮廓线仍要闭合,而裁剪后的边数可能增加,也可能减少,或者被裁剪成几个多边形,这样必须适当地插入窗口边界

才能保持多边形的封闭性。这就使得多边形的裁剪不能简单地用裁剪直线的方法来实现。

对于多边形的裁剪，人们研究出了多种算法，其中萨瑟兰德-霍奇曼（Sutherland-Hodgman)算法根据相对于一条边界线裁剪多边形比较容易这一点，把整个多边形先相对于窗口的第一条边界裁剪，然后再把形成的新多边形相对于窗口的第二条边界裁剪，如此进行到窗口的最后一条边界，从而把多边形相对于窗口的全部边界进行了裁剪。该算法的步骤为：

(1)取多边形顶点 $P_i(i=1,2,\cdots,n)$，将其相对于窗口的第一条边界进行判别，若点 P_i 位于窗口内侧，则把 P_i 记录到要输出的多边形顶点中，否则不作记录。

(2)检查 P_i 点与 P_{i-1} 点(当 $i=1$ 时，检查 P_i 与 P_n 点)是否位于窗口边界的同一侧。若是，P_i 点记录与否，随 P_{i-1} 点是否记录而定；否则计算出 $P_i P_{i-1}$ 与窗口边界的交点，并将它记录到要输出的多边形的顶点中去。

(3)如此判别所有的顶点 P_1、P_2、$\cdots$、P_n 后，得到一个新的多边形 Q_{11}、Q_{21}、$\cdots$、Q_{m1}，然后用新的多边形重复上述步骤(1)、(2)，依次对窗口的第二、三和第四条边界进行判别，判别完后得到的多边形 Q_{14}、Q_{24}、$\cdots$、Q_{m4} 即为裁剪的最后结果。

例如，对如图 11.23(a)所示的多边形，其裁剪过程如下：

(1)首先对窗口的右边界进行判别，从多边形的顶点 P_1 开始依次判断。P_1 在右边界不可见一侧，故不记录 P_1 点，且 P_1 和 P_6 在右边界同侧，则也不与右边界求交点。

P_2 点在右边界可见一侧，且 P_2 和 P_1 在右边界异侧，因此求出 $P_2 P_1$ 与右边界交点记作 Q_1，同时把 P_2 点记录下来作为(Q_2)(见图 11.23(b))。

P_3 点在右边界不可见一侧，但 P_3 和 P_2 在右边界异侧，因此求出 $P_3 P_2$ 与右边界交点记作 Q_3。

P_4 点在右边界可见一侧，且 P_4 和 P_3 在右边界异侧，因此求出 $P_4 P_3$ 与右边界交点记作 Q_4，同时把 P_4 点记录下来作为(Q_5)。

P_5 点在右边界不可见一侧，但 P_5 和 P_4 在右边界异侧，因此求出 $P_5 P_4$ 与右边界交点记作 Q_6。

P_6 点在右边界不可见一侧，但 P_6 和 P_5 在右边界同侧，因此不求交点也不记录 P_6 点。

这样就得到新多边形 Q_1(Q_2)$Q_3 Q_4$(Q_5)Q_6(如图 11.23(c))。

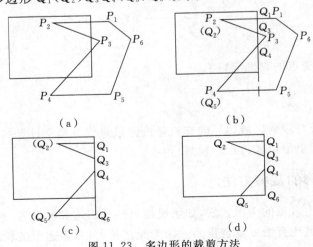

(a)

(b)

(c)

(d)

图 11.23 多边形的裁剪方法

（2）把新得到的多边形 $Q_1(Q_2)Q_3Q_4(Q_5)Q_6$ 对裁剪区域的下边界进行判断，同理可得到新的多边形 $Q_1Q_2Q_3Q_4Q_5Q_6$（如图 11.23(d)）。

（3）新得到的多边形与裁剪区域左边界和上边界进行判断，多边形无变化，因而图 11.23(d) 所示的多边形即为裁剪的最后结果。

11.5 规则图形的正形化处理

在地形图尤其是大比例尺地形图上，有大量形状规则的地图要素，其形状具有某些固定的几何特征，如绝大多数建筑物相邻边之间的夹角为直角，烟囱、水塔等符号的形状为圆形，毗连成片的房屋在接合部应该严格地吻合等。由于在数据采集过程中存在着采样误差，尤其是用数字化仪进行图上采样时图上误差可达 0.3 mm 左右，这样大的采样误差若不经处理必将在地形图上反映出来，即会产生各种各样的图形不合理现象，这些不合理现象突出表现在以下几个方面：①房屋等具有直角特征的图形相邻边不正交，面积较小图形这一问题尤为突出；②相互毗连的图形在接合部不能很好地吻合，出现割裂和重迭等现象；③圆形符号的位置和大小与实际偏差较大。处理这些图形失真现象的普通方法是进行图形编辑，但图形编辑是人工作业，速度慢、工作量大，而且对诸如图形直角化处理等问题也难以取得满意结果。因此，对规则图形自动进行正形化处理是十分必要的。规则图形正形化处理的基本思想是，根据规则图形本身固有的几何特征，列出相应的条件方程式组，将各采样点坐标作为观测值进行最小二乘平差，得到满足正形化要求的采样点坐标。

11.5.1 直角化处理方法

对于相邻边正交的规则图形，一般要求处理后仍保持这一重要的几何特征。设某一具有直角特征的图形有 n 个顶点，各采样点的理论坐标分别为 $(x_i,y_i)(i=1,2,\cdots,n)$，第 i 条边的起点和终点分别为第 i 个和第 $i+1$ 个采样点，则该边的斜率为

$$k_i = (y_{i+1} - y_i)/(x_{i+1} - x_i) \tag{11.39}$$

同样，第 $i+1$ 条边的斜率为

$$k_{i+1} = (y_{i+2} - y_{i+1})/(x_{i+2} - x_{i+1}) \tag{11.40}$$

在式(11.39)和式(11.40)中，当角标大于 n 时，则将其减 n。由于第 i 边和第 $i+1$ 边正交，则 k_i 和 k_{i+1} 满足下式条件，即

$$k_i \cdot k_{i+1} = -1 \tag{11.41}$$

将式(11.39)和式(11.40)代入式(11.41)，化简后得

$$(x_{i+1} - x_i)(x_{i+2} - x_{i+1}) + (y_{i+1} - y_i)(y_{i+2} - y_{i+1}) = 0 \tag{11.42}$$

从而可得条件方程式

$$-A_{i+1}V_{x_i} - B_{i+1}V_{y_i} + (A_{i+1} - A_i)V_{x_{i+1}} + (B_{i+1} - B_i)V_{y_{i+1}} + A_iV_{x_{i+2}} + B_iV_{y_{i+2}} + A_iA_{i+1} + B_iB_{i+1} = 0 \tag{11.43}$$

式中，$A_i = x'_{i+1} - x'_i$，$B_i = y'_{i+1} - y'_i$，$A_{i+1} = x'_{i+2} - x'_{i+1}$，$B_{i+1} = y'_{i+2} - y'_{i+1}$。根据式(11.43)，共列 $n-1$ 个条件方程式，再经条件平差，即可按下式得各采样点平差后的坐标。

$$x_i = x'_i + V_{x_i} \atop y_i = y'_i + V_{y_i}$$ (11.44)

事实上,在直角图形中还存在与相邻边正交条件对等的间隔边平行条件,即第 i 边与 $i+2$ 边平行,因此可以列出 $n-2$ 个平行条件方程式,此外还必须根据式(11.43)任列一个相邻边正交条件。

尽管相邻边正交条件和间隔边平行条件在本质上是完全等价的,但其条件方程式组和相应的法方程式组系数阵的结构却是不同的,因而它们在实际使用中的方便程度也存在着较大的差异。实验证明,直角化条件方程与平行边条件方程相比,在解算方面更为简单。

11.5.2 带固定角图形的正形化处理

在地形图上,有时会有某图形的一个或多个角度为一固定角的情况,相邻边不相互正交,这一固定角通常为 $45°$、$60°$ 或 $135°$ 等,该重要的几何特征应该在输出的地形图上得到保持。设第 i 边和第 $i+1$ 边之间所夹的角度为 α_0,则有

$$\tan\alpha_0 = (k_i - k_{i+1})/(1 + k_i k_{i+1})$$ (11.45)

令 $k_0 = \tan\alpha_0$,化简后得

$$k_0 k_i k_{i+1} - k_i + k_{i+1} + k_0 = 0$$ (11.46)

将式(11.39)和式(11.40)代入式(11.46),化简后即可得条件方程式。

因此,在图形中若有固定角时,只须在条件方程式组加入固定角条件方程式,再一并进行平差即可。

11.5.3 圆形的正形化处理

对圆形符号一般的处理方法是在圆上任意采集三个点或采集一条直径的两个端点,从而决定圆的位置和大小,这样采样误差必然在圆心坐标和半径上反映出来,要想在输出的地形图上得到满意的结果,必须使这些误差得到有效的控制。

1. 三点采样误差对圆心坐标和半径影响

设 $C_1(x_1, y_1)$、$C_2(x_2, y_2)$ 和 $C_3(x_3, y_3)$ 是圆上的 3 个采样点,如图 11.24 所示。若令

$$k_1 = \frac{y_2 - y_1}{x_2 - x_1} \atop k_2 = \frac{y_3 - y_2}{x_3 - x_2}$$ (11.47)

则圆心坐标为

$$x_0 = \frac{1}{2}\left[-\frac{k_2}{k_1 - k_2}x_1 + x_2 + \frac{k_1}{k_1 - k_2}x_3 - \frac{k_1 k_2}{k_1 - k_2}(y_3 - y_1)\right] \atop y_0 = \frac{1}{2}\left[\frac{k_1}{k_1 - k_2}y_1 + y_2 - \frac{k_2}{k_1 - k_2}y_3 - \frac{1}{k_1 - k_2}(x_3 - x_1)\right]$$ (11.48)

半径为

$$R = \sqrt{(x_1 - x_0)^2 + (y_1 - y_0)^2}$$ (11.49)

为了方便起见,不妨设 C_1、C_2 和 C_3 按图 11.24 所示的等边三角形方式排列。取采样点误差为图上 0.2 mm,下面从两种极端情况讨论其对圆心位置和半径的影响。

当 C_1、C_2、C_3 的点位误差均在半径方向上时,圆心位置误差 $\Delta P =$ 0,半径误差 $\Delta R = \pm 0.2\text{ mm}$。

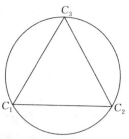

当 C_1、C_2 点位误差在 C_1 和 C_2 的连线方向向外位移,而 C_3 点位误差在 $C_1 C_2$ 的垂直方向上时,在半径 $R \in (5\text{ mm}, 20\text{ mm})$ 的情况下,$\Delta P = \pm 0.15\text{ mm}$ 左右,$\Delta R = \pm 0.1\text{ mm}$ 左右。

由此可见,在圆上采集 3 点的方案是比较好的,采样误差对圆心位置和半径的影响在可以接受的范围内。

图 11.24　圆形的采样点

2. 两点采样误差对圆心坐标和半径的影响

设 $D_1(x_1, y_1)$ 和 $D_2(x_2, y_2)$ 是圆一直径的两个端点,则圆心坐标为

$$\left.\begin{array}{l} x_0 = \dfrac{1}{2}(x_1 + x_2) \\[2mm] y_0 = \dfrac{1}{2}(y_1 + y_2) \end{array}\right\} \tag{11.50}$$

当 D_1、D_2 的采样误差在相同方向上时,则圆心位置误差 $\Delta P = \pm 0.2\text{ mm}$,半径误差 $\Delta R = 0$。

当 D_1、D_2 的误差在直径方向反向移动时,则 $\Delta P = 0$,$\Delta R = \pm 0.4\text{ mm}$。

由此可见,两点采样方案对圆的半径的影响是极大的,在最坏的情况下,半径误差可达 $\pm 0.4\text{ mm}$,这已远远超过规范所规定的限差。

根据以上讨论,我们应该采用在圆周上采三点的采样方案,而禁止采用采集直径两端点的采样方案。

11.6　图幅接边处理

在数字测图过程中,地形图的测绘是以图幅为单位进行的。无论是野外数据采集还是从已有地图上进行数据采集,采样点上都存在偶然误差,在地图上进行数据采集时,还存在着图幅分别定向所引起的系统误差。采样点误差的存在必然会使相邻图幅在公共图廓线上的坐标数据出现不一致的现象,这是测图规范所不允许的。因此,必须通过图幅接边处理来调整公共图廓线上的坐标数据使其保持完全一致。图幅接边处理的方法包括自动接边处理和在此基础上辅以图形编辑两种方法。

自动接边处理的基本思想是首先判断某地图要素是否存在接边问题,然后再对存在接边问题的地图要素进行接边计算,以改正有关采样点的坐标。

11.6.1　接边的判别准则

事实上,并非图幅内所有地图要素都需要进行接边处理,只有满足以下三个条件的地图要素才有必要进行接边处理。

1. 端点邻近图廓条件

若某相邻图幅的公共图廓点的坐标分别为 $M(x_M, y_M)$ 和 $N(x_N, y_N)$,某地图要素的一个端点为 $B(x_B, y_B)$,则直线 MN 的方程为

$$a_0 x + b_0 y + c_0 = 0$$

式中,系数 a_0、b_0 和 c_0 为 x_M、y_M、x_N 和 y_N 的函数。

端点 B 到图廓线 MN 的距离为

$$d_0 = \frac{|a_0 x_B + b_0 y_B + c_0|}{\sqrt{a_0^2 + b_0^2}} \tag{11.51}$$

当 $d_0 \leqslant e_0$(e_0 表示阈值,一般取 $e_0 = 0.5\text{ mm}$ 图上长)时,则认为该地图要素有可能需要进行接边处理;当 $d_0 > e_0$ 时,则认为该地图要素无需进行接边处理。

2. 属性相同条件

若分别位于二相邻图幅中的二地图要素的属性码分别为 A_1 和 A_2,则只有当 A_1 和 A_2 相同时该二地图要素才可能需要进行接边处理,即接边处理仅在同一要素层内进行,不同要素层中的地图要素之间不存在接边问题。

3. 端点邻近条件

若 $B_1(x_{B_1}, y_{B_1})$ 和 $B_2(x_{B_2}, y_{B_2})$ 是分别位于二相邻图幅中属性码相同的二地图要素的端点,它们都满足端点邻近图廓条件,设相应的首线段(或末线段)的方程分别为

$$a_1 x + b_1 y + c_1 = 0 \tag{11.52}$$
$$a_2 x + b_2 y + c_2 = 0 \tag{11.53}$$

联立式(11.52)和式(11.53),可求得 B_1 所在线段与图廓线的交点为 $B_1'(x_{B_1}', y_{B_1}')$;同理,可求得 B_2 所在线段与图廓线的交点为 $B_2'(x_{B_2}', y_{B_2}')$。则 B_1' 与 B_2' 之间的距离为

$$d_1 = \sqrt{(x_{B_1}' - x_{B_2}')^2 + (y_{B_1}' - y_{B_2}')^2} \tag{11.54}$$

当 $d_1 \leqslant e_1$(e_1 表示阈值,一般取 $e_1 = 1\text{ mm}$ 图上长)时,则认为该二地图要素之间需要进行接边处理;当 $d_1 > e_1$ 时,则认为该二地图要素之间无需进行接边处理。

总之,只有同时满足以上三个条件的地图要素之间才进行接边处理。

11.6.2　采样点坐标改正

B_1' 与 B_2' 的中点 B 的坐标为

$$\left. \begin{aligned} x_b &= \frac{1}{2}(x_{B_1}' + x_{B_2}') \\ y_b &= \frac{1}{2}(y_{B_1}' + y_{B_2}') \end{aligned} \right\} \tag{11.55}$$

事实上,只需将 $B_1'(x_{B_1}', y_{B_1}')$ 和 $B_2'(x_{B_2}', y_{B_2}')$ 用 $B(x_b, y_b)$ 来代替,即可消除接边误差,而其他采样点的坐标则无需改正,这也是最简便的一种接边处理方法。但是,由接边误差产生的原因可知,不仅接边点上含有误差,严格地讲,整个地图要素的各采样点上都含有误差,这就需要对地图要素上的所有采样点都进行坐标改正。设 (x_1, y_1)、(x_2, y_2)、$\cdots$、(x_n, y_n) 为某地图要素上的 n 个采样点,(x_n, y_n) 是接边点,按上述方法求得接边点的改正坐标为 $(\bar{x}_n, \bar{y}_n)$,可以认为某采样点 (x_i, y_i) 与改正后的相应点 $(\bar{x}_i, \bar{y}_i)$ 之间满足如下关系

$$\begin{bmatrix} \bar{x}_i \\ \bar{y}_i \end{bmatrix} = \begin{bmatrix} a & -b \\ b & a \end{bmatrix} \begin{bmatrix} x_i - x_1 \\ y_i - y_1 \end{bmatrix} + \begin{bmatrix} x_1 \\ y_1 \end{bmatrix} \tag{11.56}$$

式中,a、b 为变换参数,$i = 1, 2, \cdots n$。

将 (x_n, y_n) 和 $(\bar{x}, \bar{y}_n)$ 代入式(11.56)并求解,可得

$$a = \frac{(\bar{x}_n - x_1)(x_n - x_1) + (\bar{y}_n - y_1)(y_n - y_1)}{S^2}$$
$$b = \frac{(\bar{y}_n - y_1)(x_n - x_1) + (\bar{x}_n - x_1)(y_n - y_1)}{S^2}$$

(11.57)

式中，$S^2 = (x_n - x_1)^2 + (y_n - y_1)^2$，$S$ 是 (x_1, y_1) 和 (x_n, y_n) 之间的距离。

将各采样点坐标代入式(11.56)，即可求得改正后相应各点的坐标。

11.7　图廓整饰与绘图输出

11.7.1　图廓整饰

一幅完整的地形图除了图内的各种地图要素之外，根据测图规范的要求还应具有图廓、方里网和其他说明性信息。图廓线包括内图廓线和外图廓线，说明性信息包括图名、图号、接图表、密级、4 个内图廓点的高斯坐标、比例尺、测图单位、测图方法、坐标系统、高程系统、等高距、图式版本、测量员姓名、绘图员姓名、检查员姓名等。这些图廓线、方里网和说明性信息在图幅中具有规定的位置和格式，只须按照规范要求输入已知的数据和文字，就可自动生成图幅整饰的有关图形和文字说明。图 11.25 是图幅整饰的一个实例。

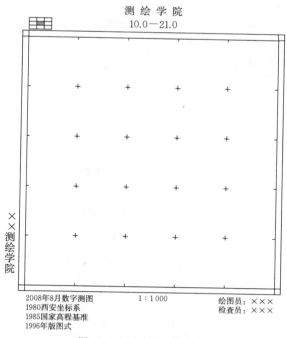

图 11.25　图幅整饰实例

11.7.2　绘图输出

在数字测图系统中，绘图仪绘图输出是一项重要功能。当地形图上的地物符号、等高线、文字注记和图廓整饰数据经过处理生成绘图数据文件后，就可以经绘图仪绘图输出了。在绘图仪绘图时,需要将各种图形和文字的位置从高斯坐标系转换到绘图仪坐标系。

绘图仪坐标系的原点一般在图板中央,以横向为 x 轴,以纵向为 y 轴,多数绘图仪的坐标单位为 0.025 mm,即 1 mm 相当于 40 个绘图仪坐标单位。

如图 11.26 所示,$O-XY$ 为高斯坐标系,$o-xy$ 为绘图仪坐标系,$A(X_1,Y_1)$、$B(X_2,Y_2)$、$C(X_3,Y_3)$ 和 $D(X_4,Y_4)$ 是 4 个图廓点的高斯坐标,图幅中心点的高斯坐标为

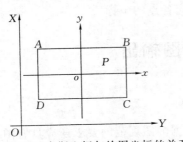

$$\left.\begin{array}{l} X_0 = \dfrac{1}{4}\sum_{i=1}^{4} X_i \\[3mm] Y_0 = \dfrac{1}{4}\sum_{i=1}^{4} Y_i \end{array}\right\} \tag{11.58}$$

则图幅中任一点 P 的高斯坐标与相应的绘图仪坐标 (x,y) 存在如下关系

$$x = 40\,000(Y-Y_0)/M$$
$$y = 40\,000(X-X_0)/M$$

式中,M 为测图比例尺分母,X 和 Y 的单位为米。

图 11.26　高斯坐标与绘图坐标的关系

思考题与习题

1. 已知某测区的范围是 $X_{min}=134\,003.85$ m,$Y_{min}=45\,980.24$ m,$X_{max}=135\,233.75$ m,$Y_{max}=47\,246.76$ m,若要求该测区完整最大地显示在计算机屏幕上,计算机屏幕上图形显示区域为 $1\,000\times800$ 像素。计算点 $(134\,508.23,46\,145.69)$ 的屏幕坐标。

2. 写出埋石图根点在模板法点状符号库中的数据结构。

3. 模板法符号库中,某符号的图元记录为

c　1　　0　　　3.0　0.0　1.0　0　　　360

l　2　　0.0　−1.0　0.0　1.0　0.1

　　0.0　0.0　2.0　0.0　0.1

绘出该符号图形。

4. 如图 11.27 所示为一不规则三角网,试在图中目估勾绘高程值为 31 m 的等高线。

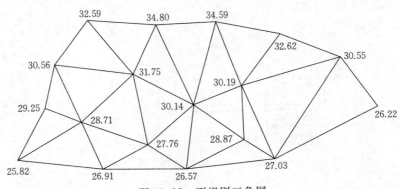

图 11.27　不规则三角网

5. 基于三角形格网的等高线跟踪和基于地性线的等高线跟踪是数字测图中常用的两种方法,比较这两种方法的优缺点。

6. 某建筑物为正六边形,写出其相邻边的条件方程的通式。

第 12 章　三维激光扫描测量

三维激光扫描仪是无合作目标激光测距与角度测量组合的自动化快速测量系统,在复杂的现场或空间对被测物体进行快速扫描测量,直接获得激光点所照射的物体表面的水平方向、天顶距、斜距和反射强度,自动计算存储目标点的三维坐标。激光扫描技术是一种从复杂实体或实景中重建目标全景三维数据及模型的技术,又称为实景复制技术。激光扫描技术突破了传统的单点测量方式,具有速度快、非接触、高密度、自动化等特性,广泛应用于工业测量、地形测绘、文物保护、城市建模、变形监测、逆向工程及虚拟现实等领域。

12.1　激光扫描仪及其分类

为了满足不同领域的需要,激光扫描仪厂商通常设计生产不同测程、不同精度的仪器系列,它们在原理和性能等方面存在较大差别。

12.1.1　按维数分类

按维数可将激光扫描仪分为两类:二维激光扫描仪和三维激光扫描仪。

二维激光扫描仪与断面仪的工作原理相似,都是使激光在一个平面内转动,从而形成一个测量面。测量面与物体相交,形成一条测量线,也称扫描线。其不同之处在于,断面仪通过步进电机使测距设备旋转而改变光路,二维激光扫描仪直接使用扫描镜改变光路。由于扫描镜的旋转或者振荡速度很快,因此测量速度可以大幅提高。二维激光扫描仪通常与移动载体配合使用,如机器人的碰撞检测,无人驾驶车的自动导航,隧道测量,机载激光扫描仪、车载激光扫描和舰载激光扫描仪的移动测图等。二维激光扫描仪出现较早,产品很多,典型的厂商有西克公司、瑞格公司、欧普公司等。

在二维激光扫描仪的基础上加入扫描镜或旋转平台,使激光可在水平和垂直两个方向发生偏转,从而构成三维激光扫描仪。当前生产三维激光扫描仪的主要厂商有瑞格公司、徕卡公司、天宝公司、欧普公司、法如公司、Z+F 公司等。

12.1.2　按平台分类

按测量时激光扫描仪所处平台的不同可分为手持激光扫描仪、地面激光扫描仪、车载激光扫描仪及机载激光扫描仪等。手持激光扫描仪的扫描范围小,一般用于逆向工程。地面激光扫描仪在测量时架设于地面,不发生移动,测量范围从几米到几千米,测量精度高,可用于工业测量、变形监测、建筑物测量和文物测量存档等。车载和机载激光扫描测量系统又称为移动测图系统(mobile mapping system,MMS),需要配备卫星导航定位天线与芯片、惯性测量装置(inertial measurement unit,IMU)等设备以获取激光扫描仪的瞬时位置和姿态,从而直接获取目标在全局坐标系下的坐标,该类系统精度从厘米级到分米级不等,主要用于大比例尺地形图测绘、城市数字化及道路检测等。

12.1.3 按测距原理分类

测距模块是激光扫描仪的重要组成部分,测距信息在三维信息获取中具有重要作用,因此可根据测距原理的不同来分类,可分为三角法、脉冲法和相位法。三角法又称为不同轴测距法,即出射的激光光路与反射回仪器的激光光路不一致,激光的发射点和接收点位于基线的两端,并与目标点构成三角形,故称为三角法。脉冲法和相位法又称为同轴测距法或时间飞行法,这两种测距方式的往返光路是一致的,并通过激光在空中传播的时间来间接获得距离。相位型激光扫描仪根据出射激光与返回激光间的相位差确定距离,受整周模糊度的影响,相位型的测程一般小于 100 m。脉冲型激光扫描仪通过发射脉冲激光进行测距,测量距离远,但精度相对较低。

12.1.4 按应用范围分类

按应用范围的不同,可将激光扫描仪分为计量型和测量型。计量型激光扫描仪又可称为工业测量激光扫描仪,测量范围在几米到几十米,测量精度达到亚毫米级甚至更高,主要用于工业产品的制造、安装和检测等任务。测量型激光扫描仪又称为地形测量激光扫描仪,测量范围从几十米到几千米,测量精度为毫米或厘米级,主要用于地形等大场景的测量和建筑物等大型对象的测量。

12.1.5 按测程分类

按激光扫描仪的有效扫描距离可分为:

(1)短距离激光扫描仪。其最长测量距离不超过 10 m。一般最佳测量距离为 $0.6 \sim 1.2$ m,这类激光扫描仪适合用于小型模具的量测,不仅速度快,而且精度高,如 VIVID 910、FastScan、HandyScan 等。

(2)中距离激光扫描仪。最长测量距离小于 100 m 的激光扫描仪属于中距离激光扫描仪,其多用于大型模具或室内空间的测量。

(3)长距离激光扫描仪。测量距离大于 100 m 的激光扫描仪属于长距离激光扫描仪,主要用于大型土木工程、地形等的测量。

12.1.6 按光源分类

按产生激光的介质可将激光分为气体激光、固体激光和半导体激光(发光二极管)。20 世纪 80 年代,半导体激光器技术日趋成熟,随着输出功率的大幅度提高,逐渐应用于中、短程激光扫描仪,具有小型化、低成本、结构简单、使用方便、对人眼安全等一系列优点,目前的激光扫描仪一般采用半导体激光。

激光的安全等级根据激光器所产生的激光对人体的损害程度进行分类,从 CLASS Ⅰ 到 CLASS Ⅳ,共四级。Class Ⅱ、Class Ⅲ 及 Class Ⅳ 激光器的制造商应该在仪器上粘贴警告标签,并且把激光器的激光等级标注在仪器上。Class Ⅰ 激光属于一种安全的并可避免静电危害的低能量级激光设备。

12.2　激光扫描仪测量原理

12.2.1　测距原理

激光扫描仪的测距方式主要分为三类：三角测距、脉冲测距和相位测距。

1. 三角测距原理

如图 12.1 所示,激光发射器发射一束激光,经过扫描镜反射到达目标。激光在目标处发生反射,一部分激光经棱镜并在光探测设备(如 CCD)上成像。发射点、目标点和接收点构成一个三角形,几何关系如图 12.2 所示,由 $\triangle PAO \cong \triangle OCB$ 可得

$$\frac{PA}{OC} = \frac{AO}{CB}$$

式中,OC 为焦距 f,BC 为图像坐标 u,PA 为 z 坐标,而

$$AO = AD - OD = z \cdot \cot\theta - b$$

$$\frac{z}{f} = \frac{z \cdot \cot\theta - b}{u}$$

式中,b 为基线长,从而

$$z = \frac{b}{f \cdot \cot\theta - u} f \tag{12.1}$$

按照比例关系

$$\frac{x}{u} = \frac{y}{v} = \frac{z}{f}$$

$$(x, y, z) = \frac{b}{f \cdot \cot\theta - u}(u, v, f)$$

在式(12.1)中,对 z 求导数,得到

$$\frac{\mathrm{d}z}{\mathrm{d}u} = \frac{z^2}{\mathrm{d}f} \tag{12.2}$$

由式(12.2)可知,精度随距离的增加下降很快,因此该类扫描仪的测程一般较短。

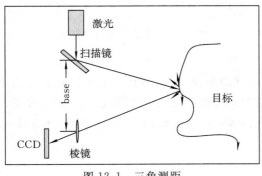

图 12.1　三角测距

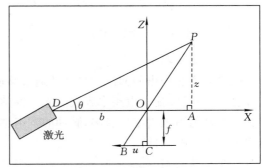

图 12.2　三角测距中的几何关系

2. 脉冲测距原理

脉冲激光测距利用激光器对目标发射很窄的激光脉冲,通过激光脉冲到达目标并由目标返

回到接收机的时间计算目标距离。设目标距离为 S，光往返时间为 Δt，光的传播速度为 c，则有

$$S = c\Delta t/2$$

光速测定精度依赖于大气折射率 n 的测定精度，目前 n 的测定精度能达到 10^{-6}，对测距影响很小，因此，测距精度主要取决于 Δt 的测定精度。设激光发射时刻为 t_1，返回时刻为 t_2，则 $\Delta t = t_2 - t_1$。影响 Δt 测定的因素很多，如激光脉宽、时点判别及电路延迟等。

测量精度很大程度上取决于时点判别。由于激光脉冲在空间传输过程中的衰减和畸变，导致接收到的脉冲与发射的脉冲在幅度和形状上都会发生很大的变化，很难正确确定回波信号到达的时刻，由此引起的测量误差为漂移误差；另外，由输入噪声引起的时间波动也会给测量带来误差。目前的判别方法主要有：前沿判别（leading edge discriminator）、高通容阻判别（CR-high pass discriminator）、恒比值判别（constant fraction discriminator）和全波形检测（full waveform detection）。

1）前沿判别

当光能量大于某个阈值时，计数器（计算脉冲个数）停止计数。如图 12.3 所示，同一强度阈值对于不同的信号模板会产生不同的计时结果；不同模板的同一时刻对应不同的信号强度。当接收到的激光脉冲信号波形在传输过程中发生畸变，如幅值被压缩时将单次检测误差在纳秒量级以上时，很难用于高精度检测，因此需要进行改正，如图 12.4 所示。

$$t_k = \frac{P_{\mathrm{thr}} \cdot t_r}{P_{\mathrm{peak}}} \tag{12.3}$$

式中，t_k 为改正后的记时时刻，P_{thr} 为阈值，P_{peak} 为发射信号的强度峰值，t_r 为信号的上升沿时间。

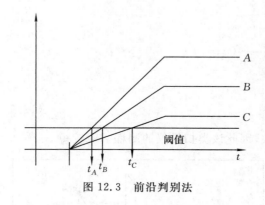

图 12.3　前沿判别法

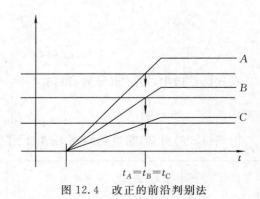

图 12.4　改正的前沿判别法

2）高通容阻判别

把接收通道输出的回波信号脉冲通过高通容阻滤波电路，使待测信号的极值点转变为零点，然后通过过零比较电路来判别激光脉冲信号的起止时刻点，这种检测方法的误差主要受信号脉冲在极值附近斜率的影响，脉冲的宽窄也会直接影响检测的精确，该方法适用于检测持续时间很短的尖峰脉冲。

3）恒比值判别

恒比值时点判别器将待测输入信号分成两路：其中一路经过一段固定延时线路，使信号产生 t_1 大小的延迟；另一路经过衰减变小，使信号的振幅由 A_0 减小为 A_1。如图 12.5 所示，以三角波作为输入信号来说明其原理。

设输入信号为 $g(t)$，则信号1为 $g(t-t_1)$，信号2为 $f \cdot g(t)$，其中 f 为衰减率。在 t_2 时刻两路信号的振幅相等，由此列出方程为

$$g(t_2-t_1)=f \cdot g(t_2) \tag{12.4}$$

对于三角波有 $g(t)=at$，则

$$a(t_2-t_1)=f \cdot a(t_2) \tag{12.5}$$

$$t_2=t_1/(1-f) \tag{12.6}$$

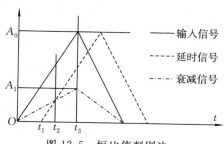

图 12.5　恒比值判别法

式中，a 为三角波上升边的斜率。由上式可得，利用恒比值判别法所求得的临界值时间点 t_2 与回波信号的幅值 A 无关，因此，当信号检测回路接收到的脉冲信号幅值发生变化时，比较器转态时刻并不改变，从而保证了回波信号到达时刻检测的准确性。恒比值判别法不仅很大程度上解决了信号波形畸变引入的判别误差，而且对信号脉冲宽度没有要求，有利于电路的实现。

4）全波形检测技术

由激光产生的原理可知，仪器发射的激光具有一个发散角，因此激光的光路呈锥状，如图 12.6 所示。激光到达目标时并不为点，而是具有一定面积的光斑。早期的脉冲型测距仪仅记录一个回波，该处理方式能够满足光斑范围内只存在单个目标的情形。但在实际测量中，在很小的光斑范围内可能存在多个目标，因此需要采用新的波形探测技术。

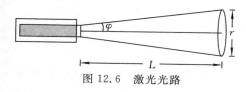

图 12.6　激光光路

脉冲测距通过计算激光往返时间来获得距离，一般采用时点判别法获得激光信号返回的时刻，得到的目标为一个，如图 12.7(a) 所示，t_0 表示激光发射时刻，t_1 表示接收到反射激光时刻。机载激光扫描仪采用多回波技术获取更为丰富的目标信息。由于激光脚点为一光斑，其覆盖区域可能存在多个目标，返回的波形如图 12.7(b) 所示。设置一个阈值，当激光强度大于该阈值时开始计时，到激光强度小于该阈值时认为是一个目标，如图 12.7(c) 所示，机载激光扫描仪通过这种波形分析技术可以得到多个目标。全波形技术通过设定一个采样间隔对信号进行多次均匀采样，得到一个完整的离散回波信号，如图 12.7(d) 所示，通过对波形数据的处理，可以得出准确的距离，并能分析出多重目标。

脉冲法的优点是测量距离远，特别适合大比例尺地形测绘，车载、机载系统使用的激光扫描仪多为该类型。典型的仪器如 Riegl（瑞格）的 VZ-400、Trimble（天宝）的 GX DR200＋、Leica（徕卡）的 ScanStation 2、Optech（欧普）的 ILRIS 3D 和 Topcon（拓普康）的 GLS1000 等。

3. 相位测距原理

相位测距型激光扫描仪又可分为调幅型激光扫描仪（amplitude modulation）和调频型激光扫描仪（frequency modulation）等。

1）调幅型测距

调幅型测距采用连续光波，利用正弦调幅的激光来实现距离测量。通过测定调制光信号在被测距离上往返所产生的相位差，间接测定激光的往返时间，进一步计算出距离，其线性误差能达到 ± 3 mm，分辨率能达到 ± 0.3 mm。调幅法测量整个调制信号，对载波的带宽要求较小。但该方法只能测量小于一个波长的部分，用单一频率测距。为了提高测距精度就必须使调制频率 f 的值增大，而当增大 f 值时，测尺变小，测量远距离目标时会产生整周模糊度问

题,可通过多频组合方式解决。使用这种原理测距的激光扫描仪有 Z+F 公司的 Image 5003/5006、法如的 Photon 20/80 等。

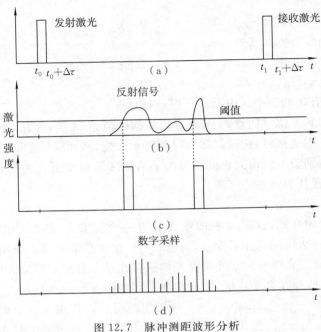

图 12.7　脉冲测距波形分析

2)调频型测距

如图 12.8 所示,设测距的基本频率为 v,调频频率为 f_m,则在调频周期 $T=1/f_m$ 内,使频率在 $v\pm\Delta v/2$ 内连续变化一次,从而使信号产生 Δv 的变化。将信号分为两路,一路通过仪器内部的参考光路,另一路通过测距光路到达目标并被反射。将反射信号和参考信号进行相关分析,得到一个跳跃频率 f_b,则距离为

$$S=\frac{cf_b}{4f_m}\cdot\Delta v$$

Metris 公司的产品 MV224/260 采用调频技术,测程分别为 24 m 和 60 m,前者在 24 m 时的三维精度为 ±0.241 mm。

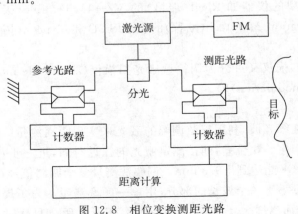

图 12.8　相位变换测距光路

12.2.2　测角原理

与经纬仪等测角设备采用度盘测角不同,激光扫描仪通过电机改变激光光路获得扫描角度。二维激光扫描仪只需在一个平面内扫描,因此将扫描镜和电机安装在一起,通过电机驱动扫描镜旋转或振荡。三维激光扫描仪需要两个电机控制光路在垂直和水平两个方向扫描,其中垂直方向的电机和扫描镜连在一起,控制完成线扫,水平方向的电机控制完成帧扫描。

电机完成控制信号的传递与转换,要求运行可靠、动作迅速、准确度高。常用的电机有交、直流伺服电机和步进电机。交、直流电机更适合复杂场合,而激光扫描仪要求定位的精确性,故选用步进电机。

步进电机是一种将电脉冲信号转换成角位移或直线位移的控制微电机,其位移量严格正比于输入脉冲数,平均转速严格正比于输入的脉冲频率;同时,在其工作频段内,可以从一种运动状态稳定的转换到另一种运动状态。步进电机的控制装置由变频信号源、环形脉冲分配器及功率放大器三部分组成。脉冲产生单元提供频率可变的脉冲信号;脉冲分配器根据指令按一定的逻辑关系把脉冲信号加到功率放大器上,使电机的各相绕组按一定的顺序导通和切断,实现电机的正转、反转、停止等;功率放大电路将环形脉冲分配器的输出信号进行功率放大,为微电机提供额定电流。

为了获得较高的分辨率,需要扫描镜每次转动较小的角度。步进电机的旋转通过轮流给电机各相绕组通以电流来实现的,一般情况下步进电机的步距角 θ_b 可表示为

$$\theta_b = \frac{2\pi}{N_r mb} \tag{12.7}$$

式中,N_r 是电机的转子齿数,m 是电机的相数。受电机制造工艺的影响,难以通过增加 N_r 和 m 来减小步距角。b 是各种连接绕组的线路状态数及运行拍数,增大 b 可以获得较小的步距角,达到细分的目的。

步进电机的细分控制如图 12.9 所示,从本质上讲是通过对励磁绕组电流的控制,使步进电机内部的合成磁场按某种要求变化,从而实现步距角的细分。一般情况下,合成磁场矢量的幅值决定了电机旋转力矩的大小,相邻两合成磁场矢量之间的夹角大小决定了步距角的大小,因此,要想实现对步进电机的恒力矩均匀细分控制,必须合理控制电机绕组中的电流,使步进电机内部合成磁场的幅值恒定,且每个脉冲所引起的合成磁场矢量的角度变化是均匀的。

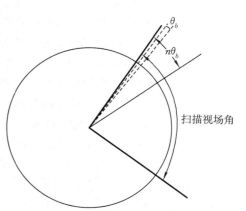

通过细分,电机使光路每次步进角度 θ_b,从而获得每条光线的角度 $n \cdot \theta_b$。垂直电机负责驱动扫描镜,在线扫描时,镜面转过的角度是光线转过角度的 2 倍。

图 12.9　细分步进测角技术

12.2.3　扫描原理

目前,激光扫描仪多采用机械部件来实现自动扫描。激光发射器产生激光,机械扫描装置控制激光束出射方向,接收机接收被反射回来的激光束后由记录单元进行记录。激光扫描系

统所采用的扫描装置主要有四种:摆动扫描镜、旋转正多面体扫描镜、旋转棱镜扫描镜和光纤扫描镜,如图 12.10 所示。其中,三维激光扫描仪多采用前两种扫描镜,后两种扫描镜多在机载激光扫描仪中使用。

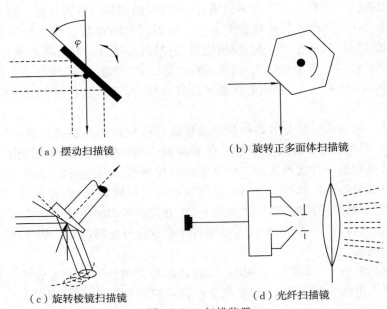

(a)摆动扫描镜　　　　　　　　　(b)旋转正多面体扫描镜

(c)旋转棱镜扫描镜　　　　　　　　(d)光纤扫描镜

图 12.10　扫描装置

摆动扫描镜为平面反射镜,由电机驱动往返振荡,该扫描方式需要在两端停止,扫描速度较慢,适合高精度测量。旋转正多面体扫描镜在电机驱动下绕自身对称轴匀速旋转,扫描速度快,通过控制旋转正多面体扫描镜仅在其中一个面内振荡时可以实现摆动扫描,从而用于高精度的测量。三维激光扫描仪一般采用这两种扫描镜,水平方向的电机单向匀速旋转,垂直方向的电机有三种运行方案:单向旋转方式,采用旋转正多面体扫描镜,电机带动扫描镜旋转;等速振荡,往返过程均进行采集;变速振荡方式,多采用摆动扫描镜,首先由垂直电机完成线扫描,返回过程不采集数据,前进至下一帧时开始扫描。

旋转棱镜激光扫描仪的工作原理如图 12.11(a)所示。发射激光被棱镜反射后指向目标,n_s 为棱镜的法线方向,与旋转轴的轴向有一个夹角,即镜面与旋转轴不垂直,与旋转轴垂面的夹角(与镜面法线方向和旋转轴轴线的夹角相等) SN 等于 $7°$。旋转轴线与水平度盘的夹角为 $45°$,当镜面旋转时,激光照射点在目标上画出一个椭圆,如图 12.11(c)所示,图中的单位为 SN(即以 $7°$ 为单位)。图 12.11(b)表示与激光指向有关的角度,例如,γ 表示(c)图中的 S_y,δ 则表示(c)图中的 S_x。反射棱镜旋转一周就在目标上画出了一个椭圆,随着测量头的偏转,激光照射点在目标上形成一系列椭圆。

在光纤激光扫描仪中,发射光路与接收光路一一对应,两组光纤排列成一行,分别安置在发射透镜和接收透镜的焦平面上,如图 12.12 所示,图中上半部分为接收装置,下半部分为发射装置。另外还有两个中心光纤分别与激光二极管和接收器前的滤波器相连接。两组光纤分别围绕中心光纤按顺序摆放成圆形光纤组,与两个旋转镜头一一对应。两个旋转镜同时旋转,激光从下方中心光纤中发射,经过透镜,被旋转镜头反射,再通过透镜射到圆形光纤组中的某一光纤,然后射向目标。与此同时,被目标反射回来的激光经过上方光纤线组中某一根光纤,

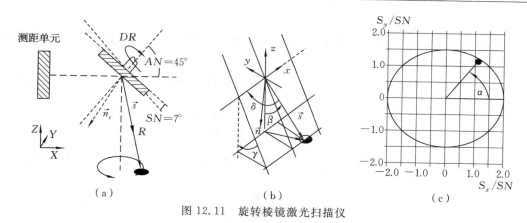

图 12.11　旋转棱镜激光扫描仪

从右侧圆形光纤组上该光纤的位置上射出,经过透镜,被旋转镜头反射,再通过透镜,进入中心光纤,到达滤波器,形成接收信号。这样,在发射通路和接收通路上的每一根光纤都按顺序同步工作,并且发射通路的光纤与相应的接收通路上的某一根光纤形成对应关系。光纤孔径很小,与其相联系的机械部分也很小,因此按这种方式的扫描速度非常快,其激光照射点在目标上形成的是平行线。

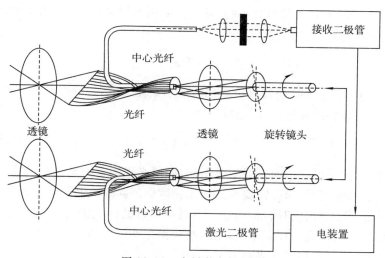

图 12.12　光纤激光扫描仪

12.2.4　观测值

1. 三维坐标

激光扫描仪通过测角测距,获得距离 S、水平角 α 和垂直角 θ,由坐标计算公式(12.8)可得到目标点在测站局部坐标系下的三维坐标,如图 12.13 所示。

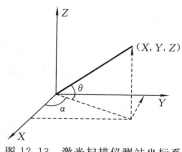

$$\left.\begin{array}{l} X = S\cos\theta\cos\alpha \\ Y = S\cos\theta\sin\alpha \\ Z = S\sin\theta \end{array}\right\} \qquad (12.8)$$

图 12.13　激光扫描仪测站坐标系

2. 回光强度

激光扫描仪不仅记录目标点的空间几何信息,还记录能反映目标材料、质地等属性的信息,如回光强度及纹理等。

设激光的发射功率为 P_T,接收功率为 P_R,设在目标表面发生的是朗伯反射,根据辐射学理论,有

$$P_R = \frac{A_0}{\pi R^2} \rho P_T \eta_{atm} \eta_{sys}$$

式中,A 为探测器面积,R 为距离,η_{atm} 为大气影响因子,η_{sys} 为系统传输因子,ρ 为反射系数,定义为

$$\rho = \frac{E_r}{E_i}$$

式中,E_r 为反射光振幅,E_i 为入射光振幅,且 $0 \leqslant \rho \leqslant 1$。

如果入射光线与表面不垂直,而是存在一个大小为 θ 的入射角,则 P_R 可表示为

$$P_R = \frac{A_0}{\pi R^2} \rho P_T \eta_{atm} \eta_{sys} \cos\theta$$

激光扫描仪的每次测量都会得到反射光功率 P_R。由于该功率分布范围很广,使用不便,可定义一个与反射光功率相关的量,称回光强度。采用与探测器有关的量,如探测器的探测阈值,则回光强度可定义为

$$A_{dB} = 10 \cdot \log\left(\frac{P_R}{P_{DL}}\right)$$

式中,$0 \leqslant A_{dB} \leqslant 10$,$P_{DL}$ 是探测器可检测到的最小光强(detectable level)。两个不同目标反射强度的比值可以由定义的回光强度相减得到

$$10 \cdot \log\left(\frac{P_{R,1}}{P_{R,2}}\right) = A_{dB,1} - A_{dB,2}$$

在不同距离上,同一目标的回光强度会不同,即回光强度受距离影响。基于回光强度进行目标识别和分类会出现问题,因此需要改正回光强度以消除距离的影响。改正方法为:采用标准反射体,在不同距离上对它扫描,得到它在不同距离时的回光强度,拟合得到标准反射体的回光强度随距离变化的曲线。在测量时,由曲线获得标准反射体在此距离上的回光强度值,并将测量值与该值相减,得到相对回光强度 A_{rel}

$$A_{rel} = A_{dB} - A_{dB,ref}(R)$$

式中,$A_{dB,ref}(R)$ 为曲线获得标准反射体在距离 R 上的回光强度值。

3. RGB 值

激光扫描仪可配合相机使用,测量过程中可以获取场景的照片。通过标定激光扫描仪和相机的位置关系,可以求得激光扫描仪测站坐标系和像空间坐标系的转换关系,从而获得目标每个扫描点的 RGB 值。

4. 三维图像

扫描数据可构成三种三维图像:三维二值图像、三维假彩色图像和三维真彩色图像。

1)三维二值图像

激光扫描仪获取的对象表面的三维点数据量巨大,像云团一样紧密排列,因此被形象的称

为点云。将点云用同一种颜色表示，则可构成三维二值图像，如图12.14所示。

2）三维假彩色图像

在三维二值图像中，每个点云被赋予的颜色是相同的，不利于分析和应用。根据激光扫描仪记录的回光强度给点云赋予不同的颜色，则得到三维假彩色图像，如图12.15所示。三维假彩色图像可用于目标的识别和分类。

3）三维真彩色图像

若将每个点赋予相机获取的红绿蓝（RGB）值，则可得到三维真彩色图像，如图12.16所示。该图像与对象的实际状态相一致，有利于图像的可视化分析。

图12.14　三维二值图像

图12.15　三维假彩色图像

图12.16　三维真彩色图像

12.3　激光扫描仪数据采集

12.3.1　数据采集流程

1. 准备计划

为了使观测顺利进行，前期调查工作非常重要。根据调查结果，需进行的观测准备有：观测站点设置、拼接方案设计和移动路线设计等。

2．粗扫

首先对被测物体进行分辨率较低的扫描，获得被测物体的全貌，从获取的点云数据中得到控制点，对控制点进行粗略定位。

3．拼接

选择合适的拼接模型，将本站坐标系转换到上一站坐标系下。如果所选模型需要借助人工标志，则需对人工标志进行精细扫描：在对人工标志进行粗略定位的基础上，再对人工标志进行高分辨率扫描，通过已知形状，拟合人工标志，获得人工标志中心的高精度坐标。

4．精扫

根据目标物体在空间的分布情况，设置合适的分辨率参数，然后进行正常扫描。由于物体分布远近不一，若要获得远点高密度点云数据，需要提高角度分辨率。

5．拍照

精扫得到被测物体点云后，采用内置或外置相机，获取目标物体的图像信息。通过已知参数确定相机与激光扫描仪的相对关系，校正后将相机坐标系与激光扫描仪系统转换，从而将图片与点云融合。

12.3.2　点云拼接

激光扫描仪可以快速获取被测场景或对象表面的点云数据，由于光沿直线传播，在单个视角下激光扫描仪只能获得部分表面数据。为了获取整个表面的数据，需要从不同视角进行多次测量，如图 12.17 所示。单次扫描得到的点云坐标定义在仪器当前坐标系下，如图 12.18 所示，因此需要确定各个坐标系间的转换参数，进而能够将各个视角得到的点云合并到统一的坐标系下，从而得到完整的数据模型。统一坐标系的过程称为多站拼接。

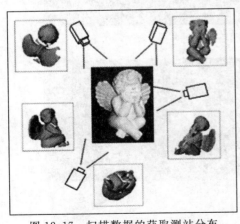

图 12.17　扫描数据的获取测站分布

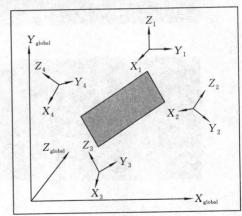

图 12.18　测站坐标系

导致扫描时设置多个测站的原因有很多，归结起来主要有三类：

(1)物体自身的遮挡。物体是三维的，从正面扫描则无法获得背面的信息；有些物体构造非常复杂，例如，某些文物、工艺品，各部分相互遮挡；石油化工等工厂，管线林立，交错纵横。

(2)测程限制。公路、桥梁、隧道、机场、港口等对象分布广阔，而激光扫描仪的测程有限，单站无法覆盖整个对象。

(3)质量控制。点坐标由角度、距离测量计算得到，其测量精度随距离的增加而降低；由扫描原理可知,同一条扫描线上相邻激光之间的角度是相等的,即激光扫描仪按等角步进扫描,这种测量方式导致离仪器近的地方采样点密集,远的地方采样点稀疏。要控制精度和密度,应该设置多个测站进行细部测量。

多站拼接是连接扫描数据获取与处理的关键环节,是数据处理的基础。自激光扫描仪出现以来,多站拼接一直是扫描技术中的热点和难点。最早的拼接方法可追溯到1992年Besl等人提出的迭代最近点(iterative closest point,ICP)算法,之后多位学者对该算法进行了改进。迭代最近点算法及其改进算法直接操作两个待拼接的点集,不仅要求点集具有较高的密度和精度,因计算过程需要迭代,还要求给出较为准确的初始参数,并且点数不能太多。由于存在这些缺点,一些学者采用特征进行拼接,例如,从点云中提取点、线、面等形状用于拼接,或者基于点云的曲率等信息进行拼接。

地面三维激光扫描仪对多站拼接提出了更高的要求:点集数量大,迭代难以执行;点分布稀疏,精度低(相对于室内近距离扫描仪),重叠部分所占比例较小,解算容易出错。为了提高拼接质量,仪器厂商采用人工标志辅助拼接,避免直接操作点云。

高速率扫描技术、定姿定位技术的成熟使得研制移动激光扫描系统为可能。测量时,载体处于运动状态,已有的拼接方法都不适用。定姿定位系统(如加拿大Applanix公司的POS系统)能够确定仪器瞬时的位置和姿态,从而将点云坐标统一到全局坐标系下,如WGS-84坐标系。

扫描技术飞速发展,相应的拼接方法也不断发展。目前,用于多站点云拼接的方法可以分为直接法、特征法和辅助法三类,如图12.19所示。

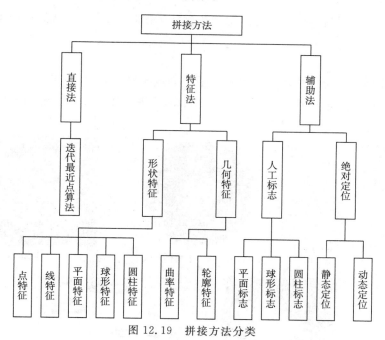

图12.19　拼接方法分类

1. 直接法

直接法是根据扫描得到的点云直接拼接。典型的算法为ICP算法,该算法在图像拼接、位置估计等领域得到广泛关注。ICP算法可基于几何形状、格网和颜色等进行处理,不需要事先确定对应点,通过迭代运算,逐步精化转换参数的估值。算法基本步骤如下:

(1)选定待拼接的点集,设目标点集为 P,参考点集为 Q;

(2)根据给定的初始变换 T_0,由 $P' = T_0(P)$ 得到新点集 $P^{(0)}$;

(3)对于 $P^{(0)}$ 中每一点 p_i,在 Q 中找与之最近的点 q_j,则 (p_i, q_j) 构成一对公共点;

(4)根据得到的公共点对,采用最优化估计方法,计算出两个点集间的变换 T_1;

(5)将变换 T_1 作用于点集 $P^{(0)}$,得到转换后的新点集 $P^{(1)}$,其中,$P^{(1)} = T_1(P^{(0)})$;

(6)重复(3)到(5),直到两个点集重合(或距离小于某个阈值);

(7)合成所有的变换 T_i,得到最终的变换。

ICP 算法采取"寻找最近点—计算变换—应用变换"的循环过程。程序实现时,ICP 算法可分为以下几个关键技术:初值和全局最优化、匹配点的选择、对应关系的确定、刚性变换、迭代终止条件等,它们之间是相互影响的。

2.特征法

激光扫描仪在两站测得的点不一定能够重合,因此 ICP 只能依靠最近点进行转换。为了解决这个问题,可以采用基于特征的匹配方法。从点云中提取平面、圆柱、球等形体用于拼接。算法基本步骤如下:

(1)对两个点集分别进行形状检测,得到一些简单的形状,如平面、圆柱、球;

(2)采用最小二乘原理对点云进行拟合,得到形状的函数表示;

(3)寻找两个点集中形状的对应关系,即自动匹配;

(4)计算变换。

基于形状特征的拼接适合含有大量形状规则物体的场景,一些学者采用曲率、轮廓等特征进行拼接。

3.辅助法

辅助法是使用人工标志或者其他仪器来辅助完成拼接。其中,人工标志可以为球、平面或圆柱,如图 12.20 所示;辅助仪器有全站仪、GPS、IMU 等。按照实现方法的不同,又可以分为标志法和绝对定位法。

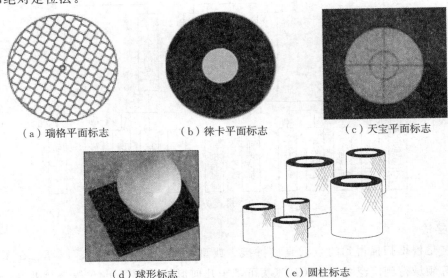

　　(a)瑞格平面标志　　　　　(b)徕卡平面标志　　　　　(c)天宝平面标志

　　　(d)球形标志　　　　　　(e)圆柱标志

图 12.20　人工标志

公共点法根据前后两个测站观测到的 3 个及以上不共线的人工标志点来进行拼接。这种方法原理简单,拼接结果可靠。人工标志采用高反光的材料制成,便于从背景中提取标志数据。具体步骤为:激光扫描仪从不同测站对设有标志的场景进行扫描;从点云中识别标志数据;计算标志中心坐标;计算坐标转换参数;坐标转换,完成两站间点云拼接。

绝对定位法是指在工作现场利用其他仪器对激光扫描仪本身进行测量,获得其在一个外部坐标系下的中心坐标和轴向,根据测量结果可以得到激光扫描仪不同测站间的坐标转换参数,从而把测量数据统一到一个坐标系。对于固定式的激光扫描仪,使用全站仪和激光跟踪仪等设备对激光扫描仪进行绝对定位;对于移动测量系统,一般使用 GPS、IMU 等设备确定载体瞬时的绝对位置和姿态,根据事先标定的各个传感器件的关系,将激光扫描仪获取的结果统一到全局坐标系中,如 WGS-84。

12.4　扫描数据预处理

12.4.1　数据结构

面对海量点云数据,处理时要尽量避免同时操作整个数据集。将点云数据按其空间位置进行"分块",处理时可以将操作的点集缩小到块单元,从而加快处理速度,提高效率。常见的数据结构有格网结构、八叉树结构和 K-D 树结构等。

1. 格网结构

将点云数据的最小包围盒的三条边等分,可以将最小包围盒分成多个体积相等的立方体,从而实现空间划分,如图 12.21 所示。建立格网结构需要解决的问题有:最小包围盒的确定;子块边长的确定;编码与码值的确定。

1)确定最小包围盒

遍历点云,得到 X、Y、Z 坐标的最小值和最大值,即 $P_{\min}(X_{\min}, Y_{\min}, Z_{\min})$ 和 $P_{\max}(X_{\max}, Y_{\max}, Z_{\max})$,进而计算最小包围盒的边长 L_x、L_y、L_z 和中心 $C(x, y, z)$。

2)确定子块边长

子块边长决定划分后子块的个数。子块个数不能太少,否则各块包含的点仍然很多,达不到优化的目的;子块个数也不能太多,否则占用内存资源很大,并增加邻域搜索的时间。子块的边长应与密度成反比,当点云平均密度小时,表示在固定空间内的散乱点数量少,则边长应该取大些;当点云平均密度大时,应将边长取小些。一般采用如下计算公式

$$L = \lambda / \sqrt[3]{\rho}$$

式中,λ 为比例因子,用于调节小立方体的边长,它的取值与采样间隔有关。确定子块边长后,可以将最小包围盒划分为 $m \times n \times l$ 个子块。用 $floor$ 函数表示向下求整运算,则 m、n、l 可表示为

$$m = floor(L_x/L) + 1$$
$$n = floor(L_y/L) + 1$$
$$l = floor(L_z/L) + 1$$

3)确定编码与码值

编码,即给划分后的子块编号,方便建立索引。按照 X、Y、Z 的顺序编码,图 12.22 中

表示了最下面一层和最上面一层的编码。码值确定,即计算给定一点所在的子块编号。计算方法为:首先计算点 $P(x,y,z)$ 在三个方向的序号 m_P、n_P、l_P

$$m_P = floor((x - X_{\min})/L)$$
$$n_P = floor((y - Y_{\min})/L)$$
$$l_P = floor((z - Z_{\min})/L)$$

则可得点所在子块的码值为

$$code_P = m_P + n_P m + l_P mn \qquad (12.9)$$

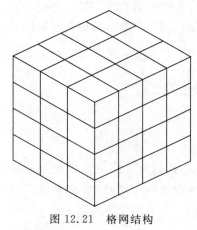

图 12.21　格网结构

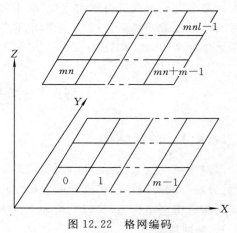

图 12.22　格网编码

2.八叉树结构

八叉树(octree),又称分层树结构。八叉树结构即是将空间区域不断的分解为 8 个同样大小的子区域,分解的次数越多,子区域就越小,其主要优点是对任何形状的目标,规则的或不规则的,都能够通过对子目标进行多次分解而将目标表示精细。由于八叉树对空间几何物体具有有效的表示和管理的能力,所以八叉树空间分割在实体几何建模、运动干涉检验、三维物体渲染等方面都得到成功运用,如图 12.23 所示为八叉树的分层结构。八叉树可以分为普通八叉树、线性八叉树、深度优先编码八叉树和三维行程编码八叉树。本节选用线性八叉树进行说明。建立线性八叉树结构需要解决的问题有:最小包围盒的确定;分割停止条件的确定;编码与码值确定。

1)确定最小包围盒

与格网结构中确定最小包围盒的方法相同,遍历点云分别获得点云所在三个坐标轴上的最大值和最小值,进而确定最小包围盒。

2)确定分割停止条件

八叉树是通过递归方式建立的,需要确定何时终止分割。一般设定两个条件来实现终止:①子块的最大点数;②最大分割层数。满足二者之一就可以停止分割,即子块点数小于最大点数时或者分割层数超过最大层数时。

3)确定编码与码值

线性八叉树编码是为了克服普通八叉树编码的不足而提出的一种高效的编码方法,编码只存储叶节点的位置信息。叶节点的编码为地址码,常用的地址码中隐含了叶节点的位置和大小信息。对一个 $2×2×2$ 的八叉树空间进行等分划分,利用 0 到 7 八进制码序号的特点,对

八叉树造型空间中任一节点的位置可以用一个八进制数唯一确定,如下式

$$Q8 = \sum_{i=0}^{n-1} q^i 8^i \tag{12.10}$$

式中,q^i 为八进制数码,$q^i \in [0,7]$,$i \in [0,n-1]$。q^i 表示该节点在其同胞兄弟间序号,q^{k+1} 为 q^k 节点的父节点序号。这样,从 q^0 到 q^{n-1} 可完整的表示出八叉树中的每个叶子节点到树根的路径。对每一级的子块编码时,按照 X、Y、Z 轴的顺序依此编码,图 12.24 仅列出了下半部分的编码,上半部分依此类推。

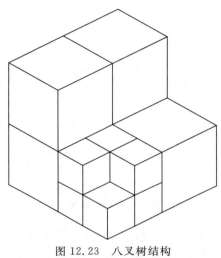

图 12.23　八叉树结构

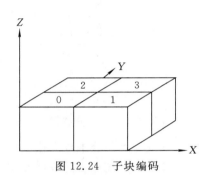

图 12.24　子块编码

码值的确定方法为:

(1)计算点 $P(x,y,z)$ 在三个方向的序号 m_P,n_P,l_P。

(2)将 m_P,n_P,l_P 按 2 进制表示。设最大分割次数为 N,则有

$$m_P = i_1, i_2, i_3, \cdots, i_N$$
$$n_P = j_1, j_2, j_3, \cdots, j_N$$
$$l_P = k_1, k_2, k_3, \cdots, k_N$$

(3)P 的码值为

$$code_P = \sum_{d=1}^{N} (i_d + 2 \times j_d + 4 \times k_d) 8^{N-d} \tag{12.11}$$

3. K-D 树结构

K-D 树(K-Dimensional tree),是从二叉查找树(binary search tree)发展而来。要成为一个二叉查找树,对于树中的每个结点 X,要求它的左子树中的所有项的值都小于 X 的值,右子树中所有项的值都大于 X 的值,如图 12.25 所示。二叉查找树用于一维空间中的查找,在多维空间中进行查找时,常使用 K-D 树。K-D 树的节点与二叉树节点相似,都含有左子树和右子树。与二叉树不同的是,K-D 树的每个节点含有 k 个坐标值和一个表示坐标轴的值 $axis$。$axis$ 表示分裂时依照的维数,取值从 x 到 N。

对于点云数据,$k=3$ 时,$axis$ 取值为 x、y、z。 此时,K-D 树的建立过程为:

(1)建立节点结构。

(2)建立根节点。

（3）插入节点，每插入一个节点 node，从上往下比较。如图 12.26 所示，首先与根节点 Root 比较，此时 $axis$ 值为 x；比较插入节点和根节点 x 值，即比较 node.x 和 Root.x，如果 node.x＜Root.x，则节点应该往左边插入；如果 node.x＞Root.x，则节点应该往右边插入。第二层，比较 y 值，依此类推，当 $axis$ 取值到了 z 后，下一层又从 x 开始。

（4）平衡结构，树的平衡与 Root 的值有关，当树不平衡时，需要调整节点。

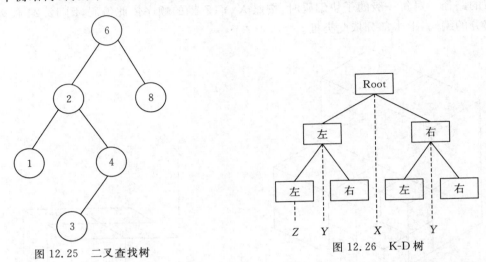

图 12.25　二叉查找树　　　　　　　图 12.26　K-D 树

网格法直接将点云分割成大小相等的多个小方格，原理简单，容易编程实现，但网格法在分割时没有考虑到扫描点云是表面数据，中间是空洞的特点，因此造成浪费，另外，它的搜索速度较慢。八叉树法采用递归的方法进行分割，点越密的区域分割越细，分割比较合理，计算速度快，效率高。K-D 树是一种动态的结构，即根节点不同，或者插入的顺序不同，都会造成最后的结构不同。

12.4.2　滤波与光顺

在实际测量过程中，受各种人为或环境因素的影响，使得测量结果包含噪声。噪声会影响后续数据处理的效率和质量，因此需要在建模前降低或消除噪声。根据噪声的性质将噪声分为两类：浮游点和随机误差。浮游点指无关点、不感兴趣的点。例如，进行地形扫描时，有效点为地面点，而树木、房屋等地物的扫描点是不需要的，这些不需要的点就称为浮游点，需要在建模前将其剔除。随机误差是指由测量中各种随机因素的偶然性影响而产生的误差。随机误差会使光滑表面的采样结果高低起伏，不够平滑。

针对两类不同的噪声，存在两种不同的数据处理方法：第一类噪声的剔除称为滤波，处理结果为将浮游点删除；第二类噪声的降低或消除称为光顺，处理结果为对噪声点的位置进行调整，提高点模型的精度，同时使模型变得光滑。

1．滤波

滤波算法主要有基于多分辨率分析原理的滤波算法、基于渐进窗口尺寸的数学形态学滤波算法和基于分层稳健线性估计的滤波算法等。

1）基于多分辨率分析的滤波算法

信号的多分辨率分析就是求出信号在子空间序列中的近似表示，即求出信号在每个子空间中的投影。在不同尺度空间中获取的投影组成了信号的多层次、不同分辨率的表示。

多分辨率分析理论中涉及的尺度函数的傅立叶变换表现为低通滤波器的性质,也就是说信号经过投影变换后,会丢掉一些高频成分,即所谓的信号细节特征。在数字表面模型 (digital surface model,DSM) 数据中,高频成分为与周边点高程相差较大的点。因此,对 DSM 数据进行多分辨率分析时,Riesz 基下的投影变换应该把明显高出周边点的点去除掉。而地面点通常表现为高程较低的点,也就是说,经多分辨率分析后的多层数据中的最上层数据应该主要是地面点。因此,在具体建立多层、多分辨率的 DSM 数据时,可以用选取局部高程最低点这一操作作为投影变换,作用于 DSM 数据,获取多分辨率描述的 DSM 数据。选择了合适的分辨率尺度后,建立多个子空间,然后把原始 DSM 数据在每个子空间中做 Riesz 基下的投影变换,从而获得不同分辨率、不同层次下的 DSM 描述。

2)基于渐进窗口尺寸的数学形态学滤波算法

数学形态学是用于分析图像中几何特征的一个有力工具,它包含两个基本操作:腐蚀和膨胀。腐蚀算子被定义为局部窗口内的高程最低值,膨胀算子被定义为局部窗口内的高程最高值。通过组合新定义的腐蚀、膨胀算子可以形成新的开、闭运算。利用新形成的开运算,可以有效的从数据中滤除掉非地面点。由于开运算是先腐蚀后膨胀,当腐蚀算子作用于离散点集时,所有比窗口尺寸小的特征表面点将会被该窗口中的高程最低点所替代,而局部窗口中高程最低的点通常为地面点,因此,可以有效的过滤掉比窗口尺寸小的非地形特征点,如树木表面点等;所有比窗口尺寸大的特征表面将会被相应的腐蚀掉一部分,但仍然会有一部分被保留下来。当膨胀算子作用于腐蚀结果时,那些被腐蚀掉一部分的特征表面,将会得到相应的恢复。

渐进窗口尺寸的形态学滤波算法的基本思想就是,用一系列从小到大的窗口依次作用于点云数据,同时引入高程差阈值用以保留地形细节。由于在每次迭代运算时,高程差阈值的设置都是不同的,也就是说高程差阈值具有自适应性,而窗口尺寸在每次迭代中也是不同的。因此,可以设高程差阈值为窗口尺寸的函数。

3)基于分层稳健线性估计的滤波算法

基于分层稳健线性估计的滤波算法是把稳健线性估计法和基于多分辨率分析的滤波两种策略结合为一体。用基于多分辨率分析的滤波算法来克服稳健线性估计法不能有效剔除粗差的缺陷,同时用稳健线性估计法来克服基于多分辨率分析的滤波算法中对所建立的参考面缺少必要的修正方法的不足。分层稳健线性估计法既具备了两种滤波方法的优点,又能够有效地克服两种方法的不足,因而可以有效的对点云数据进行滤波,取得效果较好的 DEM 数据。分层稳健线性估计的具体步骤如下:

(1)对原始点云数据进行格网划分,建立各点之间的拓扑关系;

(2)建立数据金字塔;

(3)在最上层数据中,利用稳健线性估计法建立 DEM 表面;

(4)以上一层建立的 DEM 数据为参考面,把到参考面的距离在一定范围内的下一层中的点加入候选集,然后利用稳健线性估计法,建立新的 DEM;

(5)持续第(4)步操作,直到最下面一层。

2.光顺

由激光扫描设备获取的点云数据不可避免的存在测量噪声和误差,难以直接应用,为了使后续的处理和应用更加准确,需要对点云数据进行光顺处理。点云光顺的目标为:有效消弱随机误差；在模型变得光顺的同时保持模型固有的几何特征；处理中防止体型收缩、模型变形；较低的时间复杂度和空间复杂度。

目前基于格网的光顺算法已经得到广泛研究，但由于点模型本身缺乏拓扑连接信息，已有的光顺算法不能简单的推广到点模型上来，点模型去噪变得相对比较困难，相应的光顺去噪算法较少。去噪算法有三类：从算法复杂性角度分析，可分为基于拉普拉斯(Laplace)算子的光顺方法、简单的非迭代方法以及基于最优化的方法等；根据特征保持性和噪声在各个方向上的扩散方式，可以分为各向同性算法和各向异性算法；根据去噪算子的连续与否，可分为基于曲面拟合的去噪算法和直接在三维空间对点云数据进行估计处理。

常用的点云光顺的方法有：

(1)拉普拉斯方法。它是一种最常见也是最简单的算法，其基本原理是对模型上的每一点运用拉普拉斯算子。

$$\Delta = \nabla^2 = \frac{\partial^2}{\partial x^2} + \frac{\partial^2}{\partial y^2} + \frac{\partial^2}{\partial z^2}$$

设 $p_i = (x_i, y_i, z_i)$ 为顶点，则光顺可看作一个扩散过程

$$\frac{\partial p_i}{\partial t} = \lambda L(p_i)$$

$$L(p_i) = p_i + \lambda \left[\frac{\sum_{j=1}^{k} \omega_j q_j}{\sum_{j=1}^{k} \omega_j} \right]$$

$$p_i^{n+1} = (1 + \lambda \mathrm{d}t \cdot L(p_i)) p_i^n$$

式中，t 为时间，q_j 表示 p_i 的第 j 个邻域点，k 为邻域点的个数，λ 为一个小的常数，ω_j 为 q_j 的权。拉普拉斯算法虽然简单，但是随着迭代次数的增加，格网的体积快速收缩，并容易产生过光滑，使一些特征变得模糊。

(2)二次拉普拉斯方法。算法形式为

$$BL(p_i) = p_i + \lambda L^2(p_i)$$

$$L^2(p_i) = \frac{\sum_j \omega_j L(q_j)}{\sum_j \omega_j} - L(p_i)$$

式中，q_j 表示 p_i 的第 j 个邻域点，λ 为一个小的常数，ω_j 为 q_j 的权。

(3)其他算法。λ/μ 方法、平均曲率流、双边滤波器、MeanShift 法等。上述算法有一个共同特点，即依赖于采样点邻域点集的几何信息和拓扑关系，是一种基于局部几何信息的光顺算法。

12.4.3　孔洞修补

由于激光扫描仪无法扫描到一些狭小的缝隙、镜面反射部分、纯黑部分以及毛发类的散射物质，在多站扫描数据拼接以后，扫描数据中还将包含有大块的漏洞。采用算法补全漏洞，使之与实际相同或相近的过程就是孔洞修补。

一种方法是利用体积测度扩散法以体积测度表示数据，然后在构造有向距离函数的基础上，利用逐步扩散的方法修复漏洞。该方法的迭代次数不能明确控制，同时，算法中有不少人

为定义的参数,使得算法在实现过程中很复杂。另一种方法是基于径向基函数隐式曲面重建的方法进行插值修补。该方法修补之后的空洞区域过于光滑,丢失了几何面特征,不适合表面几何特征丰富的模型。基于上下文采样点模型表面修复方法是一种较好的孔洞修补方法,它类似于二维图像上的纹理合成算法,基于邻域相似原则,在采样点模型的其他位置寻找与待修补点周围几何匹配程度最高的采样点几何块,作为用于填补空洞的材料。这种补洞的方法可以避免因填补的曲面过于光滑而产生的失真现象。

12.4.4　点云重采样

在点模型数据处理过程中,一个均匀分布的采样几何模型非常重要。激光扫描仪获取的数据是不均匀的,需要对离散点云进行重采样,使得经过重采样的模型尽可能的均匀化。

重采样的方法主要有两类。一类方法是直接在点云数据中通过某种计算插入或者删除几何信息,通过在局部构造沃罗诺伊(Voronoi)图进行采样,对每个点进行移动最小二乘曲面投影计算其贡献率,将贡献率低的点去除;另一类方法是先进行曲面重建,然后再从曲面中采样,但是,输入的点元数据的采样密度和均匀性会影响效果。因此,可以先用第一种方法初始重采样,然后用第二类方法得到最终结果。

12.4.5　点云简化

庞大的点云数据不便后续处理、存储、显示和传送,处理时会占用大量计算资源和花费大量时间。如果直接对点云进行造型处理,大量的数据进行存储和处理成了不可突破的瓶颈。从点云生成模型表面要花很长时间,整个过程也会变得难以控制。在实际的逆向操作中,不是所有点都可以用于曲线或曲面重构的,过多的点云数据反而会影响曲面的光顺性。因此对点云进行简化是十分必要的。当然,简化的前提是要保证加工过程的精度。

对于高密度散乱点云一般有三种数据精简准则,分别以简化后点的个数、点的密度阈值及删除一点引起的法向误差的阈值作为简化结束的依据。以简化后点的个数作为简化准则的方法是先建立点间的邻近关系,然后按给定点的个数进行简化。该方法首先按照两点间的距离建立优先队列,简化的关键是要保证严格按照优先队列进行简化,即先删除距离近的点。按点的密度阈值进行简化,只进行简单的遍历,不需要反复遍历寻优,故简化速度比前一种快。第三种方法则进行黎曼图的最优遍历,并计算点的最小二乘拟合平面,从而近似计算删除一点引起的法向误差,以此为阈值进行精简。该方法精简后的点集在曲面曲率较小的区域分布的点较少,由于人工干预较多,适应性不强。

12.5　三维建模与可视化

12.5.1　三维建模

不同类别的对象在细节表现方面有不同的需求,因此在建模时会根据对象复杂程度采用两种策略。对于具有规则几何结构的实体,通常只需采用基本的几何结构,如矩形、圆形、圆柱、立方体等几何形状来构建实体模型,方法简单直观且容易实现。对于空间几何形状比较复杂的对象,由于离散点云数据没有特定的空间分布规律,重建工作只能基于点与点之间的邻接关系和局部的表面分段匹配来实现。针对不同的应用和不同特征的点云数据，实现重建的自动化算法有很多，如 NURBS 曲面方法、空间德洛奈三角剖分等。

1. NURBS 曲面方法

非均匀有理 B 样条（non-uniform rational B-spline，NURBS）能统一表达自由曲线曲面和解析曲线曲面，具有极强的曲线曲面造型功能，在 CAD 及 CAM 领域获得了广泛应用，因而在产品模型数据交换的国际标准（standard for the exchange of product model data，STEP）中选用 NURBS 作为几何描述的主要方法。

NURBS 方法的优点主要有以下几个方面：

（1）可用一个统一的表达式同时精确表示标准的解析形体（如圆锥曲线、旋转面等）和自由曲线、曲面。

（2）为了修改曲线曲面的形状，既可借助调整控制顶点，又可利用权因子，因而具有较大的灵活性。

（3）与多项式 B 样条一样，NURBS 方法的计算也是稳定的。

（4）NURBS 曲线曲面在线性变换下是几何不变的，如缩小、旋转、平移、渐变、平行与透视投影等。

在 NURBS 曲面拟合中，呈矩形拓扑阵列数据点是最方便和实用的。将 NURBS 曲面表示成有理基函数形式为

$$Q(u,v) = \frac{\sum_{i=0}^{n}\sum_{j=0}^{m} N_{i,p}(u)N_{j,q}(v)W_{i,j}P_{i,j}}{\sum_{i=0}^{n}\sum_{j=0}^{m} N_{i,p}(u)N_{j,q}(v)W_{i,j}}$$

式中，$P_{i,j}$ 为控制顶点，$W_{i,j}$ 为权因子，$N_{i,p}(u)$ 和 $N_{j,q}(v)$ 分别为沿 u 向的 p 次和 v 向的 q 次 B 样条基函数。u 向和 v 向的节点矢量分别为

$$U = [0 = u_0 = u_1 = \cdots = u_p, u_{p+1}, \cdots, u_{r-p-1}, u_{r-p} = u_{r-p+1} = \cdots = u_r = 1]$$

$$V = [0 = v_0 = v_1 = \cdots = v_q, v_{q+1}, \cdots, v_{s-q-1}, v_{s-q} = v_{s-q+1} = \cdots = v_s = 1]$$

沿 u 向和 v 向节点矢量的节点数分别为 $(r+1)$ 和 $(s+1)$，其中 $r = n+p+1$，$s = m+q+1$。

2. 空间德洛奈（Delauany）三角剖分

当点位比较密集的时候，利用三角剖分获取与原曲面拓扑等价的三角形分片线性曲面也是目前正在研究的方法。为了解决空间曲面接近造成的重建错误，在进行空间三角剖分时需要给定点集密集参数。如图 12.27 所示，取曲面点集 S 上任一点 x 为球心，以 $r(x)$ 为半径的球 $O(x)$ 满足两个条件：

① $O(x)$ 与曲面集 S 的交是一个圆盘曲面 $S(x)$；

② 点 x 与 $S(x)$ 内任意两点所连的三角形是贴近曲面的，称 $O(x)$ 为 x 的邻近球，$r(x)$ 为邻近半径，点 b 处的球是邻近球，点 a 处的球则不是临近球。

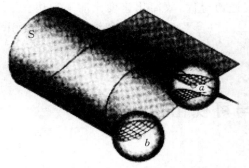

图 12.27　邻近球与邻近半径

曲面集 S 中所有的邻近半径的下确界称为最大分离半径，记为 $r_{\max}(x)$。如果 P 是曲面

集 S 的一个离散点集,令 $\delta < r_{\max}(x)/2$,对于 S 中任一点 x,半径 δ 的球中至少有一个采样点,则称 P 为曲面集 S 一个 δ 密度点集,称 δ 为采样空洞半径。要求 $\delta < r_{\max}(x)/2$,是为了使每个外接圆半径小于 δ 的样点三角形的外接圆都完全落在其三个顶点的最大邻近球中,从而必是逼近曲面的。

如果有一个 δ 密度点集 P,其德洛奈三角剖分的方法如下:

(1)求取点集的最小外接球,计算外切正四面体 $D(P)$ 的四个顶点作为辅助顶点,如图 12.28 所示。如果外接球球心在原点,半径为 r,则这四个顶点为 $(0,0,3r)$、$(0,2.828r,-r)$、$(2.449r,-1.414r,-r)$、$(-2.449r,-1.414r,-r)$。

(2)从 $D(P)$ 内样点 i 的相邻样点中找出最近的样点 x。

(3)从 $D(P)$ 内共边 ix 的各三角形中找出边 ix 的对角最大的 $\triangle ixy$。

(4)从 $D(P)$ 内共边 iy 且与 $\triangle ixy$ 张成钝二面角的三角形中,找出边 iy 的对角最大的 $\triangle iyz$,如果 $\triangle iyz$ 的外接圆半径小于 δ,则将此三角形标记为已选三角形;否则,表明遇到曲面的边界,调换 x 与 y,重复此步骤。

(5)如此进行,直到第二次找到一个已选三角形,将样点 i 标记为内部点;或者第二次遇到曲面的边界,将样点 i 标记为边界点。

(6)删除不相容的三角形。第一类,三角形中至少有一个内点,并且过这个内点有一条边的阶为 1,即该边只参与一个三角形;第二类,三个顶点都是边界点,一边阶为 1,且另外两条边都参与夹成锐角的三角形,如图 12.29 所示。

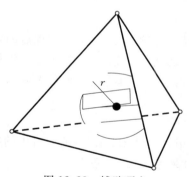

图 12.28　辅助顶点

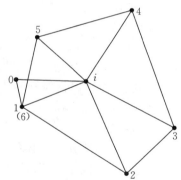

图 12.29　不相容三角形

12.5.2　三维可视化

1. 3D 显示技术

3D 计算机技术除了可以将三维景观在计算机屏幕上进行真实再现,可以选择不同视角对目标对象进行观察之外,还可以在 3D 环境下完成对目标对象的选择与拾取,便于在人机交互模式下对三维目标对象进行操作。

当前工业界的 3D 图形系统标准有两个:OpenGL 和 Direct3D。两者的作用基本相同,都是为软件开发人员在计算机图形硬件和高级编程语言之间提供一整套的应用程序接口,接口保证编程人员所写的程序代码与具体的计算机图形显示硬件无关。也就是说,编程人员不必针对每一个特定的图形显示硬件编写专门的程序,大大提高了程序开发效率。OpenGL 和 Direct3D 一端连接高级编程语言,另一端直接操纵计算机图形显示系统,运行效率高,是

3D 软件系统开发不可或缺的重要技术。

1)OpenGL 图形标准

OpenGL 是在 SGI 等多家世界闻名的计算机公司的倡导下,以 SGI 的 GL 三维图形库为基础制定的一个通用共享的开放式三维图形标准。该标准在 Windows、Mac OS 及 Unix 等几乎所有主流操作系统均有实现。OpenGL 实际上是一套图形硬件的软件接口,它直接操作计算机显示设备硬件,效率非常高。采用 OpenGL 技术可以极大地加快软件系统的开发速度。

2)Direct3D 图形标准

Direct3D 标准与 OpenGL 一样,用于沟通计算机图形硬件与高级编程语言,其基本原理和使用方法与 OpenGL 类似,这里不再赘述。需要说明的一点是:Direct3D 与 OpenGL 相比,在空间实体的选择和拾取功能上比较弱,没有直接提供利用图形显示卡进行硬件计算的函数,有时需要由用户自己编写代码来解决这一问题。因此以下主要介绍基于 OpenGL 的点云可视化技术。

2．基于 OpenGL 的点云可视化技术

利用 OpenGL 进行点云数据处理系统的开发时需要使用的几项关键技术,包括系统的数据组织、模型与视点的定位、模型视图变换、投影变换与消隐、空间实体的拾取与选择、用户交互模式下模型的实时旋转、平移以及缩放的实现技术等。

1)数据组织

激光扫描系统得到的原始观测数据为离散点云,包括点的坐标和灰度值。点云数据的特点是数据量大,格式统一,规律性强。

2)模型与视点的定位

三维几何实体经 OpenGL 处理后最终要在二维终端输出,涉及几何实体与视点的定位问题,用照相类比法可以清楚地说明视点与几何实体模型之间的关系。照相机的镜头相当于 OpenGL 中的视点,而被摄物体则相当于 OpenGL 中的几何实体模型,最终完成的照片就相当于三维实体在平面上的输出。

3)几何实体的绘制

在 OpenGL 中,三维几何实体的绘制由包含在 glBegin( )和 g1End( )函数对中的绘图函数完成。该函数对中的绘图函数是由 OpenGL 结合硬件来实现的,效率非常高。

4)投影变换与消隐

OpenGL 虽然可以直接处理空间三维数据,但最终还是要以平面影像的形式在屏幕或打印机上输出,所以,必须定义投影变换方式。OpenGL 提供了两种投影模式:一是透视投影,另外一种是正交投影。可以分别通过调用 OpenGL 提供的 glu. Perspective( )和 g1Ortho( )函数进行定义。两种投影方式在激光扫描数据处理软件系统中均可使用,其中,透视投影方法类似于人眼的视觉机制,绘制出来的影像真实感更强。

5)模型视图变换

在对点云数据进行处理的过程中,不可避免地要以不同的视角、不同的缩放比例观察模型,这也是 OpenGL 编程的一个难点,很容易使人感到迷惑。一般来讲,模型的旋转、平移以及缩放可以通过两种殊途同归的办法来实现:一个是变换视点,另一个是变换模型。如果同时采用两种方法,更能增加算法设计上的灵活性。当采用变换视点的方法时,最好局限于对视点的平移操作。否则,由于存在视线问题,容易产生错误。

6）空间实体的选择与拾取

空间实体的选择与拾取技术在激光扫描数据处理中是不可或缺的。例如,进行多视角点云拼接时,需要在两幅从不同角度扫描得到的点云图像中选择同名点;对点云模型进行模型视图变换时,需要确定鼠标所在位置邻域的点集;以交互模式对点云数据进行矢量拟合时,需要选择待拟合的点集,等等。OpenGL 对空间实体的选择与拾取给予有力的支持。利用相关的函数,可以比较容易地实现实体的选择与拾取功能。

7）纹理映射

纹理映射是解决物体表面细节的一种显示技术,一般来说物体表面细节分为两种,一种是表面的各种非立体的彩色图案,称为色彩纹理;一种是表面上各种凹凸不平的形状,称为几何纹理。可将任意的平面图形或图像覆盖到物体表面上,在物体表面形成真实的色彩花纹。图像可以是各种方式获得的图像,如扫描方式输入的照片,手工绘制的图案和数学方法定义的函数等。纹理图案可以是一维的、二维的,也可以是三维的。激光扫描仪首先获取目标的几何信息,然后将相机获取的二维图像通过纹理映射的方式同几何信息进行融合,从而可以获得具有真实色彩纹理的模型。

对点云模型进行纹理映射本质上说就是要建立点云模型中点的空间坐标和纹理坐标的对应关系,之后就可以将纹理上的属性映射到模型中的点上了。

12.6 激光扫描仪精度测试

激光扫描仪具备测角、测距等多项功能,需要对以下项目进行测试:距离测量精度、角度测量精度、分辨率、有效扫描范围、视场角范围、不同条件对测量的影响(材料、入射角、光照、温度、振动)等。

12.6.1 距离测量精度

激光扫描仪从测距仪发展而来,测距是激光扫描仪的核心功能之一,要保证仪器的精度和可靠性,必须对其检定。

完成测距的各个环节都会带来一定的误差,这些误差可由加常数和乘常数构成。如果激光扫描仪没有对中装置,距离误差只能通过测量不同目标之间的距离差来间接得到测距精度。加常数可以通过距离差分得到消除,当两个距离之间的角度是 60°时,测距误差为一个加常数;角度为 0°时,测距误差为 0;角度为 180°时,测距误差为两个加常数。乘常数可以通过扫描平面,然后根据拟合的平面进行评定。

12.6.2 角度测量精度

水平方向和垂直方向角度是激光扫描仪直接获得的两个基本观测量,其误差将直接影响所获得的点云坐标精度。由于仪器的制造误差或性能限制(如步进电机转动的不均匀、仪器的微小振动及读数误差等),使得角度观测量中仍然包含一定量的系统性误差。激光被扫描镜反射到目标,安装扫描镜的旋转轴、连接轴承或读数装置误差都会造成在垂直光线入射的方向产生误差。测角精度的测试通过比较法实现,即将激光扫描仪测量的角度结果与其他测量系统获得的角度值进行比较。

　　角度测量分为水平角和垂直角的测量。对于水平角,可选择在每一阶的两边设置扫描标志,在标志前方合适位置设置一个站点。首先通过经纬仪等系统获取每一阶左右两个标志在测站中的水平夹角,然后将激光扫描仪在该站点获取的水平夹角与该值相比较,从而得出水平角的测量精度,如图 12.30(a)所示。同样可以在一面平整的垂直墙上得到垂直角的测量精度,如图 12.30(b)所示。

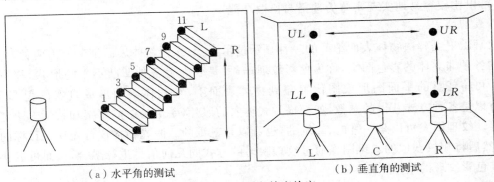

（a）水平角的测试　　　　　　　　　（b）垂直角的测试

图 12.30　测角精度检定

12.6.3　分辨率

　　分辨率分为距离分辨率和角度分辨率,其中,距离分辨率是指能分辨测距方向上的最小间隔,这与测距的时间分辨率或相位分辨率有关。在激光扫描中的分辨率指角度分辨率,它由扫描时的角度增量和激光光斑的大小决定。分辨率表征了仪器探测目标的最高解析能力。这里涉及两个基本的参数,即相邻采样点间的最小角度间距和一定距离上光斑的最小尺寸。这两个参数直接决定了激光光斑的尺寸和光斑的点间距,对模型的构建精度有着直接的影响。

　　可以通过扫描一些小的物体或小的狭缝来评价分辨率,如图 12.31(a)所示,为一个镂空的盒子。采用四款不同的激光扫描仪在同一位置分别以最小的分辨率扫描盒子,得到的点云如图 12.31(b)所示。由于镂空盒子的各条棱靠近中心处最细,向外逐渐加宽,则获得棱的点云末端越靠近中心,该激光扫描仪的分辨率越高,因此得出图 12.31(b)中右下角点云对应的激光扫描仪具有最高的分辨率。

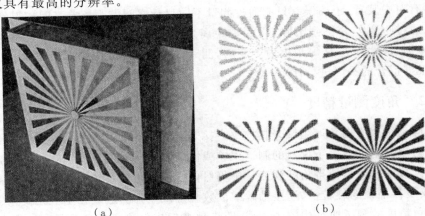

（a）　　　　　　　　　　　　（b）

图 12.31　分辨率检定

12.6.4　有效扫描范围

扫描范围对激光扫描仪的应用有很大的影响。扫描范围的标定包括最小测量距离和最大测量距离的标定。选择不同材料的球形标靶和平面标靶,测试激光扫描仪在不同反射率下的最小测量距离和最大测量距离。

12.6.5　视场角范围

视场角范围有两个指标:水平角范围和垂直角范围。现在的大部分激光扫描仪水平角测量范围为360°,因此只需测量垂直方向。

12.6.6　不同条件对测量的影响

激光扫描仪的测量依赖从目标表面反射的信号,而信号又受到反射表面的影响。白色目标反射能力强,黑色反射能力弱,彩色表面的反射能力与激光的光谱特性有关,发光的表面一般不容易记录。不同反射能力的表面会对距离测量造成系统性偏差,对于一些材料,单次距离测量偏差比数倍标准差还大。

图12.32　颜色板

可以制作一个由黑色和白色构成的平板,如图12.32所示,中间为黑色,周围为白色。将平板垂直安置,用激光扫描仪进行测量。得到的点云分为两层,分别对应白色和黑色区域。将两层点云分别拟合平面,并计算设站点到两个平面的距离。通过两个距离差的大小评价反射特性对测量结果(特别是测距)的影响情况。

12.7　激光扫描仪的工业应用

三维激光扫描技术又称实景复制技术,它可以深入到任何复杂的现场环境及空间中进行扫描操作,并直接将各种大型的、复杂的、不规则、标准或非标准等实体或实景的三维数据完整的采集到电脑中,进而快速重构目标的三维模型及线、面、体、空间等各种制图数据。同时,它所采集的三维激光点云数据还可进行各种后处理工作。它的用途广泛,典型的用途包括数字城市、地形测绘、工厂管线、变形监测、土方量测量、竣工测量、公路设计、电力选线等。下面以工业中的高温锻件测量为例,介绍激光扫描仪在锻造中的使用过程及产生的效果。

锻件在锻造过程中,如果锻造过度,终锻尺寸小于所需尺寸,会使锻件无法使用,成为废品,因此都采用保守的方法,即使锻件的终锻尺寸大于所需尺寸,但这样使得锻件后续精加工时的工作量很大,而且浪费严重。我国由此造成的钢材料浪费每年超过5 000吨。激光测量具有远距离、非接触的优点,三维激光扫描技术可以获取目标物的大量表面点的三维坐标,构造目标物的三维数字模型,从而可以进行对目标物各种尺寸的测量。将三维激光扫描技术应用于锻件测量,可以实时控制锻造质量,最大程度的降低浪费。

12.7.1　测量要求

锻件的温度非常高,锻造过程中最高可达1 200℃,终锻温度也在750℃以上,锻造车间中光线弱、温度高、湿度高、振动强烈。对测量手段和测量方法都提出了很高的要求。

　　不同形状的锻件测量内容也不同,对于长方形锻件需要测量锻件长、宽、高等;对于实心体类锻件,需要测量锻件的外径;对于筒体类锻件,需要测量锻件的内径和外径。针对不同的工件要求,有时还需要测量锻件不同位置处的周长。

12.7.2　测量方案

　　在距离锻件一定距离的合适位置处架设激光扫描仪,根据锻造车间的实际情况,在不影响车间工作的前提下尽量使激光扫描仪正对锻件。此外,可以设置不同的扫描密度,密度越大扫描时间越长,以不影响锻造过程为准;最后对扫描数据进行处理,根据测量需求对数据进行拟合,得出测量结果。扫描测量的过程如图 12.33 所示。

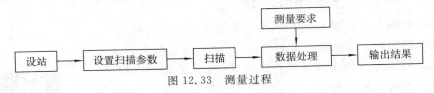

图 12.33　测量过程

12.7.3　测量实施

　　使用三维激光扫描仪对在锻造生产线上的实心体类锻件进行测量,如 13.34 所示,图 12.35 为扫描得到的三维灰度图像。对点云数据进行处理可以得到该锻件的各种尺寸。如图 12.36 所示为构建锻件的三角网模型。

图 12.34　扫描现场图

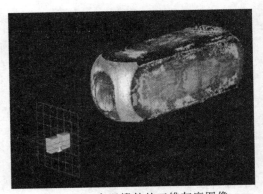

图 12.35　高温锻件的三维灰度图像

图 12.36　建立三角网模型

12.8　激光扫描仪在地形测量中的应用

　　传统地形测量单点采集速度缓慢,加上必要的准备工作和内业的数据处理,要完成一个地形区域的全部测量工作需要较长的作业工期。传统的全站仪或 GPS RTK 地形测量仅限于对地貌特征点的数据采集,并不包含地形细节描述数据,因而无法了解测区地形的详细状况。在陡峭的地形、松动的岩石上测量时,采取必要的保护措施并不能完全消除存在的安全隐患,最好的办法是采用新的技术手段,即采用非接触的数据采集方式,使工作人员远离危险区域。

地面三维激光扫描仪可用于大场景地形地貌数据的采集,可获取细节更加丰富的地形数据,满足工程建设对现代测绘的要求。尽管机载三维激光扫描对地形数据的采集具有一定的优势,但对于陡峭的山谷,以及精度要求更高时,采用地面三维激光扫描仪效果会更好。

12.8.1　测量要求

由于地面三维激光扫描仪测距范围以及视角的限制,要完成大场景的地面完整的三维数据获取,需要布设多个测站,且需要多视点扫描来弥补点云空洞。地面三维激光扫描仪是以扫描仪中心为原点建立的独立局部扫描坐标系,为建立一个统一的测量坐标系,首先需要建立地面控制网,其次通过获取扫描仪中心与后视靶标坐标,将扫描仪坐标系转换到控制网坐标系,从而建立起统一的坐标系统。

12.8.2　测量方案

1. 场地踏勘

场地踏勘的目的是根据扫描目标的范围、形态及需要获取的重点目标,完成扫描作业方案的整体设计,其主要目的是扫描仪测站位置的选择。扫描测站的设置应该满足以下要求:

(1)相邻两扫描站点之间有适度的重合区域。布设扫描站要考虑尽量减少其他物体的遮挡,且测站之间要有一定的重合区域,以保证获取点云的完整性及后续配准的可能性。

(2)扫描站点距离地面目标的距离应选择适当。根据所使用仪器的参数,扫描的目标应控制在扫描仪的一般测程之内,以保证获得的点云数据的质量。

2. 控制网布设

对大场景可采用导线网和 GPS 控制网等,对扫描仪测站点与后视点可用 GPS RTK 进行测设。若采用闭合导线形式布设扫描控制网,需保证控制点之间通视良好,各控制点的点间距大致相同,控制点选在有利于仪器安置,且受外界环境影响小的地方。平面控制可按二级导线技术要求进行测量,高程可按三等水准进行测量,经过平差后得到各控制点的三维坐标。

3. 靶标布设

扫描测站位置选定后,按照测站的分布情况进行靶标的布设。通过靶标配准统一各测站点云坐标时,靶标的布设具有一定要求,具体如下:

(1)相邻两测站之间至少需扫描到三个或三个以上靶标位置信息,以作为不同测站间点云配准转换的基准;

(2)靶标应分散布设,不能放置在同一直线或同一高程平面上,防止配准过程中出现无解情况;

(3)条件许可的情况下,尽量选择利用球形靶标,这样不仅可以克服扫描位置不同所引起的靶标畸变问题,同时也可以提高配准精度。

12.8.3　测量实施

1. 外业扫描

外业扫描的目的是为了获取地形的三维坐标数据,建立精确的数字地面模型,提取等高线为工程应用等方面服务。扫描点云数据配准统一坐标时,每个测站至少需要三个靶标参与坐标转换,每次测站扫描的点云坐标通过靶标中心坐标进行转换,因此多个测站点云数据的配准不产生累积误差。如图 12.37 所示,测站 1 与测站 2 附近分别放置 4 个球靶标,扫描仪同时扫描 4 个球靶标,通过球靶标上点云拟合出靶标中心坐标,然后采用全站仪观测球靶标中心在控制网中的坐标,通过两组公共坐标计算出坐标转换参数,将每个测站扫描的点云坐标转换为控制网的统一坐标。

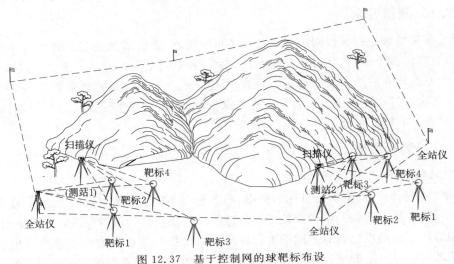

图 12.37　基于控制网的球靶标布设

根据场地实际情况确定扫描方案后,在设置好的每个扫描测站中,应采用不同的分辨率进行扫描,首先以非常低的分辨率(如 1/20 的分辨率)扫描整体场景,然后选择欲采集区域,按照正常分辨率扫描该区域,这样一站扫描结束后分别保存区域点云文件。在提取扫描测站点与后视靶标坐标时,应确保提取精度。如图 12.38 所示为某山体扫描现场。

图 12.38　山体扫描现场

2. 点云数据处理及地形数据提取

对外业获取的点云数据进行拼接及处理后,构三角网进行等高线自动拟合。如图 12.39 所示为某山体的点云数据,图 12.40 为该山体的等高线地形。此外,也可以在点云数据中手工提取地物特征点,如房屋角点、道路拐弯点、电线杆等,再在数字测图软件中进行地物绘图。

图 12.39　某山体的点云数据

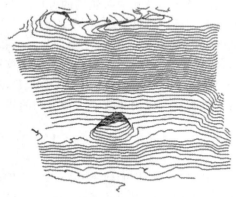

图 12.40　某山体的等高线

思考题与习题

1. 激光扫描仪的测距方式主要有哪几种?简述其优缺点?
2. 简述激光扫描仪获得点云三维坐标的原理。
3. 简述激光扫描仪数据采集的流程。
4. 简述激光扫描仪多站点云数据拼接的原理及流程。

第 13 章　地形图的应用

国民经济建设和国防建设的各项工程在规划、设计、施工等环节,都需要了解工程建设地区的地形和环境条件等资料,一般情况下,这些资料都是以地形图的形式提供的。因此,地形图是制定规划、进行工程建设的重要依据和基础资料。另外,利用地形图还可以进行点的坐标量算、两点间的距离量算、区域的面积量算等,尤其是利用数字地形图还可以快捷地建立数字高程模型(digital elevation model,DEM),从而大大扩展了地形图在各行业的应用。本章主要就地形图的基本应用和数字高程模型的建立等方面进行介绍。

13.1　地形图概述

地形图具有严格的数学基础,采用图形符号、文字注记和制图综合原则,科学地表示了地球或其他星球自然表面的形状。所以,地形图具有以下特性:

(1)量测性。地形图具有严格的数学基础,采用坐标系、地图投影和比例尺等数学方法将地形要素精确定位,因此,在地形图上可以精确量测点的坐标、线的长度和方向、区域的面积和三维物体的体积等。

(2)直观性。地形图采用地图符号系统表达各种地形要素,地图符号系统由符号、色彩及相应的数字或文字注记构成,能形象直观地准确表达地形要素的位置、范围、数量和质量特征、空间分布规律以及它们之间的相互联系和动态变化。

(3)综合性。地形图是缩小了的地球自然表面,不可能完全表达地面上全部地形信息,必须根据不同用途,对地形要素进行综合或取舍,以突出重要内容。

一直以来,地形图在经济建设、国防军事、科学研究、文化教育等领域都得到广泛的应用,已成为规划设计、分析评价、决策管理、军事指挥、防洪救灾等工作的重要工具。

利用数字地形图可以建立数字地面模型(digital terrain model,DTM)。利用 DTM 可以绘制不同比例尺的等高线地形图、地形立体透视图、地形断面图,确定汇水范围和计算面积,确定场地平整的填挖边界和计算土方量。在公路和铁路设计中,可以绘制地形的三维轴视图和纵、横断面图,辅助自动选线设计。

与传统的纸质地形图相比,数字地形图的应用具有明显的优越性和广阔的发展前景。随着科学技术的高速发展和社会信息化程度的不断提高,数字地形图将会发挥越来越大的作用。

13.2　地形图的基本量算

地形图基本量算包括平面位置、高程、距离、坡度、方位等内容,它是一切应用的基础。对于数字地形图,在计算机屏幕进行量算时还必须将量算结果转换到用户需要的坐标系中。

13.2.1　平面位置的量算

如图 13.1 所示,在地形图上都绘有坐标系的直角坐标格网(或在格网交汇处绘制一十字线),并且在内外图廓线之间注有格网的坐标值。要从图上量取 A 点的平面位置,可先通过 A 点作坐标格网的平行线 mn、uv,在图上量出 mA 和 uA 的长度,分别乘以地图比例尺分母 M 即可得到实地水平距离,A 点平面坐标计算公式为

$$\left.\begin{array}{l} x_A = x_0 + S_{mA} \cdot M \\ y_A = y_0 + S_{uA} \cdot M \end{array}\right\} \tag{13.1}$$

式中,x_0、y_0 是 A 点所在方格西南角点的平面坐标,M 是该图比例尺分母。

　　实际应用中,为了检核量测结果,并考虑图纸伸缩的影响,还需要量取 An 和 Av 的长度,若 $S_{mA} + S_{nA}$ 和 $S_{uA} + S_{vA}$ 不等于坐标格网的理论长度 d,则 A 点坐标计算公式应为

$$\left.\begin{array}{l} x_A = x_0 + \dfrac{d}{S_{mA} + S_{nA}} \cdot S_{mA} \cdot M \\[3mm] y_A = y_0 + \dfrac{d}{S_{uA} + S_{vA}} \cdot S_{uA} \cdot M \end{array}\right\} \tag{13.2}$$

13.2.2　高程的量算

　　在地形图上,地面点的高程是用等高线和高程注记来表示的。如果所求点刚好位于某一条等高线上,则该点的高程就等于该等高线的高程,否则,首先过待求点作相邻等高线的垂线,然后采用比例内插的方法确定。在图 13.2 中,A 点的高程为 102 m,mn 是过待求点 B 且与相邻等高线垂直的直线,B 点的高程为

$$H_B = H_m + \frac{S_{mB}}{S_{mn}} \cdot h \tag{13.3}$$

式中,H_m 为 m 点所在等高线高程,h 为基本等高距,S_{mn} 为相邻两条等高线之间的图上距离,S_{mB} 为待求点至高程较低的一条等高线的图上距离。

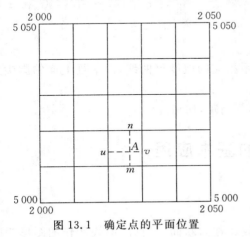

图 13.1　确定点的平面位置

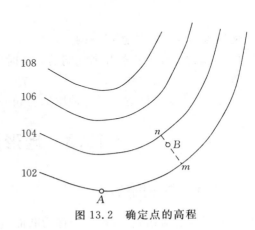

图 13.2　确定点的高程

13.2.3　水平距离及方位的量算

　　对于纸质地形图,两点间水平距离可以用直尺直接量取;对于数字图,在图上量取两点坐标后用下式计算

$$S_{AB} = \sqrt{(x_B - x_A)^2 + (y_B - y_A)^2} \tag{13.4}$$

利用两点坐标计算坐标方位角的方法和公式参见本书 7.3 节,这里不再赘述。

13.2.4　坡度的量算

两点间坡度可以用计算法计算和坡度尺量取。

1. 计算法

在确定两点平面位置和高程的基础上即可计算出两点间的坡度 i。如图 13.3 所示,设 A、B 两点间的水平距离为 S,高差为 h,则 A、B 两点间的坡度为

$$i = \tan\theta = h/S \tag{13.5}$$

2. 坡度尺

坡度尺是用来在纸制地形图上直接量测地面坡度的图解工具,一般在 1∶2.5 万或更小比例尺地形图下方都绘有坡度尺供用户使用。如图 13.4 所示,在坡度尺的底线上注有相应的坡度度数,从下至上有 5 条曲线,可以利用卡规比量出相邻两条或多条等高线间的坡度。

量取坡度尺时,首先在地形图上用卡规量取相邻两条等高线间的距离,然后把卡规移至坡度尺上,使其一个脚尖对准底线,在保证两脚尖连线垂直于底线的基础上左右移动卡规,直至另一脚尖落在第一条曲线上为止,此时,底线上卡规脚尖所对应的读数即为所求两条等高线间的地面坡度。量取相邻 2～6 条等高线间坡度的方法同上。

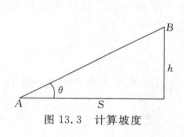

图 13.3　计算坡度

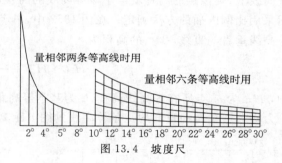

图 13.4　坡度尺

使用坡度尺时应注意以下两点:

(1)量取相邻 2～6 条等高线间的坡度时应使用相应的坡度尺曲线,即卡规上面的脚尖应分别落在第 1～5 条曲线上;

(2)一种坡度尺仅适用于一种比例尺和一定的等高距,切忌混用。

13.3　地形图的基本应用

13.3.1　断面图绘制

铅垂面与地面相截,所得交线称为断面线,其截面称为断面,根据断面线所作的图形叫断面图。在工程设计中,当需要知道某一方向的地面起伏情况时,可按此方向直线与等高线的交点位置及高程绘制断面图。

绘制断面图的步骤如下:

(1)在地形图上连接规定方向的直线,如图 13.5 所示,直线 MN 与图上等高线的交点依次为 a、b、c、…

（2）在图纸上绘制一直角坐标系，横轴表示水平距离，其比例尺一般和地形图一致，纵轴表示高程，为了突出反映地面起伏情况，可以把高程比例尺适当放大。在横轴上从原点开始依次量取图 13.5 中的 Ma、Mb、Mc、…、MN，在图 13.6 中，分别用 M、a、b、c、…、N 表示。

（3）根据横轴上各点相应地面高程在坐标系中标出相应点位。图 16.3 中 b'、j' 点的高程需内插求取。

（4）如图 13.6 所示，把相邻各点用光滑曲线连接起来，便得到直线 MN 的断面图。

若 MN 方向与设计线路方向一致，其断面图称为纵断面图；若 MN 方向与设计线路方向相垂直，其断面图称为横断面图。

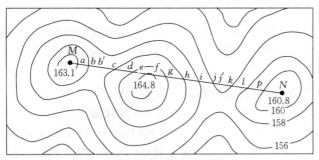

图 13.5　断面方向线与等高线

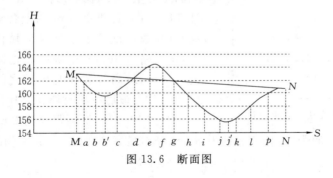

图 13.6　断面图

13.3.2　两点间通视情况判断

在测量控制选点设计或军事活动中，经常需要判断地面两点间是否通视。在图上判断 AB 两点间是否通视的基本原理就是判断 AB 两点间是否有高于 AB 连线的点。

在地形图上判断 AB 两点间通视的方法一般有以下两种。

1. 断面图法

用 13.3.1 介绍的断面图绘制方法制作 AB 方向的断面图，连接断面图上 A、B 两点。若在 A、B 之间没有高于直线 AB 的点，则两点通视，否则不通视。显然，如图 13.7 中 A、B 两点间不通视。

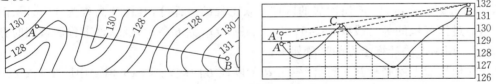

图 13.7　断面图法通视判断

2. 计算法

计算 A、B 两点的水平距离 S_{AB} 和高差 h_{AB}，列出过 A、B 两点的直线方程

$$H = \frac{h_{AB}}{S_{AB}} \cdot S + H_A \qquad (13.6)$$

式中，H 是 A、B 两点间任一点的高程，S 为从 A 到待求点的距离。

在 A、B 两点间任意点的实际高程 H_i 与用上式计算得到的高程 H 相比，如果 $H_i > H$，则两点间不通视，否则通视。

13.3.3　土方量计算

计算土方是地形图应用的主要内容之一。在工程建设中，经常要进行土方量的计算，即计算指定区域地块的体积。计算土方量的方法有多种，需要根据工程的类型、地形复杂程度和资料情况而定。

常用的计算方法主要有等高线法、断面法和格网法。

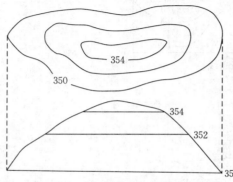

图 13.8　等高线法计算土方量

1. 等高线法

当场地地面起伏较大，且仅计算挖方时可采用等高线法。如图 13.8 所示，要计算该山丘 350 m 以上的土方量，可以在地形图上用等高线法进行计算。计算时，首先计算 350 m 以上各等高线围成的区域面积(在数字地形图上计算区域面积的方法比较简单，本书略)，相邻两条等高线之间的体积可用台体公式计算，最高等高线与山顶之间的体积可用锥体公式计算。最后将所有体积累加即得所需总体积。

在图 13.8 中，等高距 h 为 2 m，设高程为 350 m、352 m、354 m 等高线所围成的面积分别为 S_1、S_2、S_3，最高等高线与山顶之间的高差为 h_0，则有

$$V_1 = \frac{S_1 + S_2}{2} \cdot h, \ V_2 = \frac{S_2 + S_3}{2} \cdot h, \ V_3 = \frac{S_3}{3} \cdot h_0$$

总体积为 $V = V_1 + V_2 + V_3$。

2. 断面法

在道路和管线建设中，计算中线到两侧一定范围内带状的土方量常用断面法。在施工范围内，首先在地形图上以一定间隔绘制断面图，然后分别求出各断面上由设计高程线与地面实际高程线围成的填方面积和挖方面积，进而计算相邻断面间的挖(填)方量，最后求和即为整个工程的挖(填)方量。

断面间隔要视地面变化情况而定，一般在两端、坡度变化明显的地方均需绘制断面图。正常情况下，一般断面间隔取实地的 20～40 m。

如图 13.9(a)所示，1166 所围成的区域是某工程的一部分，其设计高程为 47 m，从图上可以看出，通过该区域的等高线有 45、46、47、48、49、50 m 共 6 条。显然，该工程区域同时存在挖方和填方。用断面法计算土方的步骤如下：

(1)在地形图上绘制相互平行、间隔为 d 的断面方向线，如图 13.9(a)中的 1-1、2-2、……。

(2)按 13.3.1 节中的方法绘制各断面图，同时将设计高程线也绘制在断面图上，如

图 13.9(b)所示是其中的一个。

（3）在每个断面图上分别计算设计高程线与断面线所围成的填土面积 $S_{i填}$ 和挖土面积 $S_{i挖}$。

（4）计算两相邻断面之间的土方量，计算公式为

$$V_{i填} = (S_{i填} + S_{(i+1)填})d/2$$
$$V_{i挖} = (S_{i挖} + S_{(i+1)挖})d/2$$

（5）累加计算总的挖填方量。

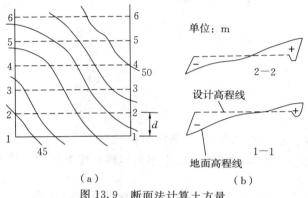

（a）　　　　　　　　　　　（b）

图 13.9　断面法计算土方量

3. 格网法

在土地平整中常用格网法计算挖填方量。如图 13.10 所示为某待平整的场地地形图，如果要求按照挖填方平衡的原则进行场地平整，则其计算步骤如下：

（1）在地形图上的施工区域内绘制方格网，格网大小取决于地形的复杂程度、地图比例尺和土方计算的精度要求。一般情况下，在地图上绘制边长为 2 cm 的方格网。如图 13.10 中所示，各方格顶点的高程用 13.2 节所述方法求出并注记在图上。

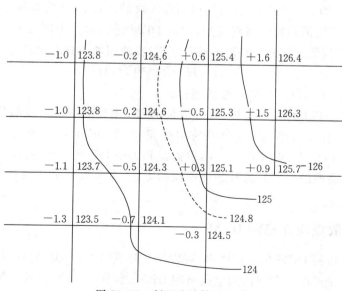

图 13.10　断面法计算土方量

(2)将每个格网 4 个顶点的高程取平均数作为该格网的平均高程,然后再将每个格网的平均高程相加除以格网总数,就得到挖填平衡的设计高程 H_0,如图 13.10 中虚线所示。

(3)将各格网顶点的高程与设计高程 H_0 相减得相应挖、填高度,并将该计算值注记在相应位置。

(4)根据挖、填高度的正负号分别计算每个格网顶点所对应的挖填方。格网顶点包括角点、边点、拐点和中点四种,计算公式为

$$
\begin{aligned}
&\text{角点}: V_{\text{填(挖)}} = h_{\text{填(挖)}} \times \frac{1}{4} S \\
&\text{边点}: V_{\text{填(挖)}} = h_{\text{填(挖)}} \times \frac{2}{4} S \\
&\text{拐点}: V_{\text{填(挖)}} = h_{\text{填(挖)}} \times \frac{3}{4} S \\
&\text{中点}: V_{\text{填(挖)}} = h_{\text{填(挖)}} \times \frac{4}{4} S
\end{aligned}
\tag{13.7}
$$

式中,$h_{\text{填(挖)}}$ 是每个角点的添挖高度,S 是格网面积。

(5)将所有格网顶点所对应的添挖方分别累加即得总挖方量和总填方量。

13.4　数字高程模型的建立

数字地面模型是描述地球表面形态多种信息空间分布的有序数值阵列,从数学角度,可以用下述二维函数系列取值的有序集合来概括地表示数字地面模型的丰富内容,即

$$
K_P = f_k(u_P, v_P); \quad k=1,2,3,\cdots,m; \quad P=1,2,3,\cdots,n
\tag{13.8}
$$

式中,K_P 是第 P 号地面点上的第 k 类地面特性信息的取值,(u_P, v_P) 是第 P 号地面点的二维坐标,m 是地面特性信息类型的数目,n 是地面点的个数。

在式(13.8)中,当 $m=1$ 且 f_1 为对地面高程的映射,(u_P, v_P) 为矩阵行列号时,该式表达的数字地面模型就是所谓的数字高程模型,因此 DEM 是表示某个区域上的三维向量有限序列,它是对地球表面高低起伏的一种离散的数字表达,通用的函数表达式为

$$
V_i = (X_i, Y_i, H_i); \quad i=1,2,3,\cdots,n
\tag{13.9}
$$

式中,X_i、Y_i 是平面坐标,H_i 是其对应的高程。

显然,DEM 是 DTM 的一个子集,同时也是 DTM 中最基本的组成部分。按照不同的标准 DEM 可以分成诸多类型,但最常用的主要是格网 DEM 和不规则三角网(triangular irregular network,TIN)。DEM 的建立随数据源和 DEM 类型的不同而存在许多方法,用同一数据源建立同一类型的 DEM,也有各种不同的方法,本节仅就上述两类 DEM 的建立作简要介绍。

13.4.1　离散点建立格网 DEM

从离散点生成格网 DEM 的方法很多,可以将其分成两类:一类是直接用离散点内插建立格网 DEM;另一类是经由三角网内插生成格网 DEM(本节不介绍)。其中第一类方法常见的有线性内插、多项式内插、距离加权平均内插、最小二乘内插等。

1. 线性内插法

用被插值点 P 最临近的三个点构成一个平面,其坐标分别为 $p_1(x_1, y_1, z_1)$、$p_2(x_2, y_2, z_2)$、$p_3(x_3, y_3, z_3)$,则计算 p 点高程的公式为

$$z = a_0 + a_1 x + a_2 y \tag{13.10}$$

系数 a_0、a_1、a_2 可利用三个邻近的已知点求得。

这是最简单、也是精度较低的一种算法。地形表面一般不会绝对是平面的,但在地势平坦、数据点间隔较密且均匀的大比例尺测量情况下,常采用线性插值,可以很快得到计算结果。

2. 多项式内插法

多项式插值是利用由 $z = f(x, y)$ 表示的曲面来拟合被插值点 P 附近的地形表面,其中 $f(x, y)$ 为 x, y 的 n 次多项式。由于计算量的原因,以及在参考点较少的情况下,三次以上多项式往往会引起较大的误差。研究表明,二次曲面不仅简单,而且是逼近不规则表面最有效的一种方法,所以 $f(x, y)$ 的次数一般不大于三,多采用二次多项式。以二次曲面为例,设二次曲面方程为

$$z = a_0 + a_1 x + a_2 y + a_3 xy + a_4 x^2 + a_5 y^2 \tag{13.11}$$

为了确定各项待定系数 a_0、$\cdots$、a_5,可以利用被插值点附近已知高程的离散点坐标,即可以认为二次曲面式(13.11)通过这些已知点,至少需要六个离散点数据才能确定未知的系数。为了保证曲面的一致性以及与相邻曲面之间的连续性,还可设定其一阶和二阶导数及边界条件,将符合上述条件的方程组利用线性代数的矩阵运算,可求得各项系数。

3. 距离加权平均内插法

离散点插值不利用任何曲面插值函数,直接使用被插值点 P 附近参考点的坐标数据,根据参考点距 P 点的距离,计算该参考点对插值结果的影响。

设 (x_i, y_i, z_i) 为被插值点 $P(x, y, z)$ 附近的一组参考点坐标,其中,$i = 1$、2、$\cdots$、n,点 P 的高程插值计算公式为

$$Z = \frac{\sum\limits_{i=1}^{n}(c_i z_i)}{\sum\limits_{i=1}^{n} c_i} \tag{13.12}$$

式中,c_i 是距离加权函数,常用的形式是

$$c_i = \frac{1}{d_i^2} = \frac{1}{(x - x_i)^2 + (y - y_i)^2} \tag{13.13}$$

权函数的形式很多,对于不同形式的权函数,同一距离处的参考点对插值结果的影响不同。随距离变化较快的权函数适用于变化较大的地形,而坡度较缓和的地形用缓慢变化的权函数则效果较好。

13.4.2　等高线建立格网 DEM

根据等高线来建立格网 DEM 是常用的 DEM 生成方法,这种方法具有效率高、成本低的特点,是目前各种应用项目中建立 DEM 最基本的方法之一。用于建立格网 DEM 的等高线数据可通过地图数字化方法获得,通常包括等高线的高程值、等高线上的特征点数和依次排列的各特征点的平面坐标。

根据等高线内插格网点高程主要有两种方法,一是沿预定轴线方向的等高线直接内插法,二是沿内插点最陡坡度的内插法。

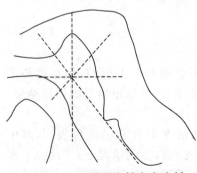

图 13.11 沿预定轴方向内插

1. 沿预定轴线方向的等高线内插

沿预定轴线方向的等高线内插方法中使用的预定轴线数目可以是一条,也可以是多条。首先计算这些轴线与相邻两条等高线的交点,然后利用这些交点通过基于点的内插方法完成内插过程,内插算法一般采用距离加权平均法。

在图 13.11 中,采用的 4 条预定轴线分别是水平方向、垂直方向、左斜 45°方向和右斜 45°方向。

2. 沿内插点最陡坡度的等高线内插

该算法的基本思想是根据待求格网点的平面位置寻找该点上的最大坡度方向,求取过该点的最大坡度线与其两侧相邻两条等高线的交点,最后根据这两条等高线的高程线性内插出待求格网点的高程。

如图 13.12 所示,$P(x,y)$ 点为待求格网点,l_1 和 l_2 是与 P 点相邻的两条等高线,过 P 点的最大坡度线与 l_1 和 l_2 分别相交于 $P_1(x_1,y_1)$ 和 $P_2(x_2,y_2)$ 点,l_1 和 l_2 的高程分别为 Z_1 和 Z_2,则 P 点的高程 Z 可按下式求得

$$Z = Z_1 + \frac{d_1}{d}(Z_2 - Z_1) \tag{13.14}$$

式中,d_1 和 d 分别为 P 至 P_1 和 P_1 至 P_2 的距离。

理论上,在过待求格网点的最大坡度线上内插该点的高程是最合理且精度也最高的方法,但在实际应用中,确定过该点的最大坡度方向并非易事,需要通过在 360°的各个方向上分别求取过该待求点的直线与相邻两条等高线的交点,并选取相应两交点距离最短的方向作为最大坡度方向。显然,这需要进行大量的求交计算和比较判断,严重地影响了该算法的运行速度。为了减少计算量,提高算法的运行速度,可以对上述方法进行简化。只在水平和垂直二个方向上进行与相邻等高线的求交计算,并将相应两点距离最短的方向作为内插格网点高程的方向。如图 13.13 所示,设水平方向上与相邻两等线的交点分别为 $P_1(x_1,y_1)$ 和 $P_2(x_2,y_2)$,垂直方向上相应的交点分别为 $P_1'(x_1',y_1')$ 和 $P_2'(x_2',y_2')$,P_1 与 P_2 间的距离用 d 表示,P_1' 与 P_2' 间的距离用 d' 表示。若 $d = \min(d,d')$,则在水平方向上内插待求点高程;若 $d' = \min(d,d')$,则在垂直方向上内插待求点高程。内插待求点高程的公式同式(13.14)。

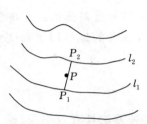

图 13.12 格网点高程内插原理

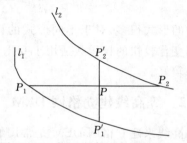

图 13.13 格网点高程内插实用方法

在按上述方法计算待求格网点高程时,通常会遇到下列几种情况:

(1)二个方向上所求得的交点对都位于高程不同的等高线上。此时插值方向取具有较短

距离的方向,如图 13.14(a)所示,若在水平方向和垂直方向的交点对距离分别为 d_h 和 d_v,在水平方向和垂直方向求得的待求点高程分别为 z_h 和 z_v,则待求点高程取为

$$z = \begin{cases} z_h & d_h = \min(d_h, d_v) \\ z_v & d_v = \min(d_h, d_v) \end{cases} \qquad (13.15)$$

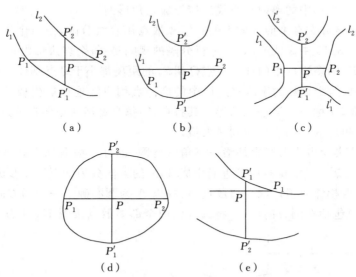

图 13.14　点与等高线关系的可能情况

(2)一个方向上的交点对所在等高线高程相同,另一方向上的交点对所在等高线高程不同,如图 13.14(b)所示。此时取交点对所在等高线高程不同的方向作为插值方向。若水平方向两交点的高程分别为 z_1 和 z_2,垂直方向两交点的高程分别为 z_1' 和 z_2',则待求点高程取为

$$z = \begin{cases} z_h & z_1' = z_2', z_1 \neq z_2 \\ z_v & z_1 = z_2, z_1' \neq z_2' \end{cases} \qquad (13.16)$$

(3)两个方向上的交点对所在等高线高程均相同,但两个方向上的高程值不同。如图 13.14(c)所示。此时待求点实际上位于鞍部,有 $z_1 = z_2, z_1' = z_2', z_1 \neq z_1'$,则待求点高程取为

$$z = (z_h + z_v)/2 \qquad (13.17)$$

(4)两个方向上的交点对所在等高线高程均相同,且两个方向上的高程值相同,如图 13.14(d)所示。此时待求点实际上位于山顶或凹地,有 $z_1 = z_2, z_1' = z_2', z_1 = z_1'$,则待求点高程取为

$$z = z_h \text{ 或 } z = z_v \qquad (13.18)$$

(5)如图 13.14(e)所示,一个方向上存在交点对,另一方向上只有一个交点,则待求点高程取为

$$z = \begin{cases} z_h & \text{当垂直方向只有一个交点时} \\ z_v & \text{当水平方向只有一个交点时} \end{cases} \qquad (13.19)$$

13.4.3　离散点建立 TIN

目前由离散点建立不规则三角网(triangular irregular network,TIN)的方法主要有两类:

一类是当离散点均为地形特征点时,这时需要根据实际地形人工构网;另一类是当离散点为随机点且密度较大时,可由计算机根据一定的法则自动构网。本节主要介绍计算机自动构网法。

1. 由泰森多边形构建 TIN

根据泰森多边形法则由离散点建立 TIN 的基本思想是,首先把离散点以泰森多边形分隔,再将相邻泰森多边形中的离散点直线连接形成三角形网。

泰森多边形是将分布在平面区域上的一组离散点用直线分隔,使每个离散点都包含在一个多边形之内(图 13.15 中虚线所示)。进行分隔的规则是:每个多边形内只包含一个离散点,而且包含离散点 P_i 的多边形中的任意一点 Q 到 P_i 的距离都小于 Q 点到任一其他离散点 $P_j(j \neq i)$ 的距离。把每两个相邻的泰森多边形中的离散点用直线连接后生成的三角形称为泰森多边形的直线对偶,又称为德洛奈三角形。其特点是:每个德洛奈三角形的外接圆内不包含其他离散点,而且三角形的最小内角达到最大值。

可以通过构造泰森多边形产生德洛奈三角形格网,也可以根据德洛奈三角形的特点直接构成 TIN。由离散点生成泰森多边形进而生成 TIN 的方法分为如下三个步骤:

(1)建立离散点相邻数组。取一离散点 A,并以 A 为圆心确定一个圆方向,使所有可能与 A 相邻的离散点都包括在圆方向内,并将圆方向内全部离散点按图 13.16 所示顺序存入数组 $x(N)$、$y(N)$ 中。

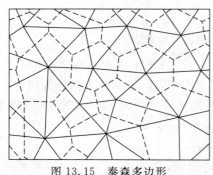

图 13.15　泰森多边形

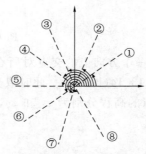

图 13.16　离散点排序

(2)删除与 A 不相邻离散点。根据泰森多边形的性质,其顶点是德洛奈三角形外接圆的圆心,据此可删去 $x(N)$ 和 $y(N)$ 中的无关离散点,删除后留在数组中的即是组成三角网的顶点。

删除点的步骤是:从 $x(N)$ 和 $y(N)$ 中按顺序取出三点 M_1、M_0 和 M_2(图 13.17),过 A、M_1、M_2 作圆。若点 M_0 位于圆外,即圆的半径 r_1 小于 M_0 到圆心距离 r_2 时,就删除 M_0,否则保留 M_0。若删除 M_0,则由 A、M_1 和数组中的下一点构造三角形,判别 M_2 是否在外接圆内。若保留 M_0,则下一次的比较是由 A、M_0 和数组中的下一点构造三角形,判断 M_2 是否在外接圆内。比较和删除在数组中循环进行,每循环一次,数组中剩下的离散点就重新排序。当所有点都不满足删除条件时,删除过程结束。将 A 与数组中的点(点号重新排序,圈内为原点号)连接形成的三角形即是构造出的德洛奈三角形。

(3)避免重复记录。在构造 DEM 三角形格网时,每个离散点形成一个泰森多边形,连接多个德洛奈三角形。每一个德洛奈三角形会重复形成三次(每个顶点各形成一次),记录时则只记 1 次。可规定当离散点 A 点是该三角形水平底边的左下角顶点或 A 点的纵坐标小于其他两顶点的纵坐标时(图 13.18),才记录这个三角形,这样可避免重复记录。

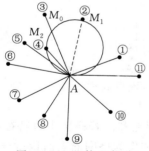

图 13.17　组构三角形

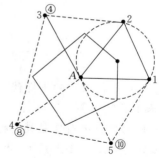

图 13.18　应记录的三角形

以区域内每个离散点为中心,按上述三步循环,即可构造出区域的 TIN。

上述方法可进一步优化,如将区域划分为较小的矩形格网,每次搜索只在中心离散点所在的特定网格(或其相邻的网格)内进行,以减少计算次数。还可以改变循环与记录方式,一次记录与泰森多边形相关的所有新构成的三角形,提高程序的效率。

2. 根据距离最近法则建立 TIN

该算法生成 TIN 时,先在离散点中找到两个距离最近的点,以两点连线为基础,寻找与此段连线最近的离散点构成三角形,然后再对这个三角形的三条边按同样法则进行扩展,构成新的三角形。如此反复,直到没有可扩展的离散点或者所有三角形的边都无法再构造出新的三角形为止。

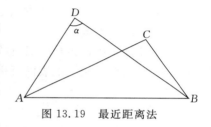

图 13.19　最近距离法

判断选择最近离散点的依据是离散点与线段端点形成的角的大小。如图 13.19 所示,AB 为构造三角形的基础线段,选择能构成最大角度的点 C 组成三角形。实际应用中的判断方法是判断 $cos\alpha$ 值的大小,$cos\alpha$ 值较小者距离较近。

13.5　数字高程模型的应用

DEM 在科学研究与生产建设中的应用是多方面的,这里仅以格网 DEM 在地形分析和地图制图中的几个典型应用为例,说明其应用的基本思路和方法。其中利用 DEM 绘制等高线的相关内容已经在 11.3 节详细介绍过,这里不再赘述。

13.5.1　基本地形因子的计算

DEM 实际上是描述地形的一个数学模型,这个数学模型可以是一个或多个函数的组合。因此,地形因子的计算就是对这些函数进行不同的数学处理。

1. 内插单点高程

利用 DEM 内插任意点高程是 DEM 应用的基本内容,同时也是其他许多应用的基础。用 DEM 内插任意点高程最基本的方法是根据临近的四个已知格网点组成一个四边形,然后确定一个双线性多项式函数内插待定点的高程,其公式为

$$z = a_0 + a_1 x + a_2 y + a_3 xy \qquad (13.20)$$

式中,a_0、a_1、a_2、a_3 是系数,如果 4 个角点的坐标分别为 (x_1, y_1)、(x_2, y_2)、(x_3, y_3)、$(x_4,$

y_4),则系数 a_i 可由下式得到

$$\begin{bmatrix} a_0 \\ a_1 \\ a_2 \\ a_3 \end{bmatrix} = \begin{bmatrix} 1 & x_1 & y_1 & x_1 y_1 \\ 1 & x_2 & y_2 & x_2 y_2 \\ 1 & x_3 & y_3 & x_3 y_3 \\ 1 & x_4 & y_4 & x_4 y_4 \end{bmatrix}^{-1} \begin{bmatrix} z_1 \\ z_2 \\ z_3 \\ z_4 \end{bmatrix} \tag{13.21}$$

得到系数 a_i 后,把待求点的坐标代入式(13.20)即可内插出该点高程。

2. 地表面积的计算

地表面积的计算可看作是其所包含的每个格网表面积之和。若格网中有特征高程点,则可将格网分解为若干个小三角形,求出全部三角形面积之和作为格网的表面积;若格网中没有高程点,则可计算格网对角线交点处的高程,用 4 个共用顶点的斜三角形面积之和作为格网的表面积。

空间三角形面积的计算公式为

$$A = \sqrt{P(P-S_1)(P-S_2)(P-S_3)} \tag{13.22}$$

式中, $P = (S_1 + S_2 + S_3)/2$, S_i 为三角形边长,按下式计算

$$S_i = \sqrt{\Delta x^2 + \Delta y^2 + \Delta z^2} \qquad (1 \leqslant i \leqslant 3) \tag{13.23}$$

3. 体积的计算

DEM 体积由四棱柱(无特征高程点格网)与三棱柱体积累加得到。四棱柱上表面可用抛物双曲面拟合,三棱柱上表面可用斜平面拟合,下表面均为水平面或参考平面,计算公式为

$$V_3 = A_3(h_1 + h_2 + h_3)/3$$
$$V_4 = A_4(h_1 + h_2 + h_3 + h_4)/4 \tag{13.24}$$

式中, h_i 为各地表点相对于下表面点的高差, A_3 与 A_4 分别是三棱柱与四棱柱的底面积。

4. 坡度和坡向的计算

坡度定义为水平面和地形表面之间的正切值,坡向为坡面法线在水平面上的投影与正北方向的夹角。

坡度和坡向的计算通常在 3×3 个 DEM 格网窗口中进行。窗口在 DEM 数据矩阵中连续移动后完成整幅图的计算工作。坡度和坡向的计算公式为

坡度　　$Slope = \tan P = [(\partial z/\partial x)^2 + (\partial z/\partial y)^2]^{1/2}$ (13.25)

坡向　　$Dir = (-\partial z/\partial y)/(\partial z/\partial x)$ (13.26)

式中, P 为坡度角;对于 (i,j) 点有

$$\frac{\partial z}{\partial x} = \frac{z_{i,(j+1)} - z_{i,(j-1)}}{2\delta x} \tag{13.27}$$

$$\frac{\partial z}{\partial y} = \frac{z_{(i+1),j} - z_{(i-1),j}}{2\delta y}$$

式中, δx、δy 为格网接点在 x、y 方向上的间距。

5. 地表粗糙度的计算

地表粗糙度是反映地表的起伏变化和侵蚀程度的指标,一般定义为地表单元的曲面面积与其在水平面上的投影面积之比。但根据这种定义,对光滑而倾角不同的斜面所求出的粗糙度,显然不妥当。在实际应用中,以格网顶点空间对角线的中点之间的距离 D 来表示地表粗糙度, D 值愈大,说明四个顶点的起伏变化也愈大。其计算公式为

$$R_{i,j} = D = \left| \frac{z_{(i+1),(j+1)} + z_{i,j}}{2} - \frac{z_{i,(j+1)} + z_{(i+1),j}}{2} \right| = \frac{1}{2} \left| z_{(i+1),(j+1)} + z_{i,j} - z_{i,(j+1)} - z_{(i+1),j} \right|$$

$$(13.28)$$

13.5.2 基本地形分析

1. 谷脊特征分析

谷和脊是地表形态结构中的重要部分。在栅格 DEM 中,可按照下列判断式直接判定谷点和脊点:

当 $(H_{i,(j-1)} - H_{i,j})(H_{i,(j+1)} - H_{i,j}) > 0$ 时,若 $H_{i,(j+1)} > H_{i,j}$ 则 $Vr(i,j) = -1$;若 $H_{i,(j+1)} < H_{i,j}$ 则 $Vr(i,j) = 1$。

当 $(H_{(i-1),j} - H_{i,j})(H_{(i+1),j} - H_{i,j}) > 0$ 时,若 $H_{(i+1),j} > H_{i,j}$ 则 $Vr(i,j) = -1$;若 $H_{(i+1),j} < H_{i,j}$ 则 $Vr(i,j) = 1$。

在其他情况下, $Vr(i,j) = 0$,其中, $Vr(i,j) = -1$ 表示谷点; $Vr(i,j) = 1$ 表示脊点; $Vr(i,j) = 0$ 表示非谷脊点。

这种判断只能提供概略结果,当需要精确分析时,应由曲面拟合方程建立地表单元的曲面方程,然后,通过确定曲面上各种插点的极小值和极大值,以及当插值点在两个相互垂直方向上分别为极大值或极小值时,则可确定出谷点或脊点。

2. 通视分析

通视分析也称可视分析,广泛应用于道路选择、架设通信线路、雷达设站、炮兵阵地选择、观察哨设置等。

通视分析的基本因子有两个,一个是两点之间的通视性,俗称线通视;另一个是通视域,俗称面通视,即计算给定的观察点所覆盖的区域。

1)两点之间的通视计算

比较常见的一种算法基本思路如下:① 确定过观察点和目标点所在的线段与 XY 平面垂直的平面 S;② 求出地形模型中与 S 相交的所有边;③ 判断相交的边是否位于观察点和目标点所在的线段上,如果有一条边在其上,则观察点和目标点不通视。

另一种算法是所谓的"射线追踪法"。这种算法的基本思想是对于给定的观察点 V 和某个观察方向,从 V 开始沿观察方向计算地形模型中与射线相交的第一个面元,如果这个面元存在,则不再计算。

如图 13.20 所示为 A、B 两点在地形图上的点位及通视分析结果的剖面图。

2)面域的通视计算

面域的通视计算对于规则格网和基于 TIN 的地形模型有所区别,GIS 分析应用中一般使用基于规则格网 DEM 的通视域计算。在规则格网 DEM 中,通视域经常是以离散的形式表示,即计算每个格网点与观察点之间的通视性,然后用"通视矩阵"表示。

计算基于规则格网 DEM 的通视域,一种简单的方法就是沿着视线的方向,从视点开始到目标格网点,计算与视线相交的格网单元,判断相交的格网单元是否通视,从而确定视点与目标视点之间是否通视。如图 13.21 所示为面域通视结果的一种表示方法。

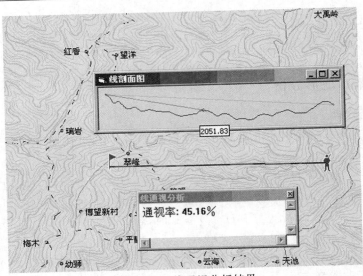

图 13.20　线通视分析结果

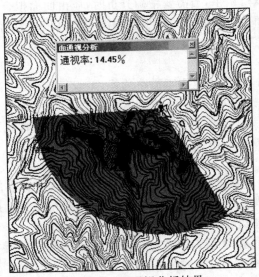

图 13.21　面通视分析结果

13.5.3　利用 DEM 绘制地面晕渲图

晕渲图是以通过模拟实际地面本影与落影的方法反映实际地形起伏特征的一种制图方法。但是,传统的人工描绘晕渲图的方法费工、费时,而且带有很大的人工因素。而利用 DEM 数据作为信息源,以地面光照通量为依据,计算对应栅格所输出的灰度值。由此产生的晕渲图具有相当逼真的立体效果,如图 13.22 所示。

13.5.4　透视立体图的绘制

立体图是表现物体三维模型最直观形象的图形,它可以生动逼真地描述对象在平面和空间上分布的形态特征和构造关系。通过分析立体图,我们可以了解地理模型表面的平缓起伏,而且可以看出其各个断面的状况,这对研究区域的轮廓形态、变化规律以及内部结构是非常有益的。然而,长期以来,人们为了在地图上形象的表示立体效果,制作了鸟瞰图、透视剖面图、写景图等。但表现它们要花费许多时间和精力,难以普遍推广应用。基于 DEM 的三维透视立体图的绘制,为解决这方面的问题提供了新的途径。而且在几何精度和实际效果上,都得到了较好的保证(如图 13.23 所示)。

图 13.22　由 DEM 产生的地面晕渲图

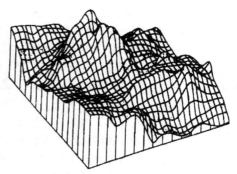

图 13.23　由格网 DEM 构建的三维模型

13.5.5　其他应用

数字高程模型既然是地理空间定位的数字数据集合,因此凡涉及地理空间定位,在研究过程中又依靠计算机系统支持的课题,一般都要建立数字高程模型。从这个角度看,数字高程模型的应用可遍及整个地学领域。除上述应用外,在工程中可用于挖填方计算、线路勘察设计、水利工程建设、环境评估;在军事应用中可用于虚拟战场、导航、通信、阵地选取、雷达压制等;在环境与规划中可用于土地现状的分析、水文分析、各种规划及洪水险情预报等;在地理分析中可用于建立日照分析模型、建立起伏地区的风场模型等。

思考题与习题

1. 何为断面图?

2. 根据图 13.24 所示等高线,作图上 AB 方向的断面图并判断其通视情况。(要求断面图上高程放大 5 倍)

3. 在图 13.24 中,某工程的设计高程为 62 米,用网格法计算挖填土方量。

4. 何为数字高程模型?

5. 已知 $A(102.3,457.8,103.4)$、$B(157.6,458.2,127.5)$、$C(130.6,517.3,145.9)$ 三点,用线性内插法计算点 $P(128.5,480.2)$ 的高程。

6. 列举两种以上由离散点建立不规则三角网的方法,并叙述其基本过程。

7. 分别列举 DEM 在水利、军事和通信等领域的应用实例。

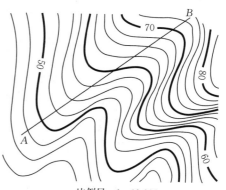

比例尺:1∶10 000

图 13.24　等高线图例

参考文献

成颖,2012. C++程序设计[M]. 北京:清华大学出版社.

顾孝烈,1982. 城市导线测量[M]. 北京:测绘出版社.

顾孝烈,鲍峰,程效军,2006.测量学[M].3版.上海:同济大学出版社.

郝向阳,赵夫来,等,2001. 数字测图原理与方法[M]. 北京:解放军出版社.

何宝喜,2005. 全站仪测量技术[M].郑州:黄河水利出版社.

李广云,李宗春,2011.工业测量系统原理与应用[M].北京:测绘出版社.

李克昭,杨力,柴霖,等,2014.GNSS定位原理[M].北京:煤炭工业出版社.

李征航,黄劲松,2005.GPS测量与数据处理[M].武汉:武汉大学出版社.

李志林,朱庆,2003. 数字高程模型[M]. 武汉:武汉大学出版社.

宁津生,陈俊勇,李德仁,等,2004. 测绘学概论[M]. 武汉:武汉大学出版社.

潘正风,程效军,成枢,等,2004. 数字测图原理与方法[M]. 武汉:武汉大学出版社.

潘正风,程效军,成枢,等,2015.数字地形测量[M]. 武汉:武汉大学出版社.

隋立芬,宋力杰,柴洪洲,2010. 误差理论与测量平差基础[M]. 北京:解放军出版社.

王侬,过静珺,2001. 现代普通测量学[M]. 北京:清华大学出版社.

魏二虎,2004.GPS测量操作与数据处理[M]. 武汉:武汉大学出版社.

徐绍铨,张华海,杨志强,等,2008.GPS测量原理及应用[M].武汉:武汉大学出版社.

徐忠阳,2003. 全站仪原理与应用[M]. 北京:解放军出版社.

杨俊志,刘宗泉,2005. 数字水准仪的测量原理及其检定[M].北京:测绘出版社.

翟翊,等,1999. 地籍测量[M].北京:解放军出版社.

翟翊,赵夫来,杨玉海,等,2008. 现代测量学[M].北京:测绘出版社.

张坤宜,2003. 交通土木工程测量学[M]. 武汉:武汉大学出版社.

张正禄,2002. 工程测量学[M]. 武汉:武汉大学出版社.

周泽远,1990. 电磁波测距[M]. 北京:测绘出版社.